自然能水处理技术
——冷能、太阳能处理污废水原理及应用

费学宁 等 著

U0209058

科 学 出 版 社

北 京

内 容 简 介

　　清洁能源的有效开发及利用一直是人类关注的热点问题，并将成为未来的一种发展趋势。本书根据作者课题组十多年以来积累的相关研究成果以及近年来文献的最新进展撰写而成，系统介绍了利用自然能处理高浓度污废水的相关理论和技术。本书共 5 章，内容包括自然能的定义、分类、特性及在水处理中的利用现状，采用冷能及太阳能对传统工艺中较难处理的高浓度、高含盐污废水进行处理的相关理论、技术及应用实例，大型水生植物生态水处理技术以及自然能综合利用及组合水处理工艺研究等。

　　本书可供高等院校环境科学与工程、能源科学与工程、化学化工等专业的本科生和研究生学习，也可供相关科技人员参考。

图书在版编目（CIP）数据

自然能水处理技术：冷能、太阳能处理污废水原理及应用 / 费学宁等著. —北京：科学出版社，2018.11

ISBN 978-7-03-059417-4

Ⅰ. ①自… Ⅱ. ①费… Ⅲ. ①污水处理 ②废水处理 Ⅳ. ①X703

中国版本图书馆 CIP 数据核字（2018）第 253806 号

责任编辑：周巧龙　孙静惠 / 责任校对：杜子昂
责任印制：张　伟 / 封面设计：蓝正设计

科学出版社 出版
北京东黄城根北街 16 号
邮政编码：100717
http://www.sciencep.com

北京凌奇印刷有限责任公司 印刷
科学出版社发行　各地新华书店经销

*

2018 年 11 月第 一 版　开本：720 × 1000　1/16
2018 年 11 月第一次印刷　印张：22
字数：441 000

定价：138.00 元
（如有印装质量问题，我社负责调换）

前　言

　　自然能是自然界所存在或具有的能源，是自然资源的一部分。自然能主要包括太阳能、风能、冷能、水能、潮汐能、生物质能等能源形式，是可再生的绿色能源。在浩瀚的太空里，巨大的自然能流推动着无垠星际的生息繁衍和永久的有序运动，促成了美丽的地球生物流的产生，维系着生物圈的生存、相互作用和发展变化过程。自然能是大自然赋予人类的一笔巨量宝贵财富。能源存在的多样性在为人类提供温润的进化繁衍环境的同时，也为人类使用能源范式提供了丰富的选择性。人类社会发展史证明，能源使用形式的选择决定着人类进化模式和社会发展进程。人类在认识自然、利用自然、保护自然并与大自然友好相处的发展实践中，认识到正确使用能源方式是促进人类社会发展的必然选择，同时，修复已被破坏的环境和失衡的生态是人类所面临的重要任务。为解决全球性问题，诸如大气污染、臭氧层破坏、温室效应、地球气候变暖等环境问题和促进不发达地区的发展等问题，人们不得不认真考虑如何有效地利用自然资源。为此，自然能利用研究和自然能产业将日益受到重视并获得相应发展。利用自然能处理污染水体是一种节能无污染的修复和维护自然生态水环境的理想途径，加强自然能修复污染水体技术的开发具有重要价值。

　　作者课题组以水在自然能作用下发生相变过程中水盐运移规律为重点，以最具代表性的自然冷能和太阳能为能源，在污废水处理相关理论和应用技术方面，开展了十余年的系统研究，取得了一些重要的理论和技术成果。采用冷能对有机、无机污废水及苦咸水进行了处理，并融合多学科领域的相关理论和技术内容，对相变分离原理及相关理论进行了分析总结；利用太阳能集热技术所产生的高温热场，采用介观分离技术对高固含量水体进行处理，分析了分离原理，建立了理论模型，设计出了一体式太阳能介观喷雾分离高盐度废水装置，并在天津滨海新区等地建立了技术应用示范。以农村户级家庭饮用水为应用对象，将增湿除湿海水淡化技术与倾斜式太阳能蒸馏技术进行耦合，设计了加湿除湿型阶梯式太阳能苦咸水淡化装置，并对其进行了系统研究。作者课题组还利用太阳能光催化技术对有机类废水进行了降解研究，主要系统研究了太阳光响应催化剂的制备及改性技术，以及它们对有机染料废水的太阳光光催化降解特性。还通过对光催化剂二氧化钛晶面的调控，实现了对二氧化钛氧化还原能力的调控。

　　本书汇集了作者课题组近年来相关研究内容和科研成果，论述了近代人类认识和利用自然能的朴素自然观和自然能利用发展历程，阐述了自然能在水处理中的利用现状，并介绍了国内外相关领域的最新研究进展，体现了该领域研究的完整性、前沿性和交叉性。此外，在生态水处理技术中，自然能没有直接参与水体中污染物的去除，但它是该系统中生物赖以生存的能量来源。因此，本书将大型水生植物的生态水处理等技术作为自然能在水处理技术中应用的一部分，也进行了归纳和阐述。参与本书撰写工作的有费学宁、曹凌云、姜远光、费硕、苑宏英、焦秀梅、刘丽娟、赵洪宾和苏润西等。最后由费学宁、曹凌云统稿。此外，研究生董业硕、张攀攀、李松亚、孙文珂、张大帅、李薇薇、王乐、任富雄和邢燕军等在本书成稿过程中做了部分文字整理和图表绘制工作。

多年来，在自然能水处理技术研究方面，韩文峰教授给出了很多科学问题的指导性和建设性建议，池勇志老师也参与了部分研究工作，作者课题组历届研究生参与了本书所著内容的研究工作，他们是杜国银、姜川、房轶韵、王晓阳、董业硕、李金蕊、刘晓萍、李芳丹、张明明、刘星星、汤涛、王愉晨、蔡月圆、张攀攀、张大帅、丁谋谋、徐福召等，在此对他们在研究工作中付出的努力表示衷心感谢。也特别感谢书中所引用文献的作者们。

由于作者水平有限，书中难免出现不妥和疏漏，恳请读者批评指正。

作 者

2018 年 8 月于天津

目　　录

第1章　自然能概述

在璀璨的星空中，温润的地球环境在大自然曼妙的运行演化中，为人类的孕育、产生以及进化、繁衍准备了充足的能量温床。在人类产生初期，人类与自然环境存在朴素的共生关系。人类在大自然的襁褓中被动地享受着孕育演化过程。当时，人类的行为对生态环境的影响还不可能造成明显变化。到了旧石器时代后期（约四五十万年前），火的发现及使用，是原始人类认识自然、利用自然能的最大成就，火是人类最早利用的自然能。从利用自然火种到人工取火经历了漫长过程，在这一过程中，人类已经掌握了通过敲击和摩擦把机械能转化为热能的经验知识，也掌握了通过燃烧利用燃料能源的方法，对人类社会发展起到了关键性的推动作用。正如恩格斯所说，"摩擦生火，第一次使人支配了一种自然力，从而最终把人同动物分开"。

在人类漫长的生息繁衍和不断进化中，各种能源不断被发现并被利用，人类的生存质量得以极大改善，人类智慧和进化历程得以高效发展，开始摆脱饥饿，逐渐进入物质丰富的新时代。生活、生产、生息繁衍以及文化交流的新模式得到建立，生产力得到了长足发展，而人类掠夺欲望不断恶性膨胀，化石燃料及相关产品被肆意无度地开采使用，这在改变了人类文明发展进程的同时，也极大地破坏了人类生态环境并使人类开始受到大自然的惩罚。遗憾的是，当时人类还不能够认识到对资源的恣意挥霍和对生态环境的无度破坏，对我们美好家园——地球的灾难性破坏。

随着第二次工业革命的到来，生产力极大提高，有力地推动了社会进步，使得人类的科学技术得到了飞速发展。在此之后，各种新技术层出不穷，使一些高效新能源，如原子能开始用于民用及军事等领域，极大地推动了人类文明进步，同时也对人类生存的生态环境造成了不可修复的破坏。例如，1986年苏联乌克兰地区的切尔诺贝利核事故对当地大面积的生态环境造成短时期难以修复的灾难，对当地居民健康造成了巨大的伤害。核尘埃几乎无孔不入，核辐射对乌克兰地区数万平方千米的肥沃良田都造成了污染。乌克兰共有250多万人因切尔诺贝利核事故而身患各种疾病，其中包括47.3万名儿童。据专家估计，完全消除这场浩劫对自然环境的影响至少需要800年，而核辐射危险将持续10万年。2011年日本福岛第一核电站发生了泄漏事故，负责调查切尔诺贝利核事故对人与环境造成影响的俄罗斯科学家亚布罗科夫博士指出，因福岛核电站使用的燃料较切尔诺贝利核电站多，且有反应堆使用了含有高毒性的钚的燃料，因此"福岛核电站事故可能会比切尔诺贝利核事故带来更严重的后果"。

近年来，可持续发展理念被提出并逐渐被人们所认同，人类又以新的视角去审视"高发展—低能耗—环境保护"协同发展关系问题。随之自然能的深度开发和规模利用重新进入人们的视野并受到广泛关注。物理学、电子学、材料学以及计算机等学科新理论的不断发展和新技术的不断开发应用，使得人类重新认识自然能资源，建立新理论、发现新规律、开发新技术并使之有效利用成为可能，使得充分利用自然能造福人类成为可能。自然能这一巨大能源的科学使用也必将成为人类文明进步征程中的重要里程碑。

1981 年，当代思想家莱斯特·布朗在《建设一个可持续发展的社会》一书中引用了《联合国环境方案》中的一句话："我们不只是继承了父辈的地球，而且是借用了儿孙的地球。"这句寓意深刻的名言呼唤人类猛醒，探索一条人与自然协调发展的道路，建设一个可持续发展的社会。18 世纪中期，在"人类统治自然"和"人类征服自然"思想指导下，为了满足人们过舒适生活的需求，人们为所欲为地向大自然贪婪地索取，肆意地掠夺，造成了人与自然陷入尖锐的矛盾之中，并不断受到自然的报复，因此引发资源锐减、环境污染、生态恶化等全球性问题。人类继承的生物圈和人类创造的技术圈正处于潜在的矛盾之中，人类走上了一条不可持续发展的道路。科学家们早在 1970 年发起第一个地球日的时候，就警告说：人类工业正在破坏地球自然系统的稳定性。1992 年，联合国在巴西里约热内卢召开环境与发展大会，期望在全球范围内，采取协调一致的行动，有效地解决环境与发展之间的矛盾。既满足当代人的需求，又不对后代人满足其需求的能力构成危害。资源循环再生利用、污废水资源化是与人类生活密切相关的。2015 年 9 月 14~18 日第 6 届化学科学与社会研讨会（Chemical Sciences and Society Summit，CS3）在德国莱比锡城召开，会上提到：面对世界范围内资源日渐匮乏的现状，正如那句标语所说，"同一个水源，同一个环境，同一个健康"，水、人类健康与环境问题在所有层面上（从局部层面到全球层面）都至关重要而且相互关联。水资源的可持续利用、对自然过程中水污染降解的深入理解以及将化学处理水污染的使用降到最低限度是保卫人类健康和保护环境的先决条件。

人类对化石燃料的开采、利用，在造福人类的同时，也对环境造成了严重污染，同时化石燃料也日近枯竭。根据英国石油公司（British Petroleum，BP）的统计数据，2010 年全球化石燃料已探明总储量分别为：石油，1.38×10^4 亿桶；天然气，1.87×10^6 亿 m^3；煤炭，8.61×10^3 亿 t。英国石油公司于 2012 年预估世界石油、天然气和煤炭的平均储产比分别为 54、63 和 112。化石燃料在开采、利用过程中对大气、土壤和水环境造成严重污染，对人类生存环境生态平衡造成严重破坏；另一方面，化石燃料使用过程中，大量 CO_2 排向大气导致的温室效应愈加严重，对环境的影响已经开始展现出对人类生存潜在的危害[1, 2]。面对化石能源枯竭及环境污染问题，寻找对环境友好的、可持续发展的新能源已成为当务之急。从未来能源发展利用趋势看，新能源必将取代化石燃料而发挥主要作用。新能源的开发受到世界各国的重视，总体上看，我国可再生能源中水能、风能的应用得到较快的发展，太阳能也有了很好的应用前景，冷能及其他自然能在不同领域也开始被人们利用。在未来，人们一定能共同努力，用先进的技术不断研发出新能源使用技术，来代替现有的能源使用技术，不至于把地球上的资源取尽用竭，而是使用更加清洁方便的新能源生活在地球上。

随着人类发展的不断进步，对大自然的认识也逐步得到加深。据记载，我国从古代就开始逐渐形成了"天人合一"的朴素的人与自然友好相处的自然观，"有天地，然后万物生焉"。近年来人类又逐渐形成了对环境友好和可持续发展的重要理念，开始重新冷静地审视大自然规律，重新认识对自然能充分利用和环境保护的相关性，提出最大限度地利用自然能修复已污染的自然水环境应是可持续发展的有效途径之一。同时，也对多学科的交叉应用和协同技术开发提出了新的、更高的要求和挑战。随着人类对大自然规律认识的不断加深，对自然能的本质认识和规律运用的进步，人类广泛利用自然能造福人类成为可能。

1.1 自然能的定义

自然能是自然界所存在或具有的能源，是自然资源的一部分，主要有太阳能（包括光能和热能）、水能、潮汐能、风能、冷能、生物质能和地热能等。

在自然能资源中占比最大的是直接从太阳射入到地球表面的太阳能以及由其转化形成的间接能量，如水能、风能和生物质能等。后来，人们又发现自然能还包括由重力产生的潮汐能，由核裂变、重力收缩、地壳运动产生的地热能等。太阳能是以不同形态存在的自然能的本质和源泉，这些能源可以以一种存在形态转化成另一种存在形态，在人类繁衍生息过程中，即使反复使用也不会枯竭，所以这类资源被认为是可再生资源（renewable resources）。自然能几乎都是可再生能源（有学者将上述自然能及煤、石油、天然气等天然存在的能源，统称为天然能源）。自然能的有效利用古已有之，在我国商周时期即有冬季取冰存于冰窖的做法，用于夏季保存时令食物；我国古代也有人用天然冰块冷藏食品和防暑降温。早在明清时期，"冰箱"便作为一种重要的祛暑器具，在皇宫里广泛使用。图 1-1 所示为乾隆年制掐丝珐琅"冰箱"。马可·波罗在他的著作《马可·波罗游记》中，对我国制冷和造冰窖的方法有详细的记述。我国古代，沿海居民利用海水制食盐，把海水引入盐田，利用日光和风力蒸发浓缩海水，使其达到饱和，进一步使食盐结晶出来，如图1-2所示。

图1-1 乾隆年制掐丝珐琅"冰箱"

图1-2 古代沿海居民晒盐图

近代，科学技术的进步极大地推动了社会发展进程。巨大的社会能源需求，使得电能、化石资源以及煤资源逐渐成为人类社会发展的主体能源。人们逐渐淡忘了自然能这一潜在巨量能源的巨大应用潜质和历史贡献。人们更多地关注能源使用的高效性，而忽略了对其使用时所产生的污染物对人类赖以生存的生态环境所造成的严重破坏。已造成的环境污染现状，在短时期内是难以修复的。随着可持续发展理念逐渐得到社会普遍认同，人们清醒地认识到：对煤和石油等化石能源越来越多的无度开采和使用，造成这些不可再生资源的日趋枯竭，而且所产生的污染物对生态环境造成了难以修复的破坏。更严重的是，碳排放引起的温室效应对人类生存环境造成的威胁。近年来，人们又一次重新审视着自然能这一清洁可再生的宝贵资源，不断开发出使用自然能的新材料和新技术，以满足社会发展需求，逐渐减少化石资源的开采与使用。我国边远地区的地理特征决定着自然能的丰沛存在，自然能的开发利用对该地区经济建设具有潜在的战略作用，进一步加深了人类对自然能利用的重视程度。为解决全球性诸如大气污染、臭氧层破坏、温室效应、地球气候变暖等环境问题和促进不发达地区发展，人们已不得不认真考虑如何科学有效地开发、利用自然能，节约使用化石燃料，减少碳排放，修复生态环境等问题。为此，自然能利用的研究和自然能产业将日益受到重视并获得相应发展。

1.2　自然能的分类

冷能、太阳能、水能、风能、生物质能、潮汐能、地热能等都是受太阳能量影响而转换的自然能量形态，考虑到各类能源的利用形式和利用趋势，本书将其分别讨论如下。

1. 冷能

自然冷能（natural cool energy）的科学定义是：常温环境中，自然存在的低温差低温热能，简称冷能[3, 4]。例如，白天与黑夜之间、不同季节之间、大气与地层之间、大气与海水或冰层与以下的水体之间都存在温差，根据热力学原理，利用这种温差可以获得有用能量，即为冷能。实际上冷热感觉都是相对的，无论气温高低，温差的存在就意味着有可利用能量存在。由于大自然维持环境温度的能力为无限大，而温差又无处不在，所以该能量的数量也为无限大，是一种潜在的巨量低品位能源。

冷能存在形式繁多，但冷能有一个共同的特点，即都是自然界天然存在的，故称为自然冷能。此外，锅炉烟气与环境之间、蒸馏过程排放的蒸气与环境之间同样存在温差，这一温差所存在的能量也属于冷能范畴。然而，这种冷能与上述自然冷能有所不同，在这种冷能的产生过程中，必须消耗燃料。由于该冷能存在于某一特定工艺过程中，故定义其为工艺冷能。

值得一提的是，对自然冷能的利用是开辟能源利用的新途径，而对工艺冷能的利用，只能称为常规能源的深度利用。工艺冷能利用越多，说明常规能源的消耗量越大，常规能源利用水平越低，浪费越大，相应的能源利用过程对环境的污染也就越大。而自然冷能利用越多，新能源利用的比例越高，对环境保护的贡献率越大。但工艺冷能的利用，无疑会减少常规能源的消耗，提高常规能源利用率，减少用能过程对环境的污染。在这一点上可以说，自然冷能与工艺冷能都是绿色能源。

2. 太阳能

太阳能（solar energy）一般是指太阳内部核裂变释放出的、以电磁波的形式辐射到达地球表面的能量。自地球形成以来，生物就主要以太阳提供的光和热生存，如图 1-3 所示。古代人类已经懂得利用太阳的光和热能晒干物件，并用于保存食物。在化石燃料日趋减少的情况下，太阳能已成为人类使用能源的重要组成部分。近年来，人类对太阳能开发利用的新技术不断涌现，部分技术已得到很好应用并达到很高水平。

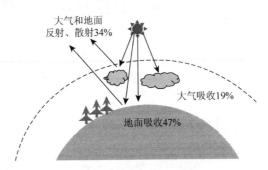

图 1-3　太阳辐射能量图

太阳内部进行着剧烈的由氢核聚变成氦的核反应，并不断向宇宙空间辐射出巨大的能量，可以说是"取之不尽，用之不竭"。人类所需能量的绝大部分都直接或间接地来自太阳。地面上的太阳辐射能随时间、地理纬度、气候等因素变化，可利用程度区别较大。但是，总体看来，太阳能实际可利用资源总量仍远远大于现在人类所需要的全部能耗，至少能满足人类 2100 年后规划的能源利用量[5]。

辐照到地球上的太阳能中，大约有 34% 被反射和散射回太空，而其余的太阳能则被云层、海洋和陆地吸收。在地球表面接收的太阳能光谱分布大多为全部可见光、近红外线和一小部分近紫外线。

地球的大气层、海洋和陆地每年吸收的太阳能总量大约为 3850000 艾焦（EJ，$1EJ = 10^{18}J$）。光合作用获得的生物质能每年约 3000EJ，技术上可利用的生物质能潜力有 100～300EJ/a；从目前数据来看，1 年照射到地球表面的太阳能总量约为人类取得和开采的所有地球上不可再生资源，如煤、石油、天然气和铀的所有总能源的 2 倍。

太阳能技术被定性描述为以被动或主动方式来捕获、转换和分配太阳光的过程。其中主动式太阳能技术是利用太阳能光伏板、泵和风机将阳光转换为电或热的形式输出。被动式太阳能技术，是人类居住环境本身对太阳能的最大程度的利用，包括选择具有良好的热性能的材料，按照太阳辐照情况来安排建筑物位置，设计自然空气流通的空间等。主动式太阳能技术增加能源供应，被认为是能源供应端技术；而被动式太阳能技术减少了替代资源的需要，通常被认为是需求端的技术。

3. 水能

水能（hydraulic energy）是清洁可再生能源，水能资源作为水资源的一种，其开发利用的历史悠久。关于水能资源的概念，《辞海》中的定义是水体的动能、势能和压力能等能量资源。广义的水能资源包括河流水能、潮汐水能、波浪能、海流能等能量资源；狭义的水能资源指河流的水能资源。《能源百科简明词典》中也写道，狭义的水能资源指河流的水能资源，而水能是指自然界的水体由于重力作用而具有的做功能力。自由流动的天然河流的储存能量，被称为河流潜在的水能资源，或被称为水力资源。水能作为一种可再生的自然资源，是水在流动过程中所蕴含的能量、是水的动能和势能的统一体、是水资源所具有的一种功能，属于水资源的范畴。作为一次能源，水能资源是水资源当中不可分割的重要组成部分，开发水能资源进行发电是河流中水资源开发利用的一项主要内容。

利用水的落差并在重力作用下可将势能转化为动能。当河流或水库等高位水源向低位处引水时，利用水的压力或者流速冲击水轮机并使之旋转，可将水能转化为机械能，由水轮机带动发电机组产生交流电。而低位水通过蒸发和降水过程，补充到高位水源。水不仅可以直接被人类利用，同时它还是一种重要的能量载体。持续不断辐射到地球上的太阳能驱动着地球上的水循环过程，所产生的能源已成为推动人类社会进步的重要资源。特别是在落差高、流量大的地区，水能资源已成为经济建设中重要的可再生资源。由于水能资源开发过程不产生环境污染，是一种清洁的可再生资源，在当前过度依赖矿石能源的背景下，开发水能资源作为矿石能源的替代资源，是保护生态环境的重要途径之一，是实现经济可持续发展的战略目标的重要保证。

我国水能资源极为丰富，就发电而言，理论蕴藏量为 6.8 亿 kW，其中可开发的约有 3.8 亿 kW，但分布不均，主要分布在西南、中南（长江三峡、西江中上游）、西北（黄河上游）地区[6]。三峡水电站是世界最大的水电站，此外，世界闻名的水电站还有我国著名的葛洲坝水电站（图 1-4）、小浪底水电站（图 1-5），美国的胡佛水坝（图 1-6）以及伊泰普水电站（图 1-7）等。

2012 年我国国务院新闻办公室发布的《中国的能源政策（2012）》白皮书称，中国水电装机容量已突破 2.3 亿 kW，居世界首位。

图 1-4　葛洲坝水电站

图 1-5　小浪底水电站

图 1-6　美国胡佛水坝

图 1-7　伊泰普水电站

4. 风能

风能（wind energy）是地球表面空气流动所产生的动能。由于地球表面地理性差异，受太阳辐照后，气温和空气中水蒸气的含量有差异，引起各地气压差，在水平方向高压空气向低压地区流动，即形成风。风能资源利用取决于风能密度和可利用的风能年累积小时数。风能密度是单位迎风面积可获得的风的功率，与风速的三次方和空气密度成正比。

地球吸收的太阳能总量中约有 1%～3%可转化为风能，总量相当于地球上所有植物通过光合作用吸收太阳能后转化为化学能的 50～100 倍。据估计，地球上近地层风能总量约为 1.3×10^{15}W，可以被利用的风能有 10^{12}W。人们发现在高空，风的能量要明显高于地表，有时时速可超过 160km。这些风的能量因与地表及大气间的摩擦力而以各种热能方式耗散。

风的强弱程度可用风力等级来表示，而风力的等级，可由地面或海面物体被风吹动的情形进行估算。目前国际通用的风力估计方法，是以蒲福风级为标准。蒲福为英国海军上将，于 1805 年首创风力分级标准。该标准开始仅用于海上，后来逐渐被用于陆地风力评估，后经多次修订，成为现今通用的风级评估标准。实

际风速与蒲福风级的经验关系式为

$$V = 0.836B^{\frac{3}{2}}$$　　　　　　　（1-1）

式中，B 为蒲福风级数；V 为风速，m/s。

　　一般而言，风力发电（图 1-8）机组启动风速为 2.5m/s，脸上感觉有风且树叶摇动情况下，风力发电机组就已开始运转发电了，而当风速达 28～34m/s 时，风机将会自动侦测停止运转，以降低对机组本身的伤害。

图 1-8　风力发电

5. 生物质能

　　生物质能（biomass energy）主要有两层含义。第一，传统的生物质能概念，指直接或间接地通过绿色植物的光合作用，将太阳能转化为化学能形态并固定和储藏在生物体内的能量，这一含义强调生物质能的自然属性。生物质是指有机物中除化石燃料外的所有来源于动植物并能再生的物质。由此可见，生物质能是一种以生物质为载体的能量形态。太阳能被认为是用之不竭的能源，绿色植物是地球上太阳能最好的能量转换器。地球上生物量的巨量存在，也就决定了地球上生物质能的巨大储备。生物质能的载体是以实物形式存在的，这是与风能、水能、太阳能、潮汐能等最鲜明的不同点。生物质能是唯一可以储存和运输的可再生能源，它的组织结构与常规化石燃料相似，利用方式也有很多近似的地方[7, 8]。生物质能种类繁多，其生物学形态的多样性、化学成分的差异性，决定了能量转化技术的复杂性。

　　第二，从能源角度出发，强调生物质体内能量的能源化利用，指通过微生物的降解作用形成的能量。加强生物燃料的开发利用已成为世界各国的共识。20 世纪 70 年代石油危机时，美国曾提出大规模种植甜高粱用于生产燃料乙醇的计划；近年来，巴西国内交通能源普遍采用醇油混合燃料，2010 年巴西乙醇生产量为 260 亿升。生物柴油是另外一项重要的生物质能，是将植物或动物油酯化后替代柴油。我国自 20 世纪 70 年代开始在农村推广农村户型沼气池，这堪称我国生物质能利用的先驱，解决了部分农村厨房燃料和照明的能源问题。

吉林众合生物质能热电有限公司（图 1-9）是吉林众合集团于 2011 年初投资 2.5 亿元建设的生物质能热电联产综合利用项目。厂区占地面积为 9.98hm², 位于镇赉县工业集中区。主体设备为：3 台 75t 高温次高压循环流化床锅炉，2 台 1.5 万 kW 抽凝式汽轮发电机组。主要燃料为稻壳及玉米秸秆等，投产后年发电量为 1.65 亿 kW·h，新增供热能力 49MW，年供热量约 97 万 GJ（吉焦），年燃用生物质燃料 16 万 t，可节约标准煤 9.76 万 t/a，燃料灰含有丰富的钾、镁、磷和钙等元素，可回归土地，降低农民施肥成本，变废为宝，解决秸秆在田间焚烧问题，年减少 SO₂ 排放量 166.19t，改善了生态环境。

图 1-9　吉林众合生物质能热电有限公司

坐落于内蒙古巴彦淖尔市五原县塔尔湖镇的华鑫生物质能热电联产工程（图 1-10），针对当地农业特色，将单向线性经济调整为可再生-可持续循环经济项目，项目配套建设农业种植→秸秆收集→乙醇生产→清洁发电→饲料生产→发展养殖→有机肥料→发展种植……的可再生、可持续循环发展的产业模式，具有良好的综合经济、社会效益。

图 1-10　华鑫生物质能热电联产工程

在环境领域，人们利用微生物分解有机物获得乙醇、氢气等能源，为城市有机垃圾的再生利用、新能源发展，找到了一条途径。

6. 潮汐能

潮汐能（tidal energy）是由日、月引潮力的作用，使地球的岩石圈、水圈和大气圈中分别产生的周期性相对运动和变化的总称。地壳表层在日、月引潮力作用下引起的弹性-塑性形变，称为固体潮汐能。潮汐能是由潮汐现象产生的能源，它与天体引力有关，地球-月亮-太阳系统的引力作用和热能变化是形成潮汐能的主要来源[9]。

作为完整的潮汐科学，其研究对象应将地潮、海潮和气潮作为一个统一的整体系统进行研究，但由于海潮现象十分明显，且与人们的生活、经济活动、交通运输等关系密切，因而习惯上将潮汐能一词狭义地理解为海洋潮汐。

海洋潮汐中蕴藏着巨大的能量。在涨潮的过程中，汹涌而来的海水具有很大的动能，随着海水水位的升高，海水的巨大动能转化为势能，在落潮的过程中，海水奔腾而去，在水位逐渐降低的过程中，势能又转化为动能。据记载，世界上潮差的较大值可达 13～15m，但一般平均潮差在 3m 以上就有实际应用价值。潮汐能因地而异，不同的地区常常有不同的潮汐系统，它们都是从深海潮波获取能量，但具有各自独有的特征。尽管潮汐很复杂，但对于任何地方的潮汐都可以进行准确预报。

发展像潮汐能这样的新能源，可以间接使大气中的 CO_2 含量的增加速度减慢。潮汐是一种世界性的海平面周期性变化的现象，由于受月亮和太阳这两个万有引力源的作用，海平面每昼夜有两次涨落。潮汐作为一种自然现象，为人类的航海、捕捞和晒盐提供了方便。值得指出的是，它还可以进行发电，如图 1-11 所示，给人带来光明和动力。

图 1-11　潮汐能发电机组

加拿大于 1984 年在安纳波利斯建成一座装机容量为 2MW 的单库单向落潮发电站。建造该电站的主要目的是验证大型贯流式水轮发电机组的实用性，为计划建造的芬迪湾大型潮汐电站提供技术依据。安纳波利斯电站采用了当时世界上最大的发电机组，采用的全贯流技术，可以比灯泡机组成本低 15%。水轮机的入口直径为 7.6m，额定水头为 5.5m，额定效率达 89.1%，多年运行的结果表明，机组完好率可达 97%以上。

7. 地热能

地热能（geothermal energy）的概念有两种，狭义的地热能是指地球内部蕴藏的能量；广义的地热能是指来自地球深处的可再生热能，它起源于地球的熔融岩浆和放射性物质的衰变。由地热能的概念可知，地热能是由地壳抽取的天然热能，这种能量来自地球内部的熔岩，并以热力形式存在。地球内部的温度高达 7000℃，在 80～100km 的深度，温度会降至 650～1200℃。随着地下熔岩涌至离地面 1～5km 的地壳，热力被传送至较接近地面的地方，高温的熔岩将附近的地下水加热，这些加热了的水最终会渗出地面。运用地热能是一种简单、清洁、低成本的获取能源的重要途径。

相对于太阳能和风能的不稳定性，地热能是较为稳定的可再生能源，可以认为，地热能可以作为煤炭、天然气和核能的最佳替代能源。地热能是较为理想的清洁能源，能源蕴藏丰富，且在使用过程中不产生温室气体，对地球环境生态不产生危害。

　　地球本身就像是一个巨大的锅炉，蕴藏着巨大的热能，在地质因素控制下，这些热能会以热蒸汽、热水、干热岩等形式向地壳某一范围聚集，人类对地热能的利用，以热蒸汽最为常见，如图 1-12 所示。地热能按温度可分为高温、中温和低温三类。温度大于 150℃的为高温地热能，温度介于 90～150℃之间的属于中温地热能，大于 25℃而小于 90℃的为低温地热能。

图 1-12　人类对地热能热蒸汽的利用

　　地热能的利用前景广阔，可用于发电、烘干、城市供暖、农业灌溉、蔬菜种植、养殖业、医疗卫生、旅游度假、生活洗浴、饮用矿泉水等多种领域。

1.3　自然能的特性

　　自然能可从自然界直接获取并被人类加以利用，这是自然能的基本属性。由于不同种类自然能的成因、存在形态和转换方式不同，其具有丰富的多样特性。

1. 冷能

　　冷能是常温环境中自然存在的低温差低温热能。而地球上到处存在着温差能，如昼夜温差能、冬夏季节温差能、大气与土地间的温差能、房屋的内外温差能、物体阳面与阴面的温差能等，温差能的存在就意味着可利用能的存在。由于大自然维持环境温度的能力为无限大，而温差又无处不在，冷能的数量也就为无限大，其大量存在于空气、土壤、江河湖泊及水库中，是一种巨量的、潜在的低品位能源。中国北方昼夜温差和季节性温差变化大，自然冷能潜力巨大。已经有许多可靠的数据预测了冷能的巨大应用潜力。一般含水状态下，1m³ 土温度变化 1℃，吸收或释放约 2730kJ 热量，相当于北京地区整个冬季 0.3m² 地面日辐射能量，或 20m² 室内气温升、降 10℃所需能量的 4 倍。土冻结放出（或化冻吸收）的潜热（相变热）在 6.7×10^5 kJ 以上，可以使一间 20m^2 的房间在一个月内保持在 26℃。理论上 1m^3 冻土大约可提供该屋在 7、8 月的降温用能[1]。随着冷能利用、开发技术的进一步发展，冷能利用的领域会越来越广。

自然冷能的特性主要表现在其应用过程中。

主要优点表现为：

1）节能、环保。能源主要来自于自然界的冷能，冷能和风能、太阳能一样，是绿色能源，不产生污染。

2）冷冻法所需设备简单、操作简便。

3）不需要加入任何化学药剂、不造成二次污染，节省处理成本。

4）低温下操作不易引起挥发性成分损失和热敏性成分变性。

主要缺点表现为：

1）在水处理领域应用时，污水中成分越复杂，冷冻条件越难以控制。

2）冰的传热系数较小，为了除去妨碍冰晶生成的热量，需要尽可能大的传热界面。

3）冷能在水处理中应用时，生成的冰晶尺寸较小，固液分离比较困难，且须消耗纯水洗涤冰晶，才能保证产品水质。

4）应用过程中生成的冰坚实，不易从冷冻容器中分离。

2. 太阳能

太阳能是太阳内部连续不断的核聚变反应过程产生的能量。地球轨道上的平均太阳辐照度为 1.37×10^3 kW/m^2。地球赤道的周长约为 4.00×10^4 km，可计算出地球获得的能量可达 1.73×10^5 TW，也就是说太阳每秒照射到地球上的能量就相当于 500 万 t 煤燃烧释放的能量。然而，地球的运行轨迹特征造成气候环境表现出复杂性和多样性，使得对太阳能利用表现出优势的同时也具有一定的局限性。

太阳能的优势表现为：

1）普遍性。太阳光普照大地，无论陆地或海洋还是高山或岛屿，处处可及。可直接开发利用，且无须开采和运输，其总量为现今世界上可以开发的最大能源。

2）无害性。开发利用太阳能不会污染环境，它是清洁能源之一，在环境污染越来越严重的今天，太阳能的开发利用在推动经济建设过程中，在资源节约、减少化石能源使用和保护生态环境方面发挥重要作用。

3）长久性。根据太阳产生的核能速率估算，氢的储量足够维持燃烧上百亿年，而地球的寿命约为几十亿年，从这个意义上讲，可以说太阳的能量是用之不竭的。

太阳能的局限性表现为：

1）分散性。到达地球表面的太阳辐射的总量尽管很大，但是能流密度很低。平均说来，北回归线附近，夏季在天气较为晴朗的情况下，正午时太阳辐射的辐照度最大，在垂直于太阳光方向 1m² 面积上接收到的太阳能平均有 1000W 左右；若按全年日夜平均，则只有 200W 左右。而在冬季大致只有一半，阴天一般只有 1/5 左右，这样的能流密度是很低的。因此，在利用太阳能时，想要得到一定的转换功率，往往需要面积相当大的一套收集和转换设备，造价较高。

2）不稳定性。由于受到昼夜、季节、地理纬度和海拔高度等自然条件的限制以及晴、阴、云、雨等随机因素的影响，辐射到地面单位区域的太阳辐照度既是间断的，又是极不稳定的，这给太阳能的大规模应用增加了难度。为了使太阳能成为连续、稳定的能源，最终成为能够与常规能源相竞争的替代能源，就必须解决好蓄能问题，即把晴朗白天的太阳辐射能储存起来，以供夜间或阴雨天使用。进一步加强蓄能技术开发和理论研究是提高太阳能利用效率的重要工作。

3. 水能

水能资源利用同样具有可再生、无污染的显著特点。开发水能对江河水体的综合治理和综合利用具有积极作用，对促进国民经济发展，改善能源消费结构，缓解由于消耗煤炭、石油资源所带来的环境污染有重要意义，因此世界各国都把开发水能放在能源发展战略的优先地位。

水能资源主要用于发电（图 1-13），其优点主要表现为：

1）能源的可再生性。水能可年复一年地循环使用，是一种取之不尽、用之不竭的可再生清洁能源，与火力发电和核能发电相比对环境影响较小。

2）资源的可开发性。我国水能资源理论蕴含量为 6.8 亿 kW，主要集中在我国西南地区。

3）发电成本低。水力发电只是利用水流携带的能量，无须再消耗其他动力资源，上一级电站使用过的水流仍可为下一级电站利用，且由于水电站的设备比较简单，其检修、维护费用较同容量的火电厂低得多。

4）高效灵活。水力发电主要动力设备为水轮发电机组，不仅效率高，且启动、操作灵活，不造成能源损失，可按需供电。

图 1-13　水力发电图

5）工程效益综合性。由于筑坝拦水形成了水面辽阔的人工湖泊，可控制水流，因此水电站一般兼有防洪、灌溉、航运、养殖、给水以及旅游等多种效益，组成水资源综合利用体系。

水能资源开发利用也存在诸多不可避免的局限性，水能分布受水文、气候、地貌等自然条件的限制。水体容易受到污染，也容易受到地形和气候等多方面的因素影响，具体表现为：

1）生态破坏性。大坝以下水流侵蚀加剧，河流变化及对动植物产生影响等。

2）移民问题。基础建设投资大，搬迁任务重。

3）降水季节的影响。降水季节变化大的地区，少雨季节发电量少甚至停止发电；下游肥沃的冲积土减少。

4. 风能

风能具有总量丰富、分布广泛和清洁等特点，存在于地球表面一定范围内。经过测量与长期统计，得到地表平均风能密度的概况，以此作为该范围内风能利用的依据，通常以能密度线形式标识在地图上。风能利用的主要优点表现为：

1）永久性。风能取之不尽、用之不竭，是永久性能源。

2）可再生性。风能是清洁能源，且周而复始，表现出可再生性特征。

风能利用的主要缺点表现为：

1）能量密度低，风能量巨大但不集中。风能在标准状况下，干空气密度仅是水密度的 1/773，在相同流速下，要获得与水能相同的功率，风轮（图1-14）直径要相当于水斗式水轮机（图1-15）的 27.8 倍。但现代科学技术的发展可使风能利用技术达到新水平。

图1-14　风轮示意图

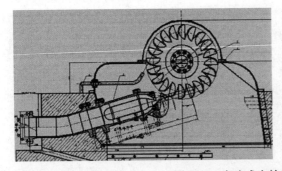

图1-15　水斗式水轮机示意图

2）风能受气象条件的影响，输出能量不稳定。风能是一个随机变量，受气压、地形、海陆位置等因素的影响，时有时无，时大时小，输出不稳定。另外，风速特别大时，风力发电机还有遭受损坏的危险。

5. 生物质能

生物质是太阳能最主要的吸收器和储存器。太阳能照射到地球后，一部分转化为热能，一部分被植物吸收，通过光合作用转化为生物质能；由于转化为热能的太阳能能量密度很低，不容易收集，只有少量能被人类所利用，其他大部分存于大气和地球中的其他物质中；生物质通过光合作用，能够把太阳能富集起来，储存在有机物中，这些能量是人类发展所需能源的源泉和基础。基于这一独特的形成过程，生物质能既不同于常规的矿物能源，又有别于其他新能源，兼有两者的特点和优势，是人类最主要的可再生能源之一。

目前生物质能是第四大能源，生物质遍布世界各地，其蕴藏量极大。世界上生物质资源数量庞大，形式繁多，其中包括薪柴、农林作物（尤其是为了生产能源的能源作物）、农业和林业残剩物、动物粪便、食品加工和林产品加工的下脚料、城市固体废弃物、生活污水和水生植物等。

生物质能利用的优点主要表现为：它是一种开发利用潜力巨大的可再生能源。据估计，到 2050 年全球生物质能贡献潜力可达 100～450EJ/a。据测算，中国理论生物质能资源为 50 亿 t 左右标准煤，是中国目前总能耗的 4 倍左右，根据《国家中长期科学和技术发展规划纲要》，到 2020 年，我国可开发生物质能资源量至少可达 15 亿 t 标准煤。可以认为生物质能也是一种潜力巨大的可再生能源，且与其他可再生资源相比，生物质能是唯一可以储存与运输的能源[10]。生物质能具有以下特点：①普遍性及易取性。其几乎不受国家和地区限制，广泛存在，且廉价、易取，产生过程简单。②生物质含挥发性组分比例高、炭活性高且易燃。在 400℃左右的温度下，大部分挥发性组分可释出，而煤在 800℃时才释放出 30%左右的挥发性组分。将生物质转换成气体燃料比较容易实现。生物质燃烧后灰分少，并且不易黏结，可简化除灰设备。③生物质能含硫量低。生物质能或生物质利用过程中 SO_2 和 NO_x 的排放量较少，可避免空气污染和严重的酸雨现象。④减少环境公害。农业生产废弃物、农林加工废弃物、人类和动物粪便、生活有机垃圾以及工业有机废弃物等都能作为生物质能的原材料，在转化成生物质能的同时，减缓废弃物对生态环境的破坏[11]。

生物质能开发利用存在的缺点主要为：

1）对生物多样性的影响。用生产生物质能高的作物替代自然覆盖植被，如森林或湿地，可能会削弱生态系统的功能，生物多样性也会降低。

2）开发利用的有限性。生物质能开发利用在其资源的自然承载力范围之内才能保持其可持续性，由于人类对生物资源的过度利用，部分地区产生土地沙漠化、水土流失、土壤肥力下降等生态退化现象，使得生物生长环境受到破坏或者丧失活力，影响生物的持续生长和生态平衡。

6. 潮汐能

潮汐能利用的主要方式是发电。潮汐能发电的工作原理与常规水力发电的原理类似，它是利用潮水的涨、落产生的水位差所具有的势能来发电。差别在于海水与河水不同，蓄积的海水落差不大，但流量较大，并且呈间歇性，从而使潮汐发电的水轮机的结构要适合低水头、大流量的特点。具体地说，在有条件的海湾或感潮河口建筑堤坝、闸门和厂房，将海湾（或河口）与外海隔开围成水库，并在闸坝内或发电站厂房内安装水轮发电机组。海洋潮位周期性的涨落过程曲线类似于正弦波。当水位达到一定的高度差（即工作水头）时，可驱动水轮发电机组发电[12]。

全球海洋中所蕴含的潮汐能约为 27 亿 kW，可供开发的占 2%左右[13]。潮汐能是一种不会带来环境污染和灾难的能源，在有条件利用潮汐能的沿海国家和地区，建设潮汐电站是一种缓解能源危机的有效方案。

潮汐发电的优点主要表现为：海洋潮汐能源可靠，可以经久不息地利用，不受气候条件的影响；海洋潮汐虽然有周期性间歇，但有明显的规律，可以通过大数据计算预报，并有计划地纳入电网运行；潮汐电站的最高库水位应低于建站前最高潮水位，以确保潮汐电站库区不会淹没土地，还可以促淤围垦，发展水产养殖。且潮汐电站的主要部分建在水下，可减少环境污染并美化环境，提高观赏性和旅游效益。

潮汐发电的缺点主要表现为：①单库潮汐电站发电有间歇性，这种间歇性周期变化和日夜周期不一致；②机电设备常和海水、盐雾及海洋生物接触，在防腐和防污等方面有特殊要求；③单位千瓦的造价较常规水电站高，大型潮汐电站的投资约为 3000～4500 美元/kW，大型河川水电站的投资只有 400～1400 美元/kW，潮汐电站的投资比河川水电站的投资高 2～7 倍。

我国潮汐能资源的主要特点为：蕴藏量十分可观；地理分布不均匀，沿海潮差以东海最大，黄海次之，渤海南部和南海最小，河口潮汐能资源以钱塘江口最为丰富，其次为长江口，余下依次为珠江、晋江、闽江和瓯江等河口。以地区而言，主要集中在华东沿海，其中以福建、浙江、上海长江北支为最多，占中国可开发潮汐能的 88%；地形地质方面，中国沿海主要为平原型和港湾型两类，以杭州湾为界，杭州湾以北，大部分为平原海岸，海岸线平直，地形平坦，并由沙或淤泥组成，潮差较小，且缺乏较优越的港湾坝址；杭州湾以南，港湾海岸较多，地势险峻，岸线岬湾曲折，坡陡水深，海湾、海岸潮差较大，且有较优越的发电坝址。但浙、闽两省沿岸为淤泥质港湾，虽有丰富的潮汐能资源，但开发存在较大的困难，需着重研究解决水库的泥沙淤积问题。

7. 地热能

在我国的地热资源开发中，经过多年的技术积累，地热发电效益显著提升。除地热发电外，直接利用地热水进行建筑供暖、发展温室农业和温泉旅游等途径也得到较快发展。全国已经基本形成以西藏羊八井为代表的地热发电、以天津和西安为代表的地热供暖、以东南沿海为代表的疗养与旅游以及以华北平原为代表的种植和养殖的开发利用格局，图 1-16 为地热能利用的展示图和实际应用图。

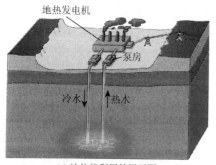

(a) 地热能利用的展示图　　　　　(b) 地热能实际应用

图 1-16　地热能利用的展示图及实际应用图

地热能利用的主要优点表现为：地热能是可再生能源；地热能分布广泛，蕴藏量丰富；地热能开发利用单位成本低（单位成本比勘探化石燃料或核能低）；建造地热厂时间短且容易。

地热能开发利用也存在一定局限性，主要表现为：初期资金投入大；受地域限制；地热能发电热效率低，有 30% 的地热能用来推动涡轮发电机；热水中矿物质含量高；会有有毒气体喷出，造成空气污染的风险等。

参 考 文 献

[1]　骆仲泱，方梦祥，李明远，等. 二氧化碳捕集、封存和利用技术[M]. 北京：中国电力出版社，2012.

[2]　马建锋，李英柳. 大气染污控制工程[M]. 北京：中国石化出版社，2013.

[3]　张津生，孙成权，傅蓉，等. 21 世纪潜在的绿色能源——自然冷能[J]. 世界科技研究与发展，1999，2（1）：51-54.

[4]　张津生，傅蓉. 自然冷能：潜在的能源[J]. 环境导报，2003，13：25-26.

[5]　赵玉文. 太阳能利用的发展概况和未来趋势[J]. 中国电力，2003，36（9）：63-69.

[6]　张闻，方力. 向大自然索取能源——可再生能源面面观[J]. 中关村，2004，（11）：56-57.

[7]　王小孟，谭江林，陈金珠. 我国生物质能源开发利用的现状[J]. 江西林业科技，2006，5：45-47.

[8] 刘存芳. 生物质能的开发及其能源化应用[J]. 陕西农业科学，2015，8：74-76.

[9] 智研咨询集团. 2017～2023 年中国潮汐能行业竞争格局及发展前景预测报告[R]. 中国产业调研网，2017.

[10] 张无敌，宋洪川，李建昌，等. 有利于农业持续发展的农村能源——生物质能[J]. 农业与技术，2001，21（4）：8-12.

[11] 孙振钧，袁振宏，张夫道，等. 农业废弃物资源化与农村生物质资源战略研究报告[R]. 国家中长期科学和技术发展规划战略研究，2004.

[12] 陈金松，王东辉，吕朝阳. 潮汐发电及其应用前景[J]. 海洋开发与管理，2008，25（11）：84-86.

[13] 谢秋菊，廖小青，卢冰，等. 国内外潮汐能利用综述[J]. 水利科技与经济，2009，15（8）：670-671.

第 2 章　冷能水处理技术

2.1　冷能水处理技术概述

冷能水处理技术源于海水淡化，早在 17 世纪中叶，就有关于用冷冻法进行海水淡化的记载。但由于技术上的原因，该方法一直没有得到广泛推广。直到1945 年，Vacino 和 Visintin 的一篇报道，才真正标志着冷冻法进入实验室研究与推广应用阶段。随后，有不少科学家相继开始了对冷冻法的研究。20 世纪 70 年代末，由于冰晶洗涤、分离困难和其他一些技术上的原因，冰冻法又相对进入低潮。90 年代至今，环保和能源问题成为困扰人类生存和发展的首要问题。具有能耗低、污染少、腐蚀结垢轻的冷冻法又逐渐引起了人们的重视。在国外，不少学者已进入该领域开展相关研究，并取得一定成果。在我国最近几十年人们也逐渐开始将其用于污废水处理。冷冻法具有独特的经济性、环保性和对废水处理的无选择性，这种独特优势使其能成为 21 世纪一种重要的废水处理新方法。冷冻法及其与其他处理工艺结合的组合工艺能有效处理污废水，并可实现废水中资源的回收。这对解决环境污染、资源合理利用等问题，实现环境效益、经济效益和社会效益的统一，建设资源节约、环境友好型社会有特殊重要的意义。

2.1.1　冷冻水处理技术国内外研究现状

1. 冷冻法在污废水处理方面的研究

冷冻水处理技术以冰与水溶液之间的固、液相平衡原理为理论基础，在低温条件下，溶液中溶剂水在达到冰点后析出冰晶，并不断长大形成冰层，在冷冻分凝过程中实现废水浓缩，杂质被留在浓缩液中，通过分离固、液相，融化冰相，即可得到较纯净的水和浓缩液。

利用冷冻法处理污废水虽然还处于探索阶段，但其已经表现出巨大的优越性。冷冻处理废水过程是在低温下运行，设备及构筑物腐蚀小，可用廉价材料建造，而且特别适合易挥发、有恶臭、有危险气体散发的工业有机废水处理；回收水可循环回用，剩余废液被浓缩，所含的有用资源还可通过母液浓缩、结晶实现回收利用，使工业废水零排放操作成为可能。文献报道采用冷冻法对杨木化学预浸渍废液进行处理，处理后废水的色度、TS 和 COD_{Cr} 分别下降 93.3%，88.3%和 90.6%。冷冻法处理所得回收水可再利用，剩余的浓废液可经重结晶分离处理或直接综合利用（如用于饲料黏结剂等），实现了高得率浆生产过程的零排放操作[1]。冷冻法处理高得率浆废液这一技术在加拿大已有成功经验，地处不列颠哥伦比亚省Chetwynd 的路易斯安那太平洋制浆厂，采用以冷冻结晶技术为主的工艺将 CTMP废液处理至零排放水平[2]。研究者对采用冰冻法从丝绸厂精炼废水中回收丝胶的可行性进行了实验研究，结果表明，不需要加入明矾混凝剂，控制 pH = 7，−24℃的条件下冰冻 11h，废液中丝胶回收率为 70%左右。回收丝胶后，精炼废水的 COD_{Cr}下降了 70%以上[3]。对采用冷冻法处理大豆乳清废水的研究结果表明，经过冷冻处理后的大豆乳清废水中乳清蛋白、大豆低聚糖及大豆异黄酮的浓缩倍数分别达到原液浓度的 2.737、3.858 和 3.120 倍，从而利于回收利用[4]。

　　冷冻法对特殊污废水处理具有特有的优点，许多生物法无法处理的废水如强酸性废水、高含盐量废水以及含重金属废水均可用冷冻法进行处理并得到满意的效果。采用冷冻法处理废酸液在我国已有应用实例。我国某生产无缝钢管的钢厂，每年产生 5000t 左右高浓度的废酸液，采用传统的直接混同酸性漂洗水处理既成本高又浪费资源且致使酸水处理设施损坏加剧。采用冷冻法对硫酸废液进行处理，取得了良好的处理效果。回收的再生酸量为原废酸量的 40%～50%，再生酸与新酸搭配使用最大限度地满足了生产要求。回收的产品收益与处理成本相抵，解决了环保设施因处理成本高而难以为继的问题[5]。在冷冻法处理浓盐废水方面，有研究者研究了冷冻法分离钻井废水中氯离子去除的可行性。初步试验表明，缓慢渐进冷冻有利于提高冰相中 Cl⁻去除率。对于 Cl⁻浓度为数千 mg/L的钻井废水，冷冻法的脱盐效果显著，去除率可达 90%以上[6]。而对于含盐量很高的气田废水（$1.75×10^5$mg/L 左右），冷冻法也具有一定的富集浓缩作用。此外，为保证废水处理效果，冷冻法常与其他工艺进行组合。有研究者采用两级冷冻分离法与反渗透组合工艺对空间站尿液进行处理，结果表明，冷冻法工艺对尿液中各种杂质均有良好的去除效果，可去除原尿液 97%以上的氨氮和有机物，以及 91%以上的盐[7]。

2. 冷冻结晶方法研究

　　依结晶方式的不同，冷冻浓缩可分为悬浮结晶冷冻浓缩法和渐进冷冻浓缩法。悬浮结晶冷冻浓缩法又称分散结晶法，其特征为将无数悬浮于母液中的小冰晶加到带搅拌装置的低温罐中，使其不断长大形成浮冰，通过不断排除冰体，使母液浓度不断增加而实现浓缩。渐进冷冻浓缩法又称标准冻结法或层状结晶法，是一种沿冷却面形成并成长为整体冰晶的冻结方法。

　　悬浮结晶冷冻浓缩法的优点是能够迅速形成洁净的冰晶且浓缩终点较大，但是冰晶与浓缩液的固液分离比较困难。目前对悬浮结晶冷冻浓缩法的研究主要集中在以下两个方面：①增大冰晶直径以减少单位体积冰晶的表面积；②有效控制结晶过程，以避免二次核的形成。从目前的研究结果来看，悬浮结晶冷冻浓缩法所能形成的最大冰晶直径仅为毫米级，小冰晶对分离造成的困难未能从根本上得到解决。因此，固液界面小的渐进冷冻浓缩法引起了众多研究者的关注。

渐进冷冻浓缩法最大的特点就是形成一个整体的冰晶，固液界面小，使得母液与冰晶的分离变得比较容易。同时其装置简单，大幅度降低了冷冻分离的成本。有研究者利用此方法发明并由日本大洋科学工业株式会社生产了冷冻分离装置，该装置可在实验室内用于少量且成分单一物质的提纯或浓缩。目前渐进冷冻浓缩法研究的问题主要有：①消除冰晶初期过冷度，以避免形成树枝状结晶；②促进固液界面的物质移动，以提高冰晶纯度；③增大料液与传热面的接触面积，以提高浓缩终点与浓缩效率；④开发适用的装置，以应用于更大规模的生产。

3. 冷冻法的应用

冷冻法在国内的应用不多，在国外主要用于食品、医药、海水淡化及污废水处理等领域。有研究者依据冷冻浓缩目的和应用对象进行了统计[8]，如表 2-1 所示。

表 2-1　冷冻浓缩应用研究实例

浓缩目的	应用对象
减少液体体积，利于厂内储存和处理	RUH 啤酒的浓缩
降低采摘后的运输及储存费用、降低容器费用	橙汁浓缩
提高现存物质的浓度，否则因含量太低而无法分析或反应	海洋学家的实验室浓缩装置
生成结晶、回收不溶性有机和无机盐	用海水生产磷酸铵
提高可食用液体的糖含量至延缓腐败的程度	果品糖浆
海水制备纯水，用作饮用水或其他用途	海水脱盐
制作较浓的液体，使之可较为经济地干燥	速溶或可溶咖啡
在保藏过程中恢复已稀释保藏渣的浓度，制成新型液体产品	腌渍液的浓缩
制成新型液体产品	由浓缩啤酒制麦曲
将渣体中某些成分的浓度提高到可描述程度	葡萄酒浓缩提高乙醇量
通过较早产生不溶物或悬浮物沉淀加速反应过程	冷冻浓缩降低啤酒的陈化时间
提高固性物浓度，使之排除较为经济	浓缩污水
对产品进行处理，阻止运输期间腐败	出口葡萄酒的冷冻浓缩

2.1.2　冷能水处理技术分类

从能源利用方面，冷冻法可分为两种[9]：一种是自然冷冻法，即利用自然界的冷能，对溶液进行冷冻浓缩，以达到净化或者浓缩的目的；另一种是人工冷冻法，即利用人工制冷剂作为冷能，对溶液进行冷冻浓缩，以达到净化或者浓缩的目的。它是利用冰与水溶液之间的固液相平衡原理，将水溶液中的一部分溶剂水以冰的形式析出，并将其从液相中分离出去使溶液浓缩的方法。该方法具有可在低温下操作、气液界面小、溶质的劣化及挥发性芳香成分的损失可控制在极低水平等优点。

1. 自然冷冻法

（1）自然冷冻法的类型

有关专家指出：自然冷能是一种潜在的、很有开发价值的能源。自然冷冻法利用自然冷却及溶液的冷冻分凝原理使废水中的溶剂水结晶析出，通过相分离得到较纯净的冰和浓缩液。目前关于自然冷冻的研究与应用主要有三种类型：喷雾冷冻法、缓流冷冻法和界面渐进冷冻法。

1）喷雾冷冻法。

喷雾冷冻法是通过特殊设计的喷嘴将废水分散雾化成小的液滴或雾滴，喷射到冷的环境中，水滴在落向地面的过程中部分凝结成冰晶或雪花，实现冷冻分凝过程，并将一些杂质排除在外；污染物的去除一般依赖于未结成冰的浓缩液的排除。

2）缓流冷冻法。

缓流冷冻法是通过引导废水从入口端以层流形式缓慢流至出口端（一般底边设有一定坡度），水分子在冷空气下结冰，由底部积累形成冰层，未冻结的废水沿冰层流向出口排出收集。成冰过程对杂质的排斥作用使得融冰中污染物得到去除，径流中污染物得到浓缩。

3）界面渐进冷冻法。

界面渐进冷冻法模拟了冬季自然条件下水塘中的冷冻现象，即在外壁和底部都处于绝热状态时，由上至下地渐进冷冻。该方法可沿冷却面形成并成长整体冰晶，随着冰层在冷却面上的生成并成长，在固液相界面，溶质从固相侧被排除到液相侧。这一渐进冷冻法可以避免悬浮结晶时水溶液中的其他固体物质引发形成不均质核，从而极大限度地避免各种固体物质进入冰晶。但是，由于界面渐进冷冻法的固液界面小，结冰后冷能传递过程慢，冷冻速度受到限制，难以大规模应用；此外，从固体壁面上去除冰层也是技术难题。

　　渐进冷冻分离过程是传热、传质同时进行的传递过程，在冰晶的生长过程中，涉及两个基本的过程，水分子从溶液主体排列到冰晶颗粒表面，并在冰晶颗粒表面沉积，同时溶质分子从冰晶颗粒逃逸到主体溶液中。

　　在理论上，冷冻分离后得到的冰晶，其融冰水可以去除水中的所有污染物，纯度可以达到100%，但是在实际实验中，冷冻场很难达到可逆状态，骤冷会使冰晶从污水中快速析出，包含一定的母液和杂质，致使冰晶纯度大大降低，得到的融冰水中污染物的去除率远低于100%。为了得到更高纯度的出水，研究中采用多级冷冻提高融冰水的纯度。

　　（2）自然冷冻法的应用

　　在寒冷地区，对果酱制造厂和油砂工业的工业废水采用喷雾式降温结冰的方法处理的研究已得到了实际应用[10,11]。这两种工业多设在寒冷地带，并且废水排放量大。采用自然冷冻的方法，充分利用环境优势，根据冷冻原理喷洒冰雾，将排放出来的废水冰冻结晶，在这一过程中，杂质被排除在纯冰之外，浓缩到液相中，从而达到提纯分离的效果（TOC去除率可达77%；COD_{Cr}去除率可达70%）。事实证明，此方法是实用可行的，在寒冷地带能够克服环境条件的影响，达到高效低耗的效果。

　　另外，据文献记载，有利用冷冻分离原理采用人工造雪法进行自然冷冻垃圾渗析液处理的研究。人造雪降温可导致其中物质产生迁移和相变特征，使渗析液中的杂质和有机化合物被排斥在冰体外的剩余液中，达到处理效果；将冷冻分离技术应用到航空中，实现宇航室内的废水循环回用，从而减轻航行负荷。利用自然冷冻法处理富锂碳酸盐型卤水取得了较好效果。西藏扎布耶盐湖卤水富含碳酸锂，按常规盐湖水日晒蒸发法开发该湖中的锂资源，则夏季液相Li^+的浓度只能达到1.7g/L，冬季液相Li^+的浓度最高也只能到2.8g/L，无法进行Li^+的更高富集。中国地质科学院盐湖与热水资源研究发展中心实验研究小组在实验研究中发现，采用自然冷冻法可以降低卤水中的CO_3^{2-}含量，从而有利于液相中Li^+的更高富集[12]。

　　（3）我国自然冷能分布情况

　　我国大部分地区处于大陆性气候区，气温的昼夜变化大，比起低平原海洋气候区，自然冷能潜力要大得多，具有得天独厚的地理优势。哈尔滨每年一月平均气温在-19.4℃，白天午后最高气温平均也在-13℃左右。东北最北部是我国冬季最冷的地区，一月平均气温在-30℃左右，黑龙江和内蒙古的北纬45°以北的地区一月平均气温在-20℃以下，北纬40°附近升到-10℃左右，北纬33°~34°秦岭—淮河一线则在0℃上下。我国西部地区中，以新疆北部最冷，一月平均气温都在-15~-20℃左右；南疆塔里木盆地纬度偏南，又有天山这道自然屏障，阻挡南下的冷空气，一月平均气温多在-6～-10℃。此外，我国北方大部分地区年平均日最低气温≤0℃的日数均在 200 天以上，具备开发应用冷能资源的优势。

2. 人工冷冻法

自 20 世纪 50 年代末人工冷冻法开始受到学者们关注，随着实验及理论研究的积累，该方法已取得长足进展。其因能耗较低、有利于保护溶液中热敏物质不受破坏等优点，在食品工业及制药工业中被视为可能替代主流蒸发浓缩工艺的技术，在国内外都有着大量的研究或应用。冷冻浓缩技术始于海水淡化，后来逐渐发展到造纸、化工、制药等工业废水净化领域，在日本、加拿大、英国、新加坡和荷兰等国家已有实际应用。针对自然冷冻场的季节性和冷冻速率的不可控性，人们开始关注人工冷冻法。人工冷冻法需要采用机械制冷的方式来运行浓缩等操作。根据冷冻目的的不同可将现有的研究应用分为 2 种：冷冻浓缩工艺和共晶冷冻结晶工艺。其中前者旨在实现目标溶液的浓缩和回收纯水；后者则以同时实现纯水回收和无机盐结晶为目的。

（1）人工冷冻浓缩工艺

1）人工冷冻浓缩原理。

冷冻浓缩技术是利用溶液中冰与水溶液之间固液相平衡的一种浓缩方法，将温度降至液态原料中水分的凝固点之下，将待浓缩溶液中的水分以冰晶的方式去除，从而提高溶液的浓度，达到浓缩的目的[13]。在废水冷冻浓缩实现相分离的过程中，固相冰与母液的关系可用相平衡图表示，如图 2-1 所示。

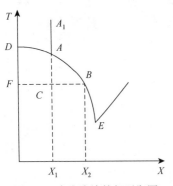

图 2-1　冷冻浓缩的相平衡图

图中横坐标表示溶液的浓度 X，纵坐标表示溶液的温度 T。曲线 $DABE$ 是溶液的冰点线，D 点是纯水的冰点，E 是低共溶点。当溶液的浓度增加时，其冰点是下降的（在一定的浓度范围内）。某一稀溶液起始浓度为 X_1，温度在 A_1 点。对该溶液进行冷却降温，当温度降到冰点线 A 点时，如果溶液中无"冰种"，则溶液并不会结冰，其温度将继续下降至 C 点，变成过冷液体。过冷液体是不稳定液体，受到外界干扰（如振动），溶液中会产生大量的冰晶，并成长变大。此时，溶液的浓度增大为 X_2，冰晶的浓度为 0（即纯水）。如果把溶液中的冰粒过滤出来，即可达到浓缩目的。这个操作过程即为冷冻浓缩。设原溶液总量为 M，冰晶量为 G，浓缩液量为 P，根据溶质的物料平衡，有

$$(G+P)X_1 = PX_2 \tag{2-1}$$

或

$$\frac{G}{P} = \frac{X_2 - X_1}{X_1} = \frac{BC}{FC} \qquad (2\text{-}2)$$

上式表明，冰晶量与浓缩液量之比等于线段 BC 与线段 FC 长度之比，这个关系符合化学工程精馏分离的“杠杆法则”。根据上述关系式可计算冷冻浓缩的结冰量。当溶液的浓度大于低共溶点浓度 X_E 时，如果冷却溶液，析出的是溶质，使溶液变稀，这就是传统的结晶操作。所以冷冻浓缩工艺与结晶工艺是相反的。要应用冷冻浓缩工艺，溶液必须较稀，其浓度须小于低共溶点浓度。

2）人工冷冻浓缩分类。

冷冻浓缩过程的结晶形式有两种：一种是结冰发生在搅拌的悬浮液中，通过大量悬浮分散于母液中冰晶的成长、分离而达到浓缩的方式称为悬浮结晶冷冻浓缩法；另一种是稀溶液中的水分在冷面形成厚厚的冰层，冰层可以在部分融冰后脱离器壁，之后再进行手工分离，这种方法称为渐进冷冻浓缩法。

i）渐进冷冻浓缩法。

渐进冷冻浓缩法是一种沿冷却面形成并成长为整体冰晶的冻结方法。随着冰层在冷却面上生成并成长，界面附近的溶质被排除到液相侧，液相中溶质质量浓度逐渐升高从而实现浓缩。渐进式冷冻浓缩为层状冻结或规则冻结，研究发现，其冻结方式属于单向冻结，即在冷冻浓缩装置中热的传递为单一方向。因此，渐进式冷冻浓缩一般是在板式、管式、转鼓式和带式设备中进行，浓缩过程中产生的冰晶依次附着在先前溶液冷冻浓缩时所形成的冰晶表面。运用该浓缩方法得到的冰晶一般为棒状或针状，并带有垂直于固液界面的不规则断面。

与悬浮结晶冷冻浓缩法不同，渐进冷冻浓缩法可形成一个整体的冰晶，使得母液与冰晶更易分离，这一方法近年来受到国内外学者的广泛关注。他们认为这种方法与悬浮结晶法相比，设备简单许多，从而大大降低了成本。有研究者采用葡萄糖模拟废水和螺旋盘管冷冻装置研究了废水流速和冷冻温度对渐进冷冻效率的影响，其装置浸泡在冷却液中，盘管内为不断循环流动的模拟废水溶液。研究结果表明，废水流速越高，形成冰晶的纯度也越高；同时冰晶纯度随着冷却液温度下降而降低。日本学者对渐进冷冻法处理废水进行了一系列研究，按照由简到繁的程序，逐步探索反应器的型式及不同环节的操作方式，并开发出了一套自动化中试处理系统。在不同的研究阶段，探索了冰层纯度的影响因素，并重点关注了种冰、混合方式、冷却液流速等因素。在深入研究种冰加入对管状冰形成的影响的过程中发现，种冰的存在可消除过冷却现象，种冰的加入可使得管状冰有着平滑的表面，并取得了更高的纯度。同样地，有研究者以葡萄糖水溶液代替实际废水成功进行了中试研究，并在废水冷冻前，先将洁净水通入制冰器 5min 以生成洁净冰层作为种冰。然后再将模拟废水通入，通过控制冷冻剂的温度、冷冻时间、废水及冷却液流速获得了高纯冰和高成冰率，并利用冷冻剂热交换后生成的热气体实现了冰与容器壁的分离。

ii）悬浮结晶冷冻浓缩法。

悬浮结晶冷冻浓缩法的特征为无数自由悬浮于母液中的小冰晶，在带搅拌的低温罐中长大并不断排出，使母液浓度增加而实现浓缩。其工作流程为：先将热式交换器内表面细小的冰晶刮除后排入再结晶罐中。根据奥斯特瓦尔德原理，在结晶罐中小冰晶融化、大冰晶生长，从而得到较大且数量相对少的晶核，可提高冰晶的纯度。当浓缩液的浓度达到预设标准浓度时（如果达不到预设标准，可通过再循环进行多级冷冻达到要求），冰晶通过洗净塔排出，冲洗冰晶，回收冰晶表面附着的浓溶液[14]。

悬浮结晶冷冻浓缩冰晶的成核速率与溶质浓度关系较大，一般随着溶质浓度的增加冰晶成核速率加快，并与溶液的过冷度成正比。该冷冻浓缩方法发生于搅拌的待浓缩物料内，产生的冰晶粒度与诸多因素有关，如溶液浓度、提供到结晶罐的冷媒的过冷度、冰晶在结晶罐内的停留时间等。在浓缩过程中会出现局部过冷度较高，其原因在于浓缩产生的结晶热不能均匀分布，导致整体悬浮液温度在各个点会有所不同，而在这些点，虽然晶体成长速度较慢，但是晶核形成速度快于晶体成长速度，从而需要外部作用（指提高搅拌速度等）使温度在主体液中均匀分布，使局部与整体温度尽量均匀化，从而有效控制晶核形成速度和冰晶生长速度。

（2）共晶冷冻结晶工艺

共晶冷冻结晶（eutectic freezing crystallization，EFC）是一种处理高含盐量废水并获得纯水和高纯度盐的新技术。

以二元水盐体系为例，如图 2-2 所示。其中 D 点为共晶点，达到此点温度时，冰、盐及饱和溶液三相共存。当质量分数为 W_A，温度为 T_A 的盐溶液被冷却至 B 点时，冰开始析出；继续降温，溶液逐渐沿着 BC 线被浓缩直至到达共晶点 D，此时冰和盐会同时从液相结晶出来；利用两种结晶与溶液之间的密度差异，冰上浮，盐下沉，极易实现分离；最终得到纯盐和纯水。自 20 世纪 90 年代末至今，荷兰 Delft 理工大学和南非开普敦大学 Lewis 等多位学者相继对共晶冷冻结晶工艺进行了大量研究，并取得了卓有成效的进展。

荷兰学者结合实验和热力学模型建立了准确测定冰、盐平衡共存时共晶溶解曲线的方法，并成功设计开发了两种共晶冷冻结晶反应器——盘塔式冷却结晶器和刮壁式冷却结晶器。他们专注于结晶器的机械设计和提高热交换效率，并在结晶动力学方面进行了深入研究，提出设计结晶器最重要的参数是传热速率和分离效率，认为传热效率决定了冰晶的产率。

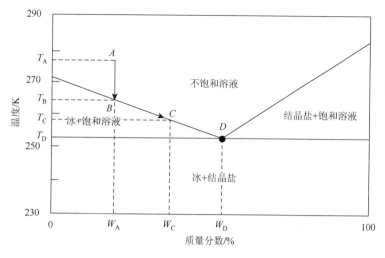

图 2-2　二元水盐体系相图

EFC 与传统的蒸发结晶相比能耗低、操作温度低、对材质要求不那么苛刻，尤其有利于热敏性物质的分离。众所周知，大部分无机盐都是采用蒸发结晶的方式来制备，将体系中的水蒸发需要大量能耗，因为水的蒸发潜热要远远大于它的结晶热，常压下水的结晶热（6.01kJ/mol）仅为其蒸发潜热（40.65kJ/mol）的 1/6 左右，该方法可以用于某些无机盐的制备、工业废水的处理等[15, 16]。在早期的研究中，研究者们对比 EFC 与多级蒸发结晶的能耗发现，从相应的溶液中实现五水硫酸铜、硫酸镁溶液和冰的结晶分离，采用 EFC 工艺可比传统蒸发结晶法分别节能 70%和 60%以上，这些研究充分证明了 EFC 在废水浓缩结晶方面具有良好的节约能源的优势。

2.2　冷能水处理技术原理

2.2.1　冷冻净水原理

从结晶学角度考虑，冰晶的形成包括成核和生长两个过程，当溶液温度在冷场中降到冰点时，会有晶核产生；当溶液冷却到冰点温度以下时，系统会自发产生冰晶。而在过冷过程中，水体表层温度骤降，使该层的污染物溶解度降低，随着温度下降，部分污染物快速析出，它们增大了形成临界尺寸冰核的可能性，促使水体异相成核并加快冰层的形成[17, 18]。冰层的形成，造成了水与冷冻场的隔离，降温速度得以缓解，冷能能够相对平稳地传递，使水分子能够在平衡状态下平稳析出，且晶核生长速度大于成核速度，水分子慢慢从溶液中析出，形成洁净冰体。

而晶体生长速率与水分子加到晶核上去的速率，以及液体-固体界面状态有关，界面附近的水分子只需通过界面跃迁就可附着于晶核表面。此时，体系中存在溶质和溶剂两种扩散，即水分子和污染物分子的扩散，其扩散的推动力均为浓度差。在固液界面附近，水分子在氢键作用下缔结析出，附着在表层冰层上，同时将污染物分子挤出，逃逸至溶液中，如此，固液界面附着的水分子含量远低于整个液相中的水分子含量，而污染物分子的含量则远高于整个液相中的污染物分子含量。在浓度差的推动下，液相中的水分子向固液界面处扩散，固液界面处的污染物分子向液相扩散[19]，如图 2-3 所示。

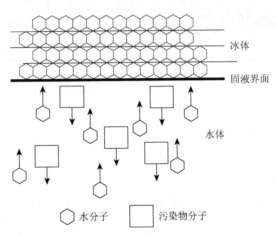

图 2-3　冷冻过程中水分子和污染物分子的运动模型

2.2.2　成核与生长理论

溶液冷冻时，水变为冰，从溶液中析出，其过程包括三个步骤：过冷、成核和晶体的生长。过冷是指当液体除去显热，温度低于其最初冻结点，但并无相变发生时，溶液处于亚稳态。冰晶形成阶段是一个动力学过程，结晶速率受到水扩散至冰晶表面及溶质离开冰晶表面的扩散速率的控制。在最初冻结时，水分子呈现出一种有序排列，当分子簇达到一定尺寸时，就形成了稳定的晶核，即成核过程。在成核过程中，与分子能量状态和相转变相关的焓以潜热形式释放，采用速冻工艺和快速搅拌，均有利于广泛成核。晶体的生长则是指更多水分子到达晶核表面，晶体不断变大的过程。从整个结晶过程来看，成核和晶体的生长两个过程起了决定性作用。

1. 成核理论

结晶时，过冷液体中的成核过程有均相成核和异相成核两种[20]。由液体内部的能量或密度变化而引起的成核过程称为均相成核（homogeneous nucleation）。过冷溶液中各处的成核概率均相等，由于分子热运动的随机性，溶液系统中出现局部瞬间分子过浓形成异相分子簇，进而形成晶种，当晶种大于临界尺寸时就成为晶核。研究发现，对于很纯的微小水滴，到-40℃或更低的温度还未结冰，即均相成核温度 T_h 很低；由液体中的杂质、容器壁面及人工置放引起的成核称为异相成核（heterogeneous nucleation），相应的成核温度称为异相成核温度 T_{het}，异相成核所要求的过冷度要比均相成核小得多，对于体积较大的水体，一般均具有异相成核的条件，因此只要温度达到零下几摄氏度就能形成冰晶核。

（1）均相成核

溶液过冷时，将会出现结晶现象，经典的成核理论认为成核是由于分子聚集体的成长而形成的。而分子聚集是由于单个分子的叠加，它同时带来了两个结果：其一，使得系统的自由能减小；其二，由于表面积的增加导致了表面自由能的增加，当系统自由能的减少超过了表面自由能的增加时，就生成了一个晶核。系统的能量变化可由下式表示：

$$\Delta G(r) = (4/3)\pi r^3 \Delta G_v + 4\pi r^2 \sigma_\infty \qquad (2\text{-}3)$$

式中，$\Delta G(r)$ 为系统自由能变随聚集体半径 r 的变化；ΔG_v 为在成核温度下冰与水之间的自由能变，$\Delta G_v = G_{ice} - G_{liquid}$；$\sigma_\infty$ 为冰-水界面上单位面积的自由能。

$\Delta G(r)$ 值随 r 的变化情况如图 2-4 所示。可以看出，当 $r < r^*$ 时表面自由能的增加大于体积自由能的增加，这时晶胚将形成稳定的新相并成长为晶核。r^* 被称为临界半径，可以简单地由下式求得：

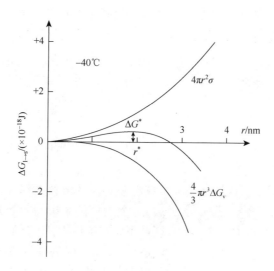

图 2-4 自由能变随晶体半径的变化

$$\frac{\partial(\Delta G(r))}{\partial r} = 0 \tag{2-4}$$

$$4\pi r^{*2}\Delta G_v + 8\pi r^* \sigma_\infty = 0 \tag{2-5}$$

$$\Delta G(r^*) = 16\pi \sigma_\infty^3 / \Delta G_v^2 \tag{2-6}$$

$$r^* = -2\sigma_\infty / \Delta G_v \tag{2-7}$$

对给定体积的水，可由玻尔兹曼（Boltzmann）分布估计其临界晶核数：

$$n(r^*) = n_1 \mathrm{e}^{-\Delta G/kT} \tag{2-8}$$

式中，n_1 为液相中单位体积内的分子数；k 为 Boltzmann 常量。

图 2-4 同时也描绘了由经典成核理论描述的系统自由能变随 r 的变化趋势。由图可知，系统自由能是正的表面能和负的驱动力势之和。同时可知，对于所有的结晶情况，ΔG^* 总为正值，这表明结晶时结晶势垒是不可避免的。

均相成核过程中晶核的生成速率受到两个因素的制约。

由于总体驱动力势

$$\Delta G_v = RT \ln(P_i / P_1) \tag{2-9}$$

在忽略比热容的影响时，

$$\Delta G_v = T \Delta H_f \Delta T / T_m^2 \tag{2-10}$$

式中，P_i 为冰的蒸发压力；P_1 为过冷液体的蒸汽压；T 为过冷液的温度；ΔT 为过冷度。

因此，由式（2-10）可知，过冷度的增加将使 $|\Delta G_v|$ 增大，对照式（2-5）及式（2-6）可知，晶核的临界半径 r^* 及成核势垒都将减小，使成核更为容易，但是低的过冷度也意味着较低的温度。这时质点的可动性将降低，使液相向固相的转变变得更为困难，不利于晶核形成。综合上述两个因素，在单位时间，单位体积的成核率 J 可由下式表示：

$$J \approx \frac{n_1 kT}{h} \exp\left(-\frac{\Delta G^*}{kT}\right) \exp\left(-\frac{\Delta G'}{kT}\right) \tag{2-11}$$

式中，h 为普朗克常量；ΔG^* 为临界成核势垒；$\Delta G'$ 为扩散势垒，表示质点穿越液固界面时的扩散活化能。

式（2-11）说明，成核率是受成核势垒控制的成核概率 $\exp(-\Delta G^*/kT)$ 和受扩散势垒影响的成核概率 $\exp(-\Delta G'/kT)$ 两个因素的影响。在过冷度 $\Delta T \to 0$ 时，$\Delta G^* \to \infty$，这时成核概率 $\exp(-\Delta G^*/kT) \to 0$；而在较大过冷度时，由于 $\Delta G'$ 受温度的影响较小，这时由于 T 变小，成核概率 $\exp(-\Delta G'/kT)$ 也将随之下降。这两个因素的综合作用结果使得成核率 J 在过冷度较小时，由于成核势垒的增加，也只能有一个较小的值，随 ΔT 的增大，成核率 J 将迅速增加。但是过大的 ΔT 将使扩散成核概率 $\exp(-\Delta G'/kT)$ 下降，这时 J 值也随之下降。Turnball 将式（2-11）作了简化，将成核率 J 表示为下式：

$$J = \frac{K_n}{\eta} \exp[-b\alpha^3\beta/\theta^3(\Delta\theta)^2] \tag{2-12}$$

式中，K_n 为模型常数；b 为与晶核有关的常数；η 为黏性系数；$\theta = T/T_m$，$\Delta\theta = (T_m - T)/T_m$；$\alpha$、$\beta$ 为两个无量纲数，由以下两式给出：

$$\alpha = (NV^2)^{1/3}/\Delta H_f \tag{2-13}$$

$$\beta = \Delta H_f / RT_m = \Delta S_f / R \tag{2-14}$$

式中，N 为阿伏伽德罗常量；V 为晶核的偏摩尔体积。

Franks 给出了成核率 J 随约化过冷度 $\Delta\theta$ 的变化曲线（图 2-5）。由图可见，在约化过冷度较大和较小时，$\lg J$ 值都很小。对于水，$\alpha\beta^{1/3} = 0.4$，其最大的稳定约化过冷度 $\Delta\theta = 0.14$，这时 J 约为 $10^{24}\mathrm{m^3/s}$，显然如此大的成核率在一般情况下非常容易形成晶体，而不可能达到玻璃态。

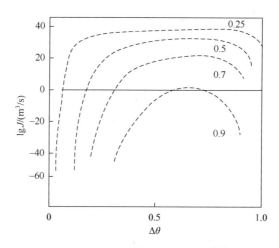

图 2-5　不同过冷度条件下均相成核率随约化过冷度的变化

（2）异相成核

在液相中，如存在其他相杂质时，这些杂质往往会成为成核的基体。由于液相中杂质存在的普遍性，异相成核比均相成核更为常见。均相成核时晶核是由于热起伏等因素而产生的，其固液界面是"无中生有"。在异相成核过程中界面已经存在，晶体的生长是由低能量的晶核和成核基体取代原先的界面，这种界面取代比界面产生所需能量小。即其成核势垒小，所以异相成核将在比较小的过冷度下发生，异相成核如图 2-6 所示。

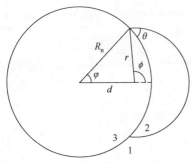

图 2-6 异相成核示意图
1-液态水；2-冰晶胚；3-成核基体

若假定成核基体是半径为 R_n 的球体，晶胚为半径是 r 的球冠，θ 为其接触角，晶胚形成时，系统的自由能变化为

$$\Delta G = \Delta G_v V_2 + \sigma_{12} A_{12} + (\sigma_{23} - \sigma_{13}) A_{23} \quad (2\text{-}15)$$

式中，A_{ij} 为 i 相与 j 相之间的界面面积；V_2 为冰晶的体积。

液态水、晶胚和基体间的表面张力的平衡关系可由下式表示：

$$\eta = \cos\theta = (\sigma_{13} - \sigma_{23}) / \sigma_{12} \quad (2\text{-}16)$$

同时有

$$\begin{cases} A_{12} = 2\pi r^2 (1 - \cos\phi) \\ A_{23} = 2\pi r^2 (1 - \cos\varphi) \\ V_2 = \dfrac{1}{3}\pi r^2 (2 - 3\cos\phi + \cos^3\varphi) - \dfrac{1}{3}\pi R_n^3 (2 - 3\cos\varphi + \cos^3\phi) \end{cases} \quad (2\text{-}17)$$

而

$$\begin{cases} \cos\varphi = (R_n - r\eta) / d \\ \cos\phi = -(r - R_n) / d \\ d = (R_n^2 + r^2 - 2rR_n\eta)^{1/2} \end{cases} \quad (2\text{-}18)$$

可得异相成核时的临界晶核半径 r^* 和临界成核势垒 ΔG^*：

$$r^* = -\frac{2\sigma_{12}}{\Delta G_v} \quad (2\text{-}19)$$

$$\Delta G^* = \frac{8\pi\sigma_{12}}{3(\Delta G_v)^2} f(\eta, x) \quad (2\text{-}20)$$

其中：

$$x = R_n / r^* \quad (2\text{-}21)$$

$$f(\eta, x) = 1 + \left(\frac{1 - \eta x}{g}\right)^2 + x^3\left(2 - 3\left(\frac{x - \eta}{g}\right) + \left(\frac{x - \eta}{g}\right)^3\right) + 3\eta^3\left(\frac{x - \eta}{g} - 1\right)$$

$$(2\text{-}22)$$

$$g = (1 + x^2 - 2\eta x)^{1/2} \quad (2\text{-}23)$$

图 2-7 给出了 $f(\eta, x)$ 随 x 的变化情况，由图可见，随 x 增大，$f(\eta, x)$ 是减小的，这时 ΔG^* 也减小，这反映 R_n 增大时容易成核，或者同一种成核基体在凸面上要比平面或凹面更易成核，由于 $-1 \leqslant \eta \leqslant 1$，对相同的 x，η 越大成核势垒越小，较大的 η 也反映了湿润程度较大，这时杂质基体与晶体之间的界面能 σ_{23} 较小，所以利于成核。采用冷冻技术对污废水进行处理的过程中，水的结晶即属于异相成核。

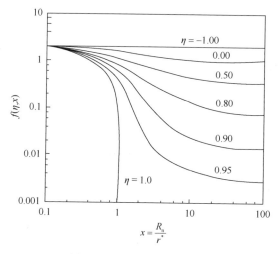

图 2-7　$f(\eta, x)$ 随 x 的变化

2. 晶体生长理论及成核速率

（1）晶体生长理论

冷冻浓缩过程中，晶体的生长是在过冷溶液中晶核存在的基础上，水分子不断地附着到晶核表面，使得晶核不断增大的过程。形成的理想晶体是溶液中水分子有序排列后形成的一个纯净的固体。然而在实际污废水冻结过程中，常常会生成树枝状冰晶，树枝状冰晶生长现象受到人们的注意已经有上百年历史了，但仍存在许多无法合理解释的问题。

晶体生成和生长所必需的环境是溶液中过冷度的存在。当将溶液逐步降温至过冷时，由于热扰动或起伏，在固液界面上因干扰所产生的凸缘将快速地生长，由于凝固潜热提高了凸缘周围的温度，而尖端处潜热的散发要容易得多，因而凸缘尖端向前的生长速率要比横向生长速率大得多，这样就形成了细长的晶体，或称主干，主干生长以后，主干和未冻溶液的界面也会受到一些干扰因素的影响而产生分枝，但对于分枝的产生目前还没有统一的结论[21]。有研究者认为，溶液稳定性遭到破坏是引起主干的尖端变钝及形成分枝的原因，由于主干周围界面也是不稳定的，界面处也会出现如前所述的类似的许多凸缘，这些凸缘的生长就形成了许多第一分枝，而由于第一分枝的不稳界面会产生第二、第三及第四分枝等，从而形成枝晶或树枝状晶体。从宏观角度看，过冷液体中枝晶的产生是为了能更快释放凝结热，但是枝晶的分枝并非如树枝般无规则，其分枝的方向呈现出一定的规则，并有重复性，因而枝晶的生长必定还受到另外一些因素的影响。

（2）成核速率

单位体积母相内，单位时间出现核的数目称为成核速率。在一定过冷度下，存在

$$K = n_r/n$$

式中，n_r 为半径为 r 的晶胚数；n 为母相中可以成核的位置数。设 K 为平衡常数，ΔG 为成核自由能，则有

$$\frac{\mathrm{d}n}{n} = -\frac{\Delta G}{kT} \tag{2-24}$$

$$\int_n^{n_r} \frac{\mathrm{d}n}{n} = \ln \frac{n_r}{n} = -\frac{\Delta G}{kT} \tag{2-25}$$

$$\frac{n_r}{n} = \mathrm{e}^{-\Delta G/kT} \tag{2-26}$$

$$N_1 = n\mathrm{e}^{-\Delta G/kT} \tag{2-27}$$

式中，N_1 为与过冷度有关的成核速率；k 为玻尔兹曼常量；T 为热力学温度。晶体成核需消耗的母相，与扩散迁移能 Q 有关，其成核速率表示为 $N_2 = A\mathrm{e}^{-Q/kT}$，总的成核速率

$$N = N_1 N_2 = n\mathrm{e}^{-\Delta G/kT} A\mathrm{e}^{-Q/kT} \tag{2-28}$$

从上式可以看出：①过冷度 T 增大，从热力学角度讲，有利于成核速率的增加；②过冷度 T 增大，受扩散迁移能 Q 的影响，从动力学讲，不利于成核；③成核速率有一最大值。

溶液的过冷度、冷却速率以及溶液中溶质的性质和浓度都将影响冰晶的生长速率和形态。在较小的过冷度和较慢的冷却速率下，冰晶的生长是在近似平衡的条件下进行的，这时往往会形成大而完全的结晶，在很大的冷却速率下，晶体的生长将是不完全的。对于纯水，结晶时冰晶总是形成六边树枝形，而在水溶液中会形成致密块状、规则排列的树枝状、不规则树枝状及球形等四种形状，而各种结晶形状的形成是由各向生长速率不同而造成的[22]。在均相或异相成核后，形成的晶核以不同的速率向各个不同方向扩展。晶体生长的快慢，可用线生长速率来表示，其值和溶液中的过冷度有着密切的联系，也会受到溶液性质和浓度的影响。有研究者发现，在一定的过冷度下，晶体的生长速率随浓度的增大而增大。但到了某一临界浓度值后，冰晶生长速率将减小，最后很高浓度情况下，其生长速率将远小于纯水中冰晶的生长速率。

过冷溶液内溶质对冰晶生长速率的影响主要是由以下几个因素造成的：

1）溶质可能使溶液的热扩散系数改变；

2）析出的溶质可能会聚集在固液界面上，从而降低了液体的平衡温度；

3）溶质可能会吸附到生长中晶体的表面；

4）溶质将改变水分子的活性，从而影响它们组成晶格的速率。

以上几个原因并不能很好地解释观测到的生长速率增快的现象。不过从成核的机理来说，溶质浓度增加，意味着水的纯度变差，有利于成核过程，使冰晶的

生长速率增加，但当溶液浓度进一步增加时，以上列出的几个作用机理的综合抑制效果超过了成核的作用，冰晶生长反而会受到抑制。

2.3 冷能水处理技术研究与应用

2.3.1 冷能处理技术处理染料废水

1. 溴氨酸废水人工冷冻分离

自然冷冻场由于其冷冻条件（如冷冻温度、风力、天气情况等）的不可控性，不利于对废水的冷冻分凝规律进行研究，为了揭示冷冻过程中的本质规律，将复杂问题分解成单一因素，再综合考虑因素之间的相互关系。因此，先在人工模拟冷冻场中对废水的冷冻分凝规律进行研究，人工模拟冷冻场由低温冰箱提供，温度可调，温度范围为$-30\sim0℃$。

利用冷冻法处理废水所必需的两个步骤为：①高纯度冰晶的产生；②冰晶与浓缩液的分离。而获得高纯度的冰晶又是整个冷冻法处理工艺的关键。影响冰晶纯度的因素有许多，本节主要从冷冻时间、冷冻温度、溶液初始浓度等三个方面对其进行探索。试验装置如图 2-8 所示。

将水样置于冷冻装置中，让其在冷冻场中自上而下冻结，一定时间后，分离冰样与母液。通过控制冷冻场温度、冷冻时间、废水的初始浓度

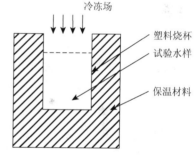

图 2-8 室内冷冻装置示意图

来改变冷冻条件，通过测定不同条件下不同冰层融冰的COD_{Cr}、TOC 和吸光度的值，评价冷冻时间、冷冻温度和溶液初始浓度对冰晶纯度的影响。

（1）冷冻时间的影响

1）冷冻时间对冰融水水质的影响。

为了考察冷冻时间对冰晶纯度的影响，将若干相同水质的水样同时置于冷冻场中进行冷冻，在不同的时间取样，分离冰与母液，测定其冰融水的 TOC、COD_{Cr}和色度去除率。初始浓度为 500mg/L 的溴氨酸水样在$-10℃$冷冻场中冰样冰融水水质随冷冻时间变化情况如图 2-9～图 2-11 所示。

可以看出，随着冷冻时间的延长，冰样冰层厚度增加，冰样冰融水的COD_{Cr}、TOC 和色度去除率均是先增加，而后在一定冷冻时间内去除率基本保持不变，当冷冻时间达到 28h，成冰率 45%时，COD_{Cr}、TOC 和色度去除率开始迅速下降。

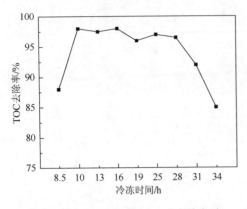

图 2-9　-10℃下冰融水 TOC 去除率随
冷冻时间变化曲线

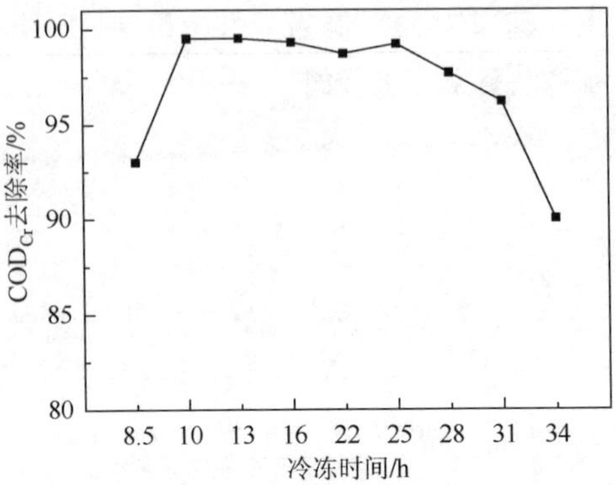

图 2-10　-10℃下冰融水 COD$_{Cr}$ 去除率随
冷冻时间变化曲线

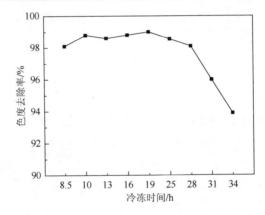

图 2-11　-10℃下冰融水色度去除率随冷冻时间变化曲线

在-25℃的冷冻场中，随着冷冻时间的延长，冰样冰融水的 COD$_{Cr}$、TOC 和色度去除率有类似的规律，但其 COD$_{Cr}$、TOC 和色度去除率开始迅速下降的冷冻时间为 12h，成冰率为 38.3%，如图 2-12～图 2-14 所示。可以得出以下结论：当成冰率小于某一定值时，冰晶的纯度比较高，当大于该定值时，冰晶纯度开始迅速降低，在-10℃的冷冻场中，该成冰率值为 45%，-25℃时，该值为 38.3%，故该值与冷冻场温度、成冰速率有关。确定该值对冷冻法处理废水具有重要意义，只要保证成冰率小于该值，就可获得高纯度冰晶。

2）冷冻时间对母液水质的影响。

随着冷冻时间的延长，冰层厚度逐渐增加，剩余母液体积逐渐减小，其水质随着冷冻时间的延长而浓缩。表 2-2 为 500mg/L 的溴氨酸水样在-10℃冷冻场中，剩余母液成冰率、水质指标（COD$_{Cr}$、TOC 和色度）浓缩比随着冷冻时间的数值变化情况。

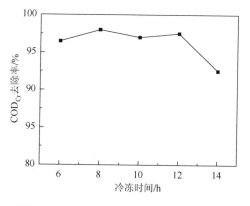

图 2-12　−25℃下冰融水 COD_{Cr} 去除率随
冷冻时间变化曲线

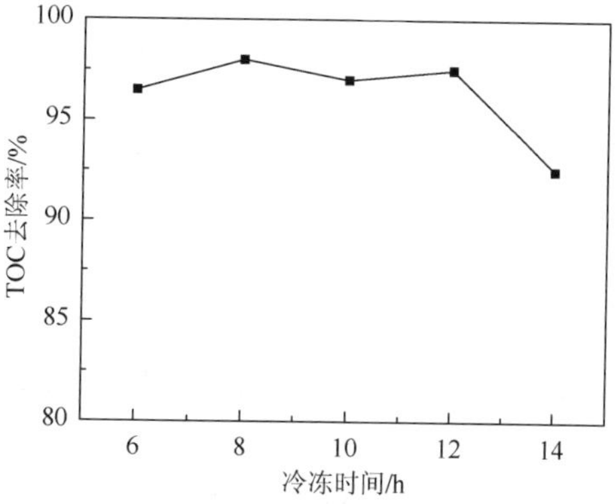

图 2-13　−25℃下冰融水 TOC 去除率随
冷冻时间变化曲线

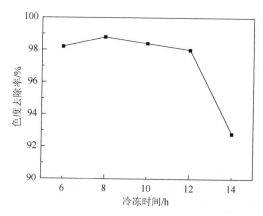

图 2-14　−25℃下冰融水色度去除率随冷冻时间变化曲线

表 2-2　剩余母液水质浓缩比随冷冻时间变化数值

冷冻时间/h	8.5	10	13	16	19	22	25	28	31
成冰率/%	7.7	12.0	15.0	22.7	27.3	33.3	40.0	45.0	51.7
COD_{Cr} 浓缩比	1.43	1.29	1.17	1.66	1.24	1.68	1.27	1.24	1.13
TOC 浓缩比	1.15	1.10	1.21	1.06	1.31	1.06	1.06	1.07	1.25
色度浓缩比	1.13	1.11	1.20	1.04	1.23	1.02	1.01	0.98	1.11

　　由表 2-2 可知，随着冷冻时间的延长，成冰率增加，剩余母液的 COD_{Cr}、TOC 和色度浓缩比并没有增大，局部甚至有减小的趋势。在试验中，可在容器的底部观察到固体颗粒析出。在冷冻场中，溴氨酸的溶解度随着温度的下降而减小。在冷冻过程中，随着冰层加厚，母液变浓，溴氨酸浓缩溶液极易出现过饱和并析出固体颗粒，故母液浓度浓缩比有限，甚至出现小于 1 的情况。

　　试验中可观察到，溴氨酸水溶液在冷冻场中冷冻，其初始阶段形成的冰晶纯度不高，形成一定厚度冰层后，新生成的冰晶纯度显著提高。但当成冰率达到某一值（该值的大小与冷冻温度和溶液浓度有关）后，冰晶纯度又开始下降。从完全冻结的冰样（500mg/L 溴氨酸水样 1000mL 在−10℃冷冻场中完全冻结）的形态也可观察到，表层 2～5mm 厚的冰样中含有少量点状红色杂质，而下面约有 6～7cm 厚的冰样无色透明。冰层厚度进一步增加，冰样则呈现染料颜色，而冰样底部则可观察到明显的颗粒状红色物质，根据上述现象暂且将水样冷冻过程中形成的冰层分别定义为：微污染层、洁净层、混合层和析出层。如图 2-15 所示，表层含点状杂质的冰层为微污染层，中间无色透明的冰层为洁净层，下部带有染料颜色的冰层为混合层，底部析出的颗粒物为析出层[23]。冰样分层示意图如图 2-16 所示。

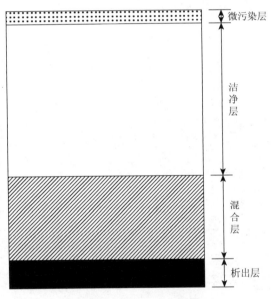

图 2-15　完全冻结冰样效果图　　　　　图 2-16　冰样分层示意图

　　从结晶学角度考虑，冰晶的形成包括成核和生长两个过程。从理论上讲，当溶液温度在冷冻场中降到冰点时，就会有晶核产生。但实际上，当溶液冷却到冰点温度时，系统并不会自发产生冰晶，需要更低温度（即一定的过冷度）才会产生晶核。在过冷过程中，溴氨酸溶液表层温度骤降，使该层的溴氨酸水溶液溶解度降低。随着温度的下降，部分溴氨酸快速析出，它们增大了形成临界尺寸冰核的可能性，促使溴氨酸水溶液异相成核，从而使表层冰的纯度降低。另外，水样表面大量冰晶快速形成，水分子来不及定向排列，就连同部分母液"包夹"形成微污染层。微污染层的形成造成了溶液界面与冷冻场的隔离，冷冻场需要通过微污染层分子振动传递冷能量，降温速度得以缓解，使新生成的冰晶表面水分子定向排列，排挤杂质后形成纯冰。在微污染层的形成过程中，少量溴氨酸的析出，使得溶液表面浓度低于溶液浓度，在缓慢降温条件下，达到凝固点的水分子首先析出，从而形成纯冰。

从热力学角度分析，由于水分子和溴氨酸分子物理特性的差异，随着体系温度的下降，能量的降低使溶液中的水分子对溴氨酸分子的溶剂化作用减弱，水分子在氢键作用下缔结析出，并将溴氨酸分子挤出，逃逸至溶液中，造成体系溴氨酸"浓度下移"。

从结晶学角度考虑，由于微污染层的"缓解"作用，冷能能够相对平稳地传递，使得水分子能够在平衡状态下析出，且晶核生长速度大于成核速度，水分子缓慢地从溶液中析出，形成洁净层。而晶体生长速率与水分子加到晶核上去的速率和液体-固体界面状态有关，界面附近的水分子只需通过界面跃迁就可附着于晶核表面。此时，体系中存在溶质和溶剂两种扩散，即水分子和溴氨酸分子的扩散，其扩散的推动力均为浓度差。在固液界面附近，水分子在氢键作用下缔结析出，附着在表层冰层上，同时将溴氨酸分子挤出，逃逸至溶液中，如此，在固液界面附近，水分子浓度远低于整个液相中的水分子浓度，溴氨酸分子的浓度则远高于整个液相中的浓度。在浓度差的推动下，液相中的水分子向固液界面处扩散，固液界面处的溴氨酸分子向液相扩散。随着冷冻时间的延长，冰层厚度逐渐增加，液相体积逐渐减小，液相中溴氨酸浓度逐渐增加。当固液界面处溴氨酸的浓度达到过饱和状态，溴氨酸固体就会析出，并沉降到容器底部。此时，整个冷冻体系中就存在两种结晶——水结晶形成的冰和溴氨酸固体。随着液相体积的减小，液相中溴氨酸浓度增加，水分子浓度减小，进而影响水分子向固液界面的扩散速度。当水分子的扩散速度小于冰晶的生长速度时，就会有析出的溴氨酸颗粒被包藏，使得冰层的纯度降低，即形成混合层。在混合层形成过程中，不断有固体颗粒析出并沉降，在容器底部形成一定厚度的固体颗粒层，最后完全冻结即为析出层。

（2）冷冻温度的影响

冷冻场温度决定了溶液的冷却速率和析出冰晶的质量及纯度，也决定了母液单位体积内的晶核数、冰晶分枝的形状和冰晶颗粒的大小，进而影响成冰率和冰晶的纯度。因此，有必要就冷冻温度对洁净层厚度和冰融水水质的影响进行研究。

1）冷冻温度对洁净层厚度的影响。

在不同温度下完全冻结 300mL 浓度为 500mg/L 的溴氨酸水溶液，测得的其洁净层厚度见表 2-3。

表 2-3 不同温度下 500mg/L 溴氨酸水溶液的洁净层厚度（冰层总厚度：8.5cm）

温度/℃	−5	−10	−15	−20	−25	−30
洁净层厚度/cm	5.5	4.5	4.3	3.8	3.3	3.0

从表 2-3 中可以看出，同一浓度的溴氨酸水溶液随着冷冻温度的逐渐降低，洁净层的厚度逐渐减小。在洁净层形成过程中，溶液"浓度下移"造成固液界面处的溴氨酸浓度明显高于溶液中溴氨酸的浓度。当冷冻温度较高时，冷冻速率较慢，固液界面处的高浓度溴氨酸有时间向其他低浓度水溶液中扩散，使整个溶液中的溴氨酸浓度慢慢升高，而不至于局部浓度过高；相对高的冷冻温度，使整个体系温度较高，冰析出平衡持续时间相对较长，是在平衡状态下逐渐析出溶剂冰，有利于纯冰的形成和生长，故洁净层厚度较大。当冷冻温度较低时，冷冻速率较快，溶液"浓度下移"速度加快，固液界面处的溴氨酸浓度迅速增加，其浓度增加的速度大于其向低浓度水溶液中扩散的速度，液相中固液界面处溴氨酸水溶液就会较早地在局部达到饱和状态而提前进入混合层，从而使得洁净层厚度减小，混合层的厚度增加。冷冻温度越低，洁净层厚度越小，冰层越早进入混合层。

2）冷冻温度对洁净层冰融水水质的影响。

在不同温度下完全冻结 300mL 浓度为 500mg/L 的溴氨酸水溶液，将冰样的洁净层取出，其冰融水的 COD_{Cr}、TOC 和色度去除率见图 2-17。

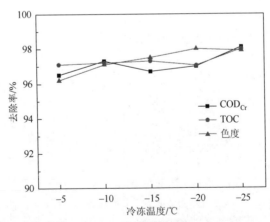

图 2-17 溴氨酸水溶液（500mg/L）冰样洁净层杂质去除率随冷冻温度变化曲线

从图中可以看出，冷冻温度对洁净层冰融水的水质影响不明显，在−5～−25℃的不同冷冻温度下，COD_{Cr}、TOC、色度的去除率均能达到 97%左右。研究表明，冷冻温度直接决定冷却速率，随着冷冻温度的降低，冰晶生长速度加快，当这个速度超过溴氨酸分子的"逃逸速度"时，溴氨酸就会被冰晶包藏，冰的纯度就会降低，冰融水水质就会变差。在本试验中，在-5～-25℃的温度范围内，冷冻温度对洁净层冰融水的水质影响并不明显，即使在-30℃的低温下，仍然能够获得纯度较高的洁净层。分析认为，可能原因有两个：①冷冻方式的影响。研究中为了模拟自然水体的冷冻条件，容器的四周和底部都采取了保温措施，以保证其自上向下冻结，在冷冻过程中，随着冰层厚度的增加，冰的导热系数很小，在一定程度上影响了冷能传递，使得冷能有一个渐进的传递过程，固液界面处与实际的冷冻环境之间有一定的温差，使得在-25℃下，固液界面处的实际温度高于冷冻场温度。②在-25℃的低温下，溴氨酸分子的"逃逸速度"仍然大于冰晶生长速度。研究发现，因素①中冰层厚度对冷冻速率并无太大影响。在相同的试验装置下，-5℃下完全冻结 300mL 浓度为 500mg/L 的溴氨酸水溶液需72h，而在-25℃下仅需 17h。由此可以看出，-25℃的冷冻速率要比-5℃的冷冻速率大得多。故因素②在此起主导作用，即在-25℃的低温下，冷冻速率大大增加，溴氨酸分子的"逃逸速度"仍然大于冰晶的生长速度，溴氨酸水溶液因此得以分离。

（3）溶液初始浓度的影响

根据溶液依数性原理，对于稀溶液，溶液中溶质比例越大，溶液凝固点越低，冰晶析出和质量都会受到较大影响。将溴氨酸水溶液看作稀溶液，研究其浓度对不同冰层的影响规律。

1）溶液初始浓度对微污染层的影响。

将不同浓度的溴氨酸水样置于-25℃的冷冻场中，冷冻 7h 后，冰厚约 2cm，分离冰与母液，其冰融水的 COD_{Cr}、TOC 和吸光度值变化情况如图 2-18～图 2-20所示。

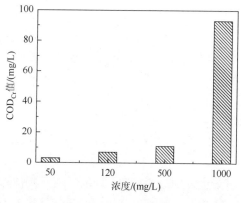

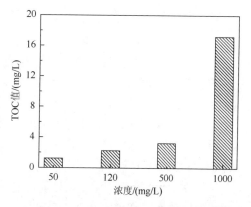

图 2-18　冰融水 COD_{Cr} 值随浓度变化曲线　　　图 2-19　冰融水 TOC 值随浓度变化曲线

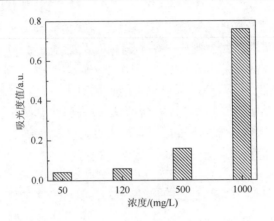

图 2-20　冰融水吸光度值随浓度变化曲线

可以看出，随着溶液初始浓度的增加，冰样冰融水的 COD_{Cr} 值、TOC 值和吸光度值均呈现增加的趋势，相应的去除率逐渐减小。形成微污染层是由于溶液在冷冻场骤冷环境中，溶液表层析出的颗粒促使溴氨酸水溶液异相成核，从而形成一层纯度较低的表层冰。随着溶液初始浓度的增加，溶液中潜在的晶核增多，更易促使水溶液异相成核，从而使冰晶纯度下降。

2）溶液初始浓度对洁净层的影响。

i）溴氨酸浓度对洁净层厚度的影响。

将 300mL 不同浓度的溴氨酸水溶液在 -25℃ 下完全冻结，其洁净层厚度见表 2-4。

表 2-4　-25℃不同浓度溴氨酸水溶液洁净层厚度（冰层总厚度：8.5cm）

浓度/(mg/L)	50	125	250	500	1000
洁净层厚度/cm	4.2	3.7	3.5	3.3	2.5

从表 2-4 中可以看出，在同一冷冻温度下，随着溴氨酸浓度的增加，洁净层厚度逐渐减小。这是由于溴氨酸浓度越大，液相中固液界面处溴氨酸水溶液就会越早地在局部达到饱和状态，越早进入混合层，使得洁净层厚度减小，混合层的厚度增加。

ii）溴氨酸浓度对洁净层冰融水水质的影响。

在 -25℃ 下，完全冻结 300mL 不同浓度的溴氨酸水溶液，将冰样洁净层取出，其冰融水水质见图 2-21。

从图中可以看出，在 -25℃ 下，溴氨酸浓度在 50～1000mg/L 范围内，其洁净层冰融水的水质变化不明显，COD_{Cr} 在 25mg/L 上下波动，TOC 则在 2mg/L 上下波动。由于微污染层的存在，冷能能够相对平稳地传递，使得水分子能够在平衡

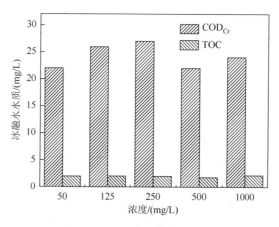

图 2-21　−25℃溴氨酸水溶液冰样洁净层冰融水水质随浓度变化曲线图

状态下平稳析出，有利于纯冰的形成，在洁净层中，冰晶的生长速率要远大于晶核的成核速率，虽然随着溴氨酸浓度的增大，溶液中潜在的晶核增多，但微污染层的"缓解"作用导致此时晶核产生缓慢，水分子在冰晶表面定向排列堆积速率平衡性增强，故对洁净层的水质影响不明显。

iii）溶液初始浓度对母液浓缩比的影响。

在−25℃的冷冻场中，不同初始浓度的溴氨酸水溶液随着冷冻时间的延长，其剩余母液的浓缩比变化情况如表 2-5 所示。

表 2-5　不同初始浓度溴氨酸水溶液剩余母液浓缩比变化情况表

溶液浓度/(mg/L)		冷冻时间/h				
		5	7	9	11	13
50	成冰率/%	16.7	26.7	33.3	48.3	81.7
	COD_{Cr} 浓缩比	1.04	1.18	1.57	1.86	5.24
	TOC 浓缩比	1.12	1.36	1.59	2.19	3.79
	色度浓缩比	1.35	1.61	1.90	2.49	3.95
120	成冰率/%	15.0	26.7	55.0	66.7	76.7
	COD_{Cr} 浓缩比	1.23	1.35	2.12	2.73	4.11
	TOC 浓缩比	1.28	1.59	2.28	2.93	3.60
	色度浓缩比	1.26	1.56	2.16	2.67	3.30
500	成冰率/%	13.3	36.7	48.3	60.0	73.3
	COD_{Cr} 浓缩比	1.22	1.42	1.71	1.50	1.81
	TOC 浓缩比	1.20	1.46	1.52	1.37	1.26
	色度浓缩比	1.21	1.49	1.70	1.86	1.82

续表

溶液浓度/(mg/L)		冷冻时间/h				
		5	7	9	11	13
1000	成冰率/%	21.3	30.0	43.3	65.0	83.3
	COD_{Cr} 浓缩比	0.83	1.02	0.61	0.61	0.78
	TOC 浓缩比	1.12	1.17	1.16	1.25	1.07
	色度浓缩比	1.18	1.20	1.19	1.25	0.92

由表 2-5 可以看出，当溶液初始浓度较低时（50mg/L 和 120mg/L），随着冷冻时间的延长，剩余母液的 COD_{Cr}、TOC 和色度浓缩比均逐渐增大，其中，COD_{Cr} 浓缩比可增大到 5.24 和 4.11；而当溶液初始浓度较大时（500mg/L），随着冷冻时间的延长，剩余母液的浓缩比变化不大，其最大浓缩比仅在 1.8 左右；当溶液初始浓度增大到 1000mg/L 时，其浓缩比随着冷冻时间的延长有减小的趋势，且其浓缩比有小于 1 的情况出现。这一结果表明，溴氨酸在 0℃时的溶解度在 1000mg/L 左右。当溶液初始浓度较小时，随着冷冻时间的延长，剩余母液可以进一步浓缩。而当溶液初始浓度较大时，溶液已接近饱和状态，随着冷冻时间的延长，溶液极易过饱和而析出溴氨酸颗粒，从而使剩余母液的浓缩比变化不大，甚至由于溴氨酸的析出而使浓度减小，出现浓缩比小于 1 的情况。

2. 溴氨酸水溶液自然冷能冷冻分离

自然冷能具有以下特点：

1）温度骤降。自然环境中受大气环流影响，局部区域降温程度不可控。冷空气来袭时，降温幅度大，温差大，使自然冷冻场中的水溶液在冷冻分离时处于非可逆状态，冷冻效果比人工冷冻差。

2）昼夜存在温差。冬季，特别在寒冷天气，白天由于阳光辐照，气温升高，辐照结束后，气温降低，昼夜温差达到 10℃左右，溶液冷冻效果会受到影响，特别是会对溶液传质速度和溶液中溶质的迁移规律造成影响。

利用北方冬季的自然冷能，以溴氨酸水溶液为研究对象，对其冷冻分离规律进行研究。温度条件如下：日间最高气温，3～7℃；夜间最低气温，-9～-4℃；最大温差，8～12℃；风力，2～5 级。试验装置如图 2-22 所示，剖面如图 2-23 所示。对盛放溴氨酸水溶液的塑料容器周边进行保温处理，仅使其向上的开口置于冷冻场中，尽可能模拟自然环境。

（1）冷冻时间的影响

将六个相同水质溴氨酸水样（500mg/L，300mL）置于室外自然条件下冷冻，试验环境：晴转多云，风力 2～4 级，5～-5℃。分别在不同时间取样，具体取样情况及冰样冰融水 COD_{Cr}、TOC 和色度去除率见表 2-6。

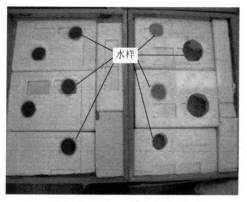

图 2-22　冷冻装置图

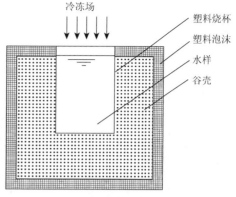

图 2-23　冷冻装置剖面示意图

表 2-6　取样情况及冰样冰融水杂质去除率表

冷冻时间/h	冰层厚度/cm	剩余母液体积/mL	冰融水 COD_{Cr} 去除率/%	冰融水 TOC 去除率/%	冰融水色度去除率/%
0	0	300	—	—	—
17	2.2	215	82.5	76.0	96.2
41	4.0	160	86.4	81.0	96.7
65	4.5	145	91.1	89.6	98.0
89	4.9	125	91.5	90.7	98.9
113	6.0	51	84.3	84.8	92.3
137	8.5	0	79.4	83.4	86.5

由表 2-6 可以看出，随着冷冻时间的延长，冰层厚度逐渐增加，其冰融水 COD_{Cr}、TOC 和色度去除率先是逐渐增加，而后又逐渐降低。当水样完全冻结后，其冰融水的 COD_{Cr}、TOC 和色度去除率仍可达到 79.4%、83.4% 和 86.5%。观察发现，完全冻结的水样融化后，其底部有一些红色固体颗粒无法溶解，其应为水样冻结过程中析出的溴氨酸颗粒。实际上，当水样表层冰层厚度约为 1cm 时，就可在母液底部观察到红色颗粒状沉淀，且随着冷冻时间的延长、冰层厚度的增加，母液底部红色颗粒状沉淀也逐渐增多。观察完全冻结的冰样，可发现其与人工模拟冷冻场具有相似的冷冻分层规律，效果如图 2-24 所示。

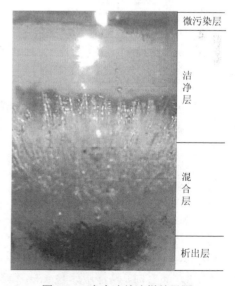

图 2-24　完全冻结冰样效果图

　　溴氨酸水溶液结晶为非可逆过程，在自然冷冻场中，溴氨酸水溶液表层温度骤降，使得表层的溴氨酸水溶液溶解度降低。随着温度下降，表层部分溴氨酸快速析出，增大了形成临界尺寸冰核的可能性，促使溴氨酸水溶液异相成核，从而使表层冰的纯度降低，即形成微污染层。当表层冰增加到一定厚度，一方面，表层冰造成了溶液界面与冷冻场的隔离，降温速率得以缓解，冷能能够相对平稳地传递，使得水分子能够在平衡状态下平稳析出，有利于纯冰的形成；另一方面，在微污染层的形成过程中，少量溴氨酸的析出，使得溶液表面浓度低于溶液浓度，在慢慢降低温度的条件下，达到凝固点的水分子首先析出，形成纯冰。

　　（2）溶液初始浓度对微污染层和洁净层的影响

　　将不同浓度的溴氨酸水溶液在自然条件下完全冻结，分离微污染层和洁净层，其冰融水的 TOC 值见图 2-25 和图 2-26，洁净层冰样厚度见表 2-7，原水 TOC 的值为 211.7mg/L。冷冻环境：晴转多云，风力 2～3 级转 4～5 级，−8～3℃。

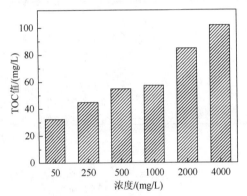

图 2-25　溴氨酸溶液冰样微污染层冰融水
TOC 值随浓度变化

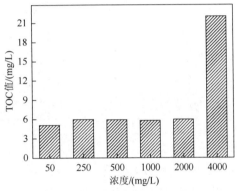

图 2-26　溴氨酸溶液冰样洁净层冰融水
TOC 值随浓度变化

表 2-7　不同浓度冰样洁净层厚度表

溶液浓度/(mg/L)	50	250	500	1000	2000	4000
洁净层厚度/cm	6.5	6	5.8	5.5	4.8	3
洁净层占总冰样百分比/%	76.5	70.5	68.2	64.7	56.5	35.3

　　由图 2-25 可以看出，随着溶液初始浓度的增加，微污染层冰融水的 TOC 值逐渐增大，表明溶液浓度对微污染层影响很大。溶液浓度越大，潜在的冰核越多，溶液越易异相成核，所得冰层的纯度越低。图 2-26 表明，当溴氨酸溶液初始浓度小于 2000mg/L 时，洁净层冰融水的 TOC 值无明显变化，当溶液浓度增大到 4000mg/L 时，其冰融水的 TOC 值才开始增大。这表明，在一定浓度范围（<2000mg/L）

内，溶液初始浓度对洁净层的水质无明显影响。由于微污染层的存在，冷能能够相对平稳地传递，使得水分子能够在平衡状态下平稳析出，有利于纯冰的形成，且在洁净层，冰晶的生长速率要远大于晶核的成核速率，虽然随着废水浓度的增大，溶液中潜在的晶核增多，但微污染层的"缓解"作用导致此时晶核产生的概率很小，故对洁净层的水质影响不明显。溶液初始浓度对洁净层的厚度的影响较大，如表 2-7 所示，随着溶液初始浓度从 50mg/L 增大到 4000mg/L，洁净层厚度从 6.5cm 减小至 3cm，从占冰样总体积的 76.5%降低到 35.3%。溴氨酸初始浓度越大，液相中固液界面处溴氨酸水溶液就会越早地在局部达到饱和状态，越早地进入混合层，从而使得洁净层厚度越小。

（3）微污染层的消除

由上述试验可知，微污染层的存在对整个冰层纯度有较大影响，故应想办法消除微污染层。微污染层是由于溶液在冷冻场中形成一定的过冷度，溶液表层骤冷析出的颗粒促使溴氨酸水溶液异相成核，从而形成一层纯度较低的表层冰。要消除微污染层，需要消除溶液成核过程中的过冷现象。研究表明，加入种冰能有效消除过冷，从而提高表层冰的纯度。

1）种冰对冰融水水质的影响。

将两个浓度均为 500mg/L 的溴氨酸水样（300mL）置于室外冷冻装置中，其中一个在预冷至 1℃时加入 1.5cm 厚且与容器受冷面积相同的片状种冰，比较研究种冰的加入对冰晶纯度的影响，冰样冰融水水质如图 2-27 所示。冷冻时间 48h，成冰率约为 60%；冷冻环境：阴有小雪转晴，北风 2～3 级，温度–8～2℃。

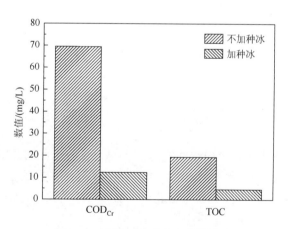

图 2-27   种冰对冰融水水质的影响

从图中可以看出，加入种冰可以有效地提高冰层的纯度，不加种冰的冰样冰融水的 COD_{Cr}、TOC 分别为 69.43mg/L 和 19.27mg/L，加入种冰后，COD_{Cr}、TOC

值可分别降低为 12.41mg/L 和 4.73mg/L。实验结果对比表明，种冰的加入能有效消除溶液成核过程中的过冷现象，从而提高表层冰的纯度。

2）预冷温度对冰融水水质的影响。

将四个相同水质水样置于室外冷冻场中，预冷至不同温度，加入 1.5cm 厚且与容器受冷面积相同的片状种冰，研究预冷温度对加入种冰效果的影响。冷冻时间 48h，成冰率约为 60%；冷冻环境：阴有小雪转晴，北风 2～3 级，−8～2℃。所取冰样冰融水的水质参数见表 2-8，冰样冰融水杂质去除率随预冷温度的变化曲线见图 2-28。

表 2-8　在不同预冷温度下所得冰样冰融水水质参数表

编号	加入种冰预冷温度/℃	成冰率/%	COD$_{Cr}$/(mg/L)	TOC/(mg/L)	吸光度值
1#	0	55.0	12.41	4.73	0.153
2#	1	59.3	4.169	2.733	0.044
3#	2	58.3	14.50	3.424	0.073
4#	3	59.0	18.04	3.649	0.104

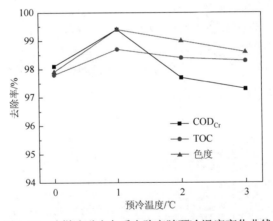

图 2-28　冰样冰融水杂质去除率随预冷温度变化曲线

由表 2-8 可以看出，当成冰率约为 59%时，预冷至不同温度加入相同种冰的四个水样中，2#水样（即预冷至 1℃加入种冰）冰融水水质最好，所得冰样的冰融水的 COD$_{Cr}$、TOC 和色度去除率均最高（图 2-28）。因此，加入种冰的最佳预冷温度为 1℃。

3）溶液初始浓度对冰融水水质的影响。

将不同浓度溴氨酸水溶液预冷至 1℃，加入 1.5cm 厚种冰，在自然条件下冷冻，研究其对成冰效果的影响。冷冻时间 18h，成冰率约为 30%；冷冻环境：晴，西北风 2～4 级，−6～5℃。所取冰样冰融水水质见图 2-29 和图 2-30。

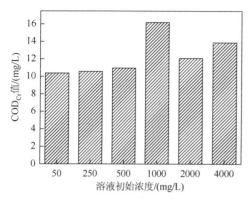

图 2-29　不同浓度溴氨酸水溶液冰样冰融水
的 COD_{Cr} 值变化图

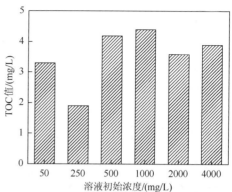

图 2-30　不同浓度溴氨酸水溶液冰样冰融水
的 TOC 值变化图

可以看出，溶液初始浓度对冰样冰融水的 COD_{Cr} 值和 TOC 值均无明显影响，其 COD_{Cr} 值和 TOC 值分别保持在 11mg/L 和 4mg/L 左右波动，与不加种冰时微污染层的数据相比，冰样的纯度有了很大的提高，表明加入种冰很好地消除了微污染层。

（4）溶液成冰极值的研究

在冷冻法处理废水的过程中，剩余浓缩液的多少是一个很重要的参数，因此有必要对溴氨酸溶液的成冰极限进行研究。取 1000mL 溴氨酸水样（500mg/L）置于室外冷冻场中，每级冷冻的剩余液过滤后作为下级冷冻的初始溶液。测定各级冰样及剩余液的 COD_{Cr} 和 TOC 值。每级冷冻时间为 48h，冷冻环境：晴，西北风 2～4 级，–7～2℃。相关水样水质参数见表 2-9。

表 2-9　冻结比例与冰融水水质表

冷冻级数	$V_{初始}$/mL	冻结比例/%	$COD_{Cr原}$/(mg/L)	$COD_{Cr液}$/(mg/L)	$COD_{Cr冰}$/(mg/L)	COD_{Cr} 去除率/%	$TOC_{原}$/(mg/L)	$TOC_{液}$/(mg/L)	$TOC_{冰}$/(mg/L)	TOC 去除率/%
Ⅰ	1000	59.5	536.7	343.9	12.65	97.6	180.7	187.4	4.554	97.5
Ⅱ	400	55.0	343.9	298.6	68.34	80.1	187.4	110.6	21.54	88.5
Ⅲ	175	53.7	298.6	318.3	68.78	77.0	110.6	186.0	24.61	77.7
剩余液	81	—	318.3	—	—	—	186.0	—	—	—

可见，随着水样冻结级数的增加，冰样冰融水的 COD_{Cr} 和 TOC 的去除率逐渐减小，Ⅰ级冰融水体积占原水体积的 50% 以上，水质可达到水污染物排放标准一级标准的 A 标准（GB 18918—2002），可直接作为一般回用水；Ⅱ级和Ⅲ级冰融水体积分别占原水体积的 20% 和 10% 左右，水质可达到水污染物排放标准二级

标准（GB 18918—2002），可直接排入 GB 3838—2002 地表水Ⅳ、Ⅴ类功能水域或 GB 3097—1997 海水三、四类功能海域。最后剩余母液体积仅占原水体积的 10% 左右，且其 COD_{Cr} 值低于原溶液，但 TOC 值与原溶液相当，经过滤回收析出溴氨酸颗粒后回流至原水样继续冷冻，可实现整个处理过程的零排放。

（5）受冷面积与水样深度比对冰融水水质的影响

受冷面积与水样深度比是影响冷冻法处理效果的重要因素。取浓度为 500mg/L 的溴氨酸水样，冷冻时间为 17h，冷冻环境：雾转晴，北风 2~3 级，温度–9~1℃。具体水样参数见表 2-10，冷冻流程图见图 2-31，冰融水水质随受冷面积与水样深度比的变化曲线见图 2-32。

表 2-10 受冷面积和水样深度具体参数表

编号	水样体积/mL	受冷面积/cm²	水样深度/cm	受冷面积/水样深度/(cm²/cm)
1#	300	24	12.5	1.92
2#	300	38	7.9	4.81
3#	300	54	5.6	9.64
4#	300	86	3.5	24.6

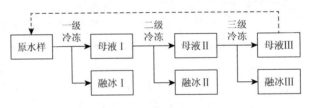

图 2-31 冷冻流程示意图

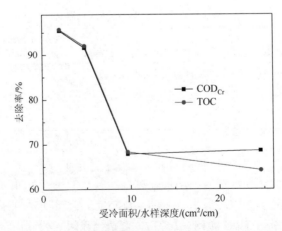

图 2-32 冰融水水质随受冷面积和水样深度比变化曲线

　　相同体积的水样，在相同冷冻场和冷冻时间条件下，随着受冷面积与水样深度比的增加，冰样冰融水的 COD_{Cr}、TOC 的去除率均减小（图 2-32），但水样的成冰率增加。污染物的去除率和冰的产率是冷冻法处理废水中的两个很重要的指标，污染物的去除率低，达不到处理效果，使废水不能达标排放；冰的产率低，影响废水处理速率。因此必须在保证处理效果的基础上，尽量提高冰的产率。从表 2-10 中可以看出，随着受冷面积与水样深度比从 $9.64cm^2/cm$ 降至 $4.81cm^2/cm$，COD_{Cr} 的去除率从 67.5% 增至 92.1%，继续减小受冷面积与水样深度比到 1.92，COD_{Cr} 的去除率增加到 95.3%，但成冰率从 28% 降至 20.5%。综合考虑，$4.81cm^2/cm$ 为最佳受冷面积与水样深度比，其不仅可以保证污染物去除率在 90% 以上，而且成冰率可以达到 28%。

　　3. 含盐溴氨酸废水的人工冷冻分离研究

　　为研究染料废水中含盐量对冷冻法处理溴氨酸染料废水效果的影响，向溴氨酸模拟废水中添加一定浓度的无机盐 NaCl，并将其置于冷冻场中（冰箱或室外）进行冷冻，使水样自上向下逐步结冰，模拟大自然水体的冻结状态。测定不同冷冻条件下冰融水的 Na^+ 质量浓度、COD_{Cr}、TOC 和吸光度 A 的值。

　　（1）试验指标的测试及分析方法

　　1）化学需氧量（COD_{Cr}）：用重铬酸钾法测定，参照国家标准 GB/T 11914—1989。

　　2）色度：以溶液在最大吸收波长处的吸光度表征，采用紫外-可见分光光度计于 485nm 处测定。

　　3）总有机碳（TOC）：燃烧氧化-非色散红外吸收法，用总有机碳分析仪测定。

　　4）Na^+ 浓度：用离子色谱仪测定。

　　5）试验中污染指标 m 的去除率以下式计算：

$$污染指标去除率 = \frac{m_0 - m}{m_0} \times 100\% \tag{2-29}$$

式中，m_0 为处理前污染指标的数值；m 为处理后污染指标的数值。

　　6）试验中冰融水的体积分数/成冰率以下式计算：

$$冰融水体积分数/成冰率 = \frac{V_{冰}}{V_{水样}} \times 100\% \tag{2-30}$$

式中，$V_{冰}$ 为冰融水的体积（mL）；$V_{水样}$ 为冷冻前水样的总体积（mL）。

　　（2）溴氨酸废水冷冻分离基本规律

　　在采用冷冻法处理含无机盐 NaCl 溴氨酸废水的基本规律研究中，考察了废水中的杂质（溴氨酸和 Na^+）随冷冻时间、深度变化的分布规律以及冷冻分离过程中的物料守恒情况等。

1）冰融水的污染指标随冷冻时间的变化规律。

为了研究溴氨酸废水溶液的冷冻分离情况，选择染料废水中主要的一种无机盐 NaCl 为例，首先分别研究了溴氨酸水溶液和 NaCl 水溶液于同等条件下的冷冻分离规律，考察溶质与溶剂在能量变化过程中相互运动规律。将 500mg/L 溴氨酸水溶液和 500mg/L NaCl 水溶液分别在−30℃下冷冻，不同时间段取样，所得冰融水的 TOC 和 Na$^+$浓度变化分别如图 2-33 和图 2-34 所示。

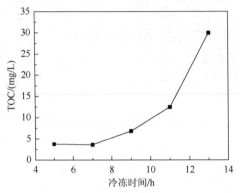

图 2-33　−30℃下溴氨酸水溶液的冰融水　　　图 2-34　−30℃下 NaCl 水溶液的冰融水
　　　TOC 随冷冻时间变化曲线　　　　　　　　　　Na$^+$浓度随冷冻时间变化曲线

如图 2-33 所示，随着冷冻时间的延长，溴氨酸水溶液冰融水的杂质含量基本呈现增加趋势。将溶液放入冷冻场后，经过一个能量传递过程，溶液表面温度首先降至冰点以下，并实现液-固相变。由于水分子之间的氢键作用，同时同类分子具有优先聚集的趋势，水分子能够优先析出形成冰层并将杂质挤出。因此，初始阶段所形成的冰层相对较纯。冷冻时间为 5h 和 7h 时，冰融水的 TOC 含量分别只有 3.40mg/L 和 3.29mg/L，此时其对应的体积分数分别为 13.3%和 36.7%。从微观来看，溶液的冷冻分离包含着水分子上移聚集和杂质下移被挤出的物质交换过程。水样处于温度恒定的−30℃的冷冻场，当液体表面有冰层析出时，体系温度降低速率加快，即溶液进行的是非渐进式降温，致使溶液中发生非平衡状态下的物质交换。当温度下降速率大于物质交换速率时，溶质便与水分子一同固化形成"包夹"结构。同时，固液界面处杂质浓度逐渐增大，因此析出冰层的杂质含量也逐渐增大。冷冻时间分别为 9h 和 11h 时，冰融水的 TOC 含量分别为 7.50mg/L 和 13.09mg/L。随着冷冻时间的延长，当固液界面处溶液浓度达到饱和时，会有少量溴氨酸颗粒析出，这些颗粒一部分下降至溶液底部，另一部分被包藏在析出的冰层中，致使冰融水的杂质含量显著增加。冷冻时间为 13h 时，冰融水体积分数达到 73.3%，其对应的冰融水 TOC 含量增至 30.35mg/L。如图 2-34 所示，NaCl 水溶液冰融水的杂质含量也随着冷冻时间的延长而增加，但其与溴氨酸水溶液的杂质分离规律不尽相同，这与两种溶液溶质的物理特性差异有关。

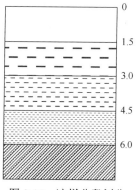

2）冰融水中杂质随溶液深度的变化规律。

将 300mL 的 500mg/L 溴氨酸溶液和 1000mg/L NaCl 水溶液分别于 -5℃下冷冻，待其冻实后分段测定不同深度冰融水的 TOC 和 Na^+ 浓度。取样的划分如图 2-35 所示。

初始浓度为 500mg/L 的溴氨酸水溶液和初始浓度为 1000mg/L 的 NaCl 水溶液冷冻后各段冰融水的分析指标随深度变化趋势分别如图 2-36 和图 2-37 所示。

图 2-35　冰样分段划分示意图（单位：cm）

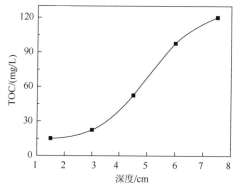

图 2-36　-5℃下溴氨酸冰融水 TOC 随深度变化曲线

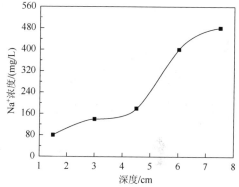

图 2-37　-5℃下 NaCl 冰融水 Na^+ 浓度随深度变化曲线

可以看出，无论是溴氨酸水溶液还是氯化钠水溶液，冷冻后水样的污染指标均随深度的增大而增大，溶液的冷冻分离包含着水分子上移聚集和杂质下移被挤出的物质交换过程。从热力学角度分析，由于水分子和溴氨酸分子（或氯化钠无机盐离子）物理特性的差异，随着体系温度下降，能量的降低使溶液中的水分子对溴氨酸分子（无机盐离子）的溶剂化作用减弱，水分子在氢键作用下缔结析出，并将溴氨酸分子（无机盐离子）挤出，逃逸至溶液中，造成体系溴氨酸（无机盐离子）的"浓度下移"。

同时，对于溴氨酸水溶液，冰层厚度小于 3cm 时，污染指标随深度的变化增加缓慢，0～1.5cm 段的冰融水的 TOC 为 17.46mg/L，1.5～3.0cm 段冰融水的 TOC 为 22.63mg/L，杂质含量均较低；而 3.0～4.5cm 段冰融水的 TOC 为 52.43mg/L，4.5～6.0cm 段冰融水的 TOC 为 97.96mg/L，较前两段杂质增量显著变大。NaCl

水溶液的离子质量浓度随深度变化也表现出相同的规律,这对于实际冷冻过程中选择合适的成冰率是有借鉴意义的。此外,体系首先形成的冰层缓解了冷能向液相的传递,即由于冰的传热系数较小,随着冰层厚度的增大,固液界面处的温度要高于冷冻场实际温度,更有利于生成高纯度的冰晶。

3) 冷冻分离过程中的物料衡算。

将 300mL 的 120mg/L 溴氨酸溶液和 500mg/L NaCl 水溶液分别于−30℃下冷冻,于不同时间段取样,分别测定冰融水和母液的体积和污染指标,测定结果分别如表 2-11 和表 2-12 所示。

表 2-11　−30℃下 120mg/L 溴氨酸溶液取样及 TOC 测定情况

冷冻时间/h	5	7	9	11	13
冰融水体积/mL	45	106	165	200	230
冰融水 TOC/(mg/L)	1.63	1.66	2.91	7.73	15.70
母液体积/mL	235	180	125	85	55
母液 TOC/(mg/L)	58.82	73.41	105.20	135.10	165.90
$(TOC_{冰} \times V_{冰} + TOC_{母液} \times V_{母液})$ / mg	13.90	13.39	13.63	13.03	12.74
$TOC_{原水} \times V_{原水}$			$46.13 \times 0.3 = 13.84$mg		

注:$TOC_{冰}$、$V_{冰}$分别表示冰融水中 TOC 浓度与冰融水体积。

表 2-12　−30℃下 500mg/L 氯化钠溶液取样及 Na^+ 浓度测定情况

冷冻时间/h	5	6	7	9	11
冰融水体积/mL	75	90	130	172	255
冰融水 Na^+ 浓度/(mg/L)	57.72	75.14	87.97	95.97	129.61
母液体积/mL	205	190	140	95	30
母液 Na^+ 浓度/(mg/L)	288.17	322.51	401.96	525.12	1023.07
$(c_{Na^+冰} \times V_{冰} + c_{Na^+母液} \times V_{母液})$ / mg	63.40	68.04	67.71	66.39	63.74
$c_{Na^+原水} \times V_{原水}$			$215.89 \times 0.3 = 64.77$mg		

由表 2-11 和表 2-12 可以看出,无论是溴氨酸有机溶液还是氯化钠无机溶液,通过冷冻后,均符合下列关系:

$$TOC_{冰} \times V_{冰} + TOC_{母液} \times V_{母液} = TOC_{原水} \times V_{原水}$$

$$c_{Na^+冰} \times V_{冰} + c_{Na^+母液} \times V_{母液} = c_{Na^+原水} \times V_{原水}$$

4) 温度/结冰速率对冷冻分离效果的影响。

实际应用中,结冰速率直接关系到冷冻法水处理的效率。同时,研究表明,较低的结冰速率可以得到较好的分离效果,因此,结冰速率是冷冻分离技术中的关键因素。而温度又直接影响结冰速率，是人工冷冻中的可控因素。

i）温度对结冰速率的影响。

取 300mL 质量浓度为 500mg/L 的溴氨酸溶液分别置于–5℃、–15℃、–30℃下冷冻，于不同时间段取样，分别测定其成冰率，结果如图 2-38 所示。

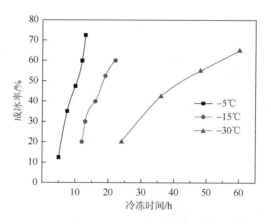

图 2-38 温度对结冰速率的影响

如图所示，当成冰率为 50%时，在–5℃、–15℃、–30℃的冷冻条件下，所需的时间分别约为 9h、20h 和 40h。结果表明，随着温度的降低，结冰速率显著降低。

ii）温度和结冰速率对混合模拟废水冷冻分离效果的影响。

为了研究温度和结冰速率对溴氨酸废水溶液中杂质迁移规律的影响，将 300mL 含盐量为 100mg/L 的 500mg/L 溴氨酸溶液分别置于–5℃和–30℃两个温度下冷冻，待其冻实后分段测定不同深度冰融水的 Na^+ 浓度和 COD_{Cr}，取样的划分如图 2-39 和图 2-40 所示。

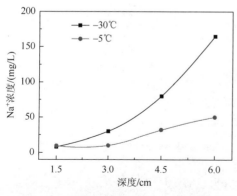

图 2-39 混合模拟废水中 Na^+ 浓度随
深度变化曲线

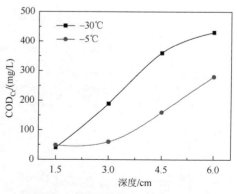

图 2-40 混合模拟废水中 COD_{Cr} 随
深度变化曲线

可以看出，-30℃下，深度为 0～1.5cm 的冰融水的 Na$^+$浓度和 COD$_{Cr}$与-5℃基本持平。即冷冻的初始阶段，析出冰层的纯度较高，温度变化和结冰速率对杂质迁移情况影响不显著。因此，在冷冻的开始阶段可以设置较低的温度，这样既不影响冰晶纯度，又可以提高成冰率。

而-30℃下深度为 1.5～6.0cm 冰融水的 Na$^+$浓度和 COD$_{Cr}$均大于-5℃条件下同等深度的杂质含量。即达到同等冰层厚度时，冰晶生长速率越慢，冰晶纯度越高，其冷冻分离效果越好。其原因在于：在-30℃条件下，溶液结冰速率较快，杂质来不及逃逸，便同水分子一同固化；同时温度过低时，溶液需要较大的面积释放潜热，冰晶将呈枝状生长，并在主干上产生更高级的分枝，各级分枝末端的缝隙很容易捕获杂质。而从热力学角度来看，-5℃条件下，溶液的结冰速率较慢，且-5℃与水的冰点更为接近，体系的温度降低更趋近于渐进变化，溶液内部所进行的物质交换更趋近于平衡状态下的物质交换，因此对应深度处冰融水杂质含量较少。

5）溴氨酸浓度对冷冻分离效果的影响。

为了研究溴氨酸溶液的初始浓度对冷冻分离效果的影响，分别取质量浓度为50mg/L、120mg/L、500mg/L 和 1000mg/L 的溴氨酸溶液 300mL，置于-30℃的冷冻场中冷冻一定时间，当各水样的成冰率约为 50%时进行取样，测定冰融水的色度、COD$_{Cr}$、TOC 值及其去除率。各冰融水的污染指标去除率随初始浓度变化趋势如图 2-41 所示。

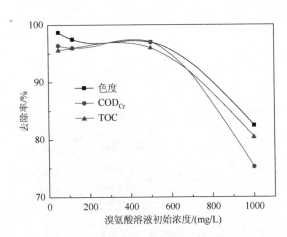

图 2-41　冰融水色度、COD$_{Cr}$、TOC 去除率随溴氨酸溶液初始浓度的变化趋势

如图所示，当溴氨酸溶液初始浓度为 50mg/L 时，其冰融水的色度、COD$_{Cr}$和 TOC去除率分别为 98.70%、96.39%和 95.58%。初始浓度为 120mg/L 和 500mg/L 的溴氨酸溶液冷冻后其冰融水的色度和 COD$_{Cr}$ 去除率较初始浓度为 50mg/L 的水样略有下

降，但变化不明显。而初始浓度为 1000mg/L 的溴氨酸溶液经冷冻后其冰融水的杂质去除率明显下降，色度、COD_{Cr}、TOC 去除率分别为 82.50%、75.21%和 80.40%。

因此可以认为，在相同的冷冻条件下，溶液初始浓度在一定范围内对其冷冻分离效果影响不明显，但当溶液浓度超过某一阈值时，其冰融水中的杂质含量会显著增加，从而影响分离效果。

6）无机盐含量对溴氨酸水样冷冻分离效果的影响。

染料生产合成过程中常常需要加入大量无机盐，其中约有 90%转入废水中，生产废水的无机盐含量约为 15%～25%，主要是氯化钠，少量硫酸钠、氯化钾及其他金属盐。为了研究冷冻过程中无机盐含量对溴氨酸迁移规律的影响，分别按照 150mg/L、250mg/L、500mg/L、750mg/L 和 1000mg/L NaCl 投加至 500mg/L 的溴氨酸水溶液中，配成混合水样；并和对应浓度的无机盐水样进行对比试验。采用自然冷冻。所取水样均为 500mL，冷冻时间为 40h，当时室外环境条件为：风力 2～3 级，气温-9～0℃。图 2-42 为不同 NaCl 含量的无机盐水样和混合水样的 Na^+ 去除率对比图。

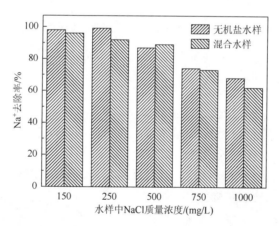

图 2-42 无机盐水样和混合水样 Na^+ 去除率对比

可以看出，无论是无机盐水样还是混合水样，其冰融水的 Na^+ 去除率均随 NaCl 含量的增大而降低；但无机盐水样和含有对应浓度 NaCl 的混合水样中 Na^+ 去除率差异不明显，可以认为在这样的浓度范围内溴氨酸分子对无机离子的迁移情况影响不明显。

由表 2-13 可以看出，溴氨酸水溶液的冷冻分离效果受无机离子的影响。随着氯化钠含量的增加，混合水样的各项分析指标（Na^+、TOC、吸光度 A）的去除率均呈现下降趋势。其原因可能是无机离子和溴氨酸有机染料大分子的物理特性存在差异，其在水溶液中的冷冻分凝机理也不尽相同。NaCl 为强电解质，其与水分子的物理特性差异相对较小，在水溶液中 Na^+ 和 Cl^- 发生水化作用，离子与水偶极间存在较强静电场，同时溴氨酸分子含有一个磺酸基、一个氨基和两个羧基，这些基团极易受到这种静电场的影响，从而影响到分凝效果。随着 NaCl 浓度的增大，溴氨酸分子受到静电场力的概率增大。因此，在相同的冷冻速率下，更多的无机盐离子和溴氨酸分子被包藏在冰相当中，致使分离效果逐渐下降。

表 2-13　混合水样各项指标及去除率随无机盐含量变化

配比	Na^+		TOC		吸光度 A	
	含量/(mg/L)	去除率/%	含量/(mg/L)	去除率/%	数值	去除率/%
500	—	—	15.07	91.77	0.101	98.3
500 + 100	0.98	97.51	14.79	91.92	0.094	98.4
500 + 250	6.17	93.72	18.93	89.67	0.276	95.3
500 + 500	16.06	91.83	28.8	84.28	0.738	87.4
500 + 750	73.05	75.23	62.49	65.89	1.832	68.7
500 + 1000	146.5	62.74	70.9	61.3	2.265	61.3

注：表中混合水样的配比为 500mg/L 的溴氨酸水溶液中分别投加 100mg/L、250mg/L、500mg/L、750mg/L 和 1000mg/L 氯化钠。

4. Ullmann 缩合反应生产废水

以 Ullmann 缩合反应生产废水进行冷冻试验研究。Ullmann 缩合反应生产工艺为在硫酸催化作用下两分子溴氨酸进行缩合生成缩合产物，在缩合过程中产生大量废水。废水中主要成分为原料溴氨酸、溴氨酸缩合产物和无机盐类，据统计，一般此类公司每生产 1t 颜料红 177，可产生 7t 盐析滤液废水和 30t 清洗水。

（1）实际废水的水质特征

某生产颜料红 177 化工公司排放的 Ullmann 缩合反应生产废水水质如表 2-14 所示。

表 2-14　Ullmann 缩合反应生产废水水质

测定指标	测定值
颜色	红棕色
色度（吸光度值）	30.84
pH	4～6
COD_{Cr}/(mg/L)	11 954
Na^+ 浓度/(mg/L)	10 820

（2）冷冻时间对分离效果的影响

将五个相同水质的实际染料废水置于–10℃的冷冻场中冷冻,分别在不同时间取样,其冰融水水质随冷冻时间的变化曲线如图 2-43 所示。

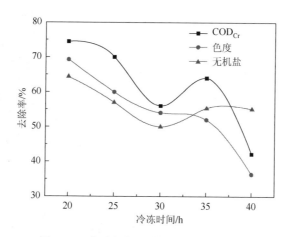

图 2-43　冰融水水质随冷冻时间变化曲线

可以看出,随着冷冻时间的延长,冰融水的 COD_{Cr} 去除率、色度去除率和无机盐去除率均呈下降趋势。当冷冻时间为 20h 时,成冰率为 26.7%, COD_{Cr} 的去除率为 74.4%,色度去除率为 69.3%,无机盐的去除率为 64.4%,当冷冻时间延长到 40h 时,成冰率为 66.7%, COD_{Cr} 去除率、色度去除率、无机盐去除率则分别降为 42.2%、36.4%、55.1%。与单组分有机废水的冷冻效果相比,实际废水的 COD_{Cr} 去除率、色度去除率均有很大幅度的下降。比较两水样组成成分,实际废水除含有大量溴氨酸、缩合产物等大分子有机物外,还含有大量 $NaCl$、Na_2CO_3 等无机盐,正是这些无机盐的存在影响了废水的冷冻分离效果。

（3）冷冻温度对分离效果的影响

将五个相同水质的水样分别在不同温度的冷冻场中冷冻,当其成冰率约为 60% 时分离冰与母液,其冰融水水质随冷冻温度的变化曲线如图 2-44 所示。

可以看出,随着冷冻温度的升高,冰融水的 COD_{Cr} 值去除率和色度去除率均升高。当冷冻温度为–25℃时, COD_{Cr} 去除率和色度去除率分别为 55.1% 和 51.1%,冷冻温度升高到–5℃时, COD_{Cr} 去除率和色度去除率则分别增加到 80.1% 和 70.1%。冷冻温度决定冷冻速率,当冷冻温度较高时（如–5℃）,冷冻速率较慢,有利于提高冰的结晶质量;当冷冻温度较低时（如–25℃）,冷冻速率较快,废水中的杂质易被冰晶所保藏而造成冰晶纯度的下降。

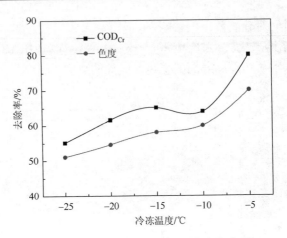

图 2-44　冰融水水质随冷冻温度变化曲线

（4）多级冷冻

从上述试验可以看出，由于染料废水的原水 COD_{Cr} 值和色度非常大，经过单级冷冻，废水仍然不能达标排放。本试验对冰融水的多级冷冻进行了研究，试验方案如图 2-45 所示。

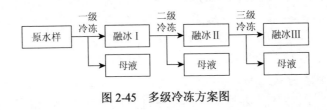

图 2-45　多级冷冻方案图

原废水在一至三级冷冻过程中冻结比例和冰融水水质变化情况见表 2-15。

表 2-15　冻结比例和冰融水水质

冷冻级数	原水 COD_{Cr}/(mg/L)	冰融水 COD_{Cr}/(mg/L)	冻结比例/%	COD_{Cr} 去除率/%
一	11954	3421.5	56.3	71.4
二	3421.5	1035.0	43.3	91.3
三	1035.0	212.99	45.1	98.2

由表 2-15 可知，仅一级冷冻，冰融水中 COD_{Cr} 的去除率可达到 70% 以上，经过二级冷冻，COD_{Cr} 的去除率可达到 90% 以上，三级冷冻后，COD_{Cr} 的去除率则达到 98.2%，去除了废水中的大部分有机污染物。但冷冻级数越多，处理效率越

低，一级冷冻可回收 50% 以上的冰融水，二级冷冻回收的冰融水仅是原水水量的 1/4，三级冷冻回收水仅为原水的 1/8，故对于高浓度高含盐量废水，应考虑冷冻法与其他工艺组合，废水经一级冷冻后，去除大量无机盐和有机物，再与其他工艺组合使用，以提高废水的处理效率。

2.3.2　冷冻法对高氟饮用水中 F^- 的去除

在冷冻分凝法水处理过程中，同种条件下，在水溶液相变过程中，溶液水结晶和溶质浓度下移表现出不同的规律。无机离子质点相对较小，电荷密度较高，与溶剂水形成的水合作用倾向较大，相变过程中溶剂和溶质表现出不同的迁移规律。

氟是一种非金属元素，化学性质非常活泼，几乎不能单独存在，自然界中都是以各种化合物的状态存在，广泛存在于岩石、土壤、海洋中，分布相当广泛。水体中氟含量过高容易造成氟中毒，我国大部分省区市都发生过氟中毒事件。含氟水中，F^- 相对电荷密度高，与水的亲和力大，其水溶液难以分离，导致含氟水体纯化成本高。本小节重点对含氟水样的冷冻分离规律进行研究。

1. 高氟水人工冷冻处理研究

自然冷冻场中自然冷能由于室外冷冻条件（如外界冷冻温度、自然风力、天气情况等）无法有效控制，变化多样，不利于对高氟水的冷冻分凝规律进行研究。因此，为了揭示冷冻过程中的本质规律，需在模拟冷冻场中对高氟水的冷冻分凝规律进行研究。模拟冷冻场由低温可控温冰箱提供冷能，冷冻温度可调，冷冻温度在 0～25℃。分别在冷冻时间、冷冻温度、水样初始浓度、冷冻方式不同的情况下对冰融水中 F^- 含量和净水成冰率极值方面进行了研究。

（1）冷冻温度对冰融水中 F^- 含量的影响

在-5℃、-10℃、-15℃、-20℃ 和 -25℃ 五个温度条件下，对 F^- 含量分别为 2mg/L、4mg/L 和 6mg/L 500mL 的高氟水样进行冷冻处理，成冰率约为 50% 的情况下，检测冰融水中的 F^- 含量，实验结果如图 2-46 所示。

可以看出，冷冻温度对冰融水中的 F^- 含量有显著影响。以初始浓度为

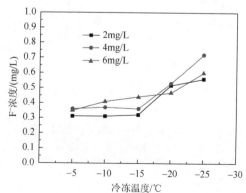

图 2-46　冷冻温度对冰融水中 F^- 浓度的影响

6mg/L 的高氟水为例,分别在–5℃、–10℃、–15℃、–20℃和–25℃下冷冻处理,–5℃条件下冰融水中 F⁻含量为 0.35mg/L,而–25℃条件下为 0.60mg/L。而且从图中还可看出,当初始浓度小于 6mg/L 时,–5℃、–10℃和–15℃三个温度下冰融水中的 F⁻含量变化较缓和,F⁻含量在 0.4mg/L 以下。而在–20℃和–25℃下的冰融水中 F⁻含量明显增加。研究发现,500mL F⁻浓度为 6mg/L 的水溶液在不同冷冻温度下,成冰率达到 50%的情况下,–5℃需 55h,而在–25℃仅需 19h。因此可以看出,–25℃的冷冻速率要比–5℃的冷冻速率大得多。冷冻温度直接决定冷冻速率,同时也影响 F⁻在溶液中的传递。在–25℃下冰晶的生长速度要远大于–5℃下冰晶的生长速度,因此当冰晶的生长速度过快,一部分 F⁻会被包裹进冰层中,导致冰融水中 F⁻含量升高。而在–5℃下冰晶生长速度缓慢,冰层从冷冻界面开始缓慢而有规则地生长,同时将大部分 F⁻排出冰层,因此,冰融水中 F⁻含量较低,仅为 0.35mg/L。并且从图 2-46 中也可看出,F⁻浓度为 2mg/L 和 4mg/L 的高氟水在冷冻处理后,冰融水中 F⁻随冷冻时间的变化情况同 6mg/L 的高氟水相似。所以相对较高温度对降低冰融水中 F⁻含量和 F⁻排出冰层是有利的。

（2）冷冻时间对冰融水中 F⁻含量的影响

在控温冷冻装置中,分别于–5℃、–10℃、–15℃、–20℃、–25℃下对 500mL F⁻浓度为 2mg/L、4mg/L 和 6mg/L 的高氟水样冷冻,在不同的冷冻时间内取出上层冰,对冰融水中 F⁻浓度进行检测,五个温度下的冰融水中 F⁻浓度随时间的变化关系如图 2-47～图 2-51 所示。

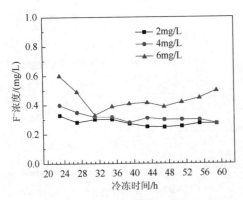

图 2-47　–5℃下冰融水 F⁻浓度随冷冻
时间的变化

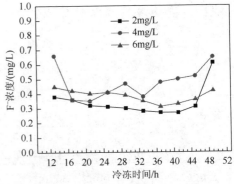

图 2-48　–10℃下冰融水 F⁻浓度随冷冻
时间的变化

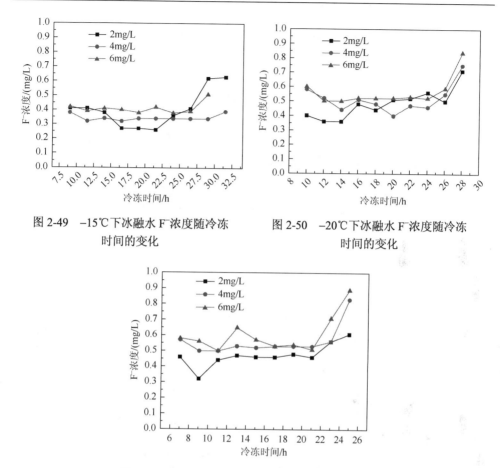

图 2-49　–15℃下冰融水 F⁻浓度随冷冻
　　　　　时间的变化

图 2-50　–20℃下冰融水 F⁻浓度随冷冻
　　　　　时间的变化

图 2-51　–25℃下冰融水 F⁻浓度随冷冻时间的变化

　　图 2-48 所示的是–10℃下的冷冻曲线，初始浓度为 2mg/L、4mg/L 和 6mg/L 的含氟水水样在室温条件下放入冷冻装置中–10℃冷冻，其中冰融水中 F⁻含量分别在 0.26～0.59mg/L、0.35～0.66mg/L 和 0.32～0.45mg/L 之间。在 13h 时第一次取出冰层，冰融水中 F⁻含量较高，分别为 0.38mg/L、0.66mg/L 和 0.45mg/L。继续延长冷冻时间，冰层厚度增加，在 17～41h 内，冰融水中 F⁻浓度变化波动不明显，当冷冻时间在 41～49h 时，冰融水中 F⁻含量开始升高。

　　从以上数据和曲线图可看出冰融水中 F⁻含量随冷冻时间的变化过程，F⁻含量初始较高，随着冷冻时间增长，冰层厚度增加即冰融水量增大，此时冰冷能通过冰层传递更平稳，有利于水分有规则地结晶，所以 F⁻含量降低并在一段时间内波动不明显。冷冻结束时冰融水中 F⁻含量开始增加，原因是随着冰层厚度增加，母液体积逐渐缩小，上层 F⁻被排挤到母液中导致母液中 F⁻含量增加，同时冰层厚度增加与下层冰表面接触的母液中部分 F⁻被包裹进冰层中，形成"包态"从而导致整体冰层冰融水 F⁻含量升高。另外，由于 F⁻半径较小，电荷密度高，"钻穿效应"突出，水分子向冰层表面定向排列时，部分 F⁻进入冰层中，造成冰层污染。因此，相对有机溶质而言，无机离子的冷冻分离过程要更加困难。

（3）水样初始浓度对冰融水中 F⁻含量的影响

对 2mg/L、4mg/L 和 6mg/L 初始浓度的含氟水样在−5℃冷冻 39h，−10℃冷冻 29h，−15℃冷冻 19h，−20℃冷冻 16h，−25℃冷冻 13h，使冰融水体积相同的情况下，检测冰融水中的 F⁻含量，初始浓度的变化对冰融水中 F⁻含量的影响如图 2-52 所示。

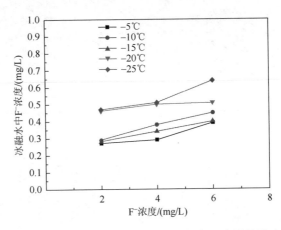

图 2-52　含氟水样初始浓度对冰融水中 F⁻含量的影响

可以看出，初始浓度分别为 2mg/L、4mg/L 和 6mg/L 的含氟水样在五个温度下进行冷冻处理后都有相同的变化趋势，处理后冰融水中的 F⁻含量随原水初始浓度的增加而增大。如在−10℃下，初始浓度为 2mg/L 的水样冰融水 F⁻含量为 0.29mg/L，4mg/L 的为 0.38mg/L，6mg/L 的为 0.45mg/L。从图中整个变化趋势看，在相同冷冻时间内，冰融水中的 F⁻含量是逐渐增加的。F⁻浓度增加，水分子凝结成冰晶的过程中，F⁻就会相对较多地被冰晶包裹进去，导致冰融水中 F⁻含量升高，表明高氟水初始浓度对冷冻过程中 F⁻含量有一定影响。

（4）冷冻方式对冰融水中 F⁻含量的影响

冷冻方式的不同决定了冰层形成方式的不同，而冰层形成方式决定了最终的处理效果。取 6mg/L 高氟水样，电导率为 579μS/cm，在−25℃下进行冷冻处理。对比非环境绝热、单向传热冷冻等降温条件下的冷冻分离情况，结果如图 2-53 所示。

从图中可看出，单向传热冷冻装置中的高氟水样经过冷冻处理后，冰融水中 F⁻含量要远远低于非环境绝热冷冻装置中的高氟水样。冰融水体积在 320mL 时，非环境绝热冷冻装置的冰融水 F⁻浓度比单向传热冷冻装置的水样高 0.69mg/L，冰融水体积在 170mL 时，最高达 0.80mg/L。因此，实验证明单向传热冷冻装置处理

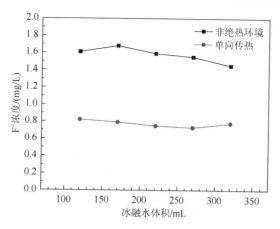

图 2-53 非环境绝热、单向传热冷冻后冰融水中 F⁻ 浓度的对比

高氟水,对降低冰融水中的 F⁻ 含量具有明显效果。单向传热冷冻装置中高氟水样在冷冻过程中,由于烧杯水样四周被保温材料阻隔,只有烧杯口液体表面与冷冻场冷能接触,形成环境绝热单向冷冻场,冷能只能从液体表面自上而下进行传递,液体表面冻结形成一层冰层后,冰层以平行于烧杯口边缘的方式逐渐变厚,形成一柱状冰层,如图 2-54 所示。冷冻溶液表面由气-液能量传递变为固-液能量传递方式,溶液在冷能场发生相变过程中由热力学熵值高的状态变为低熵状态,当液体表层形成冰层后,由于冰层对冷冻场的"阻隔"作用,冰层通过固定点位质点振动将冷能传给溶液表面,与气-液表面传递方式比较,减缓了冷冻凝结速度,使得固液表面水分子能够接受冷能,定向排列在冰层表面,同时,水分子簇中的 F⁻逃逸至溶液母体,形成洁净层。而非绝热装置中,高氟水样的液体表面与四周都与冷能接触,在冷冻过程中逐渐形成一倒扣杯状冰体,如图 2-55 所示。

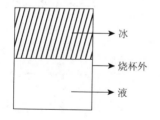

图 2-54 单向传热冷冻装置中的柱状冰体图

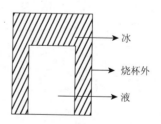

图 2-55 非绝热冷冻装置中的倒扣杯状冰体

非绝热冷冻装置中冰融水中 F⁻ 含量高于单向传热冷冻装置,其原因主要有两个方面:一方面,在单向传热冷冻装置中冰层的形成方式是渐进式的,自上而下,而且如图 2-54 所示的冰层形成后,使冷冻场冷能传递更稳定,趋于可逆过程,因此冰晶有规则地排列凝结成冰层,在这个过程中大部分 F⁻ 被排挤到冰层外,而非

绝热冷冻装置（图 2-55）的冰层上部与四周同时与冷能接触，冰层在烧杯内壁与表面同时形成，缩短了冰层形成时间，该过程表现出极大的"不可逆性"，冰晶有规则的排列被打破。另一方面，冰层与下层液体接触的表面积可能也会对冰层中 F⁻ 含量产生影响，单向传热冷冻装置的上部冰层与下层母液接触面积只是烧杯口的面积，而未放入冷冻装置的冰层与液体接触的面积在冷冻开始相当长的一段时间内是远远大于前者的，在这个过程中，冰层可能就包裹了较多的 F⁻。因此，非绝热冷冻装置的冰融水 F⁻ 含量较高。

此外，水溶液电导率是评价其离子含量的重要参数，对冰融水的电导率进行检测，结果如表 2-16 所示。

表 2-16   冷冻处理后冰融水体积、电导率

编号		1	2	3	4	5
体积/mL		120	170	220	270	320
电导率/(μS/cm)	单向传热冷冻装置	35.2	34.6	26.3	17.8	29.4
	非绝热冷冻装置	232	212	192	179	177

实验结果表明，经过冷冻处理，单向传热冷冻装置冰融水的电导率较低，在 17.8～35.2μS/cm 之间。而非绝热冷冻装置中的高氟水样的冰融水电导率相对较高，在 177～232μS/cm 之间。对比说明，采用单向传热冷冻方式，对溶液中离子去除效果明显。

（5）冷冻分凝过程中净水成冰率最大量的研究

在冷冻法处理高氟水的过程中，能够获得符合国家饮用水标准的冰融水最大量是一个很重要的参数。取 6mg/L 500mL 的高氟水样置于冷冻装置中，在 –5℃、–15℃和 –25℃的人工模拟冷冻场进行冷冻处理，以得到符合国家饮用水标准的最大量冰融水。–5℃、–15℃和 –25℃下冷冻处理后冰融水的体积、成冰率、F⁻浓度和去除率如表 2-17～表 2-19 所示。

表 2-17   –5℃下处理后冰融水水质情况

样品	冰融水体积/mL	成冰率/%	F⁻浓度/(mg/L)	F⁻去除率/%
1	290	58	0.40	93.3
2	300	60	0.37	93.8
3	340	68	0.37	93.8
4	380	76	0.36	94.0
5	400	80	0.82	86.3
6	420	84	1.07	82.2
7	440	88	1.78	70.3

表 2-18 −15℃下处理后冰融水水质情况

样品	冰融水体积/mL	成冰率/%	F⁻浓度/(mg/L)	F⁻去除率/%
1	260	52	0.51	91.5
2	300	60	0.48	92.0
3	310	62	0.49	91.8
4	360	72	0.56	90.7
5	380	76	0.79	86.8
6	400	80	1.01	83.2

表 2-19 −25℃下处理后冰融水水质情况

样品	冰融水体积/mL	成冰率/%	F⁻浓度/(mg/L)	F⁻去除率/%
1	270	54	0.45	92.5
2	300	60	0.54	90
3	360	72	0.61	89.8
4	390	78	1.02	83
5	400	80	1.27	78.8
6	410	82	2.37	60.5

由以上三表可以看出，不同冷冻温度下冰融水中 F⁻含量接近国家饮用水标准 1mg/L 的冰融水体积分别为：在−5℃下，冰融水体积在 400～420mL 时，F⁻含量在 0.82～1.07mg/L；−15℃下，冰融水体积在 380～400mL 时，F⁻含量在 0.79～ 1.01mg/L；而在−25℃下，冰融水体积在 360～390mL 时，F⁻含量则在 0.61～ 1.02mg/L。从上述数据可以得到，对于高氟水样，冰融水中 F⁻含量要达到国家饮用水标准，必须控制其成冰率，在−5℃，成冰率在 84%以下；−15℃下，成冰率要控制在 80%以下；−25℃，成冰率在 78%以下。

综上所述，从能源角度出发，由于三种温度下冷冻处理水溶液的成冰率均在 80%左右，采用环境绝热单向冷冻方式处理 500mL 6mg/L 水样时，在−5℃下实现符合国家饮用水标准的冰融水体积达到 80%，较为合理。

2. 高氟水自然冷冻处理研究

（1）自然冷能下冰融水及母液中 F⁻含量的变化

为了观察室外自然冷能对高氟水的处理效果，将六个不同浓度，体积分别为 1000mL、500mL 和 250mL 的高氟水样置于室外自然条件下冷冻。实验环境：天气晴转多云，温度−7～−2℃。经过 12h 冷冻，在同一时间取样，具体取样情况及冰融水水质情况如表 2-20 所示。

表 2-20　初始浓度、体积不同的高氟水样冰融水体积及 F⁻浓度

体积/mL 浓度/(mg/L)	1000		500		250	
	冰融水体积/mL	F⁻浓度/(mg/L)	冰融水体积/mL	F⁻浓度/(mg/L)	冰融水体积/mL	F⁻浓度/(mg/L)
2.11	335	0.48	205	0.42	130	0.66
3.25	321	0.44	169	0.45	134	0.61
4.48	304	0.34	195	0.34	130	0.49
5.66	313	0.39	200	0.37	134	0.67
7.02	344	0.40	169	0.53	122	0.83
11.46	295	0.62	197	0.72	130	0.94

　　从表中可看出，经过 12h 的室外自然冷冻处理，体积为 1000mL 的高氟水样的冰融水体积基本在 300mL 以上，成冰率约 30%，体积为 500mL 的高氟水样，处理后的冰融水体积在 200mL 左右，成冰率约为 40%；而 250mL 的冰融水体积则在 130mL 左右，成冰率超过 50%。从冰融水中 F⁻含量看出，溶液初始浓度不高于 7.02mg/L，1000mL 冰融水 F⁻含量在 0.34～0.48mg/L，500mL 冰融水 F⁻含量在 0.34～0.53mg/L，250mg/L 冰融水 F⁻含量在 0.49～0.83mg/L，都能达到国家饮用水标准。当初始浓度为 11.46mg/L 时，其冰融水 F⁻含量要远远高于初始水样浓度为 2.11～7.02mg/L 区间情况。在自然冷能的条件下处理后的冰融水 F⁻含量与人工模拟冷冻场有着相似的规律，水样初始浓度较高，冷冻处理后的冰融水 F⁻含量也会偏高。

　　因此，冷冻过程中在控制好成冰率（即冰融水体积适量）的情况下，利用室外自然冷能处理高氟水也能取得较好的效果，处理后的冰融水水质也可达到国家饮用水的 F⁻含量标准。

　　（2）环境因素对冰融水冷冻时间及冰融水水质的影响

　　自然条件下，对水溶液进行冷冻分凝实验面临着诸多的因素影响，如天气状况、风力和昼夜温差的变化等。即使天气达到水溶液凝结的条件，但是白天太阳照射，造成昼夜温差，甚至会造成分段持续凝结现象，这都对成冰率、质量和冰融水中的 F⁻含量有影响。

　　将五个不同初始浓度（2.93mg/L、3.77mg/L、5.04mg/L、9.64mg/L 和 11.65mg/L）的高氟水样，分别以 1000mL、500mL 和 250mL 的体积置于室外自然条件下冷冻，当成冰率达到 50%时取出冰层。成冰所需冷冻时间及天气状况如表 2-21 所示，冷冻处理后冰融水中 F⁻含量如图 2-56 所示。

表 2-21　冷冻时间及天气状况

冷冻时间/h	天气	风向风力	温度	最大相对湿度
64	晴间多云	东北风 3～4 级	−4～7℃	70%
134	晴间多云	西北风 3～4 级	−3～6℃	70%
110	多云转晴	西北风 3～4 级	−3～5℃	70%
120	多云转晴	东北风 2～3 级	−3～5℃	90%
87	晴间多云	偏北风 3 级	−5～5℃	90%

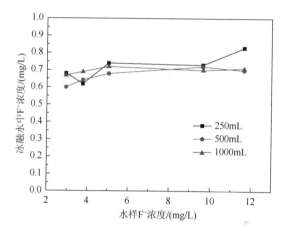

图 2-56　冰融水中 F⁻含量随初始水样的变化关系

　　从表 2-21 中可看出，在天气状况不同的情况下，达到 50%成冰率时高氟水样所需冷冻时间不同，由于自然界温度的变化，白天温度上升，会使冰层表面部分融化，夜间温度降低，水样开始重新冻结，此外风向风力、天气晴阴及湿度可能会对自然界冷冻温度产生影响，冷冻时间在 64～134h 内。

　　从图 2-56 中可看出，五个不同初始浓度的高氟水样冷冻处理后，当成冰率达到 50%时，相应的冰融水中 F⁻含量在 0.60～0.85mg/L 之间，能够达到国家饮用水标准要求，而且从曲线可看出，F⁻含量随着初始水样浓度的增加而缓慢增加，这与人工冷冻装置下处理的结果相似。但同人工冷冻装置冷冻处理相比，自然冷能处理后冰融水中 F⁻含量稍高于室内人工冷冻。室外自然条件下空气中杂质灰尘随风力而变化，杂质灰尘会进入冰融水中，对水质产生不良影响，冷冻处理后需要对冰融水进行过滤处理，因此在室外冷冻过程中需要对水样进行遮盖防尘处理。

　　（3）受冷表面积对冰融水体积及冰融水 F⁻含量的影响

　　在冷冻过程中受冷表面积会影响冷冻处理的效果，实验将初始浓度为 5.1mg/L，体积分别为 1000mL、500mL 和 250mL 的高氟水样置于室外自然条件下冷冻，于下午 19：00 放入冷冻装置中，在第二天上午 7：00 经过一夜（12h）的

室外自然冷冻后，取出冰层，检测冰融水中 F⁻ 含量。实验环境：多云，温度−8～
−2℃。原水水样体积、受冷表面积及水样深度见表 2-22，冰融水体积和 F⁻ 浓度随
受冷表面积的关系如图 2-57 和图 2-58 所示。

表 2-22　原水水样体积、受冷表面积及水样深度

水样体积/mL	受冷表面积/cm²	水样深度/cm
250	38.5	7.30
500	59.4	9.50
1000	95.0	11.20

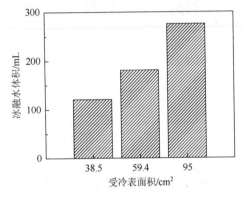

图 2-57　冰融水体积随受冷表面积的
变化关系

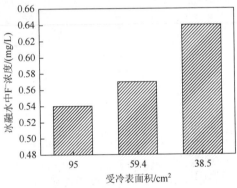

图 2-58　冰融水 F⁻ 浓度随受冷表面积的
变化关系

可以看出，受冷表面积不同的高氟水样，在相同冷冻场和冷冻时间下，冰
融水体积随着受冷表面积的增加而增大。如受冷表面积为 95.0cm² 的水样的冰融
水体积为 276mL，成冰率为 27.6%；而受冷表面积为 59.4cm² 和 38.5cm² 的水样
的冰融水体积分别为 181mL 和 121mL，成冰率分别为 38.2% 和 48.4%。就冰融
水中 F⁻ 浓度而言，当水样受冷表面积小时，成冰率较大，母液中 F⁻ 浓度随着成
冰率的增加变大，此时冷冻过程中冰层中会夹杂较多的 F⁻，从而导致冰融水 F⁻
浓度增加。

（4）高氟水自然冷冻下的多级冷冻

一般情况下，自然界中高氟水 F⁻ 浓度在 1～10mg/L 之间，从实验结果看，在
控制好冷冻参数的情况下，冰融水中 F⁻ 含量可达到国家饮用水标准要求。为进一
步提高处理效果，采用多级冷冻方法，不断取出冰层，融化后继续冷冻，并考察
多级冷冻情况下，冰融水中的 F⁻ 浓度变化情况。

实验过程中室外温度在−8～−3℃，对 3.54mg/L 1000mL 的高氟水在自然冷能

条件下处理，当冰层厚度在 1.5～2.0cm 左右时取出，一共取出五层，同时检测冰融水中 F⁻含量，实验结果如图 2-59 所示。

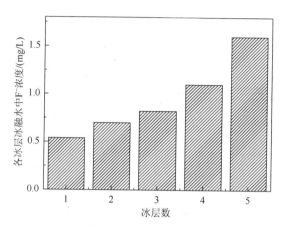

图 2-59　各冰层中 F⁻浓度的变化关系

可以看出，随着取出冰层数的增加，冰融水中 F⁻含量增大，第一层冰融水 F⁻浓度为 0.54mg/L，而第四层的冰融水 F⁻浓度则为 1.10mg/L，已超过国家饮用水标准要求。此外，实验还发现，取出的前三层冰层冰融水 F⁻含量都在 1mg/L 以下，即使将第四层冰与前三层冰混合后，冰融水中 F⁻浓度也能低于 1mg/L。测定冰融水水量发现，前三层冰融水水量总和约占总水样的 50%，约 500mL。由此可见，采用多级冷冻法处理高氟水样中，控制总成冰率在 50%左右，可使得冰融水水质达到国家饮用水标准要求。

3. 高氟水冷冻分离规律研究

（1）F⁻在冰层中的迁移分布规律

对 F⁻浓度为 10mg/L 的 1000mL 高氟水样在 -15℃进行冷冻，使冰层完全冻结，取出上层冰层对其从上至下分段进行分析，实验结果如图 2-60 所示，F⁻冰层分布示意图如图 2-61 所示。

由图 2-60 可看出，在连续冻结形成的冰层内，不同冰层的 F⁻含量均呈 U 形分布，形成如图 2-61 所示的微污染层、纯净层和混合层。即 F⁻含量在冰层的上部以及冰层的底部偏高，对于整块冰来说，其 F⁻含量随冰层厚度增长而减小，当冰层达到一定厚度时，其 F⁻含量又开始增加。这种 U 形 F⁻含量分布剖面与冰层的形成机理有关。

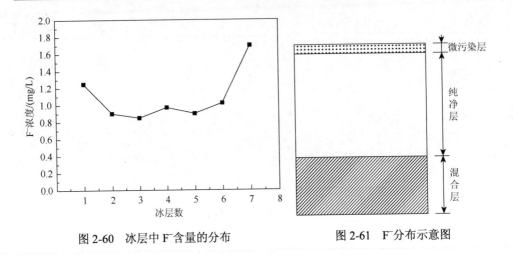

图 2-60　冰层中 F$^-$含量的分布　　　　图 2-61　F$^-$分布示意图

（2）种冰的加入对冰融水中 F$^-$含量的影响

由上述实验可知，由于 F$^-$与水的高度亲和性，在冰晶形成的过程中仍然包裹一定量的 F$^-$，特别是开始结晶的气-液表面，溶液在冷冻过程中产生过冷度，形成一层纯度较低的冰层，冰层形成后冰晶以形成的冰层为界面开始呈枝状生长，将 F$^-$排除在冰晶之外。研究表明，加入种冰能够消除溶液成核过程中的过冷现象。

将 5 个 F$^-$浓度均为 6mg/L，电导率为 580μS/cm 的 500mL 高氟水样预冷至 0～1℃后置于冷冻场的冷冻装置中预冷，加入 1cm 厚与容器受冷面积相同的圆片状种冰，在–5℃、–10℃、–15℃、–20℃和–25℃下进行冷冻处理，同时比较在成冰率约 50%时，加种冰与不加种冰的冰融水中 F$^-$浓度，结果如图 2-62 所示。

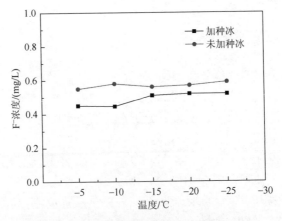

图 2-62　种冰的加入对冰融水中 F$^-$浓度的影响

从图中可看出，加种冰的冰融水 F$^-$浓度要明显低于未加种冰时的浓度。种冰的加入能够使冰融水中 F^- 含量降低，表明种冰的加入能够消除溶液成核过程中的过冷现象。

与此同时，对冷冻处理后冰样冰融水的电导率进行测定，以研究种冰的加入对整体溶液中离子总量的影响。电导率常用于间接推测水中离子成分的总浓度，通过电导率可以明显看出冷冻处理后冰融水中的离子总浓度的变化情况，如图 2-63 所示。

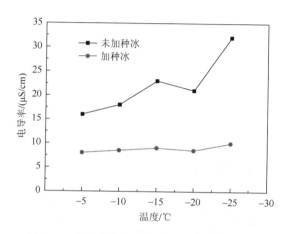

图 2-63　种冰的加入对冰融水中电导率的影响

从图中可看出，种冰的加入可以有效地降低冰样冰融水的电导率，加入种冰的冰融水的电导率在 $8.7\sim9.8\mu S/cm$ 之间，未加种冰的冰融水电导率则在 $15.9\sim31.9\mu S/cm$，冰融水中的离子总量去除率在 94% 以上。因此，种冰的加入能够有效降低冰融水中的离子总量。此外，从图中可看出，未加入种冰冰融水电导率随冷冻温度的降低而升高，而加入种冰的冰融水的电导率随温度的降低变化趋势比较平缓。

（3）水样 pH 对冰融水中 F^- 含量的影响

控制 pH 在 2~11 范围内，观察 F^- 浓度变化。对 500mL 浓度为 10mg/L 的高氟水样在 -15℃ 下进行冷冻处理，当成冰率达到 50% 时，研究冰融水中 F^- 含量变化规律，同时观察处理后的冰融水 pH 变化，如图 2-64 所示。

由图 2-64 可以看出，水样 pH 对冷冻法处理后的冰融水中 F^- 含量有明显影响。水样 pH 在 2 和 3 时，冰融水 F^- 浓度分别为 1.06mg/L 和 0.81mg/L，pH 在 10 和 11 时，pH 分别为 0.92mg/L 和 1.03mg/L。pH 为 4~9 时，冰融水中 F^- 含量在 0.6~0.7mg/L 左右，变化幅度不明显。pH 在 5~7 时处理效果较好，F^- 含量在 0.6mg/L 左右，这是由于此时水样中存在较少的 H^+ 和 OH^-，对 F^- 的冷冻迁移过程产生较小的影响，而当 pH 过高或过低时，水样中大量的 OH^- 或 H^+ 对 F^- 的迁移有一定程度

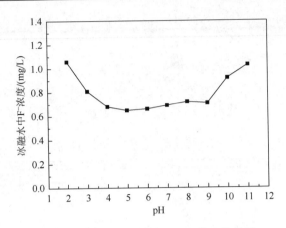

图 2-64　冰融水中 F⁻浓度随 pH 的变化情况

的干扰，当 pH 为 2～3 时，溶液中的 F⁻和 H⁺存在如下平衡：$H^+ + F^- \rightleftharpoons HF$，当溶液浓度较低时，体系中离子之间相互作用较小，F⁻和 H⁺分别与水分子结合，当 H⁺浓度较高时，离子之间作用力加强，形成以水分子包围的 HF 分子簇，在冷冻过程中，HF 被水分子簇包夹进入冰层，导致冰融水中 F⁻浓度也较高。当体系中 OH⁻浓度过高时，Na⁺会优先与 F⁻作用，同时水分子包围的水化分子簇，以包夹方式进入冰层，也使得冰融水中 F⁻浓度较高。

　　冷冻处理前后原水及冰融水的 pH 变化情况如表 2-23 所示。可以看出，初始 pH 不同的水样在冷冻处理后，冰融水的 pH 均有向中性靠近的趋势。这说明在冷冻处理过程中，水分子结冰时除将部分 F⁻排向母液，也将部分的 H⁺或 OH⁻排出冰层，所以冰融水的 pH 会产生变化。

表 2-23　处理前后冰融水 pH 的变化

初始 pH	2.07	3.04	4.06	5.01	6.08	7.03	8.02	8.98	10.01	11.12
处理后 pH	3.19	4.28	5.35	5.71	6.52	6.71	6.6	6.49	6.95	9.05

　　(4) Na⁺、Ca²⁺和 Mg²⁺的加入对冰融水中 F⁻含量的影响

　　上述研究表明，高氟水溶液中，H⁺和 OH⁻共存情况对冷冻分凝过程中 F⁻的迁移是有影响的。本研究进一步考察了 Na⁺、Ca²⁺和 Mg²⁺共存对 F⁻迁移的影响。

　　向 500mL 浓度为 10mg/L 的高氟水样中分别加入 100～500mg/L 的 Na⁺、Ca²⁺和 Mg²⁺，在-15℃下冷冻处理，当成冰率达到 50%时取出冰层，检测冰融水中的 F⁻、Na⁺、Ca²⁺和 Mg²⁺含量。观察 Na⁺、Ca²⁺和 Mg²⁺对冰融水中 F⁻含量的影响。Na⁺对冰融水中 F⁻含量的影响及冰融水中 Na⁺含量如图 2-65 和图 2-66 所示。

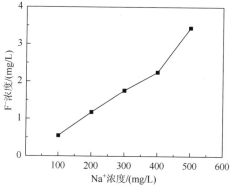

图 2-65　冰融水中 F⁻浓度随 Na⁺浓度的
变化关系

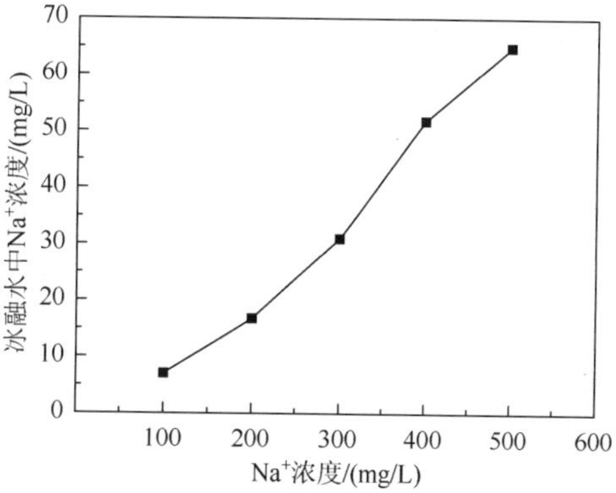

图 2-66　冰融水中 Na⁺浓度随水样中 Na⁺浓度
的变化关系

　　从图 2-65 中可看出，Na⁺含量在 100mg/L 时，冰融水中 F⁻含量为 0.55mg/L，而当 Na⁺含量达到 200mg/L 以上时，冰融水中 F⁻含量迅速增加，超过 1mg/L 的饮用水标准。当原水 Na⁺含量在 500mg/L 时，冰融水中 F⁻含量已达到 3.44mg/L。实验结果表明，当水样中 Na⁺含量在 100～200mg/L 之间时，Na⁺对冰融水中 F⁻迁移产生的影响不大，当 Na⁺含量在 200mg/L 以上时，会对冰融水水质产生影响。此外，从图 2-66 中可看出，冷冻处理后冰融水中 Na⁺含量在 7～65mg/L 之间波动，可见冷冻处理对水样中 Na⁺的去除率为 87%～93%，去除效果较好。

　　Ca²⁺对冰融水中 F⁻含量的影响及冰融水中 Ca²⁺含量如图 2-67 和图 2-68 所示。

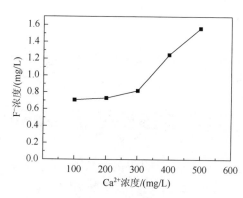

图 2-67　冰融水中 F⁻浓度随 Ca²⁺浓度的
变化关系

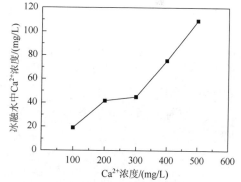

图 2-68　冰融水中 Ca²⁺浓度随水样中 Ca²⁺
浓度的变化关系

　　可以看出，冰融水中 F⁻浓度随着 Ca²⁺浓度增大而增加。当水样中 Ca²⁺浓度在 100～300mg/L 时，冰融水中 F⁻浓度在 0.71～0.82mg/L，表明此浓度下的 Ca²⁺含量对冷冻过程中 F⁻的迁移影响不大。当水样中 Ca²⁺浓度达到 400～500mg/L 时，冰

融水中 F^- 浓度为 $1.25 \sim 1.56 mg/L$，表明 Ca^{2+} 对 F^- 在冷冻过程中的迁移产生影响，可能阻碍了 F^- 向母液中的迁移，致使冰融水中 F^- 含量升高。此外，冰融水中 Ca^{2+} 的含量随原水中 Ca^{2+} 浓度的增大而增加，但冷冻处理后水样中 Ca^{2+} 的去除率基本维持在 80% 左右，因此原水中 Ca^{2+} 浓度的增加并没有对冰融水中 Ca^{2+} 去除率产生大的影响。

在冷冻处理后对冰融水电导率进行测定，冰融水电导率与原水水样电导率变化情况如图 2-69 所示。

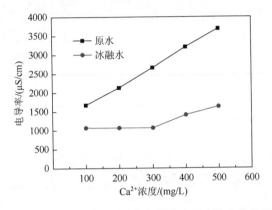

图 2-69　冷冻处理后冰融水与原水电导率的变化情况

可以看出，原水电导率随加入的 Ca^{2+} 浓度增加而增大，基本呈直线关系。实验中加入 Ca^{2+} 的原水电导率在 $1670 \sim 3690 \mu S/cm$，冷冻处理后冰融水电导率降低幅度较大，在 36% $\sim$ 60% 之间。但从图中可看出，加入 $100 \sim 500 mg/L$ Ca^{2+} 的水样在 $-15^{\circ}C$ 冷冻处理后，冰融水中的电导率在 $1070 \sim 1634 \mu S/cm$ 之间。由文献可知，饮用水的电导率在 $5 \sim 1500 \mu S/cm$ 之间。因此，经过冷冻处理后的冰融水电导率基本能够达到饮用水的要求。

Mg^{2+} 对冰融水中 F^- 含量的影响及冰融水中 Mg^{2+} 含量如图 2-70 和图 2-71 所示。

可以看出，冷冻处理后，冰融水中 F^- 和 Mg^{2+} 含量的变化关系同实验过程中 Ca^{2+} 的变化关系是相似的。Mg^{2+} 浓度在 $100 \sim 300 mg/L$ 时，对冰融水中的 F^- 含量影响不大，但 F^- 含量比不加入 Mg^{2+} 时偏高，当水样中 Mg^{2+} 浓度达到 $400 mg/L$、$500 mg/L$ 时，冰融水中 F^- 浓度已经达到 $2.49 mg/L$ 和 $2.74 mg/L$，可见加入 Mg^{2+} 和 Ca^{2+} 一样都对 F^- 在冷冻过程中的迁移产生一定的影响，阻碍了 F^- 在冷冻过程中的迁移，而且影响都是相似的，随着水样中 Mg^{2+} 和 Ca^{2+} 含量的增大，其影响也增大。

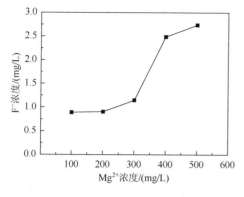

图 2-70　冰融水中 F⁻浓度随 Mg²⁺浓度的
　　　　变化关系

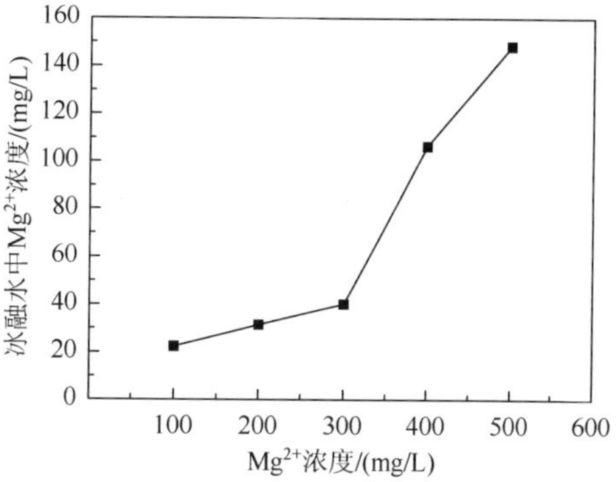

图 2-71　冰融水中 Mg²⁺浓度随水样中 Mg²⁺
　　　　浓度的变化关系

　　在冷冻处理后对冰融水电导率进行测定，冰融水电导率与原水水样电导率变化情况如图 2-72 所示。

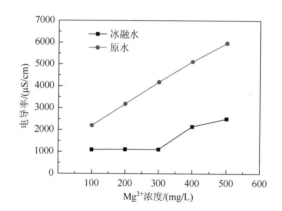

图 2-72　冷冻处理后冰融水与原水电导率的变化情况

　　加入 Mg²⁺水样冷冻前后冰融水和原水水样电导率的变化情况同加入 Ca²⁺的水样的变化情况基本一致。加入 Mg²⁺的原水电导率在 2210～5970μS/cm 之间，冷冻处理后冰融水中的电导率在 1087～2510μS/cm 之间。从数据看，Mg²⁺含量在 400mg/L、500mg/L 时，处理后冰融水中电导率要远大于饮用水的电导率的要求，因此在此浓度下冷冻处理的效果较差。

　　（5）冰层中 F⁻分布及机理

　　在冷冻处理过程中，F⁻在冰层中分布如图 2-73 所示。从图 2-73 可看出，冷冻处理后，表层冰和与母液接触的冰层中 F⁻含量较高，而中部洁净冰层中 F⁻含量较低。冷冻过程中 F⁻和水分子扩散分布模型如图 2-74 所示。

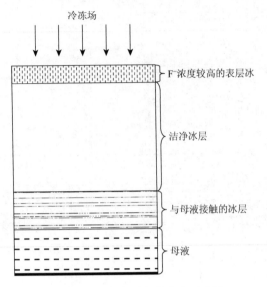

图 2-73　F⁻ 在冰层中的分布示意图

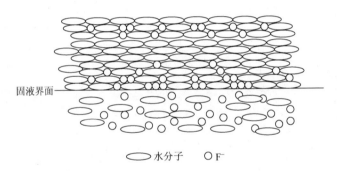

图 2-74　冷冻过程中水分子和 F⁻ 扩散分布模型

　　从图中可看出，冷冻初始阶段，表面冰层 F⁻ 较多，这可能与异重流有关。首先，高氟水样在室温条件下放入人工冷冻装置中，冷冻过程只有水样表面与冷能接触，水样热量一方面通过表面直接释放出去，另一方面缓慢释放到人工冷冻装置的保温材料中，因此液体表面温度与液体内部温度存在差异，4℃时水的密度最大，当表层液体达到 4℃左右时其密度最大，而下部液体热量释放缓慢，温度高于表层液温，密度差的存在会产生异重流现象，导致表层液体层与下部液体层发生缓慢相对运动，冰层液体层向下运动，下部液体向上运动。随着温度的继续降低，水样表层液体达到冰点开始结冰，而水样内部异重流还在缓慢进行，因此，在表层水分子结晶的过程中，运动上来的部分 F⁻ 会破坏水分子规则的结晶，而被冰晶包裹进去，从而导致表层冰层中 F⁻ 含量过高。随着冷能的传递，液体热量释放，液样温度基本降至冰点，此时液样温度保持不变，异重流现象消除，水分子有规则地结晶，冰层中冰晶规则的排列将 F^- 排挤出冰层，这时一定厚度的冰层中 F^- 含量非常少。随着冰层厚度的增加，下层母液中 F^- 浓度增大，此时与母液接触的冰层，结晶规则的排列被打破，冰层会夹杂较多的 F^-，导致下层冰中 F^- 含量变高。

另外，低浓度的高氟水溶液中存在 F^-、Na^+ 等简单的无机离子，它们与水分子之间存在离子-偶极的极性结合作用。

这种作用通常称为离子水合作用，Na^+ 和 F^- 所带的电荷与水分子的偶极矩产生静电相互作用。电场强度较强、离子半径小，有助于水形成网状结构。水分子中的氢、氧原子呈 V 字形排序，O—H 键具有极性，所以分子中的电荷是非对称分布的。这种极性使水分子间产生吸引力，因此，水分子能在三维空间形成多重氢键键合，从而形成一种笼形结构。在冷冻过程中，水分子通过氢键键合结晶形成的笼形结构，可能会将静电相互作用的部分 Na^+ 和 F^- 包裹截流在笼内，从而导致冰层中的 F^- 含量升高。

通过模型能够解释冷冻过程中 Ca^{2+}、Mg^{2+} 及 Na^+ 等离子对冷冻分凝效果的影响。

研究者对含有不同浓度的硝酸盐和磷酸盐模拟废水进行冷冻处理，两种成分的去除率均达 99%以上。其他研究还表明，废水中 Na^+、K^+、Ca^{2+}、Mg^{2+}、Zn^{2+}、SO_4^{2-} 等无机离子均可通过冷冻法有效分离去除。此外，冷冻法对废水中的碳水化合物、有机酸、表面活性剂、苯酚等有机化合物也有较好的分离浓缩作用。对含有不同浓度的表面活性剂和乙醇的模拟废水进行冷冻处理，冰相中杂质的去除率均达到 99%以上。

对甘肃省祖厉河、渭河等流域的苦咸水进行冷冻淡化实验发现，冷冻法对这些地区苦咸水中主要超标离子的去除效果很好，单次平均去除率可达 50%以上，冷冻温度越低淡化效果越好[24]。实验表明，对矿化度小于 5000mg/L 的苦咸水，一般在-15℃下，经过一次冷冻提纯就能够使水质基本达到饮用水质标准。研究认为，该法不仅可以在实际中推广和应用，而且利用自然能，具有投资小、环保无污染、简单易行、适宜于农村推广应用的特点和优势，是解决苦咸水地区人民饮水困难的有效途径之一。

在冷冻离心脱盐技术研究中发现，离心转速变化对冰冻浓海水脱盐、脱除钙镁离子影响显著[25]。各实验离心转速条件下，脱盐和脱除钙镁离子均有较好效果，脱除率均达到 88.5%和 87.4%以上。随着离心转速的提高，脱盐率提高，转速 4000r/min 时达到最大，但是其变化幅度减小，进一步提高转速对脱盐率和钙镁离子脱除率的提高影响不大。经过多步冷冻脱盐发现，一次冷冻离心分离，得到的余冰的盐度脱除率达到 99.0%。与原浓海水离子含量相比，钾、钙、钠、镁等主要离子含量降低为原浓海水的 3%以下。而多步离心分离之后，得到的浓海水的盐度达到原浓海水的 3.3 倍。每步实验，均有低盐度、低离子含量的冰生成，冰的产量达到被处理的浓海水总体积的 2/3 以上。

有学者从最佳制冷温度、水处理效果、最高水回收率及能耗四个方面研究了以制冷为主要手段的冷冻浓缩工艺[26]。通过冷冻试验，确定了冷冻浓缩工艺最佳的制冷温度，考察了水处理效果；通过差示扫描量热试验确定了废水玻璃化转变温度以及冷冻浓缩工艺最高水回收率的测定方法。结果表明，制冷温度宜比废水凝固点低 5～7℃；由单级冷冻即可去除废水 97% 以上的 NH_3-N、有机物和 93% 以上的盐；对于浓度为 3% 的溶液，可由冷冻浓缩提取 97.75% 的水分；基于制冷的冷冻浓缩工艺水处理效果良好、水回收率高、能耗低，在废水处理与再生领域具有巨大的应用潜力。

通过人工模拟气候下的冷冻实验，以生活污水为研究对象，分析冷冻法对水中有机物和 NH_3-N 的去除效果[27]。结果表明：冷冻法能有效去除水中的污染物，对 COD_{Cr} 去除效率达到 80% 左右，对 NH_3-N 去除效率达到 90% 左右。

冷冻法与其他方法优化组合工艺可以发挥各自技术的优势，从而提高处理效果。学者对含有苯乙烯和环氧丙烷的生产废水进行了冷冻-焚烧处理[28]。研究表明，废水经过冷冻处理后冰相的 COD_{Cr} 去除率可达到 99% 以上，冰融水可回用于后续工艺，少量浓缩液可通过焚烧处置。试验表明，冷冻-焚烧处理工艺比其他的处理工艺（蒸发-焚烧、湿空气氧化-生物处理）更高效、经济。在采用冷冻法对制革废水中 Cr^{3+} 的去除研究中，研究者认为通过部分冷冻的冰融水虽然含有痕量的 Cr^{3+}，但仍可用于皮革浸泡和冲洗，或用于浸酸工艺的预处理。而浓缩液通过调节酸碱度，并投加所需的辅助铬液，也能够重新用于制革[29]。

2.3.3　冷冻法对污泥的处理

冷冻处理法是将污泥降温至凝固点以下，然后在室温条件下融化的处理方法。通过冷冻形成冰晶再融化的过程胀破微生物的细胞壁，使细胞内的有机物溶出，同时使污泥中的胶体颗粒脱稳凝聚，颗粒粒径由小变大，失去毛细状态，从而有效提高污泥的沉降性能和脱水性能，加速污泥厌氧消化过程。

污泥冷冻融化处理工艺是一种很有效的污泥脱水处理工艺，受到了一定程度的关注。采用冷冻融化法处理污泥能大大改善污泥的脱水性能。它将污泥颗粒的结构变得更加紧密，而且这种改变是不可逆的，同时还减少了污泥的结合水量。在冷冻处理中，一般来说随着冷冻率的提高，污泥的脱水性能下降。无论如何，长时间的冷冻不能带来满意的经济效果。高冷冻速率同时效果佳的冷冻融化处理是我们所期待的。有研究者以平均冷冻速率 40mm/h 研究了污泥的冷冻融化处理后得出了结论[30]：高冷冻速率使污泥结合水的量减少到 50%，且大大降低了污泥过滤和脱水的阻力。研究者研究了污泥中加入电解液或改变冷冻速率给污泥性能带来的影响[31]。他们借助分光镜研究了原污泥和冷冻处理后的污泥化学结构，并指出冷冻融化处理主要的作用是打散了污泥中大量存在的网络状聚合物。

早在 19 世纪后期，加拿大中南部等城市就有利用自然冷冻法进行污水厂污泥预处理的应用实例，其处理费用是普通处理方法的 1/10。但由于该方法处于起始研究阶段，仍存在技术操作上的问题。20 世纪 80 年代，美国 C. J. Martel 等设计并改进了一种污泥处理新装置——冰冻污泥床。装置通过将污泥床设计成多层形式，且床底铺有沙层用于排除融化水。此过程主要是将待处理污泥在多层污泥床内进行自然冷冻，冰晶形成过程中污泥胶体性能被破坏。污泥自然融化后，脱水性能提高，融化水从底部的沙层排水系统排出，余下的固体污泥用传统方法进行运输处理。床底沙层排水系统对污泥处理效果具有重要作用，融化水的及时排出改善了污泥处理所带来的气味问题。目前已有许多国家利用自然冷能进行污泥处理的应用实例。如瑞典等国家利用自然冷能进行实际污泥处理，已经表现出巨大的优越性。

研究表明，冷融过程使污泥胶体性质完全被破坏，疏松的颗粒团转变为致密形态，粒径变大，并迅速凝集沉降，沉积物体积变小，沉降速度与过滤速度可比冷冻前提高几十倍，脱水性能大大提高。不必使用混凝剂也可直接进行机械脱水。冷融法同时也是一种有效灭活污泥细菌的方法，在较低的冷冻速率下，异养菌群（HPC）灭活率可达 95%；大肠菌群灭活率可达 84%左右。根据美国环保局的规定，经冷融处理后的污泥可达 B 级污泥标准（大肠菌群数<2×10^6MPN/g）。

冷融法处理污泥除以上优点外，还可以改变污泥流变性能及污泥化学组成，为污泥的后续机械处理以及污泥内植物营养成分（如 N、P 等）回收利用奠定基础。污泥冷融的基本原理如图 2-75 所示。

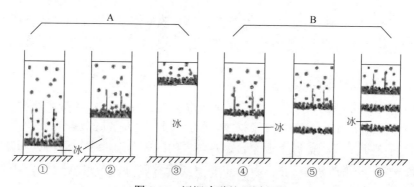

图 2-75　污泥冷融处理原理图

A-宏观现象；B-微观现象；①-冷冻开始；②-冷冻过程；③-冷冻完成；
④-固体夹层；⑤-冷冻过程；⑥-冷冻面的飞跃

图 2-75 中的①是胶体性原污泥开始冷冻的情况。随着冷冻层的加厚，污泥颗粒逐渐向上压缩浓集，而污泥中水分向冷冻界面移动，见图②和③，这是污泥水分与污泥颗粒移动的宏观现象。此外，在污泥颗粒浓集和水分移动总趋势中，还存在着冷冻微观现象。在冷冻过程中，由于冷冻层迅速形成，有一部分污泥颗粒层妨碍了水分的移动。因而在新的冷冻界面开始重新冷冻，浓集后的污泥颗粒被夹在冷冻层之间。

通过研究发现，冷冻速率、污泥中溶解性盐和污泥起始浓度，以及反应器直径对冷融处理效果也有一定影响。1974 年，研究者就已经证实冰晶生长过程与冷冻速率有关：在较低冷冻速率下，冰晶以柱状形式生长，冰水的交界面呈平面状；在较高冷冻速率下，冰晶以枝状形式增长。这种从柱状到枝状形态改变的原因，主要是在较高冷冻速率过程中，冷冻前沿进行热传递时，需要尽可能多的传递面积。有研究结果进一步说明，冷冻速率对冷融法处理污泥的效果具有很大影响，较低的冷冻速率比较高的冷冻速率更有利于提高污泥的脱水性能，且最慢的冷冻速率能起到最好的脱水效果[32]；如 Kawasaki 等证实，冷融处理后，活性污泥在冷冻速率 1.9mm/h 下的脱水性能要比 9.1mm/h 下的脱水性能好。当冷冻速率达到 40mm/h 时，冷融法对污泥的脱水性能没有任何提高。利用干冰（−78℃）或液氮（−196℃）对污泥进行瞬时冷冻处理，发现污泥絮凝体仍然保持原有的性能，没有任何改变。

在前人实验研究基础上，国外学者研究了污泥中溶解性盐以及污泥起始浓度对冷融法处理污泥效果的影响。当污泥中含有溶解性固体的时候，也会出现冰晶呈枝状生长的现象。即在冷融过程中，污泥中相对少量的溶解性固体对污泥处理效果起到负面影响[33, 34]。

冷融处理过程中，反应器直径对冷融处理效果也有一定影响。以直径 16～147mm 为参数，不同直径范围对污泥性能有不同的影响：当反应器直径小于 30mm 时，在连续的冷冻速率下，冷融法对污泥脱水性能及微生物降解作用，随直径的降低而有所提高，当反应器直径大约为 30mm 或更大时，直径的大小对这种作用几乎没有影响。

这种方法主要具有以下几方面的优点：

1）可使脱水后的污泥固体含量增加一倍，有效地改善污泥脱水性能。

2）低温在一定程度上起到了抑制活性微生物产生气味的作用。

3）节能、环保。能源主要来自于自然界的冷能，冷能和风能、太阳能一样，是绿色能源，不产生污染；而且从冷冻自身过程考虑，由于冰熔化热为 80kcal/kg，1kcal=4.184kJ，仅是水汽化热（在 100℃为 540kcal/kg）的 1/7，过程本身所需要的能量要比蒸馏法低得多。

4）冷冻法所生成的冰晶可用于蓄冷技术。随着经济的发展、城市规模的扩大和用电结构的改变，空调、制冷系统已成为高峰用电的主要对象，尤其是在夏季。空调、制冷系统的大量使用使得原本已是波浪形电力负荷的高峰时段负荷激增，高峰与低谷间的电力负荷差增大，大多数城市电网出现高峰电力不够用，低谷电力用不了的情况。这种不断增加的电力负荷差给电网安全、合理和经济地运行带来了很大麻烦，仅靠电网调度来满足昼夜电力需求变化非常困难。冷冻法所产生的冰晶可以作为冷能储存起来，在高峰用电需要时作为冷能释放出来，以满足生产和生活需求。

5）冷融法所产生的浓缩液，一方面富集了溶液中污染物质，有利于活性物质的回收以及资源化利用，另一方面减少了污水体积，利于污染物质的处理，可用填埋、焚烧或者其他方法处理，避免了环境污染。

6）冷融法所需设备简单、操作简便。

7）不需要加入任何化学药剂、不引起二次污染，节省处理成本。

自然冷融法的主要缺点有：

1）应用冷融分离法浓集污泥，改变污泥性状，受到多种冷冻因素的影响，一般情况下，污泥的成分复杂，来源各异，冷冻条件难以控制。

2）自然冷能受到地域和时间的限制，且污泥不能做到很快地集中处理。

3）在一些已经应用的池体中由于体积膨胀，冷冻往往会导致对池体的破坏。

冷融处理是一种有效的污泥调理手段，不仅能够改善污泥的脱水性能，使污泥颗粒结构更加紧密，还可以减少结合水含量，同时实现污泥破解，加速后续的厌氧消化进程等。冷融过程破坏了污泥胶体性质，使疏松的颗粒结构转为致密形态结构，沉降速度与过滤速度提高。冷融法处理污泥有利于污泥脱水，使污泥易于沉降。这是由于冷冻过程中毛细管引力使得细胞机械脱水，结合水的含量有大幅度降低，脱水效果有明显提高。另外，冷融处理可以破解污泥，将胞内固体物质转化为液相成分。冷融法作为一种新型污泥处理方法，对于节约资源、建立环境友好型社会有特殊的重要作用。

2.3.4　人工制冷水处理技术

日本学者 Wakisaka 等以葡萄糖水溶液代替实际废水已成功进行了中试试验研究[35]，技术路线如图 2-76 所示。

洁净的水通入制冰器中 5min，冷冻剂提供−11℃的低温，使得制冰器四周生成一定厚度的洁净冰层作为种冰。而后把未结冰的洁净水放出，通入预冷的废水，通过控制冷冻剂的温度和冷冻时间来获得高纯冰和高成冰率。当制冰过程完成，冷冻剂回流到接收容器，洁净水又一次通入制冰器冲洗冰层表面。同时，冷冻剂在与热盐水热交换中气化，热的气体被通入制冰器中冷冻剂管道，使得冰与容器壁分离，浮出容器顶部，在破冰器和运冰耙的共同作用下，通过斜道送入冰储存罐，如此反复循环。结论如下：当葡萄糖浓度在 5000mg/L 时，分离效率达 99%以上，成冰速率为 15mm/h，浓缩倍率为 5 倍。其中：

$$分离效率 = (原水浓度-冰融水浓度)/原水浓度$$

$$浓缩倍率 = 原水体积/浓缩后体积$$

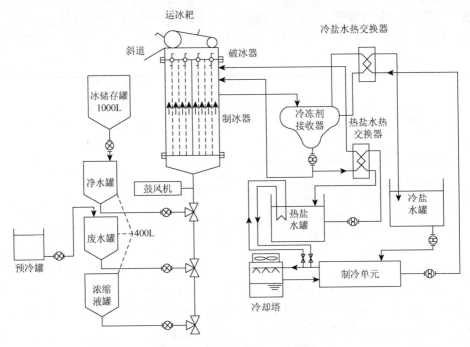

图 2-76　废水处理系统技术路线

2.3.5　自然冷能水处理技术

目前,成功地将自然冷能用于污水处理的冷冻法为雾化结晶冷冻法（atomizing freeze-crystallization）或雪化法（snowfluent）。其是由加拿大 Delta 公司和安大略湖环境能源部联合开发的一种新废水处理工艺,该法是将废水通过特殊设计的喷嘴喷射到冷环境中，使废水在冷空气中迅速部分冻结成雪花或冰晶，在这一过程中将杂质和污染物排除在外，使废水得以净化。整个处理过程均在低温下进行，使得处理厂气味小，基本对周围环境无影响；低温也使得污水中所含的细菌和病原体的细胞壁破裂，使其无害化。整个雾化结晶过程涉及复杂的传质和传热过程以及冰成核过程，而成核温度又受雾滴的大小、环境温度和水样的成分等因素影响，学者们对此进行了详细研究[10, 11, 18]。该工艺还可以根据实际环境温度的变化，通过控制废水的喷射高度和液滴的大小，使整个工艺达到最佳处理效果，并可进行全自动化操作。目前，Delta 公司已在美国和加拿大建设了一系列雪化污水处理厂（snowfluent plant），其中大部分处理厂处理的是市政污水，有两个处理厂处理的为食品厂废水。图 2-77 所示为安大略湖西部港口雪化污水处理厂（Westport Ontario's 1000gpm（US）①Snowfluent Plant）。Delta 公司在 1997 年获得该工艺世界范围内的专利权，同时采用该方法处理食品废水，如图 2-78 所示。结果表明，处理效果理想，生化需氧量（BOD）明显降低，凯氏氮（TKN）和总磷（TP）的去除率分别为 88% 和 67%。

图 2-77　安大略湖西部港口雪化
污水处理厂图

图 2-78　自然冷能处理食品厂废水

参 考 文 献

[1] 刘光良，杨殿隆. 高得率浆废水冷冻结晶处理研究[J]. 林产化学与工业，1994，14（1）：33-37.

[2] 刘光良，杨殿隆，王静霞，等. 杨木化机浆预浸渍废液的冷冻结晶处理研究[J]. 中国造纸，1994，1：75-75.

[3] 杨光明，潘福奎，石宝龙，等. 冰冻法回收丝胶的可行性实验与工艺研究[J]. 青岛大学学报（工程技术版），2003，18（1）：48-51.

[4] 高锋，孙洁心，张永忠. 冷冻浓缩法处理大豆乳清废水的研究初探[J]. 食品研究与开发，2005，26（4）：25-27.

[5] 方汉昭. 冷冻盐析法处理硫酸废液技术[J]. 焊管，1995，4：7-9.

[6] 陈智晖，陈集，周小燕，等. 用冷冻法浓缩分离废水中氯离子的试验[J]. 内蒙古石油化工，2005，31（10）：1-2.

[7] 于涛，马军，张立秋，等. 冷冻浓缩-RO 工艺处理空间站尿液试验研究[J]. 哈尔滨工业大学学报，2006，38（4）：567-569.

[8] Deshpande S S，Cheryan M，Sathe S K，et al. Freeze concentration of fruit juices[J]. Critical Reviews in Food

---

① 1gpm（US）≈3.785L/min。

Science & Nutrition, 1984, 20 (3): 173-248.

[9]　杜国银, 费学宁, 刘晓平, 等. 冷冻法处理废水的研究进展[J]. 天津建设科技, 2007, 17 (3): 52-55.

[10]　Gao W, Smith D W, Sego D C. Treatment of pulp mill and oil sands industrial wastewaters by the partial spray freezing process[J]. Water Research, 2004, 38 (3): 579-584.

[11]　Gao W, Smith D W, Sego D C. Spray freezing treatment of water from oil sands tailing ponds[J]. Journal of Environmental Engineering & Science, 2003, 2 (5): 325-334.

[12]　张永生, 乜贞, 卜令忠, 等. 富锂碳酸盐型卤水在系列冷冻温度下组成演变[J]. 盐业与化工, 2001, 30 (1): 3-6.

[13]　冯毅, 谭展机. 冷冻浓缩的原理、现状及实验研究[J]. 现代食品科技, 2002, 18 (4): 63-65.

[14]　唐凌. 冷冻浓缩在橙汁中的研究与应用[D]. 福州: 福建农林大学, 2007.

[15]　Ham F V D, Witkamp G J, Graauw J D, et al. Eutectic freeze crystallization: Application to process streams and waste water purification[J]. Chemical Engineering & Processing Process Intensification, 1998, 37 (2): 207-213.

[16]　Vaessen R J C, Janse B J H, Seckler M M, et al. Evaluation of the performance of a newly developed eutectic freeze crystallizer: Scraped cooled wall crystallizer[J]. Chemical Engineering Research & Design, 2003, 81 (10): 1363-1372.

[17]　宋玫峰, 刘道平, 邬志敏, 等. 雪晶成核和生长机理研究[J]. 制冷学报, 2004, 25 (3): 46-50.

[18]　Gao W, Smith D W, Sego D C. Ice nucleation in industrial wastewater[J]. Cold Regions Science & Technology, 1999, 29 (2): 121-133.

[19]　姜远光. 溴氨酸废水太阳光催化降解与冷冻处理技术研究[D]. 天津: 天津大学, 2009.

[20]　张文叶. 冷冻方便食品加工技术及检验[M]. 北京: 化学工业出版社, 2005.

[21]　Langer J S, Müller-Krumbhaar J. Stability effects in dendritic crystal growth [J]. Journal of Crystal Growth, 1977, 42: 11-14.

[22]　Taylor M J. Physico-chemical principles in low temperature biology[J]. Pediatric Pulmonology, 1987, 50 (4): 410-419.

[23]　费学宁, 杜国银, 刘晓平, 等. 自然冷能处理溴氨酸水溶液方法的初步研究[J]. 化工进展, 2008, 27 (7): 1074-1079.

[24]　王双合, 罗从双, 陈颂平, 等. 苦咸水冷冻淡化实验成果分析及实用方法研究[J]. 水资源保护, 2009, 25 (1): 70-73.

[25]　张宁. 高盐度浓海水的冷冻脱盐技术研究[D]. 北京: 中国科学院研究生院 (海洋研究所), 2008.

[26]　于涛, 马军. 制冷在废水处理与再生领域中的应用研究[J]. 制冷学报, 2008, 29 (4): 47-50.

[27]　郝利娜, 张维佳. 自然冷冻法处理生活污水的研究初探[J]. 中国科技信息, 2007, (23): 18-19.

[28]　Lemmer S, Klomp R, Ruemekorf R, et al. Preconcentration of wastewater through the NIRO freeze concentration process[J]. Chemical Engineering & Technology, 2001, 24 (5): 485-488.

[29]　Turtoi D, Untea I, Zainescu G. Chromium (III) separation from tannery wastewaters by partial freezing[J]. Journal-Society of Leather Technologists and Chemists, 2004, 88 (4): 150-153.

[30]　Lee D J, Yuan H H. Fast Freeze/Thaw Treatment on excess activated sludges: Floc structure and sludge dewaterability[J]. Environmental Science & Technology, 1994, 28 (8): 1444-1449.

[31]　Lai C K, Chen G, Min C L. Salinity effect on freeze/thaw conditioning of activated sludge with and without chemical addition[J]. Separation & Purification Technology, 2004, 34 (1-3): 155-164.

[32]　Vesilind P A. Freezing of water and wastewater sludges[J]. Journal of Environmental Engineering, 1990, 116 (5): 854-862.

[33]　Martel C J. Influence of dissolved solids on the mechanism of freeze-thaw conditioning[J]. Water Research，2000，34（2）：657-662.

[34]　Martel C J，Affleck R，Yushak M. Operational parameters for mechanical freezing of alum sludge[J]. Water Research，1998，32（32）：2646-2654.

[35]　Wakisaka M，Shirai Y，Sakashita S. Ice crystallization in a pilot-scale freeze wastewater treatment system[J]. Chemical Engineering & Processing Process Intensification，2001，40（3）：201-208.

第3章　太阳能水处理技术

太阳能是一种绿色可再生清洁能源，其开发利用越来越受到广泛关注。随着科学技术的发展，太阳能已在众多行业得到广泛应用。将太阳能应用于浓盐水、染料废水等高浓度污废水的处理过程，不仅有望弥补制约常规处理方法的诸多问题，还可以实现污废水的资源化利用，在有效消除环境污染的同时，带来较大的环境、社会及经济效益。太阳能水处理技术是对传统污废水处理技术的一种有益补充，具有广阔应用前景。本章将对太阳能水处理技术的分类、特性，以及光能、热能研究利用进行较系统的阐述。

3.1　太阳能技术概述

本节整理了人类在生息繁衍和生产生活中对太阳能的认知、理解、研究和利用的发展脉络，阐述了人类利用太阳能改造生存环境的客观发展过程，并对国内外太阳能能源分布状况及太阳能水处理技术发展状况进行简要介绍。

3.1.1　太阳能技术发展历程

据记载，人类利用太阳能已有 3000 多年的历史，但是将太阳能作为一种能源和动力形式加以利用，只有 300 多年的历史[1]。近几十年才真正将太阳能作为"近期急需的补充能源"，"未来能源结构的基础"。20 世纪 70 年代以来，对太阳能相关技术的研究与利用突飞猛进，太阳能利用技术呈现出日新月异的趋势。总体来说，人类研究利用太阳能技术的发展历史可分为四个阶段。

1. 第一阶段：萌芽阶段（1920 年以前）

在这一阶段，世界上太阳能研究利用的重点是太阳能动力装置，采用的聚光方式多样化，且开始采用平板集热器和低沸点工质，装置逐渐扩大，最大输出功率达 73.64kW，实用目的比较明确，但造价很高。

太阳能的利用最早可追溯到公元前 11 世纪，人类发明了"阳燧取火"技术。阳燧就是一种铜制的凹面镜，它能汇聚阳光，并将艾绒之类草本点燃而取得火种。公元前 1 世纪，埃及亚历山大城利用太阳能加热空气，使其膨胀，从而把水由尼罗河抽到较高处，供农地灌溉使用。

而近代太阳能利用历史可以追溯到 1615 年，法国工程师所罗门·德·考克斯发明了世界上第一台太阳能驱动的发动机。该发动机是一台利用太阳能加热空气使其膨胀做功而抽水的机器。在 1615~1900 年，世界上又先后研制出多台太阳能动力装置，这些动力装置几乎全部采用聚光方式采集阳光，发动机功率不大，主要以水蒸气为工质，价格昂贵，还不具有实用价值，大部分为太阳能爱好者个人研究制造。

1700 年，意大利人利用太阳热能熔解钻石，表现出 300 年前人类对太阳能利用的认识已达到较高水平，同时，当时的聚光技术也达到了很高水准。

智利的拉斯萨利纳斯地区淡水资源不足，水中含盐量高达 14%，若用蒸汽锅炉淡化则成本很高。为此，智利政府于 1872 年在离海岸约 110km 的内陆地区建造了当时世界上最大的太阳能蒸馏系统，占地面积约 4738m²，淡水产量可达 27t/d。

1901 年，在美国加利福尼亚建成一台太阳能抽水装置，采用截头圆锥聚光器，功率为 7.36kW。同年一台 4.5ps（1ps = 735.498 75W）的太阳能蒸汽机在南帕萨迪纳建成，该蒸汽机采用盘式聚光集热器，每马力需要 150ft²（1ft² = 9.290 304×10⁻²m²）的采光面积。随后，建成了以水和二氧化硫作为传热工质的蒸汽机。在这期间，槽式抛物面聚光器和集热管也被应用到太阳能利用装置上，并用于产生蒸汽以驱动蒸汽机，如图 3-1 所示。

1902~1908 年，美国采用平板集热器和低沸点工质，建造出五套双循环太阳能发动机。

1913 年，埃及在开罗以南建成一台由 5 个抛物槽镜组成的太阳能水泵，每个长 62.5m，宽 4m，总采光面积达 1250m²。

图 3-1　太阳能蒸汽机

同年，美国发明了防冻太阳能热水器，它由两个独立的集热器循环系统、储水箱及供水系统构成。集热的管路与储水箱内的盘管相连，使用乙醇混合物的防冻液和水作传热工质，分别在集热器和储水箱内的管盘中循环，从而加热储水箱内的冷水。该热水器在实际应用中得到了很好的发展，仅 1920 年一年就销售了 1000 多台。

2. 第二阶段：发展阶段（1920~1973 年）

在这一阶段，太阳能研究工作经历了跌宕起伏。由于矿物染料的大量开发利用和第二次世界大战的影响，太阳能的研究项目大量减少。在第二次世界大战结束后的 20 年中，一些有远见的人士已经注意到石油和天然气资源正在迅速减少，呼吁人们重视太阳能的开发利用，逐渐推动了太阳能研究工作的恢复和开展，其间成立了太阳能学术组织，定期举办学术交流和展览会，再次兴起了太阳能研究热潮，太阳能的利用途径、材料和理论研究都得到了发展，并且渗透到了诸多领域，其产品的工业化、市场化有了一定的进展。

1920 年，美国加利福尼亚开始大量使用太阳能热水器。

1938 年，世界第一座实验用太阳屋完成。

1940 年，太阳能电池作为日照计使用。

1945 年，美国贝尔实验室研制成功实用型硅太阳能电池，为光伏发电大规模应用奠定了基础。

1949 年，法国建造完成可产生 3500℃高温的太阳炉。

1952 年，法国国家研究中心在比利牛斯山东部建成一座功率为 50kW 的太阳炉。

1954 年，晶体硅太阳能电池问世，其工作原理是利用光电材料吸收光能后发生光电转换反应，将光能转化成电能，为太阳能光伏发电的大规模应用奠定了基础。晶体管太阳能电池如图 3-2 所示。

图 3-2　晶体管太阳能电池

1955 年，在以色列泰伯召开的第一次国际太阳能热科学会议，提出了选择性涂层基础理论，并研制了黑镍等选择性吸收涂层，为研制高温高效太阳能集热器奠定了技术基础。

1960 年，在美国佛罗里达建成世界上第一套用平板集热器供热的氨-水吸收式空调系统，制冷能力为 5 冷吨。

1961 年，一台带有石英窗的斯特林发动机问世。

1971 年，中国研制的硅太阳能电池成功装备到了中国卫星"实践 2 号"上。

1972 年，美国开始生产地面用太阳能光伏发电系统。

这一阶段，加强了太阳能应用基础理论和基础材料的研究，取得了如太阳选择性涂层和硅太阳能电池等技术上的重大突破。平板集热器有了很大的发展，技术上逐渐成熟。太阳能吸收式空调的研究取得进展，并建成了一批实验性太阳房。对难度较大的斯特林发动机和塔式太阳能热发电技术进行了初步研究。但太阳能利用技术处于成长阶段，尚不成熟，并且投资大，效果不理想，难以与常规能源竞争，因而得不到公众、企业和政府的重视和支持。

3. 第三阶段：成熟阶段（1973～1996 年）

这一阶段，太阳能光热、光伏两大主流利用技术都已成熟，太阳能产业初步建成，其产品实现商业化，市场已培育起来，为下一阶段的飞跃奠定了基础。

自从石油在世界能源结构中担当主角之后，石油就成了决定着世界经济兴衰和一个国家经济、社会发展的关键因素。1973 年 10 月爆发第四次中东战争，石油输出国组织采取石油减产、提价等办法，支持中东人民的斗争，以维护该国的利益，使得那些依靠从中东地区大量进口廉价石油的国家，在经济上遭到沉重打击。一些西方人士惊呼：世界发生了"能源危机"（又称"石油危机"）。这次"危机"在客观上使人们认识到：现有的能源结构必须彻底改变，应加速向未来能源结构过渡，从而使许多国家，尤其是工业发达国家，重新加强了对太阳能及其他可再生能源技术发展的支持，在世界上再次兴起了开发利用太阳能热潮。

1974 年，日本政府公布了"阳光计划"，其中太阳能研究开发项目有：太阳房、工业太阳能系统、太阳热发电、太阳能电池生产系统、分散型和大型光伏发电系统等。为实施这一计划，政府投入了大量人力、物力和财力[2]。

1975 年，河南安阳召开"全国第一次太阳能利用工作经验交流大会"，进一步推动了我国太阳能事业的发展。这次会议之后，太阳能研究和推广工作纳入了中国政府计划，获得了专项经费和物资支持。一些高校和科研院所，纷纷设立了太阳能技术研发课题组和研究室，有的地方已开始筹建太阳能研究所。在全国范围内兴起了开发利用太阳能的热潮。这一时期，太阳能开发利用研究工作处于前所未有的大发展时期，主要表现在：各国加强了太阳能研究工作的计划性，不少国家制定了近期和中长期阳光计划；开发利用太阳能工作已成为了政府组织行为，支持力度也得到了大大加强；国际合作十分活跃，一些第三世界国家开始积极参与太阳能开发利用工作；太阳能研究领域不断扩大，研究工作日益深入，取得一批突破性的研究成果，如真空集热管、非晶硅太阳能电池、光解水制氢和太阳能热发电等。

1985～1991 年，在美国加利福尼亚沙漠建成 9 座槽式太阳能热电站，总装机容量 353.8MW。

1986 年，美国建成 6.5MW 的太阳能电池电站。

1987 年，单晶硅电池效率达 22%，非晶硅电池效率达 14.8%，带硅、多晶硅电池效率达 13%～14%，单晶硅组件效率达 16%。

1987 年，中国从加拿大引进了铜铝复合太阳条带生产线。

1988 年，美国用砷化镓+单晶硅电池在 100 多倍聚光条件下获得 32%高效率复合电池。世界太阳能电池年产量达 30MW。

1990 年，美国高效砷化镓+单晶硅复合结构太阳能电池在 200～300 倍聚光条件下效率达 37%，多晶硅太阳能电池效率达 18%，世界太阳能电池年产量达 46MW。

在这样的背景下，1992 年联合国在巴西召开联合国环境与发展大会，会议通过了《里约环境与发展宣言》、《21 世纪议程》和《联合国气候变化框架公约》等一系列重要文件，把环境与发展纳入统一的框架，确立了可持续发展模式。这次会议之后，世界各国加强了清洁能源技术的开发，将利用太阳能与环境保护结合在一起，使太阳能利用工作走出低谷，逐渐得到加强。联合国环境与发展大会之后，中国政府对环境与发展十分重视，提出 10 条对策和措施，明确要"因地制宜地开发和推广太阳能、风能、地热能、潮汐能、生物质能等清洁能源"，制定了《中国 21 世纪议程》，进一步明确了太阳能重点发展项目。这一时期的发展特点是：技术领域不断扩大，研究日益深入，太阳能商业化开始运作。

4. 第四阶段：飞跃阶段（1996～2050 年）

这一阶段，太阳能的利用将出现飞跃性发展。在这一阶段中，人类遇到了三大压力：能源消耗需求增长、环境保护的压力和社会可持续发展要求。近几年来，政府政策、科技研发和市场均表现出这一阶段的飞跃发展的属性。

1992 年以后，世界太阳能利用又进入一个发展期，其特点是：太阳能利用与世界可持续发展和环境保护紧密结合，全球共同行动，为实现世界太阳能发展战略而努力。太阳能发展目标明确，重点突出，措施得力，有利于克服以往忽冷忽热、过热过急的弊端，保证了太阳能事业的长期发展；在加大太阳能研究开发力度的同时，注重科技成果向生产力的转化，发展太阳能产业，加速商业化进程，扩大太阳能利用领域和规模，经济效益逐渐提高；国际太阳能领域的合作空前活跃，规模扩大，效果明显。通过以上回顾可知，太阳能发展道路并不平坦，处于低潮的时间大约有 45 年。太阳能利用的发展历程与煤、石油、核能等能源完全不同，人们对其认识差别大，反复较多，发展时间长，事实上，太阳能利用发展还会受到矿物能源供应、国际政治和战争等因素的影响，发展道路比较曲折。但总体来看，20 世纪取得的太阳能科技进步仍比以往任何一个时期快。如今太阳能是人们生活中不可缺少的一部分。

"日月坛·微排大厦"（简称日月坛）是中国太阳谷的标志性建筑，是目前世界上最大的太阳能建筑，是集太阳能光热、光伏转换设施以及建筑节能于一体（图 3-3）的高技术含量建筑物[3]。2013 年全球最炫太阳能大楼中，"日月坛·微排大厦"作为全球最大太阳能办公大楼上榜。其建筑面积达 7.5 万 m^2，太阳能光热面积为 $4980m^2$，光伏面积为 $210m^2$，年平均日集热量为 22395MJ，系统平均日发电量为 35kW·h，平均年发电量为 11000kW·h，集展示、科研、办公、会议、培训、宾馆等功能于一身。在采用太阳能热水供应、采暖、制冷、光伏发电等方面与建筑设计结合，综合应用了一系列新技术，如吊顶辐射采暖制冷、光电遮阳、滞水层跨季节蓄能等多项太阳能技术；与此同时，屋面、外墙、天窗等都采用领先世界标准的节能建筑技术，除了节能外还有有效隔热、隔音和防结霜露等功能，使大厦综合节能效率达 88%。

(a) 南立面

(b) 北立面

(c) 南立面细部图

(d) 太阳能集热器和光伏板细部图

图 3-3 皇明"日月坛·微排大厦"

3.1.2 太阳能水处理技术发展现状

随着太阳能产业技术的发展，太阳能应用逐步发展到水处理领域。就现有水处理技术而言，无论采用何种工艺和运行方式，其能源和药剂的消耗都很大，在排放标准越来越严格的今天，如何根据具体情况，建立有效的成本控制方式，使各种消耗实现最小化，并有利于企业的可持续发展，是水处理产业面临的迫切要求。将太阳能这种清洁可再生能源应用于水处理领域，能够降低能源、药剂等各种消耗，可取得良好的经济、社会和环境效益，符合可持续发展战略的要求。太阳能水处理技术主要包括热利用和光利用技术。其中热利用主要包括：太阳能海水淡化技术、太阳能高浓盐水处理技术、太阳能加热技术、污泥干化以及地表水修复技术等；光利用技术主要包括：太阳能光催化废水处理技术和太阳能紫外线消毒技术。

1. 太阳能海水淡化技术

随着社会经济的发展和人口数量的增长，人们对于能源的需求越来越大。目前常用能源的主要来源仍然是化石燃料，其在地球上存量的有限性和使用中容易引起环境污染的特性，使得可再生能源进一步成为人们关注的焦点。人类对淡水资源的需求与日俱增，据有关国际组织预测，到 2050 年，生活在缺水国家中的人口将增加到 10.6 亿～24.3 亿之间，约占全球预测人口的 13%～20%。海水淡化将是解决淡水危机的有效途径。相关研究已取得很大进展，缓解了部分地区缺水状况。也将是调水困难的沿海城市应急补充水源的重要手段。近年来，很多国家都在积极投资建造海水淡化厂。常规海水淡化的方法主要有多级蒸发、多级闪蒸、蒸汽压缩、反渗透膜法、电渗析法和离子交换法等。这些方法都要消耗大量的常规能源。与之相比，将太阳能采集与脱盐工艺相结合的太阳能海水淡化工艺，是一种利用清洁能源的可持续发展的海水淡化技术，是现今受到极大关注的热点问题[4]。

太阳能海水淡化系统与其他海水淡化系统相比有许多优点：

1）可独立运行，不受蒸汽、电力等条件限制，无污染、低能耗，运行安全稳定可靠，不消耗石油、天然气、煤炭等常规能源，对能源紧缺、环保要求高的地区有很大应用价值；

2）生产规模可有机组合，适应性好，投资相对较少，产水成本低，具备淡水供应市场的竞争力；

3）所得淡水纯度高且安全可靠。

太阳能海水淡化的缺点在于，占地面积较大，冬天海水蒸发量低且易结冰。所以在选用海水淡化方式时需要权衡各种技术的优缺点，选用最佳的淡化方式。人类利用太阳能淡化海水，已经有很长的历史了，最早利用太阳能进行海水淡化的方法主要是利用太阳能对海水进行蒸馏，研发的装备称为太阳能蒸馏器。其运行原理是，利用太阳能产生的热能驱动海水发生相变，过程中通过海水蒸发与水蒸气冷凝，实现海水的盐水分离。根据是否使用其他的太阳能集热器可将太阳能蒸馏系统分为主动式和被动式两类[5]。被动式装置中不使用电能驱动元件，主动式则使用了附加设备。

随着膜技术的发展，太阳能海水淡化技术又呈现出一种新的发展趋势，即运用太阳能发电和膜技术结合的淡化海水技术。膜技术主要包括反渗透膜、电渗析和离子交换法等。这些技术均是利用电场作用，使离子定向移向电极处，致使电极中间部位的离子浓度大大降低，实现盐水分离，从而制得淡水。

膜技术不仅可以用于淡化海水，还可以用于其他水处理领域。太阳能海水淡化技术与电渗析海水淡化技术相结合，利用太阳能转化成电能驱动系统产生淡水。利用太阳能发电的方式包括两种，一种是太阳能热发电，也称为聚光型太阳能热发电。它是利用大量反射镜通过聚焦的方式将太阳能直射光聚集起来，加热工质，产生高温高压的蒸汽来驱动汽轮机发电；另一种是太阳能光伏发电，是根据光伏生电效应原理，利用太阳能电池将太阳光能直接转化为电能。太阳能光伏发电系统主要由太阳能电池板（组件）、控制器和逆变器三大部分组成，它们主要由电子元器件构成，不涉及机械部件。所以，光伏发电设备极为精炼、稳定性高、寿命长且安装维护简便。在太阳能海水淡化中，运用太阳能对海水进行加湿除湿淡化也是目前比较流行的发展趋势。

2. 太阳能光催化消毒技术

太阳能光催化消毒技术是通过产生具有强氧化分解能力的光生电子、光生空穴以及形成于水中的 O_2^- 和 HO· 作为高活性反应质点，与细胞壁、细胞膜或细胞组织进行反应，通过破坏有机物中的 C—H、N—H、C=O 键，实现杀死病原体的效果。研究发现，TiO_2 在紫外光照射下可杀灭酵母菌和大肠杆菌，其作用机理是：TiO_2 受紫外光照射激发产生高活性的 HO·，通过氧化细胞内的辅酶 A 阻止细胞的呼吸，致使细菌死亡。太阳能光催化消毒序批式反应器对水中的原生动物、真菌和细菌等都具有良好的灭活效果[6]。分别采用白炽灯，在波长 300～1000nm、光照强度 870W/m² 和波长 300～400nm、光照强度 200W/m² 两种条件下照射 8h，均可使原生动物、真菌和细菌的存活力降低至少 4 个对数单位[7]。

总体而言，太阳能光催化消毒具有杀菌速度快、效率高、运行费用低，不产生消毒副产物等优点，此外还能解决紫外消毒后出水存在的微生物光复活问题。但由于光催化材料的固载化等问题，至今尚未见到太阳能光催化技术大规模应用于水体消毒的报道。

3. 太阳能保温技术

在污水处理中，太阳能保温技术已经被运用。生物法是污水处理技术中常用的方法。一般污水处理中的微生物为中温微生物，其最佳生长温度在 20～37℃。实际污水处理过程中，水温高于 37℃ 的情况较少，低于 20℃ 的情况比较常见，尤其是在冬季，低温常常成为废水生物处理效率低下的主要原因。因此，对污水进行保温，以保证废水生物处理的效率和出水质量，在冬季污水处理中显得尤为重要。

已经证明，水浮式采光保温罩是一种有效的利用太阳能的保温方式，能够解决北方地区在冬季污水处理中的水体保温问题[8, 9]。研究结果表明，以Ⅱ类太阳能资源较丰富的地区为例，在冬季太阳能平均日照量为 16MJ/(m²·d)、采光水面面积为 0.7 万 m² 的条件下，采用采光保温罩保温，污水处理池平均水温可由 2℃提高到 15℃，有效地改善了微生物反应条件，保证了出水效果。与好氧菌相比，厌氧菌对温度变化更为敏感，因此厌氧生物反应器的保温更是保证反应器稳定运行和产气的关键。现在已有设计用于污水生物处理的太阳能保温厌氧反应器，其是由平板集热器、热交换器、热水储存罐和拥有双层隔墙的厌氧生物滤池构成的。一年中绝大部分时间该反应器都能够维持 35℃的理想温度。通过建立数学模型对法国的巴黎、希腊的佩特雷和瑞典的斯德哥尔摩等不同地域进行模拟研究，结果表明，该太阳能保温厌氧反应器可在纬度低于 50°的地区有效运行。

4. 太阳能污泥干燥技术

污泥含水率过高会给后续污泥处理处置（如农用、填埋、焚烧）造成很多困难。而传统的机械脱水在污泥含水率达 50%～60%后，到达其处理极限。太阳能污泥干燥技术是目前城市污泥减量化、无害化和资源化处理较为有效的方法之一。该技术利用太阳能作为能量来源，借助于传统温室干燥技术和自动化技术，对污泥进行干化[10]。

厌氧消化是目前较为常见的一种污泥处置技术，其可有效杀灭剩余污泥中的病原菌，实现污泥减量化、稳定化和资源化。但要维持厌氧消化反应所需的中温（34～36℃）和高温（54～56℃），需要大量的热能，能耗已成为制约厌氧消化技术的瓶颈之一。近年来，研究人员开始尝试利用太阳能对厌氧消化系统进行增温。用高效真空管太阳能热水器收集太阳热能，并通过安装在水箱内的热水/沼气热交换器，如利用沼气搅拌厌氧消化污泥的同时，将热量传递给污泥。每天从污水处理构筑物的表面所收集到的实际可用太阳能，在全年任一月份，都大于污泥中温消化所需能量，在夏季甚至具备高温消化的能量条件。利用太阳能结合两相法污泥厌氧消化的连续试验结果表明，污泥有机质降解率达 41.5%，可满足《城镇污水处理厂污染物排放标准》中污泥进行厌氧消化稳定化处理所要求的有机物降解率（＞40%）的控制要求。

利用太阳能光-热转换技术，可以解决污水生物处理池和污泥厌氧消化反应器反应环境温度低的问题，使反应池（器）能在冬季维持较高且恒定的温度，大大增强了微生物的活性，对污水和污泥的处理效果和能力得到很大提高。但太阳能系统的光-热转换效果易受天气、时间和地域的限制。同时，我国冬季日照强度一般偏弱，因此，如何提高太阳能收集和转换效率，是太阳能保温技术在水处理领域推广首先需要解决的一个问题。

5. 太阳能光催化污水处理技术

光催化氧化技术作为一种新型高效的污水处理技术，已经成为国内外研究的热点。与传统物化法相比，光催化氧化技术可将污水中的污染物彻底分解矿化。目前太阳能光催化技术已在地表水除藻、污水中有毒有机物质的降解以及无机污染物的去除等方面有了相关的研究和应用。与传统的物理、化学和生物除藻方法相比，太阳能光催化除藻具有经济、环保、高效、安全等优点，但其大规模使用在投资、运行成本等方面尚存在诸多限制，且不能从根本上解决水体富营养化问题。目前国内外针对石油污水、洗涤剂废水、制药废水、含酚废水、染料废水、有机农药废水等方面的太阳能光催化降解处理均有研究报道[11, 12]。

目前，国外已有将太阳能光催化氧化技术应用于实际废水处理工程的报道。如国外的科学家 Mehos 和 Turchi 以 $158m^2$ 的非聚光型太阳能反应器处理三氯乙烯（TCE）污染的地下水，用质量分数为 0.1% 的 P25 TiO_2 作光催化剂，可使 TCE 质量浓度从 $220\mu g/L$ 降到 $5\mu g/L$ 以下[13]。其处理规模为 $2100m^3/d$，平均处理成本为 1.35 美元/m^3。由此可见，与传统物化、生物法相比，太阳能光催化氧化法处理废水时，在处理效果和处理成本等方面具有一定的竞争力。

6. 地表水修复技术

近年来，工业"三废"的未经处理排放、不科学的农业生产以及不合理的生活废物处理处置造成我国地表水污染严重。由于太阳能装置具有移动方便、处理成本低等特点，国内有研究人员以太阳能为动力驱动供氧发生装置，对受污染地表水体进行曝气及催化氧化处理，以达到提高溶解氧、降解水中有机物，并抑制藻类生长等目的[14, 15]。将太阳能这一清洁能源应用于地表水体的修复，不仅大大降低了治污运行成本，快速有效地去除了水中有机污染物，并兼具增氧杀菌作用，弥补了生物生态处理周期长的不足，而且无须布置管线、无须维护，可随意移动。因此，太阳能驱动的地表水修复技术有着广阔的应用前景。

在当前阶段，太阳能的利用成本相对较高，且总能量转化效率相对较低，使其难以迅速成为最有效的替代能源。随着太阳能技术不断进步，其应用于环境领域的范围将越来越广，太阳能技术在水处理行业的应用必将得到进一步的发展，这既是机遇也是挑战。其发展方向主要有以下几个方面：

1）开发太阳能利用高端技术，如空间太阳能光伏发电技术、太阳能热动力发电技术；

2）提高太阳能利用的性价比，最终可与常规能源产品相竞争；

3）研制新型高效集热器，研发高性能的相变储热材料。

3.1.3　太阳能资源分布状况

太阳向宇宙空间发射的辐射功率为 $3.8 \times 10^{23} kW$，其中二十亿分之一到达地球大气层。这些太阳能中的 34% 被大气层、地面反射和散射，19% 被大气层吸收，47% 到达地球表面，其功率约 $8.0 \times 10^{14} kW$，也就是说太阳每秒照射到地球上的能量就相当于燃烧 500 万 t 煤释放的热量。据统计，全球人类目前每年能源消费的总和只相当于太阳在 40min 内照射到地球表面的能量。全球太阳能分布情况如下[16]。

1. 世界太阳能资源分布

根据世界太阳能热利用区域分类，全世界太阳能辐照度和日照时间最佳的区域包括北非、中东地区、美国西南部和墨西哥、南欧、澳大利亚、南非及南美洲东、西海岸和中国西部地区等。根据德国航空航天技术中心（DLR）的推荐，不同地区太阳能热发电技术和经济潜能数据表明，基于太阳年辐照量测量值的技术潜能大于 $6480MJ/m^2$，基于太阳年辐照量测量值的经济潜能大于 $7200MJ/m^2$。

（1）北非地区

北非地区是世界太阳能辐照最强烈的地区之一。摩洛哥、阿尔及利亚、突尼斯、利比亚和埃及的太阳能热发电潜能很大。阿尔及利亚的太阳年辐照总量为 $9720MJ/m^2$，技术开发量每年约为 169440TW·h。摩洛哥的太阳年辐照总量约为 $9360MJ/m^2$，技术开发量每年约为 20151TW·h。埃及的太阳年辐照总量约为 $10080MJ/m^2$，技术开发量每年约为 73656TW·h。太阳年辐照总量大于 $8280MJ/m^2$ 的国家还有突尼斯、利比亚等国。阿尔及利亚有 $2381.7km^2$ 的陆地区域，其沿海地区太阳年辐照总量为 $6120MJ/m^2$，高地和撒哈拉地区太阳年辐照总量约在 $6840 \sim 9540MJ/m^2$ 范围内，全国总土地的 82% 适用于太阳能热发电站的建设。

（2）南欧地区

南欧的太阳年辐照总量超过 $7200MJ/m^2$。这些国家包括葡萄牙、西班牙、意大利和希腊等国。西班牙太阳年辐照总量约为 $8100MJ/m^2$，技术开发量每年约为 1646TW·h。意大利太阳年辐照总量约为 $7200MJ/m^2$，技术开发量每年约为 88TW·h。希腊太阳年辐照总量约为 $6840MJ/m^2$，技术开发量每年约为 44TW·h。葡萄牙太阳年辐照总量约为 $7560MJ/m^2$，技术开发量每年约为 436TW·h。西班牙的南方地区是最适合于建设太阳能热发电站的地区之一，该国也是太阳能热发电技术水平较高、太阳能热发电站建设最多的国家之一。

（3）中东地区

几乎中东所有地区的太阳能辐射能量都非常高。以色列、约旦和沙特阿拉伯等国的太阳年辐照总量高达 $8640MJ/m^2$。阿联酋的太阳年辐照总量为 $7920MJ/m^2$，技术开发量每年约为 2708TW·h。以色列的太阳年辐照总量为 $8640MJ/m^2$，技术开发量每年约为 318TW·h。伊朗的太阳年辐照总量为 $7920MJ/m^2$，技术开发量每年约为 20000TW·h。约旦的太阳年辐照总量约为 $9720MJ/m^2$，技术开发量每年约为 6434TW·h。以色列的总陆地区域面积为 $20330km^2$；Negev 沙漠覆盖了全国土地的一半，也是太阳能利用的最佳地区之一，以色列的太阳能热利用技术处于世界最高水平。我国第一座 70kW 的塔式太阳能热发电站就是引用了以色列技术建设的。

（4）美国

美国是世界太阳能资源最丰富的地区之一。美国 239 个观测站 1961～1990 年共 30 年的统计数据表明，其一类地区太阳年辐照总量为 9198～$10512MJ/m^2$，主要包括亚利桑那和新墨西哥州的全部，加利福尼亚、内华达、犹他、科罗拉多和得克萨斯州的南部，占总面积的 9.36%；二类地区太阳年辐照总量为 7884～$9198MJ/m^2$，除了包括一类地区所列州的其余部分外，还包括怀俄明、堪萨斯、俄克拉荷马、佛罗里达、佐治亚和南卡罗来纳州等，占总面积的 35.67%；三类地区太阳年辐照总量为 6570～$7884MJ/m^2$，包括美国北部和东部大部分地区，占总面积的 41.81%；四类地区太阳年辐照总量为 5256～$6570MJ/m^2$，包括阿拉斯加州大部分地区，占总面积的 9.94%；五类地区太阳年辐照总量为 3942～$5256MJ/m^2$，仅包括阿拉斯加州最北端的少部分地区，占总面积的 3.22%。美国的西南部地区全年平均温度较高，有一定的水源，冬季没有严寒，虽属丘陵山地区，但地势平坦的区域也很多，只要避开大风地区，是非常好的太阳能热发电地区。

（5）澳大利亚

澳大利亚的太阳能资源也很丰富。全国一类地区太阳年辐照总量为 7621～$8672MJ/m^2$，主要在澳大利亚北部地区，占总面积的 54.18%。二类地区太阳年辐照总量为 6570～$7621MJ/m^2$，包括澳大利亚中部，占全国面积的 35.44%。三类地区太阳年辐照总量为 5389～$6570MJ/m^2$，在澳大利亚南部地区，占全国面积的 7.9%。太阳年辐照总量低于 $6570MJ/m^2$ 的四类地区仅占 2.48%。澳大利亚中部的广大地区人烟稀少，土地荒漠化，适合于大规模太阳能开发利用，最近，澳大利亚国内也提出了大规模太阳能开发利用的投资计划，以增加可再生能源的利用率。

2. 我国太阳能资源的分布

我国地处北半球亚欧大陆的东部，主要处于温带和亚热带，具有比较丰富的太阳能资源。我国 700 个气象站点的统计数据表明，中国各地的太阳辐射年总量大致在 3350～$8400MJ/m^2$ 之间，平均值约为 $5860MJ/m^2$。该等值线从大兴安岭西麓的内蒙古东北部开始，向南经过北京西北侧，朝西偏南至兰州，然后径直朝南至昆明，最后沿横断山脉转向西藏南部。在该等值线以西和以北的广大地区，除天山北面的新疆小部分地区的年总量约为 $4460MJ/m^2$ 外，其余绝大部分地区的年总量都超过 $5860MJ/m^2$。从全年太阳辐射总量的分布来看，我国太阳辐照度最高的地方在青藏高原雅鲁藏布江流域一带，太阳年辐照总量达 $8820MJ/m^2$，平均海拔高度在 4000m 以上，大气层薄而清洁，透明度好，纬度低，日照时间长。总的来说，我国太阳能资源的分布可以划分为五个区。

（1）一类地区

全年日照时数为 3200～3300h，辐射量在 6700～8370MJ/(cm^2·a)。一类地区主要包括青藏高原、甘肃北部、宁夏北部和新疆南部等地，这是我国太阳能资源最丰富的地区，与印度和巴基斯坦北部的太阳能资源相当。特别是西藏，地势高，太阳光的透明度也好，太阳辐射总量较高，仅次于撒哈拉大沙漠，居世界第二位，其中拉萨是世界著名的阳光城。

（2）二类地区

全年日照时数为 3000～3200h，辐射量在 5860～6700MJ/(cm^2·a)。二类地区主要包括河北西北部、山西北部、内蒙古南部、宁夏南部、甘肃中部、青海东部、西藏东南部等地，这一地区为我国太阳能资源较丰富区。

（3）三类地区

全年日照时数为 2200～3000h，辐射量在 5020～5860MJ/(cm^2·a)。三类地区主要包括山东、河南、河北东南部、山西南部、新疆北部、吉林、辽宁、云南、陕西北部、甘肃东南部、广东南部、福建南部、江苏北部和安徽北部等地。

（4）四类地区

全年日照时数为 1400～2200h，辐射量在 4190～5020MJ/(cm^2·a)。四类地区主要是长江中下游、福建、浙江和广东的一部分地区，春夏多阴雨，秋冬季太阳能资源可以利用。

（5）五类地区

全年日照时数约为 1000～1400h，辐射量在 3350～4190MJ/(cm^2·a)。五类地区主要包括四川、贵州。该区域是我国太阳能资源最少的地区。

我国一、二、三类地区，年日照时数大于 2000h，辐射总量高于 5020MJ/(cm^2·a)，是我国太阳能资源丰富或较丰富的地区，面积较大，约占全国总面积的 2/3 以上，具有利用太阳能的良好条件。四、五类地区虽然太阳能资源条件较差，但仍有一定的利用价值。

3. 辐照度

评价某一地区的太阳辐射需要从多个方面进行衡量，其中最重要的一个指标就是辐射强度，通常采用辐照度来定量比较辐射强度。辐照度的定义为在单位时间内到达单位面积上的太阳辐射能量。辐照度的单位有很多种，常用的有日均标准日照时数和年均标准日照时数两种。

大气外层的太阳辐照度不受日夜天气的影响，仅取决于太阳活动本身的强弱，因此相对稳定。但地表太阳辐射具有时间上的非连续性和不稳定性，短时的辐照度不具备实际应用意义。因此，某一地区的辐照度往往是根据当地的长期日照观测结果通过统计平均得到的，这样日夜交替、季节更迭、天气影响等因素都已考虑在内，在进行太阳能转化为其他能量的计算时才具有实用意义。因此，在太阳能系统工程设计中普遍采用 $kW \cdot h/(m^2 \cdot d)$，$kW \cdot h/(m^2 \cdot a)$，$MJ/(m^2 \cdot a)$，W/m^2 等单位。W/m^2 既可以用于表示某一较长时间段内的平均辐照度，也可以用来表示瞬时辐照度（一般在科学研究中或在比较一天内不同时刻的辐照度时使用）。

不同地点、不同时间、不同季节的地表太阳辐照度均有不同，为了便于比较，通常以 $1000W/m^2$ 的太阳辐照度作为参照标准。如果将平均年度总辐射能量折合成 $1000W/m^2$（即假设太阳辐照度为恒定的 $1000W/m^2$），则相对应的辐射小时数即为年均标准日照时数；若再除以 365，即得到日均标准日照时数。由于 $1000W/m^2$ 的辐照度对应于春（秋）分时纬度为 $41.8°$ 的海平面地区正午的辐照度，因此，标准日照时数有时也称为峰值日照时数。标准日照时数与通常所说的日照时数不同。后者根据世界气象组织的定义是指，从日出到日落的总时间里，只要地面的太阳辐照度大于 $120W/m^2$ 的时间就计为日照时数，而不考虑辐射的具体强弱，因而只能用来定性或半定量地衡量某一地区的太阳能资源。

3.2 太阳热能水处理技术

3.2.1 太阳能集热技术与原理

太阳能集热技术的基本原理是：通过特制的太阳能采光面，将投射到该表面上的太阳辐射能最大限度地采集和吸收，并转换为热能，加热水或空气等介质，为生产过程或人们生活提供所需要的热量。

太阳能集热技术所采用的集热器可分为以下几类：

1）按进入采光口的太阳辐射方向是否改变分为：聚光型集热器和非聚光型集热器。

2）按集热器的传热工质类型分为：液体集热器和空气集热器。

3）按集热器是否跟踪太阳分为：跟踪集热器和非跟踪集热器。

4）按集热器内是否有真空空间分为：平板型集热器和真空管型集热器。

5）按集热器的工作温度范围分为：低温集热器、中温集热器和高温集热器。

6）按集热器使用材料分为：纯铜集热板、铜铝复合集热板和纯铝集热板。

7）按集热器接收光的方式分为：一次集热器和二次集热器。

1. 非聚光型太阳能集热器

常见的非聚光型太阳能集热器主要有平板型（30~80℃）[17, 18]和真空管型（50~200℃）[19, 20]两种，属于低中温太阳能集热器。其优点是成本低，安装简单，不需要跟踪，一年中集热器位置固定不变。但热损失系数较大，工质温度一般在100℃以下。非聚光型太阳能集热器多用于太阳能供暖、太阳能热水系统、吸附式制冷系统、两级或单效的LiBr-H$_2$O吸收式制冷系统、太阳能除湿系统以及太阳能海水淡化等[21]。

（1）平板型太阳能集热器

平板型太阳能集热器主要由吸热板（集热板）、透明盖板（专用钢化玻璃）、隔热层（即保温层）和外壳（铝合金外框和镀锌钢板）等部分组成，如图 3-4 所示。其工作原理为：太阳光透过玻璃盖板照射在集热板芯上，集热板芯将太阳能转化为热能传递给流道中的工质，从而完成太阳能到热能的转化过程。

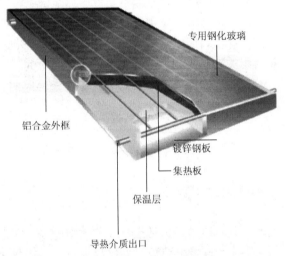

图 3-4　平板型太阳能集热器

用平板型太阳能集热器组成的热水器即平板太阳能热水器，它是太阳能集热器中最基本的一种类型，其结构简单、运行可靠、成本适宜，还具有承压能力强、吸热面积大等特点，是太阳能与建筑结合最佳选择的集热器类型之一。但是其辐射传热、传导传热和对流传热的散热很明显，并且随着集热器水温的升高散热增加，实际上平板型太阳能集热器的热效率不足36%。此外，平板型太阳能集热装置的寿命一般在 2~5 年就会老化、漏水，且由于产生的温度在 40~60℃左右，一般仅用于家庭的热水供应，不适用工业生产等大规模应用。

（2）真空管型太阳能集热器

真空管型太阳能集热器是将吸热体与透明盖层之间的空间抽成真空的太阳能集热器。真空管型太阳能集热器有全玻璃真空管集热器和热管式真空管集热器等多种形式。

1）全玻璃真空管集热器。

全玻璃真空管集热器是由多根全玻璃真空太阳能集热管插入联箱组成。由于真空管采用真空保温，进入玻璃管内的热能不易散失，散热损失比平板型太阳能集热器显著减小。在 60℃以上的工作温度下，仍具有较高的热效率，且在寒冷的冬季，仍能集热，并有较高的热效率。全玻璃型真空管太阳能集热器一方面通过太阳光直接照射真空管加热管中介质，另一方面利用真空集热管背面的反射板将没有直接照射在真空管的光反射到真空管上。

全玻璃真空管集热管结构简单，制造方便，可靠性强，成本低，具有许多突出的优点。它像一个拉长变细的暖瓶，有一个一端封闭的内玻璃管和一个同轴的外玻璃管；内、外玻璃管的开口端熔封在一起，其管间的夹层抽成高真空，并封入带支架的吸气剂。其一方面支撑内玻璃管的封闭圆头，另一方面当吸气剂蒸散后吸收真空集热管在存放及工作过程中所释放的微量气体；选择性吸收涂层沉积在内玻璃管的外表面。真空管太阳能集热器具有保温性能好、低温热效率高、成本低等优点，适合在北方地区使用，广泛应用于家庭太阳能热水器领域，国内市场的占有率约80%。

2）热管式真空管集热器。

热管式真空管集热器是继闷晒式、平板式、全玻璃真空管集热器后的第四代太阳能集热产品，在太阳能领域得到了广泛应用。太阳能热水器所采用的热管一般为重力热管，蒸发段在热管的下部，冷凝段在上部，内部没有吸液芯。平衡时，热管中的液态工质处于饱和状态，工质气体为饱和气体。太阳辐射透过真空管照射在吸热翼片或传热介质上，蒸发段被加热，液态工质接收管壁传输的热量而使温度升高。当工质的温度高于饱和温度时，工质被气化，压力也随之增大，气化产生的蒸气向压力较低的冷凝段流动。冷凝段受管外介质冷却，温度不变。当蒸气压力大于饱和压力时，蒸气凝结为液体，放出气化潜热，凝结液依靠自身重力从冷凝段回流至蒸发段。利用热管工质循环往复的气液相变，连续不断地把热能传递给水。

与平板型太阳能集热器相比，热管式真空管集热器具有下列特性：

ⅰ）热管通过与冷凝段刚性连接的导热块（套管）将热量传递给联集管内的水，热管内液态工质与联集管内的水不相通，抗冻性强，适合高寒地区使用。

ⅱ）启动快，在多云间晴的低辐射天气仍能产生热水；可靠性强，即使单根热管损坏，也不会导致整个集热系统失效。

ⅲ）热管具有单向传热的二极管性能，集热管不工作时与储热水箱绝热，可以防止在夜间和阴天时热量倒流；承压性能好，抗腐蚀，不易结垢。

2. 聚光型太阳能集热器

平板型太阳能集热器集热温度低、效率不高，其应用范围受到极大限制。为适应较高应用温度的要求，需要采用聚光型太阳能集热器。而且随着技术进步，聚光型太阳能集热器已取得显著进展，各种聚焦集热系统的出现为太阳能集热与水处理技术的进一步结合提供了可能。

（1）聚光型太阳能集热器的分类

聚光型太阳能集热器主要有槽式太阳能集热器（60～300℃）[22, 23]、碟式太阳能集热器（100～500℃）和塔式太阳能集热器（150～2000℃）[24, 25]三种，都属于中高温集热器。大部分聚光型太阳能集热器由聚光器、接收器和跟踪器三部分组成。利用反射镜或者透镜将太阳能辐射汇集到接收器，通过加热接收器中的介质收集太阳能。接收器的面积一般较小，从而使单位面积上的热流量增加并且减小吸收器和环境之间的换热面积，提高工质的温度；集热装置上的跟踪器随着太阳位置的变化自动跟踪，从而提高集热器的热效率。聚光型太阳能集热器的主要特点为：①采光面大于集热面，散热损失小，吸收效率高；②可以达到较高的温度；③可以利用廉价的反射器代替较昂贵的吸收器，降低工程造价；④利用效率高。

1）碟式太阳能集热器。

碟式太阳能集热技术主要用于发电，是常见热发电技术中聚光比和年均热效率最高的，分别可以达到3000和23%。目前的碟式技术大多采用斯特林（Stirling）热机技术，这种热机的热机械效率超过40%，并且维护成本较低，适合长期运行。另外，采用布雷敦（Brayton）热机技术和自适应微涡轮技术的碟式太阳能热发电装置也在实验和探索中。碟式-斯特林太阳能聚光系统如图3-5所示。

图3-5　碟式-斯特林太阳能聚光系统

2）塔式太阳能集热器。

塔式太阳能辐射聚集系统又被称为集中式太阳能辐射聚光系统，其主要原理是在一块面积较大、阳光充裕的空地处装载一定数量的太阳能反射镜（定日镜），为使得反射镜时刻得到阳光照射，一般需要安装自动定位系统，并且可以使得阳光准确地照射高塔上的太阳能辐射接收器。在接收器中把吸收的太阳光能转化成热能，以产生高温蒸汽。

3）槽式太阳能集热器。

在诸多的太阳能集热系统中，槽式太阳能装置是较常见的一个，又被称为抛物面反射镜。其原理是多个槽式抛物面聚光集热器，加上相应的定位系统，经过串并联的排列，日光直接照射并加热真空管中的工质，使工作的流体、水或其他流体被加热，产生高温高压蒸汽并将其以利用。

目前，槽式抛物面型聚光集热器以其加工简单和制造成本低廉而得到广泛的应用。槽式抛物面型集热器现主要应用在热发电上。20 世纪末美国建成了 354MW 的太阳能电站，2007 年建成了 64MW 的太阳能电站；西班牙建成 Andasol 系列太阳能热电站，总发电量达 200MW。槽式抛物面型聚光集热器还可以应用于空调制冷、采暖、纺织、造纸、印染、海水淡化等生产和生活领域。槽式抛物面型太阳能集热器如图 3-6 所示。

图 3-6　槽式抛物面型太阳能集热器

槽式抛物面型太阳能集热器是聚光型太阳能集热器中研究应用较早的，以其加工简单、制造成本较低而得到广泛应用，并有较好的发展前景。

槽式、碟式、塔式三种太阳能集热或热发电技术各有所长。总体来说，槽式技术目前最为成熟，商业化程度最高，但热效率偏低；碟式技术单体热效率最高，但容量较小，成本较高；塔式技术聚光比相对较高，且系统运行温度较高、容量大，采用熔盐蓄热后可以实现稳定、持续发电。因此，槽式、塔式太阳能集热是目前最适合大规模商用的技术形式，碟式适合使用蓄电池蓄能作为分布式能源系统。

（2）聚光型太阳能集热器的构成

聚光型太阳能集热器一般由聚光器、接收器、跟踪器及输配管路组成。

1）聚光器。

聚光器是太阳能集热装置中的关键部分，其工作原理是通过反射或折射使太阳辐射聚集到吸收器上。反射聚光器是利用高反射率材料将分散的阳光汇聚到接收器上；折射聚光器采用凸透镜和菲涅尔透镜折射聚焦将阳光聚集到接收器上。图 3-7 所示是抛物面镜面图，抛物面 S 是能将平行于光轴的光线汇聚于一点 F（焦点）的唯一镜面 [图 3-7（a）]。OB、OF 分别称为抛物面的口径和焦距 f，由于太阳光不是平行光线，而是以太阳径角（32°）投射到抛物面上，然后以太阳径角向焦点 F 反射过去 [图 3-7（b）]。抛物面镜边缘 A、C 点反射的光束在焦点有最大的宽度，抛物面中心点 O 反射的光束在焦点有最小的宽度，这些反射光束包络形成一个圆。

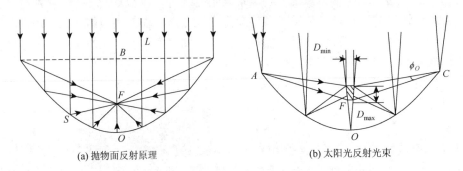

(a) 抛物面反射原理　　　　　　　　(b) 太阳光反射光束

图 3-7　抛物面镜面图

反射材料的一般要求：必须具备很高的反射率，对于有焦点的反射器要求有很高的镜面反射率；材料要经久耐用，在尘埃、废气的污染及长期紫外辐照下，反射率变化很小，在风力和自重作用下，变形很小，还要具有较高的强度，质量要轻，加工方便，成本低。

用作反射材料的有金属板、箔和金属镀膜。有几种高度抛光的金属具备良好的阳光反射率。银是其中的一种，但它和空气中的硫化氢相遇后，很快失去光泽，因此它只能用在玻璃镜的背面。铜和其他一些金属具备良好的反射性能，但表面会迅速氧化变暗。不锈钢、镍、铬等金属经久耐用，表面明亮，但对阳光的反射率低。铝或许是直接反射阳光的最佳、最廉价的金属。铝可加工成各种形状的板、箔和蒸镀膜等，其反射率较高并且容易制取，所以被广泛地作为反射材料使用。在高度抛光以后，铝的反射率增大，表面立即形成三氧化二铝氧化层，但透入表面不深，仍然相当明亮，对反射率影响不大。显然，铝的反射率取决于它的纯度和抛光程度。对几种不同类型的铝板进行试验的结果表明：其反射率在 60%～70%之间。用作外层的铝箔大约能反射 65%的阳光。用电化学方法把铝表面进行阳极氧化处理，能大大改进其耐用性，处理方法是把铝放在磷酸盐或别的电解溶液槽内作为阳极，并接上高强度的电流。表 3-1 为几种常用反射材料的反射性能。

表 3-1　几种常用反射材料的反发射性能

序号	材料名称	总反射比	漫反射比	镜反射比
1	镀银膜	0.97	0.05	0.92
2	德国阳极氧化铝	0.93	0.05	0.88
3	430 不锈钢	0.56	0.13	0.43
4	304 不锈钢	0.60	0.38	0.22
5	轧花铝（表面有氧化层）	0.82	0.69	0.13
6	轧花铝（表面无氧化层）	0.84	0.77	0.05
7	热浸镀锌彩涂钢板 33/白亮度 60	0.72	0.68	0.04
8	不锈钢镀膜玻璃（膜面）	0.45		
9	蒸镀铝膜（新鲜膜）	0.95	0.04	0.92
10	普通铝板	0.75	0.52	

　　聚光比是指使用光学系统来聚集辐射能时，每单位面积被聚集的辐射能量密度与其入射能量密度的比值，无量纲。聚光器的作用就是把照射在其上的阳光汇聚在一起，使得太阳能辐射的能量密度得到提高，一般情况下，能量汇聚，密度增加，即光照强度增加。

　　由于接收器上的能量来自太阳，其最高温度不可能超过 6000K，因此，无法使聚光比无限大。对太阳跟踪的太阳炉的聚光比一般为 20000～35000，太阳能热发电时的聚光比值为数百。它们对于直射光、散射光、总日射有各自的聚光比。对太阳不跟踪时，聚光比随时间与季节而变化。表 3-2 列出了几种常见聚光器的聚光比范围和聚光方式。

表 3-2　几种聚光器的参数

聚光器类型	名称	聚光方式	聚光比	焦斑形状
平面反射	平面槽式聚光器	反射	2～6	面
	组合平面聚光器	反射	100～1000	
单曲面反射镜	抛物面槽式	反射	10～40	线
	线性菲涅尔反射镜	反射	10～30	线
	组合抛物面聚光器	反射	10～30	线
双曲面反射镜	抛物面镜	反射	50～1000	点
	圆形菲涅尔反射镜	反射	50～1000	点
折射式	线性菲涅尔透镜	反射	3～50	线
	圆形菲涅尔透镜	反射	50～1000	点

2）跟踪器。

在对太阳能进行聚光利用的过程中，如何实现对太阳光的准确跟踪是一个关键性问题。一方面，如果跟踪器不能对太阳光进行较为准确的跟踪，聚光器效率就会有不同程度的下降，跟踪器和聚光器的使用也就失去了意义；另一方面，为了达到廉价利用太阳能的目的，太阳能跟踪器的造价也须控制在一定范围内。因此，应用中需要选择一种具有较高对日跟踪精度及可承受价格的太阳能跟踪设备，以满足太阳能聚光利用的需要。太阳跟踪装置可分为机械式、重力式、压差式、控放式等多种不同的类型。

i）压差式太阳跟踪器。

这种跟踪装置的采光板南北放置，其倾角可按不同季节通过手动调节。为取得太阳光的偏移信号，在反射镜周边设有一组空气管作为时角跟踪传感器。当太阳偏移时，两根空气管受太阳的照射不同，管内产生压差，当压差达到一定的数值时，压差执行器就发出跟踪信号，并用压力为 0.1MPa 的自来水作为跟踪动力带动采光板跟踪太阳。当采光板对准太阳时，管内压力平衡，压差执行器又发出停止跟踪信号。这种跟踪器的跟踪灵敏度高，太阳刚升起 3～5min 后，采光板即跟踪对准太阳光。

与此相类似的太阳跟踪装置还有重力差式跟踪器和液压式跟踪器。

重力差式跟踪器是 1979 年美国公布的一项专利。跟踪器是装在太阳能利用装置枢轴两侧的一对装有低沸点液体的密闭容器，其中的液体（如氟利昂 R-12）可以互相流通。在容器的适当位置装有太阳能挡板，只有在装置对准太阳光时，太阳辐射能才能等量地照射到两个容器上。如果一个容器接收的辐射能较另一个容器多，液体蒸发上则会产生差异，使得容器内的压力不同，液体便流向压力低的容器。液体多的容器质量增加，使装置倾斜而跟踪太阳光，直至对准为止。整个装置的重心低于枢轴，以防容器完全翻转。这种太阳跟踪器在夜间能自动返回原来的位置。因为日落后空气变冷，并且容器内液体冷却速度预先已经调整，东面容器比西面容器冷却得快，其内压力下降也快，于是东边变重，使整个装置向东倾斜，以待日出。要使两个容器冷却速度不同，方法有很多，如可在东边容器的一部分表面涂上热辐射率高的涂料，或者在西边容器的一部分表面加设绝热层等。

这种跟踪器在实际中应用范围很广，其主要优点是：结构比较简单，制作费用低。缺点是刚度低，没有足够的工作空间，一般只用于单轴跟踪，不能完成自动对太阳光往返于南北回归线之间的运动跟踪，只能每隔一段时间，重新对准阳光，精度比较低。

压差式太阳跟踪器原理是：入射阳光偏斜，引起密闭容器的两侧受光面积不同，从而产生压力差。在压力的作用下，太阳的相对位置信号由跟踪器平板（电池板）两侧遮光板下方南北向安置的温度传感器（黑管）所接收。黑管内充有低沸点的液体工质，在常温下部分液体气化形成饱和蒸气，同时产生一定的饱和蒸气压（P），通过充气工具胶管驱动气囊液汽转换缸里面的活塞运动，活塞带动活塞杆产生推力，活塞杆运动带动齿条运动，齿条带动齿轮旋转，齿轮上的轴就带动电池板跟随太阳自动转动，起到自动跟踪太阳光的作用，其工作原理如图 3-8 所示。

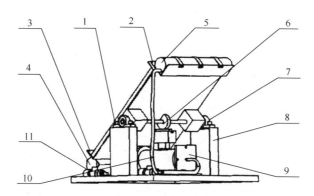

图 3-8　压差式太阳能自动跟踪系统工作原理图

1-电池板；2，3-遮光板；4，5-温度传感器；6-齿轮齿条传动机构；7-轴承；
8-支架；9-气囊液汽转换缸；10-充气工具；11-液压安全阀

ii）控放式太阳跟踪器。

控放式自动跟踪装置对太阳光方位角进行单向跟踪，操作时，在集热装置西侧安放一配重块，作为太阳能采光板向西转动的动力，并利用控放式自动跟随装置对此动力的释放加以控制，使集热装置随着太阳的西偏而转动。这种把原动力与控制部件分离的方法，可以简化控制装置的结构，减少能量消耗（采光板的转动动能来源于偏重的势能），为不用外接电源创造了条件。控放式太阳跟踪器能对太阳进行单轴跟踪，其结构如图 3-9 所示。

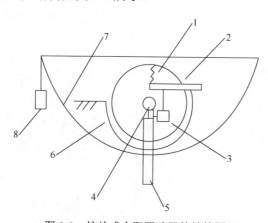

图 3-9　控放式太阳跟踪器的结构图

1-弹簧；2-杠杆；3-电磁铁；4-绕轴；5-支架；6-制动装置；7-集热装置；8-配重块

控放式太阳跟踪器的工作原理是：由于在集热装置的西侧装有配重块，在重力的作用下，集热装置便会绕轴自东向西转动。重力的控放由弹簧通过制动装置和杠杆来实现。弹簧则由电磁铁控制。电磁铁的动力又由硅太阳能电池板供给。电池装在集热装置的上方，前面设有遮光板，当集热装置对准太阳光时恰好遮住阳光，使太阳能电池处于阴影区。一旦太阳西移，遮光板的阴影随之移动，太阳能电池便受到阳光照射，输出一定数值的电流，从而发出偏移信号。信号经晶体管放大，使高灵敏度的继电器动作，并通过执行继电器控制电磁铁吸合，于是制动装置松开，集热装置向西旋转，直至对准阳光。此时遮光板又重新挡住阳光，太阳能电池进入阴影区，电磁铁释放，完成跟踪。

为了保证跟踪系统在多云天气下也能可靠地工作，光电控制线路中还增加了一组多谐振荡器。多云天气下太阳被云层遮挡的时间较长，跟踪器常因失去目标而停止动作。当太阳重新出现时，集热装置必须大角度旋转才能跟上太阳。由于系统的惯性很大，如不采取措施往往会跟踪过头，产生较大的误差。有了多谐振荡器后，不管旋转多大的角度，电磁铁始终按照吸合—释放—吸合—释放的间歇方式动作，采光板逐步向西旋转，直至追上太阳。当采光板转至西边的极限位置时，触动极限开关，切断控制系统的电源。第二天，只要将集热装置人工转至向东的位置，便可开始新的跟踪。控放式跟踪器适合于聚光型采光装置，如聚光型热水器、太阳灶等。其优点是，实时跟踪，成本低廉，可不使用外接电源，使收集到的能源充分转化利用；其主要缺点是，只能做成单轴跟踪器，虽然采用多谐振动器，但仍存在跟踪过度的情况，而且同样存在着刚度较低的问题，不能适应野外恶劣的工作环境，特别是大风对装置造成的影响。

iii）机械式太阳跟踪器。

这是一种被动式跟踪装置，有单轴和双轴两种形式。这种跟踪装置通过电机以恒定的速度带动太阳能采光板运动来实现对太阳运行轨迹的跟踪。美国 Blackace 公司在 1997 年研制了单轴太阳跟踪器，完成了东西方向的自动跟踪，而南北方向则通过手动调节，接收器的热接收率提高了 15%，这种单轴跟踪装置的结构如图 3-10 所示。其主要优点是：结构简单，便于制造，且装置控制系统也十分简单；其主要缺点是：跟踪精度不够。

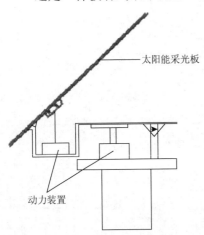

图 3-10　单轴机械跟踪装置

iv）计算机控制的全自动跟踪装置。

随着计算机技术的发展，许多国家研制出了计算机控制的全自动太阳跟踪装置。目前，日本、法国、瑞士等许多国家在太阳辐射的观测中，都已使用全自动太阳跟踪装置。这种跟踪装置为双轴跟踪，有光电传感器跟踪和视日运行轨迹跟踪两种跟踪方式，具有全自动、全天候、跟踪精度高、无累积误差和不绕线的优点，可以满足太阳辐射观测的需要，大大减轻了观测人员的劳动强度。

全自动太阳跟踪装置具有两个相互垂直的轴，即时角轴和赤纬轴。准直筒与赤纬轴垂直安装，光电传感器安装在准直筒的底部，用于在光线良好时对太阳光进行跟踪，当太阳辐射较弱时，则根据时间函数对太阳光进行跟踪。跟踪时，时角轴带动准直筒实现方位角的改变，赤纬轴带动准直筒实现仰角的改变。时角轴和赤纬轴的正交运动形成了太阳光跟踪轨迹。因此，全自动太阳跟踪装置实现了自动调节，以满足全自动跟踪的需要。

计算机控制的太阳自动跟踪装置跟踪太阳的方式主要有两种：光电跟踪和视日运动轨迹跟踪；前者是闭环的随机系统，后者是开环的程控系统。光电跟踪灵敏度高，结构设计较为方便，但受天气的影响很大，如在稍长时间段里出现乌云遮住太阳的情况，太阳光线往往不能照到硅光电管上，导致跟踪装置无法对准太阳，甚至会引起执行机构的误动作。而视日运动轨迹跟踪中，计算机先根据太阳运行规律计算出一天内某时刻太阳的位置角度，然后运行控制程序使跟踪装置对准太阳光以完成跟踪。

视日运动轨迹跟踪系统可分为单轴跟踪和双轴跟踪两种。其中双轴跟踪系统要求入射光和主光轴方向一致。按照轴线方向的不同，双轴跟踪系统又可分为赤道坐跟踪系统和水平坐跟踪系统；单轴跟踪系统只要求入射光线位于含有主光轴和焦线的平面。单轴跟踪系统按焦线的布置不同，可以再划分为四类，如图 3-11 所示。

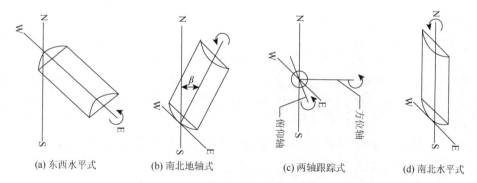

(a) 东西水平式　　　(b) 南北地轴式　　　(c) 两轴跟踪式　　　(d) 南北水平式

图 3-11　几种跟踪器原理示意图

南北地轴式：跟踪系统的转轴（即焦线）南北方向倾斜布置，东西跟踪。跟踪系统的轴指向地球的北极并与地平面倾斜一角度 β，β 角一般等于当地的地理纬度角 φ。

南北水平式：跟踪系统的转轴（即焦线）南北方向水平布置，东西转动跟踪。

东西水平式：跟踪系统的转轴（即焦线）东西方向布置，南北转动跟踪。

两轴跟踪式：跟踪系统存在着方位轴和俯仰轴两条转轴。方位轴垂直于地平面，俯仰轴同方位轴垂直。反射镜同时绕两轴转动以使反射镜的光轴和太阳光线方向一致。

两轴跟踪时，集热器获得的能量最大，等于聚光器开口所接收的全部太阳直射辐射能。单轴跟踪时，入射光线与主光轴间一般存在着一个夹角，这时入射光线是倾斜入射的，单位面积的入射量减少。也就是说，即使是面积相同的两表面，当相对于太阳光线位置不同时，它们所截获的太阳辐射也不同，所截获的太阳光能量也不一样。

东西向和南北向水平安装的集热器是最容易大面积安装的，但比南北地轴安装的集热器有较大的余弦损失。采用东西水平式跟踪系统的优点是，在一天中，跟踪调整的幅度较小，正午时，反射器的开口面与太阳光垂直。但在一天中的早晚时分，由于入射角（余弦损失）大，集热器的性能会大大降低。采用南北水平式跟踪系统，在中午余弦损失最大，早晚最小。一年中，采用南北水平式跟踪系统的集热器比采用东西水平式跟踪系统的集热器经常能多收集一些能量。然而，采用南北水平式跟踪系统的集热器在夏季收集较多能量，而在冬季收集的能量较少；采用东西水平式跟踪系统的集热器比采用南北水平式跟踪系统的集热器在冬季收集的能量多，但在夏季收集的能量少。因而集热器采用南北水平式跟踪系统还是东西水平式跟踪系统取决于集热器的应用在冬季和夏季需要能量的多少。

跟踪方式还可分为手动跟踪和自动跟踪两种。手动跟踪的精度差，且只能间歇进行。自动跟踪可用重锤或发条作为动力，也可用电动机作为动力，来驱动跟踪系统。自动控制方法分两类：一类是传感器式，利用光电管或光电池等作为感光元件安装在收集器上，当收集器光轴偏离太阳时，感光元件产生信号，经放大器放大后传到控制电动机，转动收集器使其对准太阳光（图 3-12）。这种方式能检测并消除太阳光方向和光学系统光轴之间的偏差，对于非等速跟踪也可使用。其缺点是，在多数情况下工作不稳定。另一类是程序控制式，用电动机驱动收集器，按一定的程序跟踪太阳光，适用于等速跟踪的情况；其缺点是，有累积误差。因此，有人考虑将两者结合起来。

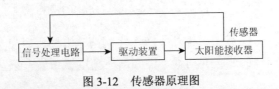

图 3-12　传感器原理图

一个跟踪装置必须是可靠的，并能以一定的精度跟踪太阳。在傍晚或夜间能使反射器回到原来的位置，并能在间断的云层遮挡时依然跟踪。所要求的精度取决于聚光系统的容许偏角。一般而言，聚光比越高，跟踪精度要求越高。

目前，我国广泛采取的跟踪方式为赤道仪式的机械方式，该跟踪装置根据当地的纬度倾斜安装后，沿赤道面的旋转速度只要能保持一周（24h）即可。但是，准确达到一周绝非易事。即使做到了，太阳赤纬调节仍需手工操作，所以实际上仍达不到全自动的要求。

太阳能装置采用跟踪装置时，可使系统截获更多的辐射。然而跟踪装置的使用，使太阳能装置结构复杂化，制造成本提高，经济性下降，设计的时候要兼顾系统的性能和经济性。在前述的四种跟踪方式中，两轴跟踪方式的光学性能最好，然而，其结构最为复杂，制造和维护成本都很高，性价比并不比其他跟踪方式好，实际上很少采用这种方式。在我国，除夏季一段时间南北地轴跟踪日辐射总量比南北水平轴小，一年中大部分时间都要比南北水平轴跟踪大，且一直要比东西水平轴跟踪大。如此看来，南北地轴跟踪比较好，然而实际的设计都是用一个电机驱动一个长条形聚光器，这样使用倾斜角等于当地纬度，就不合理了。因此，在现有设计中，一般都是水平布置转轴。适当地让反射器转轴朝南布置有一倾斜角，能够提高聚光器的光学性能，但这也使加工和维护费用增加，这也是一个性价比问题。同时在选用跟踪方式时还要考虑到集热器的具体用途，南北水平轴一年中的日辐照量变化要比东西水平轴跟踪的变化大，主要在夏天用于空调制冷或是农作物的浇灌时，选用南北水平跟踪方式较好；但是，假如用途相反，主要用于冬季寒冷地区采暖时，则选用东西水平跟踪较好。所以跟踪装置的选择和设计应该依照该地区的年平均辐射量以及具体的应用目标而定。

实际上我们常常遇到雨雪以及多云天气，而天气对集热器的光学性能影响很大，在具体的系统设计时要参考当地的天气状况。此外，不单要对集热器系统的光学性能进行分析，而且还需要从热效率方面考虑，设法减少集热器的对流热损和辐射热损。

太阳能跟踪系统在应用中主要考虑以下因素：跟踪精度、系统成本、耗电量、后期维护费用。评价一个跟踪系统，应该从以上几个方面综合考虑。单轴跟踪系统能够得到比固定安装系统更高的太阳辐射利用率，系统成本、耗电量都很低，后期维护方便；双轴跟踪系统能够最大效率地利用太阳辐射能量，自动化程度高，但其控制复杂，成本高，耗电量大，系统维护费用高。主动跟踪的优点是在全天候情况下都能正常工作，缺点是存在累积误差，一般自身不能消除；被动跟踪的优点是自身能够通过反馈来消除误差，但是在云层较多的天气情况下工作不稳定，其跟踪精度依赖于光敏传感器的精度；混合控制结合了两者的优点并克服了两者的缺点，在一般没有云的情况下使用被动传感器跟踪，但当云挡住太阳的时候，控制系统立即改变为主动跟踪，主动和被动交替控制的混合控制系统，能够得到最佳的控制效果，但系统成本高。

3.2.2　太阳热能在水处理中的应用

1. 太阳能介观喷雾浓盐水分离及污泥脱水

本课题组利用太阳能系统进行供能，构建了太阳能集热系统与浓盐水、污泥介观喷雾分离系统，利用介观喷雾技术可增大待处理液与能量的接触面积的特性，实现了浓盐水和污泥较为快速的浓缩与分离[26-30]。

（1）设计思路

高固含量水体是指水体中固体含量较高的水体，如海水淡化、浓盐水脱盐后的浓缩水总溶解性固体（TDS）$\geqslant 10^4$mg/L 的废水、含水率$\geqslant$85%的污泥等。针对浓盐水与污泥这两种高固含量水体，以浓盐水、污泥最终消纳的方式（浓盐水要实现"海水"结晶回收或送盐化工使用，污泥要实现填埋或焚烧）为依据，以太阳能介观喷雾分离技术为核心，建立了太阳能介观喷雾分离浓盐水和污泥浓缩系统，实现了污泥和浓盐水的资源化利用，设计思路如图 3-13 所示。

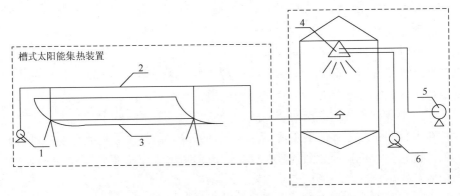

图 3-13　槽式太阳能集热污泥雾化干燥系统示意图

1-鼓风机；2-集热装置；3-聚光器；4-雾化喷头；5-空压机；6-压力泵

该处理方法主要包括两部分装置，一部分为太阳能集热装置，主要负责收集太阳能并转化为热能加热空气，另一部分是高固含量水体分离装置，该部分又分为雾化装置和干燥装置。

（2）太阳能集热系统的构建和研究结果分析

1）集热系统构建。

选用槽式太阳能集热系统，如图 3-14 所示。

图 3-14 槽式太阳能集热系统

该装置的参数见表 3-3。

表 3-3 集热系统参数表

装置	特征参数	特征值
聚光器	聚光器开口宽度	2.4m
	单元长度	1m
	单位采光面积	2.4m^2
	焦距	1.2m
	口径比	2
	几何聚光比	65.69
真空吸收器	吸收管长度	12m
	吸收管直径	3.6cm
	吸收管壁厚	2mm
	玻璃套管直径	10cm
	玻璃套管壁厚	2mm
太阳能集热器	光学效率	0.55
	集热器设计温度	200～400℃

根据槽式太阳能聚光器的选材要求，本装置选用玻璃作为底材，聚光器的反射率约为 80%。

选用的接收器为金属-玻璃真空接收器，玻璃管选用透过率高的透明玻璃管。该管作为透光材料，对其材质有一定的要求。透光材料的光谱吸收率由材料的化学结构决定，玻璃的光谱吸收率主要由玻璃中 Fe_2O_3 含量的大小决定，玻璃中 Fe_2O_3 含量越小，吸收率越小，透过率越高，透过率最高可达 92%。此外，玻璃光谱吸收特性还与玻璃套管的表面灰尘积累、大气风化以及玻璃的厚度等有关。因此在选择玻璃套管时应考虑这些影响因素。本实验装置的玻璃套管选用含 Fe_2O_3 0.1%、透过率约为 88%、厚度为 2mm 的玻璃套管。

由于空气的比热容小，在槽式太阳能集热装置中的启动较快，所以该装置的加热介质选择空气介质，而且空气介质能直接与处理物质接触，省去了热交换装置，减少了热损失。跟踪装置选择单轴光电跟踪器，该装置由两部分组成：位置检测器和跟踪器。

i）位置检测器。

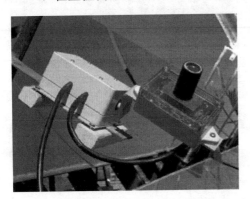

图 3-15　位置检测器

位置检测器主要由两个光敏电阻和两个电位器组成桥式电路。两个光敏电阻分别装在聚光器上的暗筒内，筒口上装一个凸透镜，在筒底形成太阳实像。当聚光器对准太阳时，两个光敏电阻的受光面积相等，此时位置检测器无信号输出。当太阳稍有偏移，则暗筒底部的两个光敏电阻的受光面积就出现差别，位置检测器将输出一定的信号。该装置的暗筒长度取 50mm，直径为 30mm，实物图如图 3-15 所示。

ii）跟踪器。

跟踪头为执行元件，包括直流电动机、测速机和减速器。跟踪头将从位置检测器输入的信号转变为机械转矩，推动聚光器转动。其执行元件外部实物图见图 3-16。

此光电跟踪装置采用了闭环控制，能较容易地实现自启动、停止和高速反转等操作，以及使跟踪装置具有较高的精确度，并使系统本身具有较好的抗干扰能力。

测试地点选择在天津。天津市地处太平洋西岸环渤海湾边，属于暖温带半湿润大陆季风性气候，有明显由陆到海的过渡特点：四季明显、降水不多、日照较足。在天津地区建立太阳能集热装置并检测其性能，除在集热器本身的结构材料上注意优化外，还从辐照、总降水时间及湿度等方面进行了考虑。

图 3-16　太阳光跟踪执行器

实验监测的参数主要有：太阳辐照值、集热器出口空气温度、环境温度和湿度等。

　　每次实验前，为避免尘土影响聚光镜的反射率及吸收器玻璃套管的透光率，利用蒸馏水清洗槽式反射板及真空吸收管，并检验槽式反射板光线的位置，查看跟踪是否正常。若检查光线在真空管上（见图 3-17 标识位置），说明跟踪正常，可正常操作使用。

图 3-17　光带测试

　　为了测定日照强度，选用型号为 MS-802 的日射强度计（图 3-18），对太阳辐照进行监测，并用热阻温度计（图 3-19）对槽式太阳能集热器产生的空气出口温度进行同步监测，收集数据并记录每次实验时的天气状况。日射强度计每隔 5min 记录一次辐照值，温度记录与辐照值记录同步。室外温度用水银温度计测量，环境湿度用湿度计（图 3-20）测量。利用风机（图 3-21）把空气送入集热器中加热，并用流量计（图 3-22）计量通入的流量。

图 3-18　日射强度计

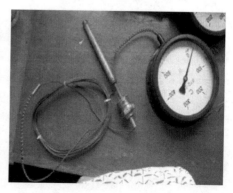

图 3-19　热阻温度计

图 3-20　空气湿度计

图 3-21　旋涡气泵

图 3-22　玻璃转子流量计

2）研究结果及分析。

i）试验场地日辐照情况。

太阳辐照值是指太阳辐射经过大气层的吸收、散射和反射等作用后到达地球表面上单位面积单位时间内的辐射能量。其单位为瓦特/平方米（W/m²）。太阳辐射穿过大气圈时的衰减作用以及太阳的高度角会影响太阳辐照值。太阳辐照值受气候、气象因素的制约并和区域纬度、地球公转及地球自转有紧密联系。

根据天津地区特点，一年中 7～10 月太阳辐射效率较高。在 2012 年 10 月～2013 年 10 月对实验区的辐照进行了监测，其中选择 7 月、8 月、9 月及 10 月中的几天的数据为例，得出日辐照值随时间的变化规律，见图 3-23。

由图 3-23 可以看出，晴天辐照值与时间的关系基本呈现一个抛物线关系，图中辐照值出现波动，是由于天空出现乌云，感应不到太阳光，导致辐照值降低。辐照值在各个月的变化情况如下：

7 月辐照值能在 8：30～16：30 维持在 500W/m² 以上，11：00～14：00 维持在 800W/m² 以上，最高辐照值能达到 950W/m²；

8 月辐照值能在 9：00～16：00 维持在 500W/m² 以上，11：30～13：30 维持在 800W/m² 以上，最高辐照值能达到 910W/m²；

9 月辐照值能在 9：30～15：00 维持在 500W/m² 以上，最高辐照值为 820W/m²；

10 月辐照值能在 9：30～14：00 大部分时间维持在 500W/m² 以上，最高辐照值为 720W/m²。

由此可得出，太阳能一天能提供的热量在 7～10 月的关系为：7 月＞8 月＞9 月＞10 月。

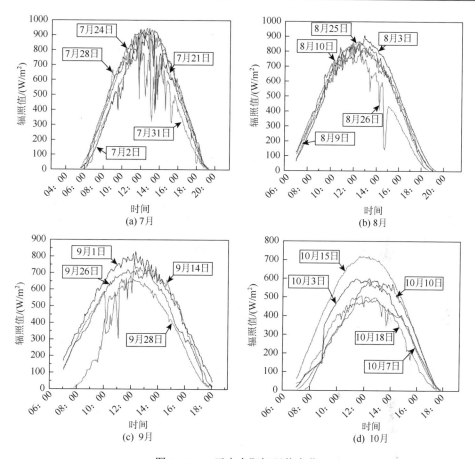

图 3-23　一天中太阳辐照值变化

ii）主要参数与热利用效率的关系。

（a）太阳能辐照值与出口温度的关系。

在一天中，辐照值在不停地变化，集热器收集到的热量也会不断地变化。本实验在环境温度为 30℃下，通过 1500W 的风机向太阳能集热器通入不同流量的空气，并对出口温度进行监测。实验测得在不同空气流量下，辐照值与出口温度的关系如图 3-24 所示。

由上图可得，太阳能集热器出口温度在上升到 300℃之前，温度随辐照值的升高会快速升高，当温度达到 300℃时，温度随辐照值的升高速度开始变得缓慢。同时，不同的空气流量下，温度随辐照值的变化也呈现不同的温度及温度变化趋势，这表明，空气流量对集热器的出口温度产生影响（图 3-25）。

由图可看出，在辐照值一定时，集热器的出口温度随空气流量的增大其变化有由快速升高变成缓慢升高的趋势。当太阳能转换的热量达到一定值时，需要有

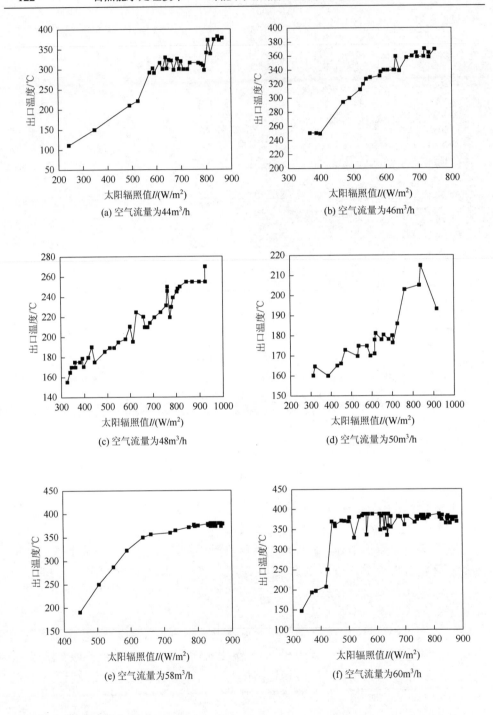

(a) 空气流量为44m³/h

(b) 空气流量为46m³/h

(c) 空气流量为48m³/h

(d) 空气流量为50m³/h

(e) 空气流量为58m³/h

(f) 空气流量为60m³/h

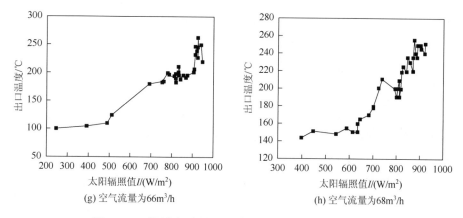

(g) 空气流量为66m³/h　　　　　　(h) 空气流量为68m³/h

图 3-24　不同空气流量下太阳辐照值与出口温度的关系

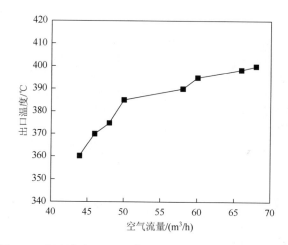

图 3-25　辐照值在 700W/m² 时空气流量与出口温度的关系

足够的空气介质来接收太阳能量并把它带出集热器。因此，在空气流量较小时，空气的出口温度会随着空气体积流量的增大而升高，当空气体积流量增大到某一个值时，太阳能量的限制使得空气出口温度升高变得缓慢直至出现稳定。

（b）辐照值与热利用效率的关系。

太阳能辐照值是影响集热器热利用效率的因素之一，下面选择热利用效率来表示槽式太阳能集热器的集热性能。热利用效率是吸收管实际接收的能量与投射到集热器反射板上的总能量之比。其计算公式如下：

$$\eta = \frac{\int_{T_1}^{T_2} mC_p(T_1 - T_2)\mathrm{d}T}{A\int_{T_1}^{T_2} I_b \mathrm{d}T} = \frac{mC_p(T_2 - T_1)}{AI_b} = \frac{C_p \rho Q_V(T_2 - T_1)}{3.6AI_b} \qquad （3-1）$$

式中，C_p 为空气定压比热容，取空气温度为 300K 时，$C_p = 1.005\text{kJ/(kg·K)}$；$\rho$ 为空气密度，取空气温度为 298.15K 时，$\rho = 1.169\text{kg/m}^3$；$Q_V$ 为空气流量（m^3/h）；T_2 为集热器出口温度（℃）；T_1 为集热器进口温度（℃）；A 为集热器集热面积（m^2）；I_b 为太阳辐照值（W/m^2）。

本书中所用的热利用效率均由式（3-1）计算得出。图 3-26 所示为实验测得太阳辐照值与热利用效率的关系。

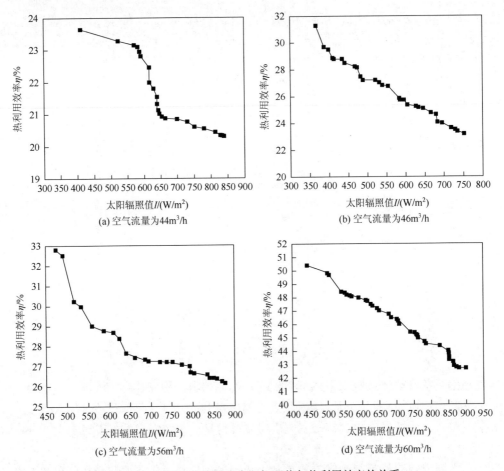

图 3-26　不同空气流量下太阳辐照值与热利用效率的关系

由图可得，在不同空气流量下，热利用效率均随着辐照值的升高呈现减小趋势。这是由于随着太阳辐射量的增加，热损失逐渐增大，流体得到的有效量逐渐减小，热利用效率降低。由图得出：虽然热利用效率均随着辐照值有下降的趋势，但下降 10 个百分点以内，这说明本实验建立的槽式集热器的集热性能比较稳定。

（c）空气流量与热利用效率的关系。

通入集热器的空气流量不同，集热器产生的出口温度及热利用效率会受到影响。对不同空气流量下测得的出口温度进行热利用效率的计算，可得出空气流量与热利用效率的关系，如图 3-27 所示。由图中拟合的空气流量与热利用效率的关

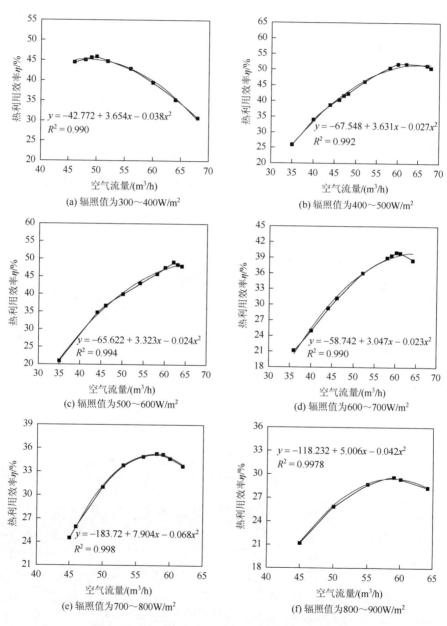

图 3-27　不同辐照下空气流量与热利用效率的关系

系函数可得出不同辐照范围内太阳能集热器应运行的最佳空气流量及集热器可达到的最高热利用效率值。

由图 3-27（a）得拟合函数为：$y = -42.77 + 3.65x - 0.04x^2$，效率最高可达 45%，此时空气流量为 48m³/h；由图 3-27（b）得拟合函数为：$y = -67.55 + 3.63x - 0.03x^2$，效率最高可达 54.5%，此时空气流量为 67m³/h；由图 3-27（c）得拟合函数为：$y = -65.62 + 3.32x - 0.02x^2$，效率最高可达 49.4%，此时空气流量为 69m³/h；由图 3-27（d）得拟合函数为：$y = -58.74 + 3.05x - 0.02x^2$，效率最高可达 42%，此时空气流量为 66m³/h；由图 3-27（e）得拟合函数为：$y = -183.72 + 7.90x - 0.07x^2$，效率最高可达 37.4%，此时空气流量为 58m³/h；由图 3-27（f）得拟合函数为：$y = -118.23 + 5.01x - 0.04x^2$，效率最高可达 31%，此时空气流量为 59.6m³/h。

此外，从图中还可以看出，在不同辐照值下，空气流量与热利用效率分别存在不同的二次抛物线关系。太阳能集热器对应的最佳流量及热利用效率也因辐照值不同而存在差异。由式（3-1）得出最佳条件时可达到的相应温度（取环境温度 T_1 为 30℃）。由此得出，不同的太阳辐照值范围内，太阳能热利用效率最高时，应通入集热器的最佳空气流量及集热器能达到的相应出口温度，见表 3-4。

表 3-4 太阳能集热器效率最高时的热利用效率、空气流量、出口温度及空气流量与热利用效率间的函数关系式

辐照值/(W/m²)	热利用效率/%	空气流量/(m³/h)	出口温度/℃	空气流量与热利用效率函数关系式	相关系数 R^2
300~400	45	48	278	$y = -42.77 + 3.65x - 0.04x^2$	0.990
400~500	54.5	67	317	$y = -67.55 + 3.63x - 0.03x^2$	0.992
500~600	49.4	69	345	$y = -65.62 + 3.32x - 0.02x^2$	0.994
600~700	42	66	367	$y = -58.74 + 3.05x - 0.02x^2$	0.990
700~800	37.4	58	428	$y = -183.72 + 7.90x - 0.07x^2$	0.998
800~900	31	59.6	397	$y = -118.23 + 5.01x - 0.04x^2$	0.998

在一天中不同的辐照区段，调整空气的流量为最佳值，并监测温度，算得相应的热利用效率分别为 44.3%、53.7%、48.8%、41.2%、36.9%和 30.7%。对热利用效率计算的相对误差分析分别为 1.6%、1.5%、1.2%、1.9%、1.3%和 1.0%，误差均在 5%以内，因此可认为以上几个拟合关系式可行。

（3）高固含量水体分离技术原理及构建

利用喷雾技术处理高固含量水体是提高能量利用效率的主要途径之一，分离系统主要由雾化装置（喷头）和分离塔两部分组成。

喷雾干燥技术出现至今已有一百多年，应用领域已非常广泛，从最早的奶粉领域，发展到现在几乎涉及产品粉体化的所有加工和生产领域，如医药、食品、环保、化工、催化剂、染料、颜料、色素、精细化工品、林化产品、天然提取物、环境保护等领域。但是，在实际应用中依然存在诸多问题，最常见的如干燥塔内的粘壁问题[31, 32]、干燥产品的粒径和形态控制不过关、干燥产品的品质被破坏[33]等。因此，喷雾干燥依然是国内外干燥技术的热门研究方向。其优点有：①雾滴群的比表面积大，物料干燥所需的时间短（通常为 15~30s，有时只有几秒）。②生产能力大，产品质量高。每小时喷雾量可达几百吨，是处理量较大的干燥器种类之一。尽管干燥介质入口温度可达几百摄氏度，但在整个干燥过程的大部分时间内，物料温度不超过干燥介质温度。因此，喷雾干燥特别适合热敏性物料（如食品、药品、生物制品和染料等）的干燥。③调节方便，可以在较大范围内改变操作条件以控制产品的质量指标，如粒度分布、湿含量、生物活性、溶解性、色、香、味等。④简化了工艺流程。可将蒸发、结晶、过滤、粉碎等操作过程用喷雾干燥操作一步完成。其缺点包括：①当干燥介质入口温度低于150℃时，干燥器的容积传热系数较低，所用设备的体积比较庞大。另外，低温操作的热利用率较低，干燥介质消耗量大，动力消耗也大。②对于细粉产品的生产，需要高效分离设备，以避免产品损失和环境污染。③高温气体介质在短时间内干燥雾滴，使得干燥介质的排出温度较高。特别是对于干燥产品中残留溶剂量要求很低的产品，其排出气体介质温度更高，有的甚至高达 180℃以上，如果直接排入环境，会造成能源的大量浪费。

通常，在干燥技术的开发及应用中需要掌握三个方面的技术准备：①需要了解被干燥物料的理化性质和产品的使用特点；②要熟悉传递工程的原理，即传质、传热、流体力学和空气动力学等能量传递的原理；③要有实施的手段，即能够进行干燥流程、主要设备、电气仪表控制等方面的工程设计。显然，这三方面的知识和技术不属于一个学科领域。但在实践中，这三方面的知识和技术又缺一不可，干燥技术是一门跨行业、跨学科的技术。

目前，大部分干燥设备设计还缺乏能够精准指导实践的科学理论和设计方法。实际应用中，依然还主要依靠经验和小规模试验的数据来指导设计，主要有以下几方面：

第一，干燥技术所依托的一些基础学科（主要是隶属于传递工程范畴的学科）本身就具有实验科学的特点。例如，空气动力学的研究发展还要靠风洞试验来推动，还没有脱离实验科学的范畴。这些基础学科自身的发展水平直接影响和决定了干燥技术的发展水平。

第二，很多干燥过程涉及多种学科技术交叉，牵涉面广、变数多、机理复杂。例如，在喷雾干燥技术领域里，被雾化的液滴在干燥塔内的运行轨迹是工程设计的关键。液滴的轨迹与自身的体积、质量、初始速度和方向，以及周围其他液滴和热风的流向流速有关。但这些参数由于传质、传热过程的进行，无时无刻不在发生着变化。而且初始状态时，无论是液滴的大小还是热风的分布都不可能是均匀的。显然，对于如此复杂、多变的过程只凭借理论计算来进行工程设计是不可靠的。

第三，被干燥物料种类多种多样，其理化性质也是各不相同。不同的物料即使在相同的干燥设备条件下，其传质、传热的速率也可能存在较大的差异。例如，某些中草药的干燥，对于同一种药材，因药材产地或收获期存在区别，必须改变干燥条件，以保证产品质量的一致性。

以上三方面原因决定了干燥技术的开发与应用是以试验为基础的。但干燥设备技术的这些特点往往被忽视。制造厂商由于试验装置缺乏或类型不全，往往回避应做的干燥实验，用户由于不了解干燥技术的特点，也经常放弃进行必要的试验。其直接导致干燥装置使用效果不佳，甚至报废。曾有过一套价值 2000 万元的工业干燥装置因达不到使用要求而被闲置的教训。因此，设计制造工业干燥装置（尤其是较大的装置）之前一定要进行充分的、有说服力的试验，并以试验结果作为工业装置建设的依据。

此外，种类繁多、各具用途也是干燥设备技术的一个特点。每一种技术都有自己适宜应用的领域。在工程实践中，要根据具体情况选择适用的干燥技术种类。这对投资费用、操作成本、产品质量、环保要求等方面都会产生重大的影响。所以在应用中要仔细分析比较、慎重选择技术方案，并通过干燥试验来考核技术方案。

1）喷雾系统的构建原理。

i）介观喷雾简介。

介观（mesoscopic）一词，是由 VanKampen 于 1981 年提出的，指的是介于微观和宏观之间的状态。介观尺寸就是指介于宏观和微观之间的尺度[34]；一般认为它的尺度在纳米和微米之间。介观尺寸常常在介观物理学中被提到，而且在凝聚态物理学近年的发展中被广泛应用。随着水处理技术的发展，介观尺寸也开始在水处理领域中得到应用。

介观体系有其特殊的物理性质，一方面表现出我们熟悉的微观属性，表现出量子力学的特征；另一方面，它的尺寸又几乎是宏观的。一般来说，宏观体系的特点是物理量具有自平均性，即可以把宏观物体看成由许多的小块组成，每一小块是统计独立的，整个宏观物体所表现出来的性质是各小块的平均值。如果减小宏观物体的尺寸，只要还是足够大，测量的物理量（如电导率）和系统平均值的差别就很小。当体系的尺寸小到一定程度，不难想象，由于量子力学的规律，宏观的平均性将消失。人们原来认为这样的尺寸一般是原子的尺寸大小，或者说晶体中一个或几个晶格的尺寸大小。但是 20 世纪 80 年代的研究表明，这个尺度在某些金属中可达到微米数量级，并且随着温度的下降还会增加，它已超出了人们的预料，属于宏观尺寸大小[35]。

因此，介观物理是一个介于宏观的经典物理和微观的量子物理之间的一个新的领域。在这一领域中，物体的尺寸具有宏观大小，但具有那些原来被我们认为只能在微观世界中才能观察到的许多物理现象。因而介观物理涉及量子物理、统计物理和经典物理的一些基本问题[36]。在理论上仍有许多问题有待深入研究。从应用的角度看，介观物理的研究一方面可明确现有器件尺寸减小的下限，使得原来的理论分析方法如欧姆定律已经不再适用；另一方面，新发现的现象为制作新的量子器件提供了丰富的思想，会成为下一代更小的集成电路的理论基础。

喷雾是将液体通过喷嘴喷射进入气体介质中，使之分散，并碎裂成小颗粒液滴的过程。由于液体相对于空气或气体的高速运动，或者由于机械能的施加和喷射装置的旋转或振动，液体会雾化成各种尺寸范围的细小颗粒。自然的雾化有下雨、瀑布和海水雾化等。喷雾广泛应用于日常生活、医学、生产和工艺流程、农业、消防、沥青雾化铺路和燃烧室等方面。

由于液体经过喷嘴破碎成小液滴，小尺寸液滴的蒸发引起了很大的关注，这种液滴的粒径尺寸介于宏观与微观之间，即介观尺寸。介观尺寸的液滴较常规的平面蒸发比表面增大千万倍。由于热法都是基于宏观尺度连续的二维换热完成蒸发和冷凝过程，从微观毛细现象和纳米效应联想到液滴的蒸发，它由二维蒸发变成三维蒸发，连续性假定就不再有效，因为此时液滴的尺寸与其组成分子的尺寸仅大几个量级，液滴分子的结构和物理性质不能再被忽略。因此，这种介观尺寸雾滴的蒸发被称作介观蒸发。

ⅱ）喷头类别与喷雾特性。

液体雾化是指在外加力的作用下，液体在外界环境中变成液雾或者小液滴的过程，液体雾化核心为雾化器（喷嘴、喷头）。喷头是喷雾干燥器、喷浆造粒干燥机及某些回转窑等化工设备的关键部件，其作用是使液体雾化，形成直径很小的液雾，以增加液体与周围介质的接触面积，达到快速蒸发、掺混和燃烧的目的。虽然在整台设备中它仅占很小的一部分，然而它却对设备的使用性能起着决定性的作用，其雾化性能将直接影响产品的质量和技术经济指标。液体雾化过程，大致可以分为以下两个阶段：一是喷嘴先将液体雾化成微小的液滴；二是再将雾化的液滴喷洒到指定的空间，以达成预期的喷雾效果。

下面列举雾化喷嘴在常规应用领域的作用。

冷却：借由喷嘴雾化液滴来进行热交换，雾化的液滴快速带走物体上的热量，使产品迅速降温，如钢铁连铸冷却。

加湿：在特定的空间中，借由喷嘴将水雾化成极细微的水雾，提高空间中的相对湿度，如纺织厂厂房加湿。

涂布：在产品表面上喷涂特定的液体或材料，如面包表面喷涂食用油。

添加：借由喷嘴来喷洒或添加特定的材料，雾化后液体有助于其他材料快速、均匀地混合，如果汁添加果糖。

表面清洗：利用加压液体的强劲冲击力，去除物体表面的污垢，如涂装前处理。

废气洗涤：利用雾化液滴来捕捉气体中的悬浮颗粒或有害物质，如湿式废气洗涤塔。

由于喷头在许多设备中被广泛使用，因此形成了适应于不同工艺及工况的多种结构形式。按其不同的雾化形式可分为压力式、离心式、气流和气泡雾化四种。本书着重对压力式和离心式两种主流雾化形式进行介绍。

（a）压力式。

最早的直流式喷嘴就是压力式喷嘴的一种，它是 1892 年由柴油机之父狄塞尔发明并首先在柴油机上使用的，其结构如图 3-28 所示。

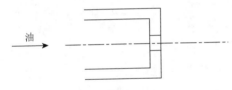

图 3-28　直流式喷嘴

压力式雾化喷嘴的雾化原理是：液料在压力作用下，在离喷嘴出口不远的地方克服表面张力，使液膜分裂成细线，加上端流径向分速度和周围空气相对速度的影响，使液线再分裂成大小不同的液滴。与气流式、离心式喷嘴相比，压力式喷嘴的优点为：结构简单、制造成本低；全部零件维修简单、拆装方便；与气流式喷嘴相比，大大节省了（雾化用）动力。缺点表现在：需要一台高压计量泵；喷嘴孔径很小，必须有效地严格过滤，防止堵塞喷嘴；喷嘴磨损大，对于具有较大磨损的物料，喷嘴要采用耐磨材料制造；一个喷嘴的最佳操作范围较窄，弹性小；高黏度物料不易雾化。图 3-29 所示为几种较典型的压力式雾化喷嘴的结构。

图 3-29（a）、（b）所示结构为旋涡式压力喷嘴，其特点是当液体压入喷嘴后从切线方向进入旋涡室，液体即产生旋涡，喷雾呈中空圆锥体。在氧化铝熟料窑的喂料喷枪中大多采用图 3-29（b）所示的结构形式，而图 3-29（a）的结构形式则多用于喷雾干燥器中。图 3-29（c）所示结构为离心式压力喷嘴，该种喷嘴的特点是当液体从任意角度进入喷芯的沟槽后，由于沟槽与轴线倾斜一定角度，故液体呈螺旋状进入旋涡室，由于离心作用而在喷孔出口处形成空心圆锥体。它一般在压力较高的情况下使用，约为 10～20MPa。图 3-29（d）所示结构为具有多导管旋涡式压力喷嘴，它是旋涡式压力喷嘴的改良型，在喷嘴上面

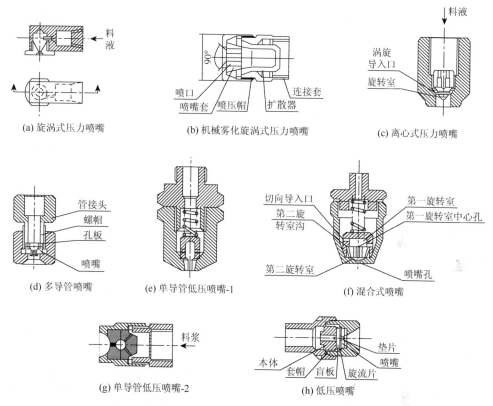

图 3-29　压力式雾化喷嘴的几种典型结构

套入一个多孔板，使液流进入旋涡室时呈均匀状通过切线导管，从而产生圆锥形的均匀雾滴。图 3-29（f）所示结构为混合式压力喷嘴，它的特点是具有两个旋涡室，是旋涡式喷嘴与离心式喷嘴的组合体，具有两种形式的优点，适用于压力不高的场合。图 3-29（e）所示结构为低压喷嘴的一种形式，主要用于生产化肥的喷雾干燥器中，其使用压力一般为 1～2MPa，所得产品颗粒粒径在 150～400μm 之间，该形式中的盲板和旋流片均用陶瓷制造。图 3-29（g）所示为单导管低压喷嘴。其结构特点是只有一个导管，液体进入旋涡室的速度增大，而后形成空心圆锥体从喷嘴孔喷出。该种结构形式在大型喷雾干燥器中使用时，常采取几个喷嘴同时使用的形式。图 3-29（h）所示结构为水泥窑、氧化铝窑等设备燃料油的喷入装置中采用的喷嘴结构，主要用于雾化经过预热的燃料机油，雾化效果较理想。

（b）离心式。

在喷雾干燥器等设备中所经常采用的另一种形式的喷嘴是旋转离心式雾化喷嘴。其原理是利用离心力和重力以及经加速的物料与周围空气间摩擦力，使物料雾化。它不仅广泛地应用于锅炉、内燃机、航空发动机、火箭发动机以及柴油机之中，而且在喷雾干燥、金属粉末生产等工业过程中也有着广泛的应用。但其受旋转速度提高的限制，不适用于膏状物料的雾化。

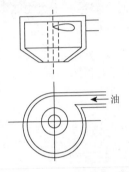

图 3-30 离心式喷嘴工作原理

早在 1902 年，离心式喷嘴就已得到实际应用，此后人们对它进行了深入研究，已形成了一套比较完整的设计方法。离心式喷嘴的结构见图 3-30，其原理是采用导流针使水流高速离心旋转，通过激光小孔撕裂成迷雾。

随着工业的发展，出现了不同形式的离心式喷嘴。根据激光孔的孔径（出水量因此而不同）一般分为 1 号、2 号、3 号、4 号等型号，在 70kgf/cm^2（1kgf = 9.80665N）的工作压力下，流量分别为 45mL/min、88mL/min、145mL/min 和 220mL/min。水雾的

粒子粗细为 5～100μm，分别适合车间加湿降温、景观营造和加湿防尘等用途。从材质上来分，一般有铜体和不锈钢喷片、铜体镀铬和不锈钢喷片、铜体和陶瓷喷片、铜体和不锈钢头及全不锈钢（图 3-31）等类型。从滤芯配置来分，一般有无滤芯、内置滤芯、底置滤芯等形式。

图 3-31 全不锈钢离心式喷嘴

离心式雾化器与一般的直流喷嘴相比，离心喷嘴具有结构简单、雾化效果好的优点，只要保证足够高的工作压力，离心喷嘴的雾化质量在很大程度上是令人满意的。但其需要依靠高速离心盘（转速高达 7000r/min），不适宜安装到雾化塔中，并且离心雾化器制造成本高，需要做动平衡试验。此外，由于用于离心喷嘴雾化特性计算的经验公式或半经验公式都是在特定的实验条件下得出的，因而其应用范围受到很大的限制。寻求建立通用性较好的理论计算模型，始终是一项十分有意义的工作。

2）雾化机理。

液体的雾化是指在外加能量的作用下，液体在气体环境中变成液雾或其他小雾滴的物理过程。对于雾化机理，已经有了多种解释，如空气动力干扰说、压力振荡说、湍流扰动说、空气扰动说和边界条件突变说等，简要介绍如下[37]：

i）空气动力干扰说。

Castleman 最早提出了空气动力干扰说，他认为，由于射流与周围气体间的气动干扰作用，射流表面产生不稳定波动。随着速度的增加，不稳定波所作用的表面长度越来越短，直至微米量级，射流即散布成雾状。

ii）压力振荡说。

压力振荡说是观察到液体供给系统压力振荡对雾化过程有一定影响。同时，一般喷射系统中都普遍存在压力振荡，它对雾化起着重要作用。

iii）湍流扰动说。

湍流扰动说认为射流雾化过程发生在喷嘴内部，而流体本身的湍流度可能起着重要作用。也有人认为，喷嘴内的流体作为湍流、管流运动流体，其径向分速度会在喷嘴出口处立即引起扰动，从而产生雾化。

iv）空气扰动说。

空气扰动说对湍流扰动说持相反态度，认为喷油系统内穴蚀现象所产生的大振幅压力扰动是产生雾化的原因。

v）边界条件突变说。

边界条件突变说认为喷嘴出口处，液体的边界条件（内应力）发生突变；或者是层流射流突出失去喷嘴壁面的约束，使截面内速度分布发生骤然改变而产生雾化。

上列五种喷嘴机理假说均有不足之处，甚至本身相互矛盾。大多数学者，如 F. V. Bracco 等对空气动力干扰说持支持态度[38]。该种假说发展得比较充分，较好地解释了低速射流分裂破碎原因，以此推理到高速射流，其可作为雾化的基本原因。

液体的雾化一般是在雾化器喷嘴中进行的，尽管喷嘴的形式多种多样，但液体的雾化过程在物理实质上基本是相同的。研究表明：当雾化液体在气体介质中运动时，必然会受到外界空气的作用与由液体表面张力和黏性力决定的内力间的相互作用。

3）CFD 模拟喷雾干燥塔内温度场。

计算流体动力学（computational fluid dynamics，CFD）模拟是分析流体动力学行为的有力工具，CFD 不仅使自定义流体通道的任意位置的流动区域可视化，还可以分析关键的过程设计，通过它可确定操作参数和传质传热过程的控制阶段以及为扩大化生产提供依据。目前许多研究者已经运用 CFD 模拟方法对海水淡化工艺进行了深入的研究，如直接接触式膜蒸馏[39]、反渗透[40]、正向渗透[41]、多效蒸馏[42]和多级疏散太阳能蒸馏[43]。然而，到目前为止关于喷雾蒸发系统的 CFD 模拟鲜有报道。

基于混合网格法求解动量方程、能量方程和湍流方程等，可获得流体的温度场分布。考虑到计算区域结构复杂和连接面多等因素，计算模拟过程中按照喷雾干燥塔的结构分块进行网格划分，对形状突变部位进行局部加密以保证计算结果的准确性，并对分块网格进行连接处理，在网格划分过程中为了减少计算误差及方程求解过程中带来的假扩散问题，尽量采用结构化网格。同时，为了减小求解过程中压力场对速度场的影响，采用同位网格技术，整个模型划分网格单元数达到 550 万个，整个塔网格划分及边界条件如图 3-32（a）所示，$z = 1.0\text{m}$ 横截面网格划分如图 3-32（b）所示。

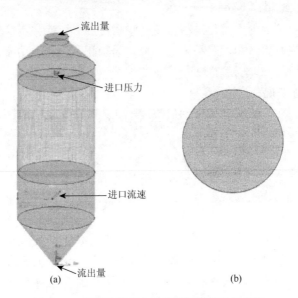

图 3-32　喷雾干燥塔布局和网格模型的示意图

i）连续性方程。

任何流体问题都必须满足质量守恒定律，该定律可表述为：单位时间内流体微元中质量的增加，等于同一时间间隔内流入该微元体的净质量。按照这一定律，可以得出质量守恒方程，即连续性方程：

$$\frac{\partial \rho}{\partial t} + \frac{\partial \rho u}{\partial x} + \frac{\partial \rho v}{\partial y} + \frac{\partial \rho w}{\partial z} = S_{\text{m}} \qquad (3\text{-}2)$$

考虑到所选流体为不可压缩流体，因此式（3-2）可以表示为

$$\text{div}(\rho U) = 0 \qquad (3\text{-}3)$$

式中，U 为流体速度矢量（m/s）；u，v 和 w 分别为流体在 x，y 和 z 轴方向上的流速（m/s）；ρ 为气体密度（kg/m³）；S_{m} 为连续性方程的广义源项目[kg/(m³·s)]。

ii）动量方程。

动量守恒定律也是任何流动系统都必须满足的基本定律。该定律可表述为：微元体中流体的动量对时间的变化率等于外界作用在该微元体上的各种力之和，实际上就是牛顿第二定律。按照这一定律，可导出 x，y 和 z 三个方向的动量守恒方程：

$$\frac{\partial(\rho u)}{\partial t} + \text{div}(\rho u U) = -\frac{\partial p}{\partial x} + \frac{\partial \tau_{xx}}{\partial x} + \frac{\partial \tau_{yx}}{\partial y} + \frac{\partial \tau_{zx}}{\partial z} + F_x \qquad (3\text{-}4)$$

$$\frac{\partial(\rho v)}{\partial t} + \mathrm{div}(\rho v U) = -\frac{\partial p}{\partial y} + \frac{\partial \tau_{xy}}{\partial x} + \frac{\partial \tau_{yy}}{\partial y} + \frac{\partial \tau_{zy}}{\partial z} + F_y \qquad (3\text{-}5)$$

$$\frac{\partial(\rho w)}{\partial t} + \mathrm{div}(\rho w U) = -\frac{\partial p}{\partial z} + \frac{\partial \tau_{xz}}{\partial x} + \frac{\partial \tau_{yz}}{\partial y} + \frac{\partial \tau_{zz}}{\partial z} + F_z \qquad (3\text{-}6)$$

对于黏性为常数的不可压缩流体，式（3-4）～式（3-6）可以写成如下形式：

$$\frac{\partial(\rho u)}{\partial t} + \mathrm{div}(\rho u U) = \mathrm{div}(\mu \,\mathrm{grad}\, u) - \frac{\partial p}{\partial x} + S_u \qquad (3\text{-}7)$$

$$\frac{\partial(\rho v)}{\partial t} + \mathrm{div}(\rho v U) = \mathrm{div}(\mu \,\mathrm{grad}\, v) - \frac{\partial p}{\partial y} + S_v \qquad (3\text{-}8)$$

$$\frac{\partial(\rho w)}{\partial t} + \mathrm{div}(\rho w U) = \mathrm{div}(\mu \,\mathrm{grad}\, w) - \frac{\partial p}{\partial z} + S_w \qquad (3\text{-}9)$$

式中，U 为流体速度矢量（m/s）；u，v 和 w 分别为流体在 x，y 和 z 轴方向上的流速（m/s）；t 为时间（s）；ρ 为气体密度（kg/m³）；p 为流体压力（Pa）；S_u，S_v 和 S_w 分别为动量方程的广义源项（N/m³）。

iii）能量方程。

能量守恒定律是包含热交换的流动系统必须满足的基本定律。该定律可表述为：微元体中能量的增加率等于进入微元体的净热流量加上体积力和表面力对微元体所做的功，实际上是热力学第一定律。根据这一定律，可以得到以温度 T 为变量的能量守恒方程：

$$\frac{\partial(\rho T)}{\partial t} + \mathrm{div}(\rho U T) = \mathrm{div}\left(\frac{k}{C_p}\,\mathrm{grad}\, T\right) + S_T \qquad (3\text{-}10)$$

式中，T 为加热空气温度（K）；t 为时间（s）；ρ 为气体密度（kg/m³）；U 为流体速度矢量（m/s）；k 为湍流传热系数[W/(m·K)]；C_p 为流体定压比热容[J/(kg·K)]；S_T 为能量方程的广义源项（W/m³）。

iv）湍流方程。

RNG k-ε 模型是由 Yakhot 及 Orzag 提出的[44]，通过对标准 k-ε 方程中的大尺度运动项和黏度项的修正来体现小尺度运动状态，从而得到的 RNG k-ε 模型的湍动能方程和湍流扩散方程如下所示。

RNG k-ε 模型的湍动能方程：

$$\frac{\partial(\rho k)}{\partial t} + \frac{\partial(\rho k u_i)}{\partial x_i} = \frac{\partial k}{\partial x_j}\left(\alpha_k \mu_{\mathrm{eff}} \frac{\partial}{\partial x_j}\right) + G_k - \rho \varepsilon \qquad (3\text{-}11)$$

湍流扩散方程：

$$\frac{(\rho \varepsilon)}{\partial t} + \frac{\partial(\rho \varepsilon u_i)}{\partial x_i} = \frac{\partial}{\partial x_j}\left(\alpha_\varepsilon \mu_{\mathrm{eff}} \frac{\partial \varepsilon}{\partial x_j}\right) + C_{1\varepsilon} \cdot \frac{\varepsilon}{k} G_k - C_{2\varepsilon} \rho \frac{\varepsilon^2}{k} \qquad (3\text{-}12)$$

其中，

$$\mu_{\text{eff}} = \mu + \mu_t, \quad C_{1\varepsilon} = C_{1\varepsilon}^* - \frac{\eta(1 - \eta / \eta_0)}{1 + \beta\eta^3}$$

式中，ρ 为气体密度（kg/m^3）；k 为湍流传热系数[W/(m·K)]；α_k 为湍动能方程的湍流普朗特数；μ_{eff} 为效率运动黏度[kg/(m·s)]；ε 为湍流动能耗散率（m^2/s^3）；G_k 为由平均速度梯度、浮力引起的湍动能（J）；$C_{1\varepsilon}$，$C_{2\varepsilon}$，η_0 和 β 为湍流模型常数。

以上两个公式中参数数值见表 3-5。

表 3-5　湍流模型参数数值

$C_{1\varepsilon}$	$C_{2\varepsilon}$	α_k	α_ε	η_0	β
1.42	1.68	1.39	1.39	4.377	0.012

ⅴ）液滴运动方程。

液滴的运动方程源于著名的 Basset-Boussinesq-Oseen 方程[45]。由于液滴和空气较高的密度比率（$\rho_p/\rho_g \approx 1000$），Basset 力、虚假质量力以及其他非稳态阻力效应可以忽略不计。仅考虑 Stokes 阻力，单个液滴的控制方程[46]可表示为

$$\frac{\text{d}u_{p,i}}{\text{d}t} = u_{p,i} \tag{3-13}$$

$$\frac{\text{d}u_{p,i}}{\text{d}t} = \frac{f_1}{\tau_p}(u_i - u_{p,i}) \tag{3-14}$$

式中，$u_{p,i}$ 为液滴速度（m/s）；f_1 为 Stokes 阻力的经验校正常数；τ_p 为液滴的时间常数（s）。

ⅵ）液滴蒸发模型。

考虑到模型的复杂性和精度，采用基于无限热传导假设的液滴蒸发模型，液滴的蒸发可以由质量传输方程[47]表达为

$$B_{\text{M}} = \frac{Y_{\text{F}}^{\text{surf}} - Y_{\text{F}}}{1 - Y_{\text{F}}^{\text{surf}}} \tag{3-15}$$

式中，Y_{F} 为液滴所在位置处的燃料质量分数；$Y_{\text{F}}^{\text{surf}}$ 为基于局部假设得到的液滴表面的燃料份额；B_{M} 为质量传递数。

液滴的质量和温度控制方程可以表达为

$$\frac{\text{d}m_p}{\text{d}t} = -\frac{Sh}{3Sc}\frac{m_p}{\tau_p}\ln(1 + B_{\text{M}}) \tag{3-16}$$

$$\frac{\text{d}T_p}{\text{d}t} = \frac{Nu}{3Pr}\frac{C_{p,\text{m}}}{C_{\text{L}}}\frac{f_2}{\tau_p}(T_{\text{g}} - T_{\text{p}}) + \frac{\text{d}m_p}{\text{d}t}\frac{L_{\text{v}}}{m_{\text{d}}C_{\text{L}}} \tag{3-17}$$

式中，Sc 和 Sh 分别为施密特数和舍伍德数；τ_p 为液滴的时间常数（s）；m_p 液滴质量（kg）；Nu 为努塞尔数；Pr 为普朗特数；$C_{p,m}$ 为液滴定压比热容；f_2 为液滴蒸发对液滴受热影响的修正因子；C_L 为液相比热容[J/(kg·K)]；T_g 和 T_p 分别为热空气和液滴温度（K）。

考虑到对流对蒸发的影响，努塞尔数和舍伍德数需要被校正[48]，校正格式为

$$Nu = 2 + 0.552Re_{\text{slip}}^{\frac{1}{2}}Pr^{\frac{1}{3}} \tag{3-18}$$

$$Sh = 2 + 0.552Re_{\text{slip}}^{\frac{1}{2}}Sc^{\frac{1}{3}} \tag{3-19}$$

vii）气液耦合模型。

液滴运动和蒸发过程中与周围的气相间存在着强烈的质量、动量和能量耦合。基于液滴点源假设，上述气相控制方程中的质量、动量和能量源项[49]可以被表述为

$$S_m = -\frac{1}{V}\sum_n \frac{d}{dt}(m_p^n) \tag{3-20}$$

$$S_i = -\frac{1}{V}\sum_n \frac{d}{dt}(m_p^n u_{p,i}^n) \tag{3-21}$$

$$S_T = -\frac{1}{V}\sum_n \left[\frac{d}{dt}(m_p^n C_L^n T_d^n) - h_F^0 \frac{d}{dt}(m_p^n)\right] \tag{3-22}$$

式中，V 为进料水流量（L/h）；m_p 为液滴质量（kg）；$u_{p,i}$ 为液滴速度（m/s）；C_L 为液相比热容[J/(kg·K)]；h_F^0 为气体的初始焓值（J）；S_m 为连续性方程的广义源项[kg/(m³·s)]；S_i 为动量方程的广义源项（N/m³）；S_T 为能量方程的广义源项（W/m³）。

根据前面的叙述建立连续性方程、动量方程、能量方程、湍流方程、液滴运动方程、液滴蒸发模型以及气液耦合模型。

首先对整个喷雾干燥塔进行数值模拟，选取喷嘴进料流量分别为 11L/h、13L/h 和 15L/h，入口热空气流量为 78m³/h，进口温度为 260℃，空压机压缩空气气压为 0.2MPa，粒径大小范围为 50～100μm，粒径直径采用 Rosin-Rammler 分布方法计算，再根据上述的边界条件，运用 Fluent 软件，分别在不同进料流量条件下的稳定状态时测定塔内温度场分布，其中，图 3-33 所示为进料流量为 11L/h 时塔内温度场分布；图 3-34 所示为距塔底部垂直向上 1m（z = 1.0m）处的横截面温度场分布。为了与模拟值比较，选择与上述模拟实验相同的边界条件进行实验操作，同时在喷雾干燥塔随机选取 5 个温度测量点，待塔内温度变化趋于稳定时利用电阻温度计进行测量，将实验温度值与同样位置的模拟温度值进行对比，如图 3-35 所示。由图可以看出，模拟值与实验值非常接近，说明建立的数值模型合理可靠。

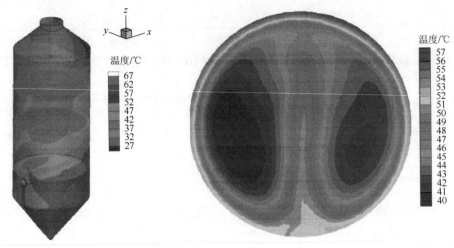

图 3-33　进料流量为 11L/h 时塔内部温度场分布

图 3-34　$z = 1.0\text{m}$ 截面处温度场分布

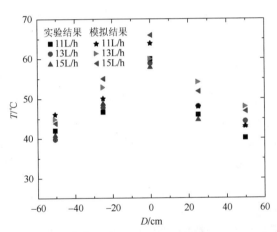

图 3-35　实验与模拟值对比

4）节能措施。

由于喷雾干燥过程中的能耗直接影响着企业的经济效益及发展前景，所以专家们提出了很多喷雾干燥过程节能降耗的措施，基本原则有两条：一是减少不可逆过程的有效能损失，不可逆程度越大，有效能损失也越大。传热过程的流体间温差越大，传质过程的传质浓差越大，不可逆程度越大，有效能损失越大，因此应尽量减少传热温差和传质浓差。二是减少有效能的废弃。生产过程中的能量一部分被产品带走，一部分被废弃。能量的废弃不可能为零，但可采用适当的节能技术实现回收利用。

20 世纪 90 年代，节能技术已从单体设备节能过渡到向高层次深化方向发展的能量过程系统。该方法是从系统工程的角度出发，将热力学与系统工程相结合并用于分析生产中的能量流动，以系统优化为目标提高过程的能量利用率，从整体上达到投入最小、产出最大，能为工业生产带来技术改造的显著效果和良好的经济效益。

一些学者提出了几个节能的基本观点：

i）按质用能观点：能量利用上要注意能级匹配、梯级用能，坚持从数量和质量两方面对节能潜力做出正确判断，尽可能利用燃料的化学能，并避免能量高质低用，减少传热过程的热阻和不可逆损失。

ii）连续生产观点：任何生产环节上的波动、故障、停车、开车等都会造成能量的浪费，生产过程的满负荷连续运行本身就是节能。因此，要注意做好装置的可靠性和安全性预测及评估，搞好已发生事故的原因分析、故障追查，加强工人的技术培训，开发自动控制技术等。

iii）系统能耗观点：传统的节能较多地着眼于生产过程中某一单元工序的节能，而对产品的质量、产品的综合利用、设备的使用寿命和维护等方面对能耗的间接影响注意不够，即缺乏系统的能量观点。为此，在节能中要充分注意把节能工作和产品质量联系起来，在产品质量没有保证的情况下，可能造成的浪费是任何节能成果都无法弥补的；应重视综合利用，从系统能耗的观点来看，排放物的综合利用也是节能的巨大潜力；因装置和设备、仪表在制造过程中必然要消耗大量的能源，设备的折旧和损耗也是能量的耗费，因此保证良好的工况、较长的使用寿命和防止突发事故也是很重要的节能措施。

iv）经济效益观点：任何节能工作总是受能量费用和节能措施投资年费用的制约。经济效益观点就是要求进行经济分析，寻求投入产出之间的最佳组合，力争以最小的投入获得最大的产出。例如，热设备的保温并不是越厚越好，过度的保温不仅增大了投资，还扩大了散热面积，对节能无所补益。余热回收也同样存在最经济的回收热量，正确的经济分析可有效地指导节能工作的开展。

v）发展动态观点：节能不是一劳永逸的。随着科学技术的发展、生产工艺的改进，以及客观条件的改变，节能标准要不断调整，节能工作才会有新的进步。生产过程的能耗实际上反映了生产技术和管理水平。从发展动态观点看，就是要求不断提高生产技术和管理水平，进而不断降低能耗指标。影响过程经济效益的节能标准往往受能源价格、设备费用及其他诸多变动因素的制约。从发展动态观点来看，生产过程中的能耗始终是变动的和可见的，节能工作是一件十分活跃、充满生机的工作，应不断吸收新技术，不断研究客观条件的变动，对生产过程的能耗规律进行系统分析，力求使节能工作始终处于主动地位。以上几点是紧密联系的，掌握了这些基本原则和观点，则可促进过程节能的科学性、规律性，抓住节能工作的要点，可取得节能工作的实效。

（4）分离系统的构建

1）浓盐水分离设备建设。

在考察了实地情况之后，选定了天津某地作为示范工程的建设基地，槽式太阳能采用三组并联，一组集热管长为 28m，三组共 84m，太阳能集热装置的安装面积约 201m²。每组太阳能集热装置采用 I 型布置，方向与南北方向平行。太阳能设备安装地基设计图见图 3-36。其平面布置图见图 3-37，具体部件参数如表 3-6 所示。用于浓盐水脱盐的卧式喷雾塔见图 3-38。

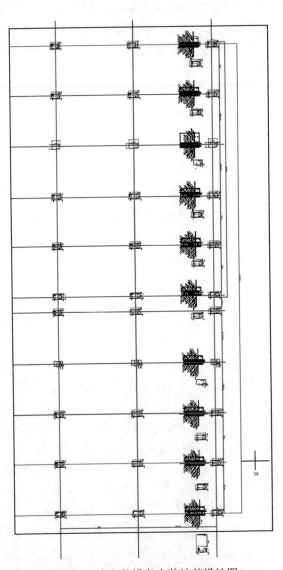

图 3-36　太阳能设备安装地基设计图

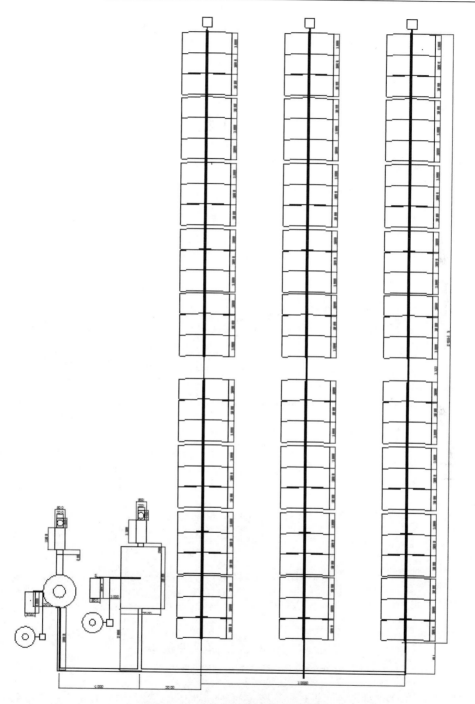

图 3-37　浓盐水脱盐试验平面图

表 3-6　浓盐水脱盐的卧式喷雾塔中各设备的型号与规格

序号	设备名称	型号	备注
1	旋涡气泵	XFC-1500	额定功率为1500kW，最大流量为250m³/h，额定电压220V
2	太阳能板	板宽1m，开口2.4m	
3	真空集热管	内径4cm，外径10cm	外层为玻璃材质，内层管有吸收性涂层
4	连接管	不锈钢	
5	送风管	不锈钢管管径为15cm	
6	喷雾干燥塔	不锈钢材质	
7	冷凝塔	不锈钢材质	
8	压缩空气进气管	铝塑管	直径为8mm
9	空气压缩机	Y100L-2	三相异步电动机，功率为3kW
10	多级离心泵	0.5L，0.7MPa	
11	储料罐	直径为1m的塑料桶	
12	污泥喷雾塔	不锈钢管材	
13	出气管	铝箔纸	
14	蝶阀	DN 150mm	
15	玻璃转子流量计	LZB-50	流量为160m³/h
16	喷头（6个）	1/8DK-BRASS-ST6	自动空气雾化喷嘴，参数：空气压力2～4Bar（1bar=10⁵Pa），喷雾角度17°～30°，喷雾流量25L/h，水雾颗粒直径40～60μm

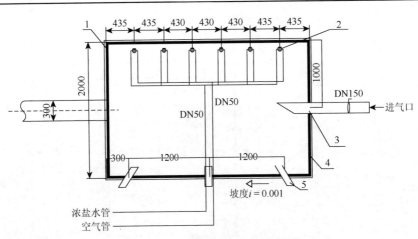

图 3-38　浓盐水脱盐卧式喷雾塔

1-保温棉（约3cm厚）；2-盐水喷头；3-热空气管；4-塔壁（不锈钢）；5-支腿；图中各尺寸单位为mm

2）污泥浓缩设备建设。

用于污泥深度脱水的干燥立式塔见图3-39和图3-40，具体部件参数如表3-7所示。

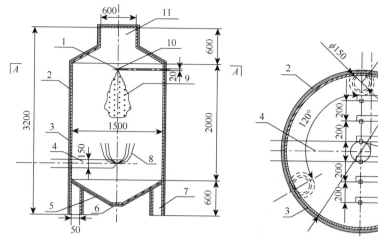

图 3-39　污泥喷雾干燥塔的平面图

图中各部件参数见表 3-7；图中各尺寸单位为 mm

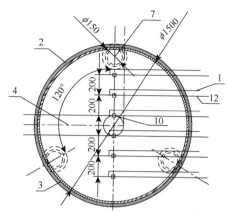

图 3-40　污泥喷雾干燥塔的剖面图

图中各部件参数见表 3-7；图中各尺寸单位为 mm

表 3-7　喷雾干燥塔各部件参数说明表

序号	说明
1	空气管（耐高温硅胶）
2	保温棉（3cm）
3	塔壁（不锈钢）
4	热空气管
5	污泥坡面（35°）
6	污泥收集口（附盖子）
7	支腿（共 3 个）
8	热空气
9	喷出的雾滴
10	喷头（6 个 SUC12）
11	蒸汽出口
12	污泥管

（5）处理系统的评价

1）对浓盐水的处理。

ⅰ）浓盐水的初始特性。

以天津某地再生水厂反渗透技术产生的浓盐水为处理对象，浓盐水的物性见表 3-8。

表 3-8　浓盐水的初始特性

指标	再生水厂进水	反渗透浓水
电导率/(mS/cm)	4.64	10.26
TDS/(mg/L)	1080	3700
pH	8.460	12.7
色度	14.50	29
氨氮浓度/(mg/L)	1.369	2.065
磷酸盐浓度/(mg/L)	0.431	0.808
TOC 值/(mg/L)	7.110	8.28
钠离子浓度/(mg/L)	172.6	1886
钾离子浓度/(mg/L)	30.40	140.5
钙离子浓度/(mg/L)	75.40	402
镁离子浓度/(mg/L)	51.40	353.5
氯离子浓度/(mg/L)	485.6	343.5
硫酸根浓度/(mg/L)	167.6	192.5
硝酸根浓度/(mg/L)	62.60	111.5
铁元素浓度/(mg/L)	0	0.097
铜元素浓度/(mg/L)	0.007	0.089
锌元素浓度/(mg/L)	0.068	0.192
锰元素浓度/(mg/L)	0.006	0.025
镉元素浓度/(mg/L)	0.040	0.029
铬元素浓度/(mg/L)	0.051	0.101
镍元素浓度/(mg/L)	0.014	0.041
铅元素浓度/(mg/L)	0	0

由表得知，再生水厂的反渗透浓盐水的 TDS 在 3700mg/L 左右。

ⅱ）处理效果。

2012 年 10～11 月集热管出口处太阳能收集热产生的温度情况见图 3-41。

10～11 月的日平均太阳能集热效率（即收集的热量与太阳辐照给予能量的比值）的变化曲线图如图 3-42 所示。

由图可知，太阳能集热系统在 10～11 月的集热效率在 30%～60%之间。10～11 月平均每天每小时的冷凝水产生量见图 3-43，辐照度与冷凝水产量的关系见图 3-44。

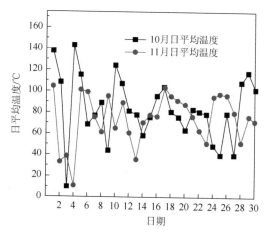

图 3-41　10～11 月集热管出口处太阳能收集热所产生的日平均温度变化曲线图

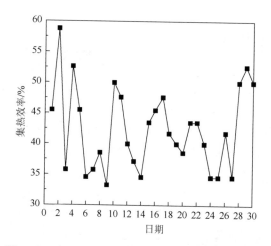

图 3-42　10～11 月太阳能集热日平均效率变化曲线

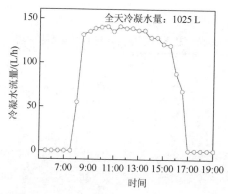

图 3-43　10～11 月平均每天每小时产生冷凝水的变化曲线

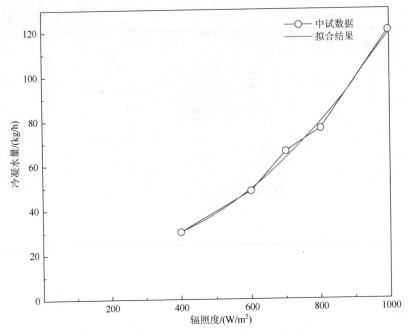

图 3-44　10～11 月冷凝水产量与日平均辐照度的关系

从图中可以看出，当空气温度到达 100℃时，系统启动，随着设备整体温度趋于稳定，冷凝水量在持续几个小时范围内变化不明显。到下午太阳辐照度低时，水量降低。全天可运行时间在 6～8h。在处理量为 1200L/d 时，平均每天蒸发量达 1025L/d，冷凝水回收率在 85%左右。

在 10～11 月中，10 月 4 日的平均温度达到了 145℃，在 12：00～13：00 时达到了最高平均温度 260℃。在进塔空气流量为 150m³/h，温度为 260℃，进料流量为 150L/h，压缩空气为 0.3MPa 时，对收集到的浓缩水及冷凝水的水质进行了检测，结果见表 3-9。

表 3-9　喷雾脱盐进水、产生的浓缩水及冷凝水的水质检测结果

指标	进水	浓缩水	冷凝水	饮用水标准
电导率/(mS/cm)	102.6	200000	700	
pH	6～8	6～8	6～8	6.5～8.5
色度	29	81	2.3	15
氨氮浓度/(mg/L)	2.06	6.3	0.643	
磷酸盐浓度/(mg/L)	0.808	2.502	0.166	
TDS/(mg/L)	3700	152000	305	1000

指标	进水	浓缩水	冷凝水	饮用水标准
TOC 值/(mg/L)	8.28	96.45	1.52	
钠离子浓度/(mg/L)	1886	80523	67	
钾离子浓度/(mg/L)	140.5	5607.2	5.2	
钙离子浓度/(mg/L)	402	1684.2	18.6	<250
镁离子浓度/(mg/L)	353.5	1346.5	6.8	<250
氯离子浓度/(mg/L)	343.5	1289.8	45.3	250
硫酸根浓度/(mg/L)	192.5	796.5	15.3	250
硝酸根浓度/(mg/L)	111.5	565.58	4.6	20
铁元素浓度/(mg/L)	0.097	0.075	0	0.3
铜元素浓度/(mg/L)	0.089	0.161	0.026	1
锌元素浓度/(mg/L)	0.192	1.176	0.089	1
锰元素浓度/(mg/L)	0.025	0.097	0.009	0.1
镉元素浓度/(mg/L)	0.029	0.042	0.033	0.005
铬元素浓度/(mg/L)	0.101	0.159	0.094	0.05
镍元素浓度/(mg/L)	0.041	0.084	0	
铅元素浓度/(mg/L)	0	0	0	0.01

由表 3-9 得知，在上述试验条件下，本系统能把 TDS 为 3700mg/L 的浓盐水蒸发成 TDS 为 152000mg/L 的浓缩水，得到的冷凝水中各物质含量符合《生活饮用水卫生标准》（GB 5749—2006）。

当气水比一定时，冷凝水量随水辐照度升高而提高，拟合结果显示为二次抛物线关系，关系式如下：

$$Q = 23.71 - 0.0365G + 1.321 \times 10^{-4}G^2$$

式中，G 为辐照度（W/m^2）；Q 为冷凝水量（kg/h）。

此关系式可用于太阳能介观喷雾技术规模化应用中。

iii）处理浓盐水经济分析。

对太阳能介观喷雾浓盐水脱盐中试示范进行经济分析，其用电设备总耗电量为 6kW·h，按工业用电费用 0.8 元/(kW·h)计算，每小时喷淋量为 150L，则处理一吨浓盐水的耗电费用为 32 元。

试验中，耗电量较高的设备是风机，风机在输送风量时，主要是克服管道阻力的做功较大。当规模化应用太阳能介观喷雾技术时，应考虑到真空管及输送热空气管的管径来减小管道阻力从而减小耗电量。依据 Colebrook White 阻力理论计算软件可以得到输送空气的管径分别为 40mm 和 100mm 时产生的阻力。其计算结果见图 3-45 和图 3-46。

图 3-45　管径为 40mm 时产生的阻力

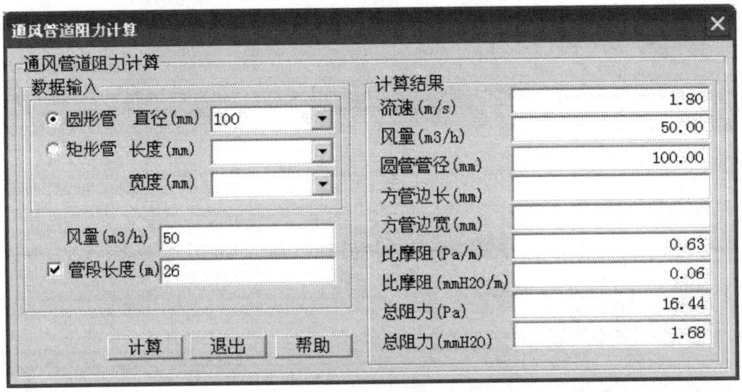

图 3-46　管径为 100mm 时产生的阻力

由图可见，现有管径的阻力为 1703.25Pa；而当输送风量的管径设计成 100mm 时，本系统的阻力可降为 16.44Pa。可见，管径对阻力的影响很大。

示范工程中选择 Φ40mm 的不锈钢内吸热管，空气阻力大。根据空气阻力管网公式计算，并结合阀门、弯头等实际管道阻力测试，空气管道 Φ100mm 消耗的阻力约为 Φ40 的 1/3，规模化后吨水电耗费将大大降低。

2）污泥深度脱水的处理。

i）污泥的初始特性。

中试所用的污泥为天津某污水处理厂回流 A^2O 池的污泥，初始特性见表 3-10。

表 3-10　污泥的初始特性

项目	浓度										
	含水率/%	磷酸盐/(mg/L)	氨氮/(mg/L)	钠离子/(mg/L)	钾离子/(mg/L)	镁离子/(mg/L)	钙离子/(mg/L)	氯离子/(mg/L)	硫酸根离子/(mg/L)	硝酸根离子/(mg/L)	亚硝酸根离子/(mg/L)
数值	99	52.11	41.12	597.1	93.7	128.4	85.2	628.2	148.2	2.1	未检出

污泥都在沉淀一段时间后再进行介观雾化,所以其实际含水率为 96%～98%。

ii) 结果分析。

相同温度 (150℃) 下,不同喷入量污泥干化后的含水率变化如图 3-47 所示。

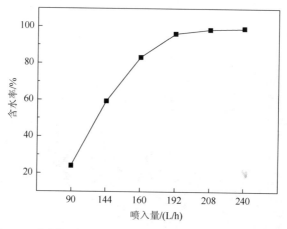

图 3-47　相同温度不同喷入量下污泥干化后含水率变化趋势

由图可以看出,相同温度下,喷入量越小,干化效果越明显,这是因为喷入量越小,其在塔内的雾化效果就越明显,所需要的干化热量就越小,干化效果也越明显。喷入量为 144L/h 时,污泥干化效率为 59.24%。

图 3-48 和图 3-49 分别为 10 月和 11 月中,天气较好(即辐射值较好时)与多云转晴(即辐射值不稳定)时,污泥干化后含水率随时间 (9:00～15:00) 的变化趋势图。

由于 10 月和 11 月属于秋冬季,利用太阳能温度加热空气的温度平均在 100℃,且一天中温度波动较大 (65～249℃)。因此,太阳能介观喷雾干化后污泥的含水率在 34.15%～91.45% 之间变化。考虑到在实际运用中冬季的太阳能辐射值不够高,因而在实际运用中考虑使用备用热源。图 3-50 为原始污泥实际图和干化中、干化后污泥实际图。

在相同温度 (150℃) 下,不同喷入量污泥干化后磷酸盐和氨氮的变化趋势如图 3-51 所示。

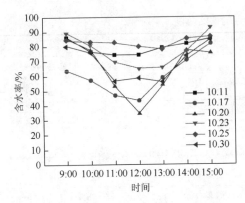

图 3-48　10 月污泥干化后含水率随
　　　　 时间的变化趋势

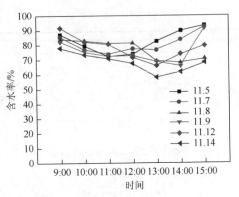

图 3-49　11 月污泥干化后含水率随
　　　　 时间的变化趋势

干化前，99%　　　　　干化中，34.15%　　　　干化后，59.24%

图 3-50　干化前的污泥和干化后污泥的对比

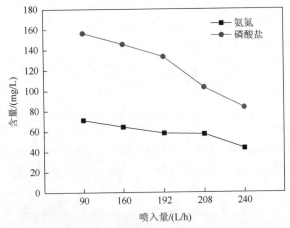

图 3-51　相同温度下不同喷入量污泥干化后的磷酸盐和氨氮的变化趋势

　　随着污泥喷入量的降低，干化后污泥中的含水率会逐渐降低。从图中可以看出，随着污泥喷入量的降低，污泥中磷酸盐和氨氮呈现上升趋势，这为以后对污泥进行脱氮除磷有了要求，也为污泥中氮磷的回收和污泥的堆肥提供了帮助。

　　图 3-52 为相同温度（150℃）不同污泥喷入量下，干化后冷凝水中的磷酸盐和氨氮的变化。

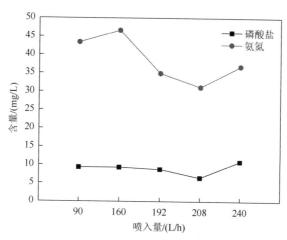

图 3-52　相同温度下不同污泥喷入量冷凝水中磷酸盐和氨氮的变化趋势

　　从图中可以看出，无论喷入量多大，冷凝水中的氨氮和磷酸盐含量都比初始污泥中所含的氨氮和磷酸盐的含量有所减少，说明经干化污泥而获得的冷凝水可以考虑作为中水来使用。同时，图中氨氮含量随着喷入量的减少而呈现一种增长趋势，而磷酸盐的含量变化不大，其可能原因在于，水中的游离氮随着蒸发量的加大也进入了冷凝水中。

　　图 3-53 和图 3-54 分别为相同温度不同喷入量下干化后污泥和冷凝水中的阳离子（Na^+、Mg^{2+}、Ca^{2+}、K^+）含量变化趋势图。

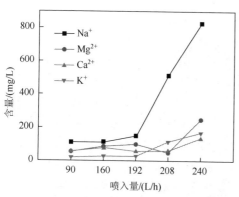

图 3-53　相同温度下不同喷入量干化后污泥中的阳离子含量变化趋势

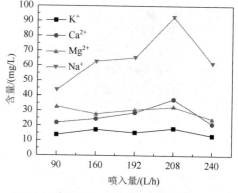

图 3-54　相同温度下不同喷入量干化后冷凝水中的阳离子含量变化趋势

从图中可以看出，在污泥干化效率较低时，离子含量呈现增大趋势，干化效率较高时，阳离子含量则呈减小趋势，且冷凝水中阳离子的含量比污泥原样中的含量低。

图 3-55 和图 3-56 为相同温度（150℃）不同污泥喷入量下，干化后污泥中和冷凝水中的阴离子（Cl^-、SO_4^{2-}、NO_2^-、NO_3^-）的含量。

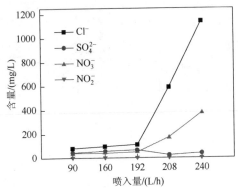

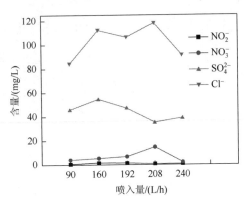

图 3-55　相同温度下不同喷入量干化后污泥中的阴离子含量变化趋势

图 3-56　相同温度下不同喷入量干化后冷凝水中的阴离子含量变化趋势

图 3-57　污泥干化后的冷凝水

由图可以看出，干化后污泥中和冷凝水中阴离子的变化趋势和阳离子变化趋势相同，干化污泥中的离子含量均随着喷入量增大而增大，冷凝水中的阴离子总含量则较低。图 3-57 为污泥干化后的冷凝水。

处理污泥经济性分析：当太阳能为主要热源（利用太阳能可以单独加热空气到 150℃时），污泥量为 144L，本系统可将污泥含水率从 99% 处理下降至 60% 左右，平均电耗为 6kW·h，按照工业用电电费 0.8 元/kW 计算，处理 1t 污泥平均所需费用为 33.33 元左右。

该污泥干化工艺在规模化应用后，其成本将呈现下降趋势。太阳能板面积越大，处理费用也比较集中且较低，能源使用还有很大的减少空间，而且相比于现行比较成熟的直接干化污泥和间接干化污泥工艺（一般认为直接干化污泥每干化 1t 污泥所需要的能耗为 50～90kW·h，间接干化 1t 污泥所需要的能耗为 45～60kW·h），利用太阳能干化污泥的能耗则比较低。

综上所述，利用槽式太阳能板获取太阳能干化介观状态的污泥是可行的，可以把污泥含水率从99%降到60%以下，甚至可以干化至40%左右。冷凝水可以作为中水水源再次循环利用。同时，干化后污泥中氨氮的含量提高，富集程度更加便于回收或者堆肥，为后续污泥处理提供了便利。

2. 苦咸水淡化技术进展

苦咸水是一类因矿化度高而无法直接利用的水质体，但其分布广、数量大，近年来对于苦咸水处理利用研究受到了广泛的关注。

目前苦咸水没有统一的界定标准，通常所说的苦咸水是针对水体的矿化度而言的。氟化物也是衡量苦咸水的另一重要指标，通常在高矿化度水中氟化物含量也常常超标，二者往往是相伴而生的。地表水环境质量标准规定，集中式生活饮用水的地表水源水体中氟的含量不得超过1.0mg/L。综上所述，苦咸水是指矿化度大于1000mg/L、氟化物含量大于1.0mg/L无法直接利用的水资源。

就全球范围而言，苦咸水主要分布于各大洲的内陆干旱区、沙漠、草原及沿海地带。在我国，苦咸水主要分布在甘肃、新疆、宁夏和内蒙古等西部干旱地区及沙漠、草原地带。这里一般年均降水量小于250mm，其中内蒙古西部和新疆塔里木盆地等区域年均降水量不足100mm，而蒸发量高于降水量几倍甚至几十倍。有关方面的数据显示，我国苦咸水分布面积为160万km²，约占全国国土面积的16.7%；全国地下水资源中有1/3是不适宜或需经处理才可以饮用的苦咸水。据初步统计[50]，甘肃苦咸水分布面积约占全省总面积的43.9%；宁夏回族自治区苦咸水分布面积约占全区总面积的54.1%；藏北高原和青海柴达木盆地，因地形平坦，地下径流不良，受强烈的蒸发作用影响，也分布着大面积的苦咸水；华北平原中部和东部属于平原较低洼地带，由于地下水位距地表较浅，受到强烈的蒸发和海水浸灌的影响，水中含盐量较高，也易形成苦咸水。四川东、西部部分地区，因受海水倒灌及地形的影响，也形成了较多数量苦咸水。

膜法和热法是目前苦咸水淡化的两个主流技术方法，其中电渗析、反渗透和膜蒸馏是膜法苦咸水淡化的三大主要方法；而被动式太阳能蒸馏器、多级闪蒸和低温多效蒸馏是热法苦咸水淡化的三大主要方法。

（1）膜法苦咸水淡化

1）电渗析法。

电渗析是在直流电场作用下，阴阳离子在静电引力作用下定向迁移，透过选择性离子交换膜，一部分水淡化，另一部分水浓缩，使电解质离子从溶液中部分分离出来的过程，其原理如图3-58所示。电渗析技术有对分离组分选择性高、预处理要求较低、装置设备与系统应用灵活、操作维修方便、装置使用寿命长、原水回收率高和不污染环境等优点[51]。因此，早在 20 世纪 50 年代，美英等国就开始将其应用于苦咸水和海水淡化，中国在 80 年代也开始应用这一技术[52]。现有电渗析技术类型主要有倒极电渗析器（EDR）、填充床电渗析器（EDI）、液膜电渗析器（EDLM）和双极膜电渗析器（EDMB）等。

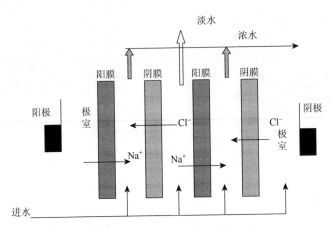

图 3-58　电渗析法原理示意图

研究发现，电渗析过程的能耗与原水含盐量有着密切关系，原水含盐量越高，能耗越大。在以一种特殊的碳电极通过电渗析法进行了苦咸水净化的研究中发现，苦咸水中离子的初始浓度对去除效果影响显著。随着初始浓度的升高，去除率不断下降，电渗析技术比较适合低浓度苦咸水的淡化。电渗析技术在实际应用过程中也存在一些问题，主要表现为脱盐与水的利用率不高、电耗较大、运行不够稳定等，所以在苦咸水工程中的应用受到了限制。

2）反渗透法。

反渗透（RO）技术是 20 世纪 60 年代发展起来的，其特征是在外界压力推动下通过反渗透膜将溶液中的溶质与溶剂分离，从而去除原水溶液中的盐分和杂质以得到淡水的方法[53]。其工艺流程如图 3-59 所示。现阶段，我国已经建设了 20 多个反渗透海水淡化工厂，每日的淡水获得量可达 $1.5 \times 10^4 \mathrm{m}^3$；且向大规模化和集约

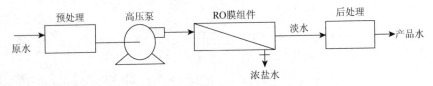

图 3-59　反渗透法原理示意图

化推广应用是反渗透海水淡化技术的主要目标。传统反渗透技术系统主要由原水取水、预处理、反渗透处理以及产品水的后处理等单元构成。

虽然 RO 技术具有分离效果好、适用范围广、所产淡水水质高、设备构造简单、占用面积小和易于操作维修等优点；但是，它在进行海水淡化前必须经过一定程度的预处理，且运行组件易损坏、运营费用高。以上这些不足使得 RO 技术在苦咸水以及海水淡化中的应用也受到了一定限制。

3）膜蒸馏法。

膜蒸馏（MD）技术是一种非等温的物理分离技术，推动力为疏水性多孔膜两侧的蒸汽压差，膜热侧蒸汽分子穿过膜孔后在冷侧冷凝后富集，可看作膜过程与蒸馏过程的组合。MD 是一种新型的膜分离过程，具有截留率高、操作温度低和能够处理高浓度废水等优点[54]。但该技术仍处于起步阶段，同时高能耗与低热效率是 MD 过程亟待解决的问题。原理如图 3-60 所示。目前膜蒸馏淡化苦咸水的形式主要有四种（图 3-61）：直接接触式膜蒸馏、气隙式膜蒸馏、气扫式膜蒸馏和真空式膜蒸馏。

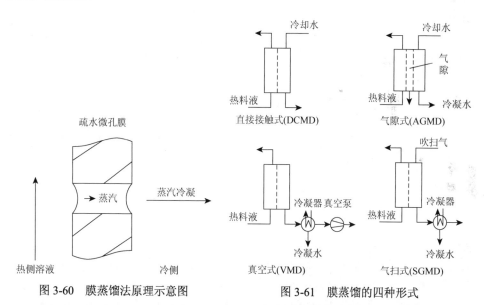

图 3-60　膜蒸馏法原理示意图　　　　　　图 3-61　膜蒸馏的四种形式

i）直接接触式膜蒸馏。

在直接接触式膜蒸馏中，膜左侧的溶液和右侧的冷却水均与膜接触，它们以水蒸气压力差作为传质驱动力。这个压力差是由膜两侧溶液的温差所导致的，热侧溶液产生的水蒸气透过膜孔进入冷却水中被冷凝为淡水。

ii）气隙式膜蒸馏。

在气隙式膜蒸馏中，冷凝面与膜表面之间有一停滞的气隙，热侧溶液所产蒸汽需穿过气隙后在冷凝面上冷凝。与 DCMD 相比，气隙的存在减小了过程热损耗，但增加了传质阻力。这种膜蒸馏方式适合两侧温差较大的蒸馏过程。

iii）气扫式膜蒸馏。

在气扫式膜蒸馏中，气体为非常强劲的对流形式，使得膜透过侧的蒸汽不断地被一直流动的不凝气带入冷凝器中，从而被冷凝为淡水的形式。它的特点为：传递阻力比较小，渗透通量较大，但所需冷凝器的体积较大。

iv）真空式膜蒸馏。

真空式膜蒸馏也称减压膜蒸馏，它用真空泵抽吸代替吹扫，使透过侧处于低压状态（不低于膜被润湿的压力）。透过侧的蒸汽被抽出，并在膜组件外冷凝。这种方式可以大大减小热损失，且透过通量较大，但其操作费用也相应增加。

（2）热法苦咸水淡化

热法苦咸水淡化主要有主动式和被动式太阳能蒸馏系统两种类型。主动式太阳能蒸馏系统是通过外部太阳能集热系统将热能输入到系统中，以提高蒸馏器的蒸发作用。它可使用聚光集热装置，使得运行温度得到提高。在苦咸水淡化系统中，蒸汽的汽化潜热得到利用、回热装置的使用和传热传质的强化使得系统整体效率得到了提升，其是目前太阳能海水淡化技术研究的重点方向，如多级闪蒸法、低温多效法等。被动式太阳能蒸馏系统没有外部热能的输入，其热能的来源为太阳光的直接照射，以盘式为主。这一系统早在 1872 年由瑞典工程师 Wilson 在智利北部建造使用，晴天每天可产淡水 23t[55]。

1）被动式太阳能蒸馏器。

被动式太阳能蒸馏器是最早的太阳能苦咸水和海水淡化装置，它由透明顶罩和盛水槽构成。太阳光透过透明罩，照射到盘子内部黑色物质上使得盘内原水升温后蒸发产生蒸汽，随后上升的水蒸气在透明罩内壁被外界空气冷却，收集后得到淡水。

其特点是设备简单、操作运行费用低，但缺点是单位面积产水量低。被动式太阳能蒸馏器运行所需能耗小，其运行和维护费用低，故其淡水成本主要取决于设备投资。比较简单的被动式太阳能蒸馏器装置，其产水量仅为 $2 \sim 3L/(d \cdot m^2)$。经过对被动式太阳能蒸馏器的热力学分析，可以得到其产量过低的原因如下：

i）置底部原水过多导致总热容热惰性太大，限制了水温升高速度，相对延长了装置的出水时间，降低了淡水产量。

ii）蒸发出的水蒸气凝结潜热不能被回收利用，产水量越大，散失到空气中热量越多，苦咸水被带走的热量越多，从而限制了水温的升高。

iii）蒸馏器内水蒸气流动过程属于自然对流过程，故其传热传质系数比较低。

为了提高被动式太阳能蒸馏器的产量和热力性能，很多学者对其进行了大量的理论和实验分析，提出了很多改进的措施。①多级盘式太阳能蒸馏器。被动式太阳能蒸馏器取材方便、结构简单、基本无须管理,但占地面积大、产水效率低。而多级盘式蒸馏器可充分利用凝结潜热,弥补了这一缺点。其基本形式如图 3-62 所示。②外凝结器式太阳能蒸馏器。被动式太阳能蒸馏器利用透明盖板做凝结器,虽然便于阳光投射,但是也带来不利:蒸气凝结放出潜热,提高了盖板温度及其附近水蒸气分压,减小了蒸发面与冷凝面间水蒸气分压差,传质的动力降低;蒸汽在盖板上凝结产生的水膜和水珠降低了盖板透过率,使装置内海水接受到的太阳能辐射总量降低,不利于装置性能的提高。

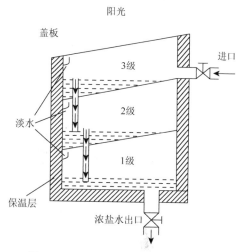

图 3-62　多级盘式太阳能蒸馏示意图

　　外凝结器式太阳能蒸馏器装置的特殊结构使得蒸汽不在盖板上冷却,保持了蒸发面与盖板间的水蒸气分压差,同时避免了在盖板上凝结水珠、水膜,增加了阳光透过率,所以它比传统盘式蒸馏器产水量有所增加,其结构如图 3-63 所示。

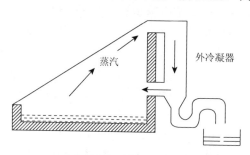

图 3-63　外凝结式太阳能蒸馏示意图

　　2)主动式太阳能蒸馏器。

　　i)多级闪蒸法。

　　多级闪蒸法(MSF)起步于 20 世纪的 50 年代,该技术的处理过程是:首先加热进料原水,随后进入闪蒸室,因为热苦咸水的饱和蒸气压高于闪蒸室设置的压力,从而使进入闪蒸室后的热苦咸水因为过热而急剧汽化,导致热苦咸水本身温度快速下降,其所产生的蒸汽则被冷凝而得到淡水。多级闪蒸就是以此原理为基础,使热苦咸水依次流经若干个压力逐渐降低的闪蒸室,逐级蒸发降温,同时盐水也逐级增浓,直至其温度接近(但高于)进料原水温度。过程如图 3-64 所示。

　　MSF 是苦咸水、海水淡化最主要的方法之一,目前全球海水淡化装置仍以多级闪蒸方法产量最大,技术最成熟,运行安全性高。其主要与火电站联合建设,适合于大型和超大型淡化装置。MSF 具有传热管内无相变、不易结垢、产品水质好、单机容量大等特点。在 20 世纪,MSF 占海水淡化市场份额的 60%,在 21 世纪,仍然保持了 50% 的市场份额。MSF 能保持如此高的市场份额,原因如下:①对于海湾国家来说,能量消耗成本低;②MSF 技术成熟且可靠;③不需要预处理工序,节省成本。

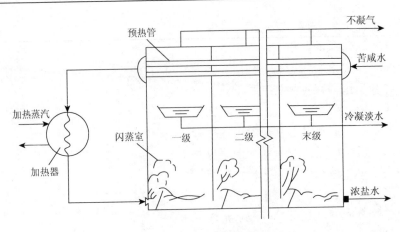

图 3-64　多级闪蒸示意图

MSF 也有一些缺点，主要表现在：①操作温度高，设备的腐蚀和结垢速度快，为避免结垢和腐蚀需要加入大量的化学试剂并采用较贵的耐腐蚀材料；②能源消耗大，根据国内外的统计资料，用多级闪蒸制造 1t 淡水的能源消耗为 315～415kW·h，操作弹性小，一般是其设计值的 80%～110%；③产品水易受污染，多级闪蒸的传热管内流动的是浓盐水，外侧冷凝的是蒸汽，传热管腐蚀穿孔后浓盐水将会泄漏到蒸汽侧，污染产品水；④设备投资大，初期建设费用高[56]。

ii）多效蒸馏法。

多效蒸馏（MED）苦咸水、海水淡化技术历史悠久，自 1840 年开始就有专利申请和文献报道。在 20 世纪 60 年代前，MED 一直是苦咸水、海水淡化的主流技术，其多种形式（如垂直管、水平管、浸没式等）均有商业应用装置。但是，由于其操作温度接近 100℃，一直受到海水结垢和腐蚀问题的困扰。20 世纪 50 年代末出现了多级闪蒸技术，其将海水加热与沸腾蒸发分开，使结垢问题得到一定程度缓解，并在中东产油国迅速发展。一般而言，海水温度越低，钙类无机盐的溶解度就越高，对金属材料的腐蚀就越轻。从硫酸钙及其水合物的溶解度曲线可了解到，温度和浓缩倍数对硫酸钙结晶析出影响明显，若原水的浓缩倍数＞2，为避免硫酸钙沉淀，操作温度需低于 65℃，传热效率降低；如温度＞70℃，为避免硫酸钙沉淀，需降低海水浓缩倍数、增大海水的取用量。因此，海水蒸发温度＜70℃、浓缩倍数＜2 是比较适宜的操作条件[57]。

根据这个原理，20 世纪 70 年代末以色列 IDE 公司开发了低温多效（LT-MED）海水淡化技术，将多台蒸发器依次串联，后一效的蒸发温度均低于前一效，前一效中盐水蒸发产生的二次蒸汽直接作为下一效的加热蒸汽，二次蒸汽得到重复利用，从而得到了多倍于初始蒸汽量的蒸馏水，其过程如图 3-65 所示。该技术关键是，最高操作温度控制在 70℃以下，减缓和避免了设备的腐蚀及结垢问题；另外，较低的工作温度使铝合金传热管、特种防腐涂层的碳钢壳体等低成本材料的使用成为可能，有利于降低盐水淡化装备的造价。

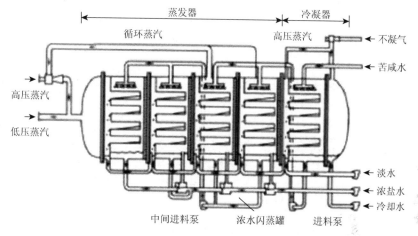

图 3-65　低温多效蒸馏示意图

由于以上的技术特点，与其他淡化方法相比，LT-MED 具有以下优点[58]：①操作温度低，避免或减缓了设备的腐蚀和结垢。②进料海水预处理简单。原水进入 LT-MED 只需经过筛网过滤和加入 5mg/L 左右的阻垢剂即可；而多级闪蒸必须进行加酸脱气处理，反渗透的预处理要求则更高。③系统的操作弹性大。在高峰期，系统可以提供设计值为 110%的产品水；而在低谷期，该淡化系统可以稳定地提供额定值为 40%的产品水。而 MSF 和 RO 基本不具备如此的操作弹性。④系统的动力消耗小。LT-MED 的动力消耗只有 0.9～1.2kW·h/m³ 左右，是 MSF 的 1/4～1/3。⑤系统的热效率高。温差≥30℃可安排 12 以上的效数、造水比可达 10；同样造水比条件下，MSF 的传热温差是其两倍左右。⑥系统的可靠性高。LT-MED 系统中发生的是管内蒸汽冷凝、管外液膜蒸发，气侧压力大于液膜侧压力，即使传热管发生了腐蚀穿孔而泄漏，浓盐水也绝对不会流至产品水中而污染水质。

3. 太阳能增湿除湿技术——苦咸水淡化

（1）苦咸水概述

苦咸水通常是指矿化度大于 1000mg/L、氟化物含量大于 1.0mg/L 的水资源，其矿化度高，无法直接利用，但其分布广、数量大。就全球范围而言，苦咸水主要分布于各大洲的内陆干旱区、沙漠、草原及沿海地带。在我国，苦咸水主要分布在甘肃、新疆、宁夏和内蒙古等西部干旱地区及沙漠、草原地带。长期饮用苦咸水会对人身体健康造成严重危害。现在很多偏远落后农村还没有接通自来水，大多数农民只能饮用井水，而在苦咸水集中分布的地区，人们则只能饮用苦咸水。苦咸水中的盐碱浓度较高、硬度较大、高氟、高砷、高铁锰、低碘、低硒，口感苦涩，很难直接下咽，长期饮用苦咸水会导致人体胃肠功能紊乱、免疫力下降，甚至可能会导致肾结石及癌症。如果水体不能得到有效的淡化，饮用者的身体将长期处于亚健康状况。

苦咸水对农村的生产生活也有一定危害。因苦咸水中含有较多的杂质和盐类，农村进行灌溉多是抽取井水进行灌溉，而且很大一部分农民是通过"大水漫灌"的方法进行浇水，如果长期使用苦咸水进行耕地灌溉，会破坏当地的土壤团块，使当地的耕地质量下降，影响农作物的生长和收成。苦咸水中含有大量盐类，也会对一些耕种植物的生长造成一定危害，甚至会使某些农作物枯萎和死亡，严重制约着当地的农业发展，进而影响人们的物质生活水平。

苦咸水对当地的工业发展也有一定影响。有一些行业如化工业、造纸业等，需要大量的淡水，水的质量在一定程度上决定了生产的产品质量，在苦咸水集中分布的地区，这些工厂只能使用苦咸水，长期使用不仅会降低产品质量，也会增加对生产机器的磨损，增大工业生产成本，滞缓当地的工业发展速度，影响当地的经济发展。

甘肃省大部分地区常年干旱少雨，淡水资源严重短缺，接近国际重度缺水界限。甘肃省苦咸水水量丰富，数量巨大，但开发利用程度极低。资料表明[59]，甘肃苦咸水区域也是农村贫困人口最多和生态环境最脆弱地区，水资源短缺已成为制约当地经济发展的瓶颈性因素，而合理开发利用苦咸水这一非常规水资源是解决甘肃省水资源短缺的有效途径之一。在西部的某些农村，由于经济和技术条件落后，村民长期饮用劣质的苦咸水，严重地影响了他们的身体健康、生活质量及农业种植。淡水资源的短缺也严重影响着该地区的工业发展。由于当地经济、技术条件相对落后，大规模苦咸水淡化很难实现，因此开发研制小型太阳能苦咸水淡化设备具有重要意义。

(2) 太阳能增湿除湿技术及研究进展

太阳能增湿除湿技术基本原理是：引入流动的空气作为水蒸气载体，并将蒸发器与冷凝器分离，使它们的温度可以独立控制；载气在蒸发器中被盐水增湿，携带一定量的水蒸气进入冷凝器中，经过冷凝除湿得到淡水，冷凝潜热通过预热海水进行回收。该技术的优缺点如下。

优点：装置规模灵活，便于分散使用，不需要高温低压的运行条件，可以充分利用低品位热源。与传统的太阳能蒸馏器相比，增湿除湿式太阳能海水淡化系统具有占地面积小、受环境影响小、单位面积产水量高的特点，得到了越来越广泛的应用。

缺点：淡水产量有待提高；海水温度降低导致传热传质驱动力减小，因此提高了对冷凝换热器的要求；部分装置中耗能元件较多，产水成本较高。

世界各国学者对增湿除湿苦咸水、海水淡化技术进行了不同程度的研究。瑞典工程师 Wilson 于 1874 年在智利建造了第一个被动式太阳能海水淡化装置，其原理为：太阳辐射透过玻璃顶棚照射到水盘，水盘中的水吸收太阳辐射后蒸发到顶棚并冷凝，收集而为淡水。这种被动式系统蒸发效率低，产水量不高。随着技术的不断进步，增湿除湿技术得到了较为充足的发展，在潜热利用方式、物料循环方式以及淡化驱动形式等方面都取得了明显进展。在潜热利用方式方面，采用露点蒸发海水淡化技术，通过热传递将冷凝与蒸发过程耦合起来，将冷凝潜热直接传递到蒸发室，为海水蒸发提供汽化潜热[60]。同时，在蒸发室与冷凝室之间维持一个有序的温度梯度，使传热过程能在较低温差下进行，尽可能提高过程的热效率；在物料循环方式方面，有研究者建立了海水闭路空气闭路传统增湿去湿淡化装置，使蒸发室与冷凝室共用一个空间，将一定量的冷海水引入装置并使其随主体海水循环，从而使得装置可昼夜连续运行[61]。该装置在西安地区的应用效果表明，其在 7 月和 12 月平均淡水产量分别为 5.2kg/(m²·d) 和 2.7kg/(m²·d)；在淡化驱动形式方面，有研究者发明了空气闭环-海水开环压力驱动的喷淋式传统增湿去湿淡化装置，该装置使空气经压缩机压缩增压升温后进入冷凝室，在冷凝室中冷凝并预热进料海水[62]。降温去湿后的空气进入蒸发室之前经过一个膨胀阀，使蒸发室中压力比冷凝室中压力低，理论分析表明，该类装置的造水比可以达到 5。

我国苦咸水、海水淡化技术的研究起始于 20 世纪 50 年代，在过去几十年间，取得了很大的进步，众多学者对增湿除湿盐水淡化技术进行了深入研究。在除湿方面，设计建立了海水闭路空气开路传统增湿去湿淡化装置，将一定量的冷海水引入到海水闭路循环中，并用其冷凝开路载湿空气，改善了冷凝效果[63]。研究表明，海水的温度和流量、空气的流动速率对该类型淡化装置的性能影响较大。在给定的海水温度下，存在一个最佳的空气流动速率。有研究者引入了管壳式结构作为蒸发室与冷凝室的耦合结构，使得海水沿铜管内壁降膜蒸发，利用蒸汽发生器向增湿后的空气中加入一定量蒸汽，使其温度升高并将其导入壳程冷凝，冷凝潜热经铜管壁传递给管程[64]。此外，在增湿方面，有研究者基于鼓泡传质设计建立了多级露点蒸发淡化装置，采用砂头细化空气[65]。试验结果表明，装置的淡水产率随海水初温和空气流量的增大而增大，淡水产率为 1.2～1.6kg/h。

（3）太阳能增湿除湿苦咸水淡化技术及装置

本课题组以构建农村户级四口之家为应用对象，以设备成本低，简单易操作，完全以太阳能为能源，无需运行成本的太阳能增湿除湿苦咸水淡化装置为目标，将增湿除湿海水淡化技术与倾斜式太阳能蒸馏技术进行耦合，设计了加湿除湿型阶梯式太阳能苦咸水淡化装置，并对其进行了试验研究。

　　试验进行的场地选择在天津,天津的纬度为 39.08°,地球的自转倾角为 23.26°,地形水平 0°（部分有坡度）,公转轨道位置夏最小、冬最长、春秋相等且等于纬度;自转轨道位置早晚最大,接近 0°,午间最小,接近 90°。一般而言,盘式太阳能蒸馏器倾角＝具体地点纬度±23.26°（分别指冬、夏）;综合考虑,通常选取盘式太阳能蒸馏器倾角＝具体地点纬度±10°（分别指冬、夏）。本试验选择在夏天进行,并根据天津的纬度选择了太阳蒸馏的倾角,确定其倾角为 30°。图 3-66 所示为太阳光线照射地球倾角示意图。

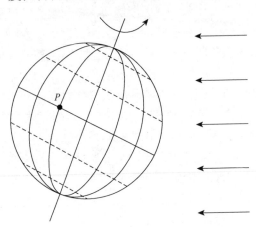

图 3-66　太阳光线照射地球倾角示意图

　　1）试验装置的设计。

　　本试验中选择的太阳能苦咸水淡化装置为加湿除湿型阶梯式太阳能苦咸水淡化器,在其设计过程中,依据现有的不同太阳能整流器设备的特点,将加湿除湿型太阳能蒸馏器与阶梯型太阳能蒸馏器进行了良好的结合。该设计是最简单的太阳能热水与热空气复合型加湿除湿型海水淡化系统,其结构类似于闷晒型热水器,也类似于盘式太阳能蒸馏器,空气可以在内部实现自然循环,水蒸气的凝结潜热可被少量回收,在这种设计下,预计太阳能产水效率可达到56%,与目前其他类型的太阳能蒸馏器相比,具有更高的性价比和应用潜力。本试验中装置的设计目标为:设备占地面积为 3～4m²,日产淡水量约 10～15L,设备成本 3000 元左右,设备简单高效,且完全以太阳能为能源,无需运行成本,能实现半自动上水及淡水收集。

　　在所设计构建的增湿除湿阶梯式太阳能苦咸水淡化设备中,蒸馏装置分为两部分:外部框架和内部水槽。其中,内部水槽为阶梯式。装置倾斜 30°放置,内阶梯槽为水平。30°的倾角可使阳光更大程度地照射入装置内,提高装置对太阳光的利用率。装置内部水槽设计为阶梯式,能够保证苦咸水的容量。同时,在保证集热面的同时,也能尽可能地减少水量,增加槽内苦咸水的升温速度。盛水槽除两侧壁与装置外壳贴合外,其余四面均不与外壳接触,即盛水槽悬空放置在装置外壳内。在这种结构构成下,装置运行时,阳光透过进光板,照射到阶梯水槽的黑色表面,加热苦咸水,产生蒸汽。高温水蒸气自然上升,从阶梯水槽的上表面通过顶端通道进入装置底部,从而在装置外壳下表面凝结,生成淡水。水蒸气的自然上升和冷凝下降,形成了装置内部气流的自然循环,出现加湿除湿过程,提高了产水效率。图 3-67～图 3-69 分别为试验用加湿除湿型阶梯式太阳能苦咸水淡化设备整体结构图、内部阶梯型水槽及装置外壳示意图。

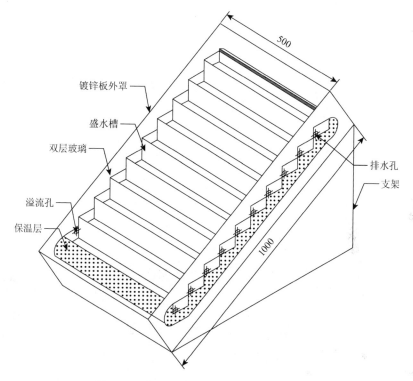

图 3-67　太阳能苦咸水淡化设备整体结构图

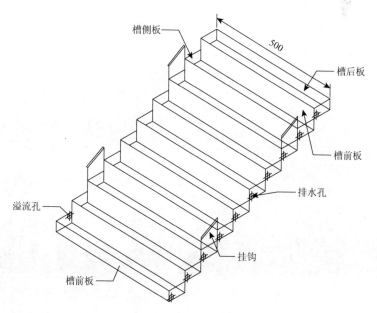

图 3-68　太阳能苦咸水淡化设备内部阶梯型水槽示意图（单位：mm）

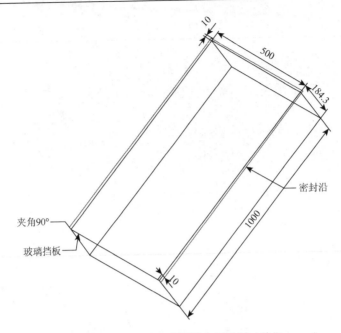

图 3-69　太阳能苦咸水淡化装置外壳示意图（单位：mm）

2）试验装置的装配。

根据设计方案，制作了尺寸为 1000mm×500mm、面积为 0.5m^2 的试验用装置，装置内内部阶梯式水槽和五面外壁由白铁皮制作而成，阶梯水槽和外壳是可分开的两部分，实物如图 3-70 所示。完成主体结构后，进行密封处理。待防水密封充分固化后，对水槽的各阶梯小槽内表面做黑色涂层处理，以提高水槽对阳光的吸收率。

图 3-70　太阳能苦咸水淡化装置内部阶梯水槽及外壳实物图

内部阶梯式水槽的底部及上下两端均做保温层，以对水槽内部原水起到保温作用。保温板的表面及切口进行密封，阻止保温板与水蒸气及水进行接触，从而保证出水水质和出水量不受影响。保温板为装置的上水孔、溢流孔及连接螺丝孔留出通道。装置外壳底部不做保温，以促进水蒸气在装置外壳底部的冷凝，从而提高出水量。将水槽安装到装置外壳内，除两个侧面（长边）贴合外，其他四面均与装置外壳不接触，即内槽悬挂在装置外壳内。装置的上表面为进光板，进光板与装置之间进行密封，防止装置运行时水蒸气泄出而影响产水量。装置与进光板底部接触处设有挡板，防止进光板从倾斜的装置上滑落。

　　为使装置能较好地运行，设计了可移动的装置架，如图 3-71 所示。将装置倾斜 30°安放在装置架上，装置的两端进行固定，使装置能保持稳定并倾斜 30°。装置外壳右下角开淡水出孔，出水管一段与装置开孔相接，另一端插入收集淡水的量筒内，方便所产淡水的收集和测量。出水口略低于其他部分，使装置内产生的淡水及时收集到桶内。整体装置实物图如图 3-72 所示。

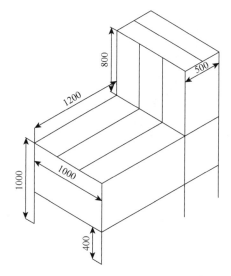

图 3-71　太阳能苦咸水淡化装置装置架
（单位：mm）

图 3-72　太阳能苦咸水淡化设备整体
装置实物图

（4）装置运行影响因素分析

　　装置的运行效率受到多方面因素的影响，可简单分为外因和内因两种，外因主要有外界温度、湿度、风向、风速和太阳辐照度等；内因则有装置运行时间、密封效果、保温效果、装置整体热容量、内部空气循环速率、凝结器换热能力、入射面阳光透射率以及集热面吸收反射/散射比等。设备日产水量试验及水质检测表明，在晴天温度为 30℃及以上时，设备产水量在 1.8～2.0L 之间，水质完全符合并优于国家标准 GB 5749—2006《生活饮用水卫生标准》。

1）太阳辐照值的影响。

当通过太阳能集热对水进行蒸发时，在外界因素中影响最大的就是太阳辐照度。当其他条件一致时，太阳辐照度越大，装置集热越多，原水的汽化量越大。本试验中的加湿除湿型阶梯式太阳能苦咸水淡化装置运行过程中，也存在此规律。试验中的5～6月间，选取比较有代表性的太阳能辐照值进行了记录，所得太阳能辐照值散点图如图3-73所示，记录时间为8：00～18：00。正常的太阳辐照度是连续的，应当呈现向上凸的抛物线状。但通过仪器测定的辐照值为散点图，是每分钟测量的结果，由于外界因素（尘埃、漂浮物、垃圾、鸟类等）的影响，部分数据存在失真的情况。将太阳能辐照值的峰值部分进行放大处理，如图3-74所示。依据放大图，选择辐照值差异性较大的两天，通过其产水效果来研究太阳辐照值对装置淡水产水量的影响，结果如图3-75所示。

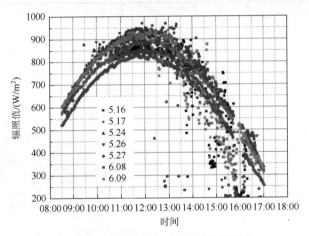

图 3-73　试验中所选择代表性的辐照值

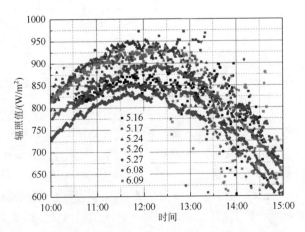

图 3-74　试验中所选择代表性的辐照值的局部放大图

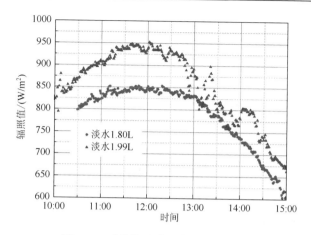

图 3-75　太阳辐照值对产水量的影响

　　如图所示，所选择两天辐照值的峰值分别大约为 850W/m² 和 950W/m²，其中，辐照值较低的一天的产水量为 1.80L，辐照值较高的一天的产水量为 1.99L，淡水产水量提升约 10%。

　　2）装置密封性的影响。

　　在设计、装配装置初期，进行第一次试运行时，装置上部与进光板存在较大的缝隙，如图 3-76 所示，装置未能够良好地密封，使得大量蒸汽外泄，既带走了热量，也使得产水量受到明显影响。此外，蒸汽逸出干扰了装置顶端的冷凝，以及蒸汽在装置内的对流循环，也使得产水效率受到影响。试验中，以自来水

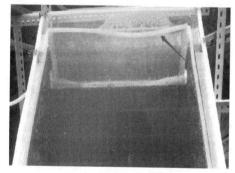

图 3-76　初始装置中未密封部分照片

为水样，在阶梯式水槽内槽盛水 7L，蒸馏器工作时间为 10：30～16：30 且太阳辐照值相近的条件下，研究了装置密封对产水量的影响（图 3-77）。结果发现，良好密封的装置能产淡水约 1.80L，而初次试运行的未密封装置产淡水仅 1.02L。对比结果说明，密封性对装置产水效率起到了决定性作用，良好的密封性能使装置产水量提升约 80%。

　　3）原水浓度的影响。

　　当纯净水中含有盐分，盐与水分子之间的结合力比水分子之间要大，根据依数性原理，含盐水溶液沸点要高于纯水沸点，实验盐水中水分子蒸发受到一定程度的抑制，沸点升高。因此，在本蒸发体系中，虽然在低品位热下进行了加湿除湿式蒸发，但原水盐分浓度仍然会对装置运行效率和产水量产生影响。基于此，试验中分别以淡水、2g/L 和 5g/L 的 Na₂SO₄ 水溶液（模拟甘肃省最常见浓度的苦

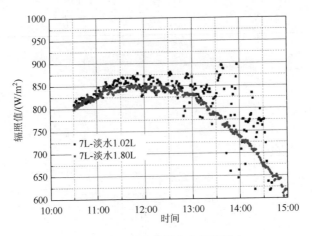

图 3-77　密封对装置产水量的影响

咸水）进行了模拟对比试验，产水效果如图 3-78 所示。可明显看出，随着盐水浓度的上升，淡水产量逐渐下降。当原水为自来水时，由于其辐照值明显高于其他两个试验，其产水量明显较大，但因为辐照值的原因，对比不明显；就原水为 2g/L 和 5g/L 的 Na_2SO_4 水溶液而言，虽然 5g/L 盐水体系中实验辐照值要高，但其最终淡水产量仍然低于 2g/L 盐水体系，说明在构建的加湿除湿型阶梯式太阳能苦咸水淡化装置中，盐水浓度对装置产水效率有明显影响。在实际处理苦咸水时，要想获得较高的产水效率，需对苦咸水的浓度加以一定的控制。

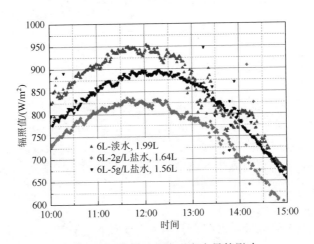

图 3-78　原水盐分浓度对产水量的影响

4）原水水量的影响。

原水水量也会对装置的产水效率产生影响。要使原水能较快地产生蒸汽，需要将其加热到一定温度，而在太阳光照射、集热的条件下，需要经过一定的时间才能够达到此温度。同时，运行中的装置本身会有一定程度的热交换，使得太阳光照射的热量会损失一部分，而只有当集热速率大于散热速率时，整体温度才开始升高。因此，太阳辐照度较低时，很难产生蒸汽冷凝淡水。在阴天和清晨等情况下，装置产水效率都比较低。

此外，装置本身具有一定程度的热容量，当加热原水的时候，原水温度上升，装置本身也会同时升温，从而带来一部分热损失。因此，如果装置的总热容量太大，将会降低水槽中苦咸水的升温速率，延长了装置的出水时间，降低产水量。此时，在设备上要减少水槽材料的热容量，以及其所接触材料的热容量。在原水用量上，减少水槽中的水量，增大集热面积和蒸发面积，在有限空间内提高比表面积。

但要注意的是，水槽内水量过少时，原水盐分可能析出，并覆盖水槽底部，从而增加了对太阳入射光的反射率，降低装置集热效率；或者水槽内水的盐分浓度过高，减缓了蒸发效率。试验过程中，在辐照值较为接近的两天，以 5g/L 的盐水为原水，在不同的加水量（6L 和 3L）条件下对装置产水效果进行了比较，结果如图 3-79 所示。可以看出，当加水量为 6L 时，产水量为 1.56L；当加水量减为 1/2 后，出水的时间明显变早，产水量达到 1.82L，产水量增加了约 1/5。对比结果说明，原水加水量对装置产水效率有明显影响。因此，在构建的加湿除湿型阶梯式太阳能苦咸水淡化装置中，为获得较高的产水速率和产水量，需要对苦咸水的加水量加以控制。

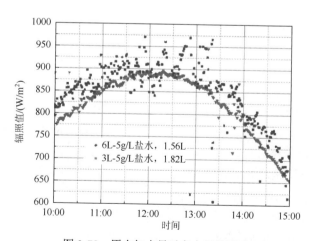

图 3-79　原水加水量对产水量的影响

5）环境温度的影响。

除了太阳辐照度外，环境中的其他因素也会对加湿除湿型阶梯式太阳能苦咸水淡化装置的产水效率产生影响。温度与太阳辐照度密切相关，但也会受到季节和地理位置等条件的影响，一般条件下，外界环境温度高有利于原水的蒸发。试验发现，温度较高时，淡水产量较大，但由于样品量较少，变量较多，规律并不十分明显。

6）环境风速的影响。

周围环境中风的存在，有利于凝结面的散热，从而相对地提高了凝结面与蒸发面的温差。但当风速太大时，装置散热过快，使整体热能消失过快，不利于原水的升温和蒸发。有研究表明，稳定的微风能使装置产水量提升 10%以上。

（5）装置所产淡水水质分析

在最佳运行条件下，太阳能苦咸水淡化装置的产水效率高。以浓度为 5g/L 的 Na_2SO_4 水溶液为原水水样，装置日产淡水水量可达 $4.2L/m^2$ 以上。采用离子色谱仪对所产淡水水质进行检测，结果如表 3-11 所示。结果表明，出水总离子浓度为 8.13ppm（ppm 为 10^{-6}），优于《生活饮用水卫生标准》（GB 5749—2006）。

表 3-11　太阳能苦咸水淡化装置所产淡水的部分阴、阳离子浓度

阴离子	Cl^-	SO_4^{2-}	NO_3^-	NO_2^-	F^-
浓度/(mg/L)	0.1858	0.8514	0.1179	0.1663	0.3711
阳离子	Na^+	NH_4^+	K^+	Mg^{2+}	Ca^{2+}
浓度/(mg/L)	0.4428	3.1822	0.4312	0.4042	2.3502

（6）装置存在的问题及优化

目前的加湿除湿型阶梯式太阳能苦咸水淡化装置日产水量虽初步达到要求，但仍然存在问题，需进一步改进优化，进一步提高其性能。存在的问题及主要优化方向如下：

1）装置整体热容量高，出水慢。一般在 8：30 开始太阳光辐照集热，10：00 才开始产生淡水。通过适当减少水量，降低装置所需热量，提高阶梯式水槽保温效果可解决这一问题。

2）装置的蒸发面积有限。限于装置现有结构，每平方米的蒸发面积只有 $0.7m^2$，限制了蒸汽的产生速率。可通过调整结构、添加填料或织物来解决这一问题。

3）蒸馏器内部的气体循环速率慢。蒸馏器内部的气体运动过程属于自然对流过程。自然对流传热传质速度慢，限制了装置处理效率。可通过增加主动对流设备，提高整体传热传质速率等方式来解决这一问题。

4）对装置内环境的监控力度弱。目前试验中，对外界环境参数的把握较准确，但对装置内部的各个参数的监控力度弱，不能很好地了解内部的气温分布、变化

及气体循环速率，不能为科学研究和装置改进形成有力的支持。可通过打孔埋入温度传感器、风速传感器等探针，监控内部环境变化，并以这些数据为依据，进行计算机模拟仿真，协助装置的设计优化。

（7）装置改进方案及措施

针对上述不足对装置进行了改进优化设计，改进后的装置图如图 3-80 所示，装置改进主要涉及以下几个方面。

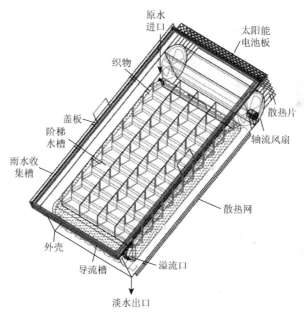

图 3-80　太阳能苦咸水淡化装置改进图

1）保温、散热方面。

装置分为增湿和除湿两个过程。改进装置中，将保温层设在装置外壳内、盛水槽外，使盛水槽保温更加充分，从而提高苦咸水的升温速度，加快增湿过程；装置外侧不设保温装置，提高了装置底部及四周散热效果，有利于蒸汽冷凝，加快了除湿过程。

2）蒸汽循环方面。

将装置顶部、保温板下部设计为半圆形，减小了蒸汽在装置内循环的阻力。同时在装置顶部安装轴流风扇，其靠太阳能电池板带动电机驱动。风机的转动，促使装置内部蒸汽从顶部运动到底部，使蒸汽在接触温度较低的盛水槽底部保温板和装置外壳时快速冷凝，进而提高了产水量。

3）促进蒸发方面。

有效的蒸发面积决定了装置内蒸汽量和蒸气压。在水槽内添加织物，以增加装置的蒸发面积；同时，织物的加入对蒸汽的运动起到了疏导作用，更有利于蒸汽在装置内部的循环。所加织物结构如图 3-81 所示。

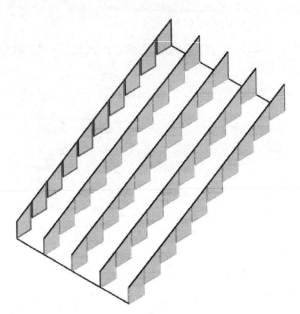

图 3-81　太阳能苦咸水淡化改进装置中所加织物分布图

4）抑制上盖板凝结方面。

装置上部玻璃盖板内外存在温度差，当蒸汽接触到玻璃盖板时会发生凝结，使玻璃盖板上富集大量水珠。水珠的存在，增大了入射太阳光的折射及散射，从而降低了装置对太阳辐射的吸收效率。基于此，通过在上盖板内侧做憎水处理或者亲水处理、设计刮水结构和及时收集上盖板富集的冷凝水等方式对上盖板水珠的凝结进行抑制。

ⅰ）憎水处理可增加材料表面的疏水性，提高其与水之间的界面张力，使上盖板内表面的水雾不易凝结，或凝结后快速落下，从而保证了透光率。

ⅱ）与憎水处理相反，亲水膜增加了材料表面的亲水性，降低与水之间的界面张力，使水雾凝结后立刻连成一片，缓缓流下，也能保证透光率。

ⅲ）在装置内部、玻璃盖板内侧设置刮水装置，由太阳能电池板和电机提供动力。该方案较为复杂，增加了整个装置结构的复杂性。

5）增加雨季接水结构。

甘肃省降水多集中在 6～8 月，占全年降水量的 50%～70%，降水量虽然不是很大，但仍然能大幅缓解此时间段的淡水饮用问题，应当合理收集。通过改进设计，在加湿除湿型阶梯式太阳能苦咸水淡化装置的上盖板设置了插槽结构，将上盖板面改装为雨水收集槽，并合理导出蓄水，可以在雨季增加数平方米的集水面积，留待旱季备用。

综上，本课题组针对水资源缺乏、苦咸水丰富地区现有环境条件，通过创新性设计和集成苦咸水淡化装备，充分利用本地自然能（太阳能、冷能、风能）等优势，开发设计了加湿除湿型阶梯式太阳能苦咸水淡化装置，该装置结构简单、经济可靠，适用于甘肃等地的苦咸水饮水利用问题。此外，所设计的装置，结合了盘式太阳能蒸馏器简单可靠的特点，和加湿除湿苦盐水淡化装置可以利用低品位热的特点，可在内部形成自然对流，增加传热传质效率，以提高淡水产量。装置在应用时为一次性投入，除需要少量人工进行定期换水、清理外，没有运行成本。而且通过设计上的进一步优化，提高了保温、换热、气流循环等方面的性能，苦咸水淡化效率有望进一步提高。更进一步地，装置也能在雨季作为集水器使用，具有较高的实际应用价值。

4. 太阳能光伏海水淡化工程应用——大鱼山岛海水淡化示范工程

为解决淡水资源不足，大鱼山岛部分海岛实施大陆引水工程，但是远距离跨流域引水不仅投资巨大，对区域生态环境的影响也很大，而且引水受水源地供水量和管道管路条件的制约，不能从根本上解决海岛水资源短缺问题。另外，对于没有电网覆盖的海岛，利用传统的矿物燃料（煤、石油）解决海水淡化能源问题，容易导致海岛生态系统的破坏，且运输和维护成本过高。海水淡化即利用海水脱盐生产淡水，是实现水资源利用的开源增量技术，且不受时空和气候影响，是解决海岛水资源紧缺的重要现实途径和战略选择，也是构筑海岛供水安全体系的重要保障。发展光伏太阳能海水淡化技术，可以很好地利用海岛地区的清洁能源，减少环境污染，缓解海岛地区居民用水困难。

2010 年 6 月，在舟山市岱山县大鱼山岛建成一套 $5m^3/d$ 光伏太阳能海水淡化示范工程，其工艺流程如图 3-82 所示，分为光伏发电系统、海水预处理、反渗透处理和系统控制四大部分。太阳能光伏陈列布置在海水淡化厂房楼顶，利用光伏效应将太阳光辐射能转化为直流电能，再通过逆变器将直流电能转换成交流电能，用来供给海水淡化设备所需电能。工程取水点位于大鱼山岛南海岸的灰鳖洋海域，通过海水取水泵将海水（浊度约 80～150 NTU）泵入水力循环澄清池，经混凝沉淀处理后浊度下降低到 5～10 NTU，再经电抑菌海水箱灭菌处理，出水经海水增压泵增压（约 0.32MPa）后进入多介质过滤器进一步过滤处理，使其浑浊度降低到 1 NTU 以下，污染指数≤3。经过预处理的海水通过保安过滤器后由海水高压泵进一步升压到 1.5～1.8MPa 左右，再经能量回收装置增压至海水淡化额定操作压力（约 4.5～5.5MPa）后进入反渗透膜组器，透过反渗透膜的淡化水（约 30%）收集后从膜堆引出，再经 pH 调质处理后供给用户使用；其余的反渗透高压浓海水进入能量回收装置，余压能交换后排出系统。

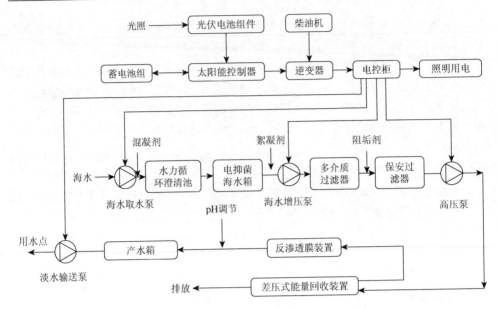

图 3-82　太阳能海水淡化示范工程的工艺流程图

　　该示范工程的工艺特点为：考虑到大鱼山岛位于岱山岛西北的灰鳖洋海域，表层海水多年平均水温在 17～19℃，年均盐度为 25.6‰，海水浊度约 80～150 NTU，遇风浪时最高可达 500 NTU 以上，海水中存在大量的胶体、有机物、细菌以及藻类。因此预处理系统由三级预处理组成。一级预处理为水力循环澄清池，为了提高沉降效果，需向水力循环澄清池投入混凝剂 FeCl₃，投加量根据原水水质的不同而变化，一般为 10～15mg/L，使一级预处理出水浊度小于 10 NTU；二级预处理为电抑菌海水箱，通以 24V 直流电对海水进行灭菌处理；三级预处理为多介质过滤器，在多介质过滤器前再投加小剂量混凝剂，进一步除去水中机械杂质、悬浮物、胶体及部分有机物，保证出水悬浮物含量小于 1mg/L，污染指数小于 3。

　　装置通过上位机与太阳能控制器、PLC 通信实现整套设备的监视和控制。为了保护反渗透膜元件和高压给水设备，反渗透系统设置了高低压保护开关和自动切换设备，当流量、压力出现异常时，能实行自动连锁、报警和停机。系统还配置了低压自动冲洗排放、淡化水低压自动冲洗置换浓水排放系统和清洗装置，利用产水箱中产水在反渗透装置停机时置换出反渗透膜元件中的浓海水，即用淡水冲洗反渗透装置防止浓海水中亚稳定过饱和微溶盐产生沉淀，同时也具有冲洗膜面污染物的作用。反渗透系统还通过水箱高、低液位控制器来实现系统的连锁运行，确保了系统的自动、安全和稳定运行。

　　工艺中主要构筑物及设备参数如下。

（1）工程主要动力设备

工程装机总功率为 6.0kW，太阳能发电系统提供所需电能，主要动力设备为交流 220V 三相离心泵 5 台，其中海水高压泵、海水取水泵、海水增压泵采用变频控制。

（2）光伏太阳能供电系统

光伏太阳能供电系统由太阳能电池组、太阳能控制器、直流或交流逆变器、蓄电池（组）及配电系统组成。其中系统配置了 30 块功率为 180W 的多晶硅电池板，单块尺寸为 1580mm×808mm×35mm，其额定工作电压为 37.5×(1±5%)V，采用 10 块电池组件串联组成 1 个光伏方阵，共有 3 个光伏方阵（阵列朝向一致），每个光伏方阵的功率为 1.8kW。控制器采用多路太阳能电池方阵输入控制方式，并采用 LCD 液晶显示屏。考虑到海岛地区多台风的特点，为增加电池板阵列的抗风等级，增强支架系统的抗风能力和保护电池板，在电池板阵列支架四周用钢板覆盖，可抵抗 14 级台风。

（3）水力循环澄清池

示范工程中配置了 1 台由杭州水处理技术研究开发中心研制的型号为 HS-SLCQ 4.0 的水力循环澄清池。HS-SLCQ 4.0 水力循环澄清池是集混合、絮凝、沉淀于一体的无机械搅拌的净水设备。它采用从澄清池顶部中间进水，周边出水的形式，底部为锥形，整体结构采用高分子材料制成，设计处理水量约 $3\sim5m^3/h$。在澄清池中，水中较小的颗粒凝集并进一步形成絮凝状沉淀物（俗称矾花），再依靠其本身重力作用由水中沉降分离出来，澄清分离的清水上升，经顶部出水管自流入后续电抑菌海水箱。

（4）电抑菌海水箱

示范工程中配置了 1 台由杭州水处理技术研究开发中心研制的型号为 HS-DYJ3.0 的电抑菌海水箱。HS-DYJ3.0 电抑菌海水箱由 4 对二氧化钌钛（钛涂钌）电极和 1 只圆柱形锥底 PE 水箱组成，其结构特点是每对电极的一个电极设在水箱上侧，另一个电极设在水箱正下侧，4 对电极均布于水箱四周。正常运行时，海水浸过电极，每对电极之间通以 24V、2.1A 的直流电，每隔 15min 电极极性自动转换，水力停留时间为 0.75h。通电电极与海水发生微电解作用可产生少量的初生态的氯和羟基，杀死海水中的微生物，并使海水中的部分带电荷悬浮物质和带电荷胶体物质通过直流电作用，聚集在一起，形成沉淀。同时海水中的 Zn、Cu 和 Mn 等微生物生长所必需的微量元素在微电解作用下析出，也会抑止微生物的生长。

（5）多介质过滤器

经过澄清的海水，其浑浊度约为 10NTU。反渗透膜处理系统要求进水浊度小于 1 NTU，污染指数≤3，这就需要采用多介质过滤器进一步过滤处理。示范工程中配置了 2 台由杭州水处理技术研究开发中心研制的型号为 HS-DGLQ 2.0 的多介质过滤器。多介质过滤器采用的石英砂滤料空隙约为 $10\sim15\mu m$，而进料海水中大部分细小颗粒粒径在 $10\sim100\mu m$，可保证悬浮物大部分被滤料截留，出水清澈。

采用双层滤料，滤料采用石英砂和无烟煤，由下而上依次填充粒径为 0.4～2.5mm 的石英砂和粒径为 0.8～1.2mm 的无烟煤。HS-DGLQ 2.0 多介质过滤器采用压力过滤器，过滤器尺寸为 Φ600mm，材质为玻璃钢，设计滤速为 8m³/h，单台过滤器设计出水量为 2m³/h，反冲洗膨胀率为 20%左右。

（6）保安过滤器

保安过滤器是进反渗透装置的最后一道保障，过滤精度为 5μm，防止海水中剩余的微小颗粒进入高压泵和反渗透膜组件。

（7）反渗透膜组器

反渗透膜系统是整个装置的核心，进行系统设计时，根据现场海水水质报告、反渗透膜元件性能、水温以及所需产水量和回收率，经计算配置了 8 支 4in（1in = 2.54cm）的美国陶氏海水淡化复合膜元件 SW30-4040，其脱盐率在 99.7%左右，采用一级二段结构，分别装在 4 根玻璃钢压力容器内。

（8）能量回收装置

示范工程中配置了 1 台由杭州水处理技术研究开发中心研制的型号为 ER-PP2.8 的差压式能量回收装置。ER-PP2.8 能量回收装置由 1 个四通功能阀、2 个液压缸以及 4 个止回阀等部件组成，其结构特点是：2 个液压缸相对放置，活塞杆相对接触，4 个止回阀分成两组连接，分别置于液压缸的外面，两液压缸之间由 1 个四通功能阀连接，可以自动切换，实现连续运行。ER-PP2.8 能量回收装置额定盐水处理量为 4～5m³/h，额定压力为 6.4MPa，能量回收效率达 96%以上。ER-PP2.8 与海水高压泵串联使用，利用回收的余压能将通过海水高压泵的进料海水进一步增压到额定操作压力，与等压压力交换能量回收器的系统相比，对海水高压泵出口压力要求降低。

（9）产水调制处理装置

产水调制处理装置主要由加药箱、加药计量泵以及加氯机组成。反渗透产水通过计量泵在产水管路中投加碳酸氢钠溶液，以提高产水 pH，使产水 pH 在 6.5 左右提高到 pH 在 7.5 左右，再经淡水输送泵将淡水输入市政自来水管网。为保证供水的消毒杀菌，在淡水输送泵入口管处配置加氯机向输出的淡水中投加余氯。

为测试工艺运行效果，分别采用太阳能控制器等一系列仪器仪表对工程主要耗能设备进行了能耗测定，并对其能量流模型进行了分析。表 3-12 给出了工程正常运行时，主要动力设备的平均功率及吨水能耗情况。

表 3-12　工程主要动力设备平均功率、运行能耗

项目	海水取水泵	海水增压泵	高压泵	淡水输送泵	总输出
平均电流/A	0.7	0.8	3.5	0.4	6.0
平均功率/kW	0.46	0.53	2.31	0.26	3.96
吨水能耗/(kW·h)	0.54	0.62	2.72	0.31	4.66

大鱼山光伏太阳能海水淡化示范工程于2010年6月初调试成功,投入试运行,并对海水、淡化水进行了分析测量。调试和检测结果表明,该系统运行参数稳定,各单元设备运行正常,操作简便,性能指标达到设计要求,产水符合国家生活饮用水标准。结果如表3-13所示。

表 3-13 系统运行参数

海水温度/℃	pH			流量/(m³/h)		电导率/(μS/cm)		ρ(TDS)/(mg/L)	
	海水	产水(调质前)	产水(调质后)	产水	浓水	产水	浓水	海水	产水
17~19	7.97~8.32	6.50~6.80	7.50	0.8~1.0	2.0~2.5	35500	295.6	25823.4	140.20

本工程的经济效益分析:由于配置了自主研制的差压式能量回收装置(ER-PP2.8),反渗透吨水能耗约为4.7kW·h/t,如按常规电价0.8元/(kW·h)计算,吨水综合制水成本为6.3元/t左右。而目前我国产水规模在50m³/d以下的常规海水淡化系统制水成本一般在8~10元/t左右。以大鱼山岛为例,该岛是一个远离岱山本岛的小海岛,既缺水,又缺电,缺水季节靠运输船从大陆运水,仅运水成本就高达25元/t,并且要向本来就水资源紧张的舟山市要水,吨水总成本达30元左右。目前,该岛电力供应主要是靠柴油发电机提供,柴油发电机利用效率非常低,供电成本较高,其发电成本约为3元/(kW·h),如利用柴油发电机供电进行海水淡化,吨水制水成本为16.5元/t左右。如采用光伏太阳能供电进行海水淡化,制水成本为12元/t左右,还可依据《太阳能光电建筑应用财政补助资金管理暂行办法》享受财政补助,实际成本为9元/t左右。显然,无论从节能环保角度,还是从吨水成本角度考虑,光伏太阳能海水淡化明显优于柴油发电机供电海水淡化。吨水成本比较见表3-14。

表 3-14 吨水成本比较

项目	光伏设备折旧	油费/运费	电费/水费	反渗透设备折旧	膜更换	蓄电池更换	药剂费用	维护费用	总成本
常规电力供应海水淡化成本/(元/t)	—	—	3.8	1.5	0.4	—	0.4	0.2	6.3
光伏供电海水淡化成本/(元/t)	8.0	—		1.5	0.4	1.5	0.4	0.2	12
柴油机供电海水淡化成本/(元/t)	—	14.0		1.5	0.4		0.4	0.2	16.5
岱山运水成本/(元/t)	—	25.0	5.0						30.0

综上,光伏太阳能反渗透海水淡化装置可利用太阳能独立运行,安全可靠,

无污染、维护简单、使用寿命长，不消耗石油、天然气、煤炭等常规能源，对能源紧缺、环保要求高的地区具有很大的应用价值；生产规模可有机组合，既可一家一户地分散供电，也可大规模集中供电或并网运行，应用几乎不受地域条件的限制，适应性好，产水水质较为稳定。

目前，建设光伏太阳能反渗透海水淡化一般应满足以下三个条件：拥有丰富的太阳能资源，太阳能辐射总量大，年平均日照时间长；淡水资源缺乏，有建设海水淡化或苦咸水淡化的需求；能源供应不足，特别是电力供应不足。符合上述条件的地区多为沿海地区或孤岛，也有部分内陆干旱地区，特别是一些脱离大陆电网的孤岛，更是需要建设太阳能反渗透海水淡化系统。未来，随着光伏太阳能发电技术的不断进步，发电成本不断下降，沿海及内陆缺淡水地区将都适合发展"光伏太阳能反渗透海水淡化或苦咸水淡化"。

5. 太阳能光热污泥干化工程应用——德国 Hayingen 污水厂太阳能污泥干化

德国 Hayingen 镇位于风景美丽的黑森林区域，此镇于 2004 年在其市政污水厂内建造了一套太阳能干化装置（图 3-83、图 3-84），并成功投入运转使用。原来污水处理厂产生的污泥通过脱水机可将德国 Hayingen 污水厂太阳能污泥干化装置的固含量提高至约 22%DS，然后外运进行干化后处理，运输费用和后处置费用十分昂贵。

图 3-83　Hayingen 镇污水厂的　　　　图 3-84　干化装置的进料/布料区域
　　　　太阳能干化装置

Hayingen 镇因为地处高原地区，阳光辐照度较小。如果采用纯太阳能干化系统，占地较大；在夜间或冬季，阳光照射强度小、日照时间较短时，还需额外向干化装置提供外来热能。可通过污水热泵从污水厂的出水中抽提热能，以热水方式向干化装置中提供热能。要求太阳能干化装置全年产生固含量为 90%DS 的颗粒性干泥。

采用琥珀公司提供的 SRT 处理工艺，可就地将污泥脱水后立即进行干化处理。SRT 太阳能干化处理工艺能够保证产出固含量恒定的颗粒性干泥，适合各种类型污泥的后处置。

干化装置的构造组成为：污泥干化系统连同污泥脱水装置，以及整套电控系统，它们全部安装在一个机械大厅内。固含量为 4%DS 的浓缩湿泥首先通过琥珀污泥螺压脱水机 ROS3（图 3-85）将固含量提高至 22%DS，然后通过运输螺杆将脱水污泥直接输入污泥干化大厅内。

图 3-85　螺压脱水机 ROS3

干化大厅由双层阳光板制成，所用材料与普通暖房的建造材料相同。在干化大厅内，SRT 翻滚机将污泥铺在暖房内的网孔地板上，并采用翻滚机进行翻泥运输和混合处理（图 3-86）。太阳能加热后的空气吹刮污泥层，或通过污水源热泵加热的空气经过网孔地板将热量传递至污泥层。与此同时，桥架型翻滚机对污泥进行彻底翻滚处理，并将污泥块切割成颗粒性小块。与其他类型污泥翻滚机制得的颗粒性干泥块相比，其粉尘含量明显降低，便于后续作为农用肥料使用或进行其他后处理。

图 3-86　SRT 翻滚机在工作

污泥翻滚机是干化装置的核心部件，除具有翻泥功能外，还能进行污泥运输。翻滚铲刀将污泥铲起，然后进行 360°翻抛易位。此装置的具体功能如下：

1）彻底翻抛易位能保证在整个干化期间，污泥能尽可能处于好氧状态，干化大厅内不会产生异味。

2）污泥床的干泥端将干泥铲起，携带回进料湿泥端进行污泥混合搅拌，使污泥具有毛细吸附能力，可产生干化效应。

3）可将进料端和出料端设计在大厅的同一方向，节省占地面积和土建费用。干化处理后的颗粒污泥自动排出装置，通过运输螺杆进入集装箱。整套装置全自动运转，污泥干化过程无须采用铲车进行人工进料、布料和排料，对于污水厂操作人员来说，工作强度明显降低。

德国 Hayingen 污水厂的干化装置自 2004 年投入运转以来，始终稳定生产固含量为 90%DS 的干泥，每年可节省大量污泥运输费用和后处置费用。太阳能干化装置利用阳光自上而下直接照射到暖房内，加热污泥和空气，通过鼓风机将干燥空气吹射到污泥层上，对污泥进行干化处理。为防止冬季污泥堆积，整个干化大厅安装配置了高效加热地板，热能来自污水处理厂的出水，即通过热泵技术使用了再生污水的热能。由热泵产生的热水温度约 50℃。通过加热地板，干化装置的处理效率提高了 2～3 倍。通过补充外来能源，污泥干化量可均匀分配到全年各月，无须配置污泥储存区域。与原有稀浆污泥相比较，干化后的污泥质量不及原来的 2%，且结构稳定、方便存储。干化后的污泥呈豌豆颗粒状，无味。在没有重金属的情况下，在法国一般直接作为农用肥料使用，布撒十分容易。也可直接运往水泥厂，作为原料和燃料直接回收利用。

3.3　太阳光能水处理技术

3.3.1　太阳能光催化技术概况

人类利用太阳光能降解水体中污染物研究已有半个多世纪的历史了，对光与材料的作用机制、光电效应认知以及对污染物降解理论方面的研究，已取得了卓有成效的进展。以半导体催化材料为基础的光催化技术为我们提供了一种理想的能源利用和环境污染治理的新途径。半导体光催化技术可以将低密度的太阳能有效转化为电能（如染料敏化太阳能电池等）和化学能（如光催化分解水制氢等），还能将环境中的有机污染物降解或完全矿化，可将有毒重金属离子氧化或还原为无毒价态离子，反应彻底，无二次污染，被认为是最具有应用前景的环境污染治理技术之一。由此可见，利用丰富的太阳能作为光源来驱动的半导体光催化降解技术具有能耗低、操作简便、反应条件温和和绿色环保等优点，是一种理想的能源利用和环境污染治理途径，对能源利用和环境保护等领域具有较大的社会和经济效益。

众所周知，很多无机半导体材料具有优良的物理和化学特性，使得它们被广泛研究。近年来，越来越多的无机半导体催化剂被研制并应用在环境保护、染料敏化太阳能电池、光电转换以及水分解制氢等领域。在半导体光催化过程中，光激发诱导半导体价带电子跃迁至导带产生光生电子，并在价带产生带正电荷的空穴；电子和空穴可在体内或表面发生复合而失活，也可分别迁移至半导体表面，与吸附于表面的物质发生氧化还原反应，最终实现能量转化和污染物降解的目的。因此，半导体材料的设计和合成是提高光催化反应综合性能的关键，其中，如何提高激发光响应效率和电子-空穴产率及分离特性是半导体光催化领域的核心科学问题。在过去几十年中，虽然不断有新型的光催化剂被开发并应用于光催化领域，然而，在众多无机半导体催化剂中，TiO_2 仍然以其带隙位置适中，原料价格低廉，合成工艺简单，对环境和人体无害，化学性质稳定，耐光、耐酸碱腐蚀等优点而被长期深入地研究，并在光催化、太阳能电池、水分解和传感器设计等领域得到了广泛应用。

纳米二氧化钛（TiO_2）以其高稳定性、高光催化活性、优良的介电特性和环境友好性已成为目前应用最广泛的一种半导体纳米材料。纯 TiO_2 的带隙能约为 3.2eV（锐钛矿），决定了其只能吸收利用太阳光中的紫外线部分（约占太阳光部分的 5%），可见光利用率低，且纯 TiO_2 光生电子-空穴易复合、纳米级尺度晶粒易团聚，这些都成为影响其光催化性能的重要因素。为此，国内外研究学者针对促进 TiO_2 光生电子-空穴的分离、增加其可见光响应范围、提高其光催化活性等方面进行了大量的改性研究。常见的改性方法包括：半导体复合、离子掺杂、贵金属沉积、表面敏化等。另外，半导体光催化技术以催化剂晶体表面反应为主，TiO_2 不同的微观晶体结构（形貌及暴露晶面等）导致其表面电子输运特性产生明显差异，影响了光催化剂的氧化还原性能。因此，在实现 TiO_2 微观结构精细调控的同时，设计新型 TiO_2 基复合光催化剂材料，成为扩展 TiO_2 光催化激发光响应范围、增加量子产率、提高电子-空穴分离效率，调控氧化/还原反应方向和速率的有效手段。

3.3.2　光催化剂的可见光改性

1. TiO_2 光催化剂的改性

TiO_2 属 n 型半导体，主要有金红石型、锐钛矿型、板钛矿型三种晶型。通常情况下，用作光催化剂的 TiO_2 主要以锐钛矿型和金红石型为主，其中锐钛矿型 TiO_2 的光催化活性最高。锐钛矿型 TiO_2 的禁带宽度为 3.2eV，光催化所需入射光最大波长为 387.5nm，当其受紫外光（波长＜387.5nm）激发后，价带上的电子便跃迁到导带上，从而产生电子（e^-）-空穴（h^+）对，进而显示出光催化的氧化/还原活性。就太阳光而言，TiO_2 能利用的光源只有紫外光部分，光源利用率低。为了提高对可见光的吸收，研究者们对 TiO_2 进行了改性，方法主要有：金属阳离子掺杂、非金属掺杂、共掺杂、磁载改性、贵金属沉积、复合半导体和半导体光敏化等。

（1）金属阳离子掺杂

金属离子是电子的有效接受体，可以捕获 TiO_2 导带中的电子，掺杂金属离子可在 TiO_2 晶格中引入缺陷或改变结晶度。金属离子对电子的争夺，改变了 TiO_2 表面光生电子和空穴的平衡态，延长了光生电子和空穴复合的时间，从而达到了提高 TiO_2 光催化活性的目的[66]。不仅如此，由于许多金属离子具有比 TiO_2 更宽的光吸收范围，可将催化剂的吸收带进一步延伸到可见光区，可将太阳光作为光源进行光催化反应。掺杂的金属（阳离子）可分为过渡金属、稀土金属、稀有金属和贵金属。

1）过渡金属离子掺杂。

过渡元素金属是指元素周期表中 d 和 ds 区的一系列金属元素，主要有 Cd，Zn，Cr，Fe，Mn 等。过渡金属离子本身就具有比 TiO_2 更宽的光吸收范围，能有效地利用太阳能。将过渡金属离子引入到 TiO_2 晶格中，在其禁带中引入杂质能级，减小禁带宽度，使价带中的电子接受波长较大的光激发后，先跃迁到杂质能级，通过再一次吸收能量，由杂质能级跃迁至导带，这样就降低了激发所需的能量，从而实现了 TiO_2 可见光条件下的催化，提高了太阳能的利用率。而且过渡金属元素存在多化合价，在 TiO_2 中掺杂少量过渡金属离子，还可使其成为光生电子-空穴对的浅势捕获阱，在表面产生缺陷，延长电子与空穴的复合时间，增加量子产率，进一步提高了 TiO_2 的光催化活性。

有研究者在溶胶-凝胶方法制备 TiO_2 催化剂的过程中，添加不同质量的 $Cd(NO_3)_2$，$Zn(NO_3)_2$，$Cr(NO_3)_3$，$Fe(NO_3)_3$ 等无机盐，制备得到金属离子掺杂量的 TiO_2 催化剂样品。通过样品的紫外-可见漫反射吸收光谱测试结果发现，过渡金属掺杂的 TiO_2 的吸收光谱吸收带发生明显红移，明显减少了 TiO_2 催化剂的禁带宽度（表 3-15），使得其能对可见光响应，提高了 TiO_2 催化剂对太阳能的利用率。

表 3-15　不同过渡金属离子掺杂 TiO_2 禁带宽度参数

催化剂	离子掺杂百分比/%	禁带宽度/eV[a]	禁带宽度/eV[b]
TiO_2	0	2.91	2.42
Cd^{2+}/TiO_2	4	2.58	1.53
Zn^{2+}/TiO_2	10	2.51	1.44
Cr^{3+}/TiO_2	4	2.38	1.21
Fe^{3+}/TiO_2	5	2.31	0.60

a. 禁带宽度 $= h \times C/\lambda = 1242/\lambda$，$\lambda$ 为紫外-可见光谱吸收边波长；b. 理论计算结果。

2）稀土金属离子掺杂。

稀土金属元素是化学元素周期表中镧系元素，主要有 La、Ce、Pr、Nd 等，具有丰富的能级，特殊的 4f 电子跃迁特性，易产生多电子组态，有着特殊的光学性质，且能吸收紫外光和可见光。稀土金属离子掺杂可有效扩展 TiO_2 的光谱响应范围，在极大提高吸附性能的同时，有效抑制电子-空穴的复合并使吸收波长红移[67]。在掺杂过程中，稀土金属离子并未取代晶格中的 Ti^{4+}，而是吸附在 TiO_2 表面。相反地，由于稀土金属离子的粒径均大于 Ti^{4+}（0.068nm），因而 Ti^{4+} 取代了稀土金属离子成为 Ti^{3+}，造成电荷不平衡而形成晶格缺陷，从而提高了 TiO_2 的光催化活性，增强了它对可见光的吸收。有研究者采用溶胶-凝胶法制备 9 种稀土金属 RE（RE = Y，Ce，Pr，Sm，Gd，Dy，Ho，Er 和 Yb）掺杂的 TiO_2 粉体，并分别运用 X 射线衍射光谱仪对其进行了表征，结果发现，纯 TiO_2 和稀土元素掺杂 TiO_2 衍射峰位置几乎一致，但稀土元素掺杂 TiO_2 的衍射峰明显变宽[68]。对比锐钛矿标准卡可知，未掺杂和掺杂后的 TiO_2 结构都由单一稳定的锐钛矿相组成，虽然部分制备样品显示出颜色，但并未发现与之相关的氧化物衍射峰，其可能原因在于部分稀土元素离子以非晶态氧化物的形式高度分散在 TiO_2 纳米粒子中，或者已取代 Ti^{4+} 而进入了 TiO_2 晶格中。

实验证明，适当的稀土离子掺杂可有效扩展 TiO_2 的光谱响应范围，且在掺杂量达到"最佳掺杂量"之前，光响应波段随着掺杂量的增加而逐渐向长波方向移动。有些学者认为稀土离子的掺杂机理是[69]，稀土离子掺杂造成了固定、额外且高浓度的氧空位，这些氧空位能吸收可见光；此外，紫外光诱导氧空位缺陷生成机理也起作用。稀土离子掺杂 TiO_2 具有可见光响应性能的原因是，稀土离子掺入晶体后，晶体原子质点间距发生变化。一般稀土离子半径较大，在其掺杂量达到最佳掺杂量之前，掺杂样品会因为大半径离子的进入而膨胀，造成晶格常数变大，即构成晶体的质点间距变大，原子离开平衡位置（共价键稳定的位置），共价键能量增大且变得不稳定，构成共价键的电子振动空间变大，振动频率减小，发生跃迁所需的能量随之减小，所以稀土离子的掺杂能够引起光响应的波段也逐渐向频率低的方向移动，最终使样品的光响应范围移动到可见光区域。

利用稀土金属对 TiO_2 进行改性，已经取得较好效果。本课题组选择了两种稀土离子（La^{3+}，Ce^{4+}），采用溶胶-凝胶法制备了稀土掺杂 TiO_2 催化剂，考察不同稀土掺杂量对 TiO_2 光催化活性的影响规律[70]。结果表明，适量 La^{3+} 的掺杂可以有效提高 TiO_2 光催化性能，掺杂摩尔分数为 1.0%、1.5% 的催化活性均高于纯 TiO_2，其中掺杂量为 1.5% 的催化剂催化活性最高。由于 La^{3+} 半径大于 Ti^{4+}，能进入 TiO_2 晶格的很少，当 La 掺杂量较少时，进入晶格的 La^{3+} 取代 Ti^{4+} 的位置，TiO_2 晶格中将缺少一个电子，引起 TiO_2 表面电荷不平衡。为弥补这种电荷不平衡状态，Ti^{4+}

表面将吸附较多的氢氧根离子，表面氢氧根离子可与光生空穴反应，生成活性羟基自由基。La^{3+}的掺杂使光生电子和空穴能够有效地分离，也增加了 TiO_2 表面具有强氧化性的活性羟基自由基的浓度，从而有效地提高了光催化性能。而 Ce^{4+} 的掺杂未能有效提高光催化剂的催化活性，其催化活性反而低于纯 TiO_2 光催化性能，因为在 Ce^{4+}-TiO_2 体系中不存在上面所述的电荷不平衡现象。不同元素掺杂改性的 TiO_2 所表现出来的光催化性能存在较大差异。

（2）非金属（阴离子）掺杂

非金属掺杂是将一定量的阴离子引入 TiO_2 的晶格中，使部分氧被取代并引入位置缺陷，改变其晶体结构，抑制电子与空穴的复合，降低 TiO_2 带隙能级，使其在紫外-可见光区的光催化活性得到有效提高。在掺杂体系中，TiO_2 中 O 的 2p 轨道会与非金属元素能级中与其接近的 p 轨道发生杂化，使价带宽化上移，减小禁带宽度，从而吸收可见光。进而使 TiO_2 的带隙变窄，对可见光的响应增强。非金属掺杂主要有 N 掺杂、S 掺杂、C 掺杂和卤素掺杂。

掺杂的方法主要有：脉冲激光沉积法、粒子束溅射法、机械化学法、溶胶-凝胶法、化学气相沉积法、低能离子注入法[71]。粒子束溅射法是在真空下电离惰性气体形成等离子体，离子在靶偏压的吸引下轰击靶材，溅射出靶材离子沉积到基片上；磁控溅射利用交叉电磁场对二次电子的约束作用，使溅射效率提高；脉冲激光沉积的基本原理是将脉冲激光器所产生的高功率脉冲激光束聚焦于靶材表面，使靶材表面产生高温高压等离子体。这种等离子体在基片表面沉积而形成薄膜，该方法常用来制备薄膜材料。机械化学法是指通过机械作用产生的强烈冲击、剪切、挤压等机械力使微粒子之间发生黏结附着、范德华吸附或晶界重组等物理化学变化，从而使不同种类的超微粒子进行有序复合的方法。

1）N 掺杂。

N 掺杂 TiO_2 在可见光区具有良好的催化能力，但是关于它的催化机理还存在争议。不同方法制备的 N 掺杂粉体或薄膜均表明，N 的掺杂可以改变原有 TiO_2 的能带结构，能不同程度地对可见光敏化产生响应，提高可见光催化活性。有研究者对比了纯 TiO_2 和 N 掺杂 TiO_2 纳米粒子的紫外-可见漫反射光谱图[72]，如图 3-87 所示。可以看出，与纯 TiO_2 相比，N 掺杂 TiO_2 吸收带边发生红移，光响应阈值降低，说明 N 掺杂改变了 TiO_2 晶体的电子结构，致使带隙窄化，进而使得 N 掺杂 TiO_2 对可见光的吸收能力明显提高。分析认为，N 取代晶格 O 形成了 N—Ti—O 和 O—N—Ti 键合结构，N 取代掺杂在价带上方 0.14eV 处引入了杂质能级[73]；另外，晶粒表面存在的大量稳定的氧空位能够在导带下方 0.75～1.18eV 处产生缺陷能级，二者协同作用致使带隙变窄而产生可见光响应活性。

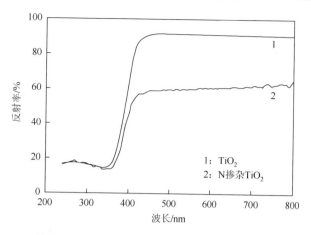

图 3-87　纯 TiO_2 和 N 掺杂 TiO_2 纳米粒子的 UV-Vis 漫反射光谱图

进一步通过光致发光（PL）光谱对 N 掺杂 TiO_2 的带隙窄化现象进行研究，结果如图 3-88 所示。在相同激发波长下，二者在波长小于 420nm 区域内存在明显差异，说明 N 的掺杂改变了 TiO_2 的电子结构，引发了新的荧光现象。与纯 TiO_2 相比，N 掺杂 TiO_2 的 PL 光谱吸收峰发生了蓝移，进一步证实 N 的掺杂导致纳米 TiO_2 带隙窄化。此外，N 掺杂 TiO_2 在可见光区的 PL 光谱强度大大降低，这主要是由于其表面存在大量表面态，如 p-n 异质结对光生电子空穴对（e^-/h^+）的分离作用、氧空位对光生 e^- 的束缚作用以及表面羟基对光生 h^+ 的捕获作用，有效地抑制了光生 e^-/h^+ 的复合，从而大大降低了样品的光致发光强度。

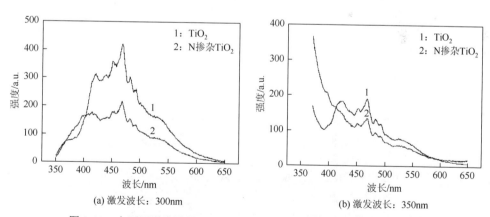

图 3-88　在不同激发波长下未掺杂和 N 掺杂 TiO_2 纳米粒子的 PL 光谱

未掺杂和 N 掺杂 TiO_2 纳米粒子的可见光活性如表 3-16 所示。N 掺杂的 TiO_2 催化剂在可见光照射下对亚甲基蓝（MB）水溶液进行降解，光催化脱色率为 35.16%，表现出较好的可见光催化活性；而未掺杂 N 的催化剂样品在可见光照射下对 MB

溶液的光催化脱色率仅为 0.88%，可见光活性极其微弱。众所周知，光催化剂的光活性是由其光吸收能力、电荷分离效率和载流子转移速率共同决定的。半导体光催化材料对可见光吸收能力是产生可见光活性的必要条件。研究表明，N 掺杂引入的杂质能级和缺陷能级使带隙窄化，光吸收带边红移，产生可见光活性。

表 3-16　未掺杂和 N 掺杂 TiO_2 纳米粒子的可见光活性

样品	MB 的光催化剂脱色率/%	表面光催化活性/[mol/(g·h)]
TiO_2	0.88	1.65×10^{-7}
N 掺杂 TiO_2	35.16	6.59×10^{-6}

2）S 掺杂。

S 掺杂的 TiO_2 过程可能产生置换晶格的金属离子 Ti^{4+} 而形成 S^{4+} 或者 S^{6+} 掺杂。采用水热法原位制备 S 掺杂 TiO_2 光催化剂[74]的方法如下：在磁力搅拌下，将一定量的硫脲溶解于 60mL 去离子水中，待硫脲完全溶解后加入 40mL 乙醇与 5mL 三乙醇胺，然后将 10mL 钛酸丁酯逐滴加入到混合溶液中，搅拌 30min。接着将此先驱液转入反应釜中，经 90min 升温至 210℃，然后保温 3h，将所得沉淀物离心分离，洗涤后在 50℃下真空干燥，即得 S 掺杂 TiO_2 粉末样品。为了研究水热反应温度对样品结构、性能的影响，还按照上述方法制备了水热合成温度分别为 150℃、180℃以及掺杂量不同及未掺杂硫脲的 TiO_2 样品。

图 3-89 是样品的 XRD 图谱，从图中可以看出，所有 X 射线衍射峰没有发现金红石和板钛矿以及其他杂相的衍射峰，它们均为锐钛矿型 TiO_2 的特征衍射峰，故可确认试样为单相锐钛矿型 TiO_2。还可以看出，随着水热温度的升高，衍射峰强度逐渐增大，样品的结晶性越来越好。

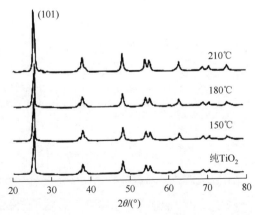

图 3-89　S 掺杂 TiO_2 在不同水热合成温度的 XRD 图

为了考察样品的光谱响应范围，测定了不同样品的紫外-可见漫反射光谱，并按 Kubelka-Munk 方程求得漫反射吸收谱，发现未掺杂的 TiO_2 只在紫外区存在基本吸收边，在可见光范围内没有吸收，而水热法合成的 S 掺杂 TiO_2 样品的吸收光谱均出现了红移，在可见光范围内出现了明显吸收。还可以看出，随着水热合成温度的升高，样品的吸收光谱红移明显，即较高的水热合成温度制成的样品对可见光的利用率更高。其原因可能在于，水热温度越高，反应体系所处的压力也越大，晶胞形成过程中有利于 S 元素进入 TiO_2 的晶格中，故增加了对可见光的吸收。

为了考察水热法合成样品的光催化性能，对其光催化降解甲基橙的性能进行了研究，并与纯 TiO_2 样品进行了比较，见图 3-90。可以看出，水热法合成的 S 掺杂 TiO_2 样品与纯 TiO_2 相比，表现出明显的可见光催化活性。并且随着光照时间的延长，甲基橙的 464nm 特征峰的吸光度逐渐下降，可以推测经过掺杂后的 TiO_2 的禁带宽度发生了变化，禁带宽度变小，导致吸收光谱向可见光方向移动，故在可见光的照射下，可对甲基橙进行光催化降解。因此，S 的掺杂能有效拓展 TiO_2 吸收光谱至可见光区，使之在可见光范围具有明显的光催化性能。

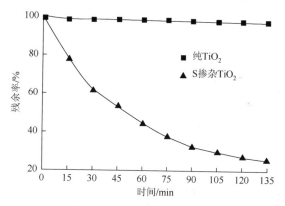

图 3-90　可见光催化降解甲基橙时的残余率随光照时间的变化曲线

有学者以 TiS_2 为前驱体，在空气中煅烧制备了硫掺杂的锐钛矿 TiO_2，其对可见光的光谱响应波长扩展到 550nm[75]。从 S 掺杂 TiO_2 降解亚甲基蓝可以看出，与纯 TiO_2 相比，S 掺杂 TiO_2 紫外光激发活性显著降低，显现阳离子掺杂特征。研究指出，S 掺杂也能够置换晶格氧，表现为 S^{2-}，氩离子刻蚀手段证实不论表面还是体相均产生 TiS_2 掺杂态，性能测试实验也表明，S 掺杂能够提高可见光激发活性。但是研究中发现，S 掺杂 TiO_2 容易发生催化中毒现象，难以更好地在可见光范围内分解污染物。

3）C 掺杂。

近年研究表明，C 掺杂或修饰可有效地改进 TiO_2 在可见光区的光催化活性。

Valentin 等[76]经过修正近似,利用密度泛函理论,对 C 掺杂 TiO$_2$ 做了理论上的研究。他们发现在含碳量较低、氧气不足的环境下,易于形成 C 取代氧及氧缺陷结构,相反,在富氧条件下,易形成间隙原子和 C 代替钛原子的结构。C 的杂质引起带隙的变化,使得 TiO$_2$ 的吸收边发生红移。有研究报道,通过气焰高温加热金属钛制备 C 掺杂化学改性的 n-TiO$_2$(记作 CM-n-TiO$_2$),发现 C 掺杂改性 TiO$_2$ 具有可见光吸收特性[77]。随后,研究者用不同方法制备 C-TiO$_2$,证实 C 原子取代 TiO$_2$ 中氧原子。测试发现其吸收光谱发生红移,催化效果明显优于纯 TiO$_2$。

纳米 TiO$_2$ 经 C 掺杂改性后,其吸收光谱延长到可见光区,这对利用太阳能处理有机污染物非常有现实意义。经 C 掺杂改性后的纳米 TiO$_2$ 用于降解各种污染物的情况见表 3-17。

表 3-17   C 掺杂 TiO$_2$ 可见光降解各种污染物

项目	污染物	所用光源、波长	初始浓度 /(mg/L)	光照时间 /min	降解程度
染料	活性艳红 X-3B	250W 卤素灯,>400nm	50	80	78.8%
	甲基蓝	太阳光,21.28W/m^2	10	80	约 100%
	罗丹明 B	500W 钨卤灯,>420nm	5	300	约 60%
	甲基橙	1kW 氙灯,>400nm	12	120	95.6%
VOCs	甲苯	150W 氙灯,425<λ<800nm	未知	未知	$k = 0.02\text{min}^{-1}$
	乙醛	1000W 高压汞灯,>420nm	约 18mmol/L	9	10mmol/L
其他	NO$_x$	LEDs,1mW/cm^2	1×10^{-6}	30	约 3.5μmol/h
	2-甲基吡啶	500W 氙灯,420/440nm	1	未知	约 100μmol/h
	苯酚	20W 紫外灯	0.1	300	约 42%
	4-氯苯酚	太阳能模拟灯辐照度: 85mW/cm^2,>380nm	2.5	300	约 58%,为未掺杂 C 样的 13 倍
	Cr(Ⅵ)	1kW 氙灯,>400nm	56.6	90	92.7%

4)卤素掺杂。

众多实验研究发现,卤素掺杂不仅影响了 TiO$_2$ 相结构、孔径和比表面积,而且还提高了催化剂对紫外光的吸收率。有研究利用离子注入法在 200kV 下,对金红石相的 TiO$_2$ 进行了氟离子掺杂改性,并利用卢瑟福背散射光谱仪研究了缺陷在退火中的修复过程,发现由高能氟离子注入所造成的点缺陷在空气中退火温度为 1200℃时完全修复。同时证明,氟离子掺杂能够改变 TiO$_2$ 的导带边缘[78]。另有学者在 NH$_4$F-H$_2$O 混合液中水解四异丙醇钛,制备高催化活性的纳米晶催化剂[79]。实验表明,氟离子掺杂提高了锐钛矿结晶度,且随氟离子掺杂量增大,有效抑制了板钛矿的生成并阻止了锐钛矿向金红石相的转变。空气中降解丙酮的研究发现,该催化剂催化活性优于 P25，且带隙宽度明显降低，在紫外-可见光范围内表现出强烈吸收特性。分析催化活性增强的可能原因如下：①催化剂比表面积增大，颗粒结晶度变小；②氟离子掺杂使 Ti^{4+} 通过电荷补偿转变为 Ti^{3+}，而 Ti^{3+} 表面态捕获光生电子转移至 O_2 并吸附在 TiO_2 表面，减少了电子-空穴对的复合，提高了光催化活性。另有研究深入分析了氟离子的掺杂提高 TiO_2 光催化活性的原因：①除带隙变窄外，还可能是 Ti^{3+} 和氟离子掺杂产生阴离子空穴，从而具有较高可见光吸收能力；②氟离子掺杂有效增加电子活动能力，使 TiO_2 具有较大比表面积和较小粒径[80]。

非金属掺杂改性 TiO_2 虽延伸了其光响应范围，使其能在可见光下响应，提高了其光利用率和光催化效率。但仍存在一定问题：①不同离子在 TiO_2 复合物中的具体存在形式以及掺杂对材料本身能带的改变机理等还不明确；②掺杂非金属元素提高纳米 TiO_2 的可见光响应是以降低带隙宽为代价的，从而导致 TiO_2 纳米晶相的氧化能力降低，使得其吸附物质不能够被完全氧化降解，且非金属掺杂改性制备的 TiO_2 晶相结构也不稳定。

（3）共掺杂

TiO_2 光催化活性与掺杂离子种类、浓度及晶型大小等多种因素有关。由于共掺杂离子间存在协同作用机制，采取适当元素对 TiO_2 进行共掺杂改性，有利于光生电子-空穴对的分离及对可见光的吸收，从而使共掺杂的光催化剂具有比单一元素掺杂更高的光催化活性[81]。共掺杂的协同作用机制表现在以下几个方面：产生可见光响应；抑制光生电子与空穴的复合；造成晶格缺陷，增加氧空位；提高催化剂表面羟基自由基浓度。共掺杂有不同金属、不同非金属、金属和非金属共掺杂以及多元素掺杂四种方式。

1）金属与金属共掺杂。

不同金属，如 Ce 和 Co、Er 和 Yb、Fe 和 V 以及 Sb 和 Cr 等金属离子共掺杂，可有效提高 TiO_2 光催化活性。有研究者用水解法制备了钇、锆共掺杂的纳米二氧化钛粒子，并用扫描电子显微镜、X 射线衍射、拉曼光谱和 BJH 孔隙大小分布测量对材料进行了分析，结果表明，钇和锆离子在锐钛矿二氧化钛结构中取代钛离子的临界总掺杂剂浓度约为 13%，其光吸收带边在高掺杂浓度时出现蓝移，在低浓度时出现红移，但在临界共掺杂浓度下共掺杂样品的光催化活性总是高于单离子掺杂样品[82]。

有研究表明，以四氯化钛为钛源，通过共沉淀法合成的 Fe-V-TiO_2 催化剂，当 Fe 的掺杂摩尔分数为 15%，V 的掺杂摩尔分数为 30%，焙烧温度为 400℃，催化剂用量为 1.5g/L，反应体系酸度为中性时，Fe-V-TiO_2 催化剂具有最佳的吸附和催化氧化性能。采用紫外-可见漫反射吸收仪对纯 TiO_2 与 Fe-V-TiO_2 样品进行了测试，对比发现，纯 TiO_2 样品仅在波长小于 400nm 时有吸收，光响应范围仅限于紫外区域；而 Fe-V-TiO_2 在波长大于 400nm 的可见光区范围也呈现出一定程度的吸收。Fe 和 V 的掺杂引入，在半导体带隙中形成了掺杂能级，使得能量较小的可见光能有效地激发半导体 TiO_2，同时掺杂离子的引入可使半导体晶型发生变形或扭曲，最终导致 TiO_2 的带隙能变小，进而使其光响应范围红移至可见光区[83]。

以浓度为 100ppm 的亚甲基蓝废水为降解对象，对 $Fe-V-TiO_2$ 的太阳能光催化活性进行研究，实验结果表明，催化剂 $Fe-V-TiO_2$ 对亚甲基蓝吸附饱和后在太阳光照射下进行降解反应。可以看出，亚甲基蓝的脱色率随光照时间的增加而增大，光照前后脱色率分别为 32.63% 和 63.81%，说明 $Fe-V-TiO_2$ 具有一定的可见光催化活性。

2）非金属与非金属共掺杂。

非金属 C、N 和 F 的掺杂是提高 TiO_2 对可见光利用率的有效途径，而采用非金属共掺杂可进一步提高 TiO_2 的光催化活性。有研究者以尿素和磷酸为掺杂剂、冰醋酸为抑制剂，采用溶胶-水热技术制备了介孔锐钛矿 $N-P-TiO_2$ 纳米粒子。XRD 分析测试结果表明，在 $N-P-TiO_2$ 中，N^{3-} 的离子半径（171pm）大于 O^{2-} 的（132pm），N^{3-} 替代 TiO_2 晶格中 O^{2-} 应引起晶格膨胀，但 N 掺杂并未改变 TiO_2（101）晶面间距，其未进入 TiO_2 晶格内部，而是在晶界或晶格隙间形成 N—Ti—O 或 Ti—O—N 键合结构，阻碍了晶粒直接接触或晶格点阵的重排，抑制了晶粒生长。相反，P^{5+} 的离子半径（35.0pm）远小于 Ti^{4+} 的（68.0pm），它替代 TiO_2 晶格中 Ti^{4+} 应引起晶格收缩。而事实上，P 掺杂却导致（101）晶面间距增大，其可能原因在于 P_4^{3-} 与 TiO_2 表面羟基的键合；光致发光（PL）分析结果表明，N 掺杂导致 PL 信号增强，说明 N 掺杂促进了光生载流子的复合；P 掺杂导致 PL 信号强度明显降低，说明 P 掺杂能够有效抑制光生载流子的复合；N-P 共掺杂导致 PL 信号强度进一步降低，说明 N-P 共掺杂对抑制光生载流子的复合产生协同作用[84]。

在模拟太阳光照射下，分别以未掺杂、N 掺杂、P 掺杂、N-P 共掺杂 TiO_2 样品对 4-氯酚溶液进行了光催化降解，结果如图 3-91 所示。从图中可以看出，与未

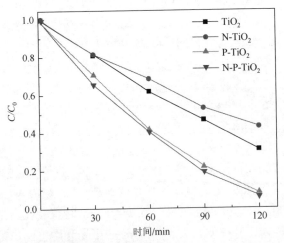

图 3-91　不同样品在模拟太阳光照射下对 4-氯酚的光催化降解活性

掺杂 TiO_2 样品相比，N 掺杂样品在太阳光全谱下光催化降解 4-氯酚的活性有所降低；P 掺杂样品光催化降解 4-氯酚的活性明显升高；N-P 共掺杂导致样品光催化活性进一步升高，说明 N-P 共掺杂对提高 TiO_2 光催化活性产生了协同作用。

3）金属和非金属共掺杂。

非金属可降低 TiO_2 的带隙能，拓宽光响应范围，金属离子可抑制光生载流子的复合，增强光吸收能力，当金属元素与非金属元素共掺杂时，金属离子进入 TiO_2 的晶格，取代钛原子的位置，非金属原子取代氧原子的位置，从而产生局部晶格畸变或形成新的氧空位。其协同作用可使光催化性能进一步提高。金属和非金属共掺杂的情况有 Pt 和 N、La 和 S、Eu 和 Si 以及 Zn 和 N 等[85]。有研究采用电化学阳极氧化法结合浸渍和退火后处理在纯 Ti 表面制备 Fe 和 N 共掺杂的 TiO_2 纳米管阵列光催化剂[86]。纯 TiO_2 和 Fe 掺杂、N 掺杂以及 Fe-N 共掺杂 TiO_2 纳米管阵列在 200~800nm 波长范围内的吸收光谱如图 3-92 所示，其中插图为根据公式 $(\alpha h v)^2 = A(h v - E_g)$（式中，$\alpha$ 为吸收系数，A 为与材料有关的常数，h 为普朗克常量，v 为光的频率，E_g 为禁带能量）计算得到的 $(\alpha h v)^{1/2} - h v$ 的关系曲线。可以看出，纯 TiO_2 纳米管阵列的主要吸收波长小于 380nm 的紫外光，对应锐钛矿型 TiO_2 的本征吸收，而其在可见光范围内小的波动峰是由 TiO_2 纳米颗粒捕获电荷载流子的吸收叠加造成的。与 TiO_2 纳米管阵列的光吸收进行比较，Fe、N 掺杂以及 Fe-N 共掺杂 TiO_2 纳米管阵列光吸收带边均发生了不同程度的红移，在可见光区的光吸收增强。从 $(\alpha h v)^{1/2} - h v$ 关系图中可以得到 TiO_2 纳米管阵列、N 掺杂、Fe 掺杂和 Fe-N

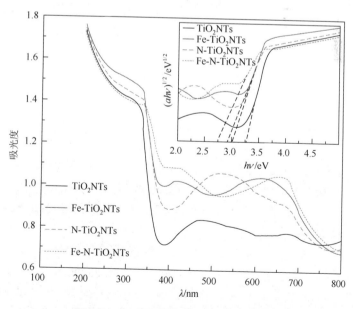

图 3-92　不同样品的紫外-可见吸收光谱

共掺杂 TiO$_2$ 纳米管阵列的带隙分别为 3.26eV、3.03eV、2.93eV 和 2.73eV，即带隙顺序为 TiO$_2$NTs>N-TiO$_2$NTs>Fe-TiO$_2$NTs>Fe-N-TiO$_2$NTs，进一步说明 Fe 和 N 成功地掺杂到了 TiO$_2$ 晶格中，增强了 TiO$_2$ 纳米管阵列对可见光的响应。

以罗丹明 B 溶液为降解对象，考察了 Fe 和 N 共掺杂 TiO$_2$ 纳米管阵列的可见光光催化活性，并与纯 TiO$_2$ 纳米管阵列和单一掺杂 TiO$_2$ 纳米管阵列的光催化活性进行对比，结果如图 3-93 和表 3-18 所示。

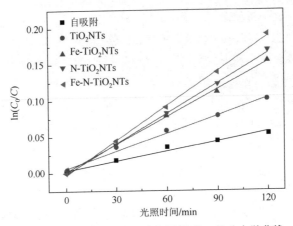

图 3-93　不同样品光催化降解罗丹明 B 的动力学曲线

表 3-18　不同样品在可见光照射下降解罗丹明 B 的一级表观速率常数（k）

样品	$k/(\times 10^3 min^{-1})$	相关系数 R^2
自吸附	0.45	0.9878
TiO$_2$NTs	0.82	0.9807
Fe-TiO$_2$NTs	1.26	0.9967
N-TiO$_2$NTs	1.41	0.9984
Fe-N-TiO$_2$NTs	1.60	0.9983

由图可以看出，可见光下罗丹明 B 可发生光敏化，因而其具有一定的自降解性。单一的 Fe 或 N 掺杂 TiO$_2$ 纳米管阵列的光催化活性均高于纯 TiO$_2$ 纳米管阵列，且 Fe-N 共掺杂纳米管阵列的光催化活性最高，其反应速率常数较纯 TiO$_2$ 纳米管阵列提高了约 1 倍，四种催化剂光催化活性的顺序是：TiO$_2$NTs<Fe-TiO$_2$NTs<N-TiO$_2$NTs<Fe-N-TiO$_2$NTs。出现这一规律的原因在于，可见光下单一元素掺杂 TiO$_2$ 纳米管阵列对罗丹明 B 的降解存在光敏化和光催化两种效应，因此光催化活性优于纯 TiO$_2$ 纳米管阵列；对于 Fe-N 共掺杂 TiO$_2$ 纳米管阵列，Fe 掺杂和 N 掺杂效应的协同作用，以及罗丹明 B 的光敏化作用共同提高了 TiO$_2$ 纳米管阵列的可见光催化活性。

4）多元素共掺杂。

除了双元素共掺杂外，两种以上元素共掺杂也是进一步增强光催化性能的有效途径。有学者合成了 C，N，S 共掺杂的介孔 TiO_2，其在可见光照射下显示出高光催化活性[87]。分析显示，C，N 和 S 三掺杂介孔 TiO_2 的高活性源于比表面积大、吸收边红移、可见光区的强吸收及混合相结构等特性之间的协同作用。Bi，C 和 N 共掺杂的 TiO_2 的可见光吸收能力也有所提高。研究表明，选择两种或多种离子对 TiO_2 进行共掺杂改性，能同时提供电子和空穴陷阱，抑制光生电子-空穴复合，从而达到提高光催化活性的目的。

（4）磁载改性

有研究将 TiO_2 催化剂磁载化，构成以磁性材料为核，以 TiO_2 粒子为壳的具有核壳型结构的磁载催化剂。磁载 TiO_2 催化剂保持了纳米粒子的高比表面积和传质效率，使得催化剂易于从体系中分离回收，便于循环使用。同时，磁性核与 TiO_2 催化剂之间存在相互作用，有助于提高 TiO_2 的可见光响应能力。目前常用的磁核材料主要为铁氧体磁材料，包括 γ-Fe_2O_3 和 Fe_3O_4 等，其中 Fe_3O_4 由于具有优良的化学稳定性、制备方法简单、制备工艺较成熟以及原料廉价易得等优点，成为众多磁性纳米材料中的研究重点。

本课题组采用化学共沉淀法制备了 Fe_3O_4 纳米颗粒，并采用溶胶-凝胶方法制备了磁载 Fe_3O_4/TiO_2 催化剂[88]，工艺流程如图 3-94 所示。

采用紫外-可见漫反射吸收光谱对纯 TiO_2 催化剂和磁载 Fe_3O_4/TiO_2 催化剂进行了光谱吸收表征，结果表明，与纯 TiO_2 催化剂相比，Fe_3O_4/TiO_2 的吸收带发生了红移，且吸收强度增强。在可见光区出现了一定程度的吸收峰，与紫外区的吸收峰之间的带隙可由公式

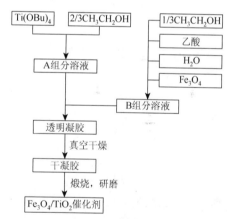

图 3-94　Fe_3O_4/TiO_2 催化剂的制备工艺示意图

$E_g = hc/\lambda$（E_g 为带隙能，eV；h 为普朗克常量；c 为光速，m/s；λ 为波长，nm）计算得到。光谱测试结果显示，TiO_2 和 Fe_3O_4/TiO_2 的吸收边沿的波长分别为 590nm 和 800nm 左右，通过计算得到它们的带隙能分别为 2.10eV 和 1.55eV。显然，磁性催化剂 Fe_3O_4/TiO_2 的带隙能比纯 TiO_2 的要低，因此在相同光的激发下，可产生更多的光生电子和空穴对，进而具有更高的催化活性。

分别制备不同 Fe_3O_4 质量掺杂比（1.5%、2%、3%、4%和5%）的 Fe_3O_4/TiO_2 催化剂，在太阳光下，对浓度为 30mg/L 的溴氨酸水溶液进行光催化降解实验，催化剂的投加量为 2g/L，降解时间为 6h，实验当日紫外线指数（当太阳在天空中

的位置最高时，到达地球表面的太阳光线中的紫外线辐射对人体皮肤的可能损伤程度）为 4 级。实验结果如图 3-95 所示。

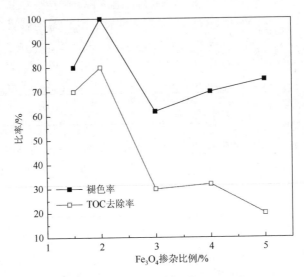

图 3-95　Fe_3O_4 掺杂比例对催化活性的影响

由图可知，当 Fe_3O_4 掺杂量较小时，催化剂的活性较高，当 Fe_3O_4 掺杂比例为 2% 时，催化剂的活性达到最高，此时溴氨酸水溶液的褪色率接近 100%，TOC 去除率为 80%。随着 Fe_3O_4 掺杂比例的继续增大，该催化剂的活性降低。由于六配位的 Ti^{4+} 半径（7.45nm）与六配位 Fe^{3+} 半径（6.90nm）相近，而且铁离子为 d 轨道未充满的易变价离子，当 Fe_3O_4 和 TiO_2 相接触煅烧时，Fe^{3+} 将进入 TiO_2 晶体中，这种 d 轨道未充满的易变价离子既可以成为电子陷阱，也可成为空穴陷阱，从而成为电子-空穴的复合中心。当 Fe^{3+} 进入 TiO_2 晶体中的量较大时，复合概率增大，TiO_2 实际的光电转换效率降低，光催化能力下降。

（5）贵金属沉积

贵金属属于有色金属中的一类，包括金、银和铂族等金属元素。半导体表面贵金属沉积被认为是一种可以捕获激发电子的有效改性方法，贵金属沉积有助于载流子的重新分布，电子从费米能级较高的半导体转移到较低的金属，直至二者的费米能级相同，从而形成俘获激发电子的肖特基势垒，电子-空穴得到有效的分离，最终提高半导体的光量子效率，改善其光催化活性。最常用的贵金属是Ⅷ族的 Pt，其次是 Pd、Ag、Cu 和 Ru 等。

贵金属在半导体表面沉积的方法有普通的浸渍还原法和光还原法。普通的浸渍还原法即将半导体颗粒浸渍在含有贵金属盐的溶液中，然后将浸渍颗粒在惰性气体保护下用氢气高温还原；光还原法即将半导体浸渍在贵金属盐和有机物如乙酸、甲醇等溶液中，然后在紫外光的照射下，贵金属被还原而沉积在半导体表面上。其在半导体表面并不形成一层覆盖物，而是形成原子簇，聚集尺寸一般为纳米级。有研究者将 Pt 负载在 TiO_2 上，发现 TiO_2 不仅能将 Pt 分散，增加催化剂与反应物接触的面积，而且可与 Pt 发生强相互作用，充分发挥 TiO_2 的电子促进作用，使得催化剂活性提高[89]。另有研究者以氨三乙酸（NTA）为前驱体，以氯铂酸为 Pt 源，采用低温水热法制备了 Pt 掺杂的 TiO_2（Pt-TiO_2），以丙烯为模型污染物考察了样品的可见光催化活性，结果如图 3-96 所示。可以看出，在可见光下，Pt 基本无光催化活性，这与其相对较大的禁带宽度和没有可见光吸收结果一致。而不同水热处理温度下制备得到的系列 Pt-NTA 样品具有可见光催化活性，且随着水热处理温度的升高，所得 Pt-TiO_2 样品的可见光催化活性逐渐升高，至 160℃时所得 Pt-NTA160 样品的活性最高，丙烯降解率达到 24.4%[90]。

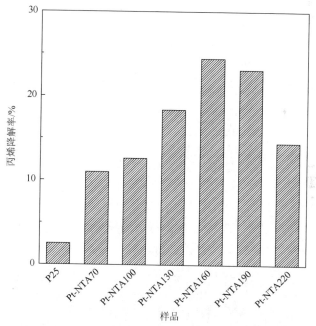

图 3-96　各 Pt-TiO_2 样品的可见光催化降解丙烯活性

此外，在半导体表面沉积的贵金属应控制在一个适量的范围内。在光催化剂上，当贵金属沉积量较低时，随着沉积量的增加，金属呈正效应，由于贵金属具有一定的催化性能，光生电子在贵金属上富集，有效地减小了半导体表面的光生电子浓度，达到了抑制光生电子-空穴在半导体表面复合的目的。然而，当贵金属沉积量超出最佳范围时，半导体表面存在过多的带电贵金属颗粒，表面电子与反应物会对光生空穴产生竞争，减少了反应物与光生空穴的作用概率，从而抑制了光催化降解效果。

（6）半导体光敏化

半导体光敏化是将光活性化合物通过化学或物理方法吸附于光催化剂表面，经光照激发，可将空穴或自由电子注入颗粒中，从而在半导体本体中产生电荷载体，增加光催化反应的效率的过程。光敏剂敏化作用机理是利用纳米 TiO_2 粉体的高比表面积和高表面能，以物理或化学方式对光活性敏化剂进行强烈吸附。光敏剂在可见光下具有较大的激发因子，在可见光照射下，吸附态光活性分子吸收光子，激发产生自由电子。当活性分子激发态电势比半导体导带电势更负时，其自身可失去能量将光生电子输送到 TiO_2 导带。注入到 TiO_2 导带的电子与光生电子具有相同特性，可以和吸附在表面的氧气分子等发生氧化还原反应，生成活性氧自由基，使光催化氧化成为可能，也扩大了 TiO_2 的光响应范围。为增强电子转移效果，研究者对敏化剂在 TiO_2 表面的固定化方式、光敏剂改性聚合物对 TiO_2 的修饰方法以及敏化剂与 TiO_2 的组合方式等方面进行了大量研究，并取得了较好的成果[91]。已见报道的敏化剂包括一些无机敏化剂（如 Ru 及 Pd、Pt、Rh 和 Au 的氯化物等），以及各种有机染料（包括叶绿酸、曙红、酞菁、紫菜碱、玫瑰红等）。

（7）复合半导体

复合半导体是利用两种半导体的协同作用，来改变光催化剂的吸光性质和光催化活性。复合半导体一般都表现出高于单一半导体的光催化活性。原因在于，复合半导体微粒大都是由宽能带隙、低能导带的半导体微粒和窄能带隙、高能导带的半导体纳米微粒复合而成，利用不同能级半导体的复合可以实现光生电子由高能价带向低能导带跃迁的目的，扩展光响应范围；光生载流子从一种半导体注入到另一种半导体微粒，能有效阻隔电子-空穴的复合通路，增大了量子产率，提高了光催化性能。通常两种半导体光催化剂复合时需要两者的导带底和价带顶位置彼此交错，光照激发时二者所产生的光生载流子才能够有效分离。

本课题组利用 p 型半导体材料 Cu_2O 对 TiO_2 进行复合，采用溶胶-凝胶法制备得到了一系列不同 Cu_2O 掺杂比的 Cu_2O/TiO_2 复合催化剂[92, 93]。由图 3-97 可知，单纯的纳米 TiO_2 在 $2\theta = 25.30°$ 处出现了锐钛矿型（101）晶面的特征衍射峰；并且在 $2\theta = 54.27°$ 处出现了金红石型 TiO_2 的（211）晶面的特征衍射峰，但强度较弱，说明单纯 TiO_2 中锐钛矿型所占比例较大，金红石型占较小比例。图中 Cu_2O 的明显特征峰，对应于立方晶相 [JCPDS 卡片，No：05-0667，JCPDS-78-2076，（110），（111），（200），（220），（311）和（222）晶面]，表明所制备得到的复合 Cu_2O 样品纯度较好。对于 Cu_2O/TiO_2 复合催化剂来说，在 Cu_2O 质量分数小于 10%

时，图中很难观察到 Cu_2O 的特征峰，主要是由低含量和高分散度所导致的；随着 Cu_2O 质量分数的增加，可以观察到其特征衍射峰的衍射强度随着 Cu_2O 质量分数的增加而逐渐变强。相反，所对应的 $2\theta = 25.30°$ 处锐钛矿型 TiO_2 的（101）晶面的衍射峰逐渐减弱。并且在谱图上没有发现 Cu 和 CuO 的相关衍射峰。以上表明，所制备的 Cu_2O/TiO_2 复合催化剂纯度较高。

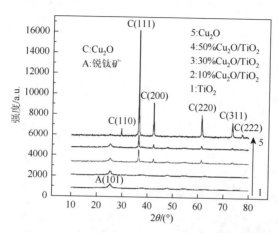

图 3-97　制备的 Cu_2O/TiO_2 复合催化剂的 XRD 图谱

图 3-98 为 $P25(TiO_2)$、Cu_2O 以及 Cu_2O/TiO_2 复合催化剂的扫描电子显微镜（SEM）以及透射电子显微镜（TEM）图片。图（a-1）表明纯 P25（TiO_2）的粒径大致为 20～30nm，纯 Cu_2O 晶体为粒径大致为 600～800nm 的规整立方晶粒，这些立方晶粒为空心结构，是由很多粒径更小的纳米级晶体颗粒聚集而成。在 Cu_2O/TiO_2 复合催化剂中，当 Cu_2O 质量分数低于 30%时很难观察到 Cu_2O 晶粒。随着 Cu_2O 质量分数的不断增大，晶粒越来越明显，并且复合催化剂粒径也越来越大。对应相应的 TEM 图片可以看出，Cu_2O 质量分数较低时，有较多纳米级 Cu_2O 晶粒与 TiO_2 复合形成均匀的复合半导体结构。从 Cu_2O 质量分数为 30%的 Cu_2O/TiO_2 复合催化剂的 TEM 图片中，可以看到 Cu_2O 纳米晶粒最多，且是高度分散的均匀晶粒；而 Cu_2O 质量分数为 50%的复合催化剂中，虽然 Cu_2O 颗粒仍较小，但 TEM 图像中 Cu_2O 纳米晶粒数并不增加，反而有所减少。当 Cu_2O 过量时，Cu_2O 又会成为电子-空穴对的复合中心，使得催化效率降低。综上，所制备的复合催化剂中，Cu_2O 的最佳质量分数为30%。由图 3-99 中 Cu_2O/TiO_2 复合催化剂异质结结构晶格图像可以看出，所制备的 Cu_2O/TiO_2 复合催化剂并不是简单的物质混合，而是敏化半导体材料和 TiO_2 的一种 p-n 异质结结构，这一结构可大大降低光生电子与空穴的复合概率，大大提高了光催化效率。

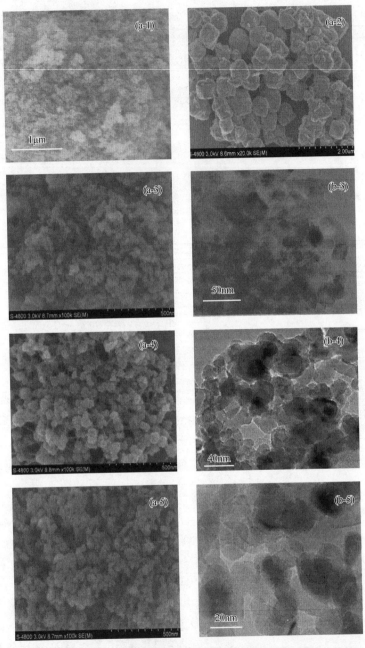

图 3-98　Cu₂O/TiO₂ 复合催化剂的 SEM 及 TEM 图

a-1：TiO₂ SEM 图；a-2：Cu₂O SEM 图；a-3：10% Cu₂O/TiO₂ SEM 图；a-4：30% Cu₂O/TiO₂ SEM 图；a-5：50% Cu₂O/TiO₂
SEM 图；b-3：10% Cu₂O/TiO₂ TEM 图；b-4：30% Cu₂O/TiO₂ TEM 图；b-5：50% Cu₂O/TiO₂ TEM 图

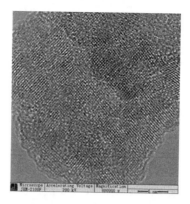

图 3-99　30%Cu₂O/TiO₂复合催化剂异质结构晶格图像

　　图 3-100 为 Cu₂O/TiO₂复合催化剂的紫外-可见漫反射吸收光谱图。由图可知，纯 TiO₂在波长＞400nm 范围内几乎没有光谱吸收，但在紫外光区域光吸收强度很大；纯氧化亚铜在 400～600nm 范围内有明显的吸收，但与 TiO₂吸收强度相比，Cu₂O 紫外光吸收强度比 TiO₂强度低；不同质量分数 Cu₂O/TiO₂复合催化剂在可见光区也有吸收。并且随着 Cu₂O 质量分数的增加，复合催化剂的可见光吸收强度逐渐增加。Cu₂O/TiO₂复合催化剂在 300～400nm 以及 500～650nm 两个波段有明显的吸收边带，由此可知，Cu₂O/TiO₂复合催化剂提升了催化剂的可见光利用率，对于太阳能的利用率也有了较大的提升。从催化反应效率来看，并不是 Cu₂O 质量分数越高，Cu₂O/TiO₂复合催化剂的可见光催化活性越高。随着 Cu₂O 质量分数的增加，复合催化剂可见光催化效率出现了先增大后减小的趋势，在 Cu₂O 质量分数为 30%时复合催化剂的可见光效应效果最佳。由于 TiO₂只能被波长＜387.5nm 的紫外光激发，而 Cu₂O 则能被可见光激发，因此异质结结构的 Cu₂O/TiO₂

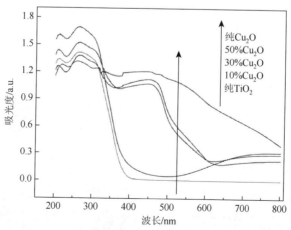

图 3-100　Cu₂O/TiO₂复合催化剂的紫外-可见漫反射吸收光谱图

复合催化剂能够满足可见光催化的目标。虽然 Cu_2O 可见光响应效果好，但其光电转换效率较低（<1%），适当的 Cu_2O 才可以既提高催化剂的可见光响应效率，也保证其具有较高的光电转换效率。紫外-可见漫反射数据表明，Cu_2O 质量分数为 30%的复合催化剂的效果最好，活性也最高。

以不同 Cu_2O 掺杂比的 Cu_2O/TiO_2 为催化剂，在不同光源（紫外光、可见光和太阳光）下进行酸性红 B 水溶液的光催化降解反应，通过溶液褪色率对 Cu_2O/TiO_2 的光响应能力进行了考察。酸性红 B 水溶液初始浓度为 50mg/L，催化剂投加量为 0.5g/L，初始 pH 值为 3.5，每 10min 取样，实验结果如图 3-101 所示。可以看出，以紫外光为光源时，P25（TiO_2）催化剂和 Cu_2O/TiO_2 复合催化剂都有较高的催化活性，45min 后溶液的褪色率都可达 90%以上；以太阳光为光源时，Cu_2O/TiO_2 复合催化剂效果优于 P25（TiO_2），30min 后，以 Cu_2O/TiO_2 为催化剂体系中，溶液的褪色率可达 85%左右，而以 P25（TiO_2）为催化剂的体系中，溶液的褪色率则不足 65%，说明 Cu_2O/TiO_2 复合催化剂对太阳光的响应能力和对光利用效率明显高于 P25（TiO_2）；同样，在以可见光为光源的体系中，Cu_2O/TiO_2 复合催化剂和 P25（TiO_2）催化剂之间的差异更加明显。反应 1h 后，Cu_2O/TiO_2 催化体系中，溶液褪色率为 71%，而 P25（TiO_2）催化体系中，溶液的褪色率却约 20%。综上可知，本实验中 TiO_2 催化剂与 Cu_2O 的复合，明显提高了 TiO_2 催化剂的可见光响应能力，制备的 Cu_2O/TiO_2 复合催化剂在太阳光下具有良好的催化活性。

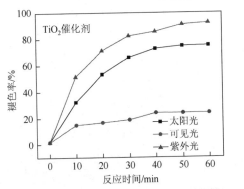
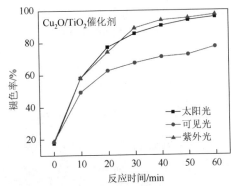

图 3-101　不同光源下 TiO_2、Cu_2O/TiO_2 催化剂降解酸性红 B 褪色率随时间的变化

2. CdS 光催化剂的改性

CdS 是一种典型的Ⅱ-Ⅵ族半导体化合物，室温下其禁带宽度为 2.42eV，禁带宽度较窄，对可见光敏感，但在光照时不稳定，在光催化氧化降解有机物的同时会伴有光腐蚀现象，导致水溶液中存在对生物有毒性的 Cd^{2+}，同样限制了其在光

催化反应中的应用。通过贵金属沉积、与宽禁带半导体复合、嵌入层状化合物、载体负载等方法，对纯 CdS 进行改性，可提高其光催化效果。

（1）贵金属沉积

沉积于半导体表面上的贵金属粒子不仅可起到光敏剂的作用，增加半导体对光的吸收，而且还可起到传输电子和空穴的作用，阻止电子-空穴对的复合，进而提高半导体的光催化活性。但沉积量对催化活性也有影响。当沉积量超过最佳值后，表面金属会起到相反作用，即会成为电子-空穴对的复合中心。

有研究者将负载 Ag 的 CdS 光催化剂用于光催化降解罗丹明 B（RhB）水溶液的反应。其结果表明，在可见光（≥400nm）照射下，随着 Ag 含量的增加，光催化降解 RhB 的效率先增加后减弱，其中最佳摩尔比是 Ag∶CdS = 1∶50。可见光催化活性提高的原因在于 Ag 沉积在 CdS 表面，不仅促进了光生电子从 CdS 导带向表面沉积 Ag 的迁移，也提高了改性 CdS 对于载流子的传导性[94]。也有研究采用镉硫共沉淀方法制备了 Hg 掺杂 CdS（$Hg_xCd_{1-x}S$）光催化剂，并应用于可见光催化降解罗丹明 B 溶液。实验结果表明，在 500W 的碘钨灯光源照射下，30min 后溶液褪色率为 100%[95]。

负载微量贵金属的 CdS 内部电子云的团聚现象较少并呈现出蝌蚪状和球状等特征，这些特征使得 CdS 具有一定的表面缺陷位点，在一定程度上能够有效抑制光生空穴-电子对的复合。同时掺杂后的 CdS 导带能级降低，其带隙减少，增加了对可见光的响应区间，从而提高了其可见光光催化降解性能。

（2）半导体复合

将 CdS 和 TiO_2 两种半导体进行复合，所制得的 CdS/TiO_2 复合催化剂中，TiO_2 在 CdS 表面上的覆盖作用抑制了其阳极上的光腐蚀现象，同时其催化活性随着 TiO_2 的晶化而增强。制备出的多孔耦合纳米晶以及其中的孔隙构筑成的微米级聚集体，既有较高的光催化活性，又有易于过滤的特性；而 CdS 是一种理想的可见光响应的光催化剂，它与 TiO_2 复合不仅可敏化 TiO_2，使其吸收峰向可见光方向移动，实现光生电子-空穴的有效分离，且抑制了 CdS 的光腐蚀，从而提高光催化性能。CdS/TiO_2 复合的方法主要包括水热法、反相微乳法、溶胶-凝胶法、固相机械混合法等工艺。

本课题组采用溶胶-凝胶两步合成法制备多孔 TiO_2，以乙酸镉及硫脲溶液作为镉离子、硫离子的掺杂离子给体，进行半导体复合催化剂的原位合成，在多孔 TiO_2 表面耦合纳米晶 CdS，制备对可见光有一定响应又易于分离的多孔耦合 CdS/TiO_2 催化剂[96, 97]。将多孔耦合 CdS/TiO_2 催化剂与多孔 TiO_2 在太阳光下催化降解溴氨酸水溶液的效果进行了对比，实验结果如图 3-102 所示。其中，催化剂用量为 3g/L，当日紫外光指数为 3 级，较强。

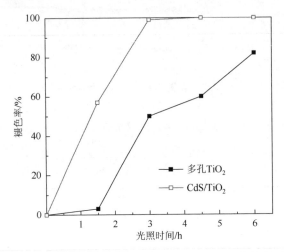

图 3-102   多孔耦合 CdS/TiO₂ 催化剂与多孔 TiO₂ 的性能对比

太阳光照射下，多孔耦合 CdS/TiO₂ 催化剂的催化降解性能明显高于多孔 TiO₂。在相同条件下，光照 1.5h 后，多孔 TiO₂ 的褪色率仅为 2.33%，而多孔耦合催化剂的褪色率已达到 56.05%，说明多孔耦合 CdS/TiO₂ 催化剂在太阳光下能得到有效激发。在多孔耦合 CdS/TiO₂ 催化剂中，由于 TiO₂ 导带比 CdS 导带电位高，CdS 中所激发产生的电子极易迁移到 TiO₂ 导带上，而空穴仍留在 CdS 价带上。电子的这种迁移效果提高了电荷的分离效率，也延伸了催化剂的光激发能级范围，从而使得多孔耦合 CdS/TiO₂ 催化剂在太阳光下有很好的光催化活性。

也有研究将 CdS 和 ZnO 两种半导体进行复合。ZnO 是一种紫外光响应的半导体材料，其禁带能（E_g）为 3.3eV。而 CdS 作为一种可见光响应的半导体材料，将两者进行复合也可达到理想的光催化效果。有研究者采用水热法在 ZnO 纳米棒上生长 CdS 纳米粒子，对不同条件下合成的 CdS/ZnO 复合结构的形貌和光吸收特性等进行了表征，并研究了 CdS/ZnO 复合结构的光催化活性。结果发现，利用 CdS 纳米粒子修饰 ZnO 纳米棒后光致发光发生了明显的变化，纳米复合结构的 ZnO/CdS 的可见光催化性能也显著提高。

（3）CdS 插层复合

层状半导体化合物具有层间离子的可交换性，可在其层间进行修饰，即克服层与层之间较弱的作用力，将无机、有机分子等客体插入到层间，形成复合材料，可有效抑制光生电子和空穴的复合，增强其催化活性。有研究者利用微波法将窄带隙的 CdS 引入层状化合物 K₂Ti₄O₉ 中，两者在层间结合，使能带结构发生改变[98]。CdS 插层 K₂Ti₄O₉ 的制备方法如下：将正丁胺柱撑的 K₂Ti₄O₉ 在微波反应器中与 0.4mol/L Cd(CH₃COO)₂ 溶液进行离子交换 3h，产物用去离子水充分洗涤，干燥，干燥后的产物放入 U 形玻璃管，在室温下通入 H₂S（Na₂S 与稀硫酸反应制取）至硫化完全，得到 CdS 插层产物，记作 m-CdS-K$_2$Ti$_4$O$_9$。为了进行对比，采用传统方法将 C$_4$H$_{11}$N-H$_2$Ti$_4$O$_9$ 在 65℃进行 Cd 离子交换 6h，经洗涤、干燥、硫化后，制得产物，记作 n-CdS-K$_2$Ti$_4$O$_9$。同时，研究中还通过 Cd(CH$_3$COO)$_2$ 与 Na$_2$S 反应制备了 CdS；将 CdS 与 K$_2$Ti$_4$O$_9$ 机械混合制备 K$_2$Ti$_4$O$_9$ 包覆 CdS 催化剂。在模拟太阳光条件下，通过催化剂的催化产氢能力对其催化活性进行了考察，结果如图 3-103 所示。可以看出，四种催化剂均表现出一定的活性，m-CdS-K$_2$Ti$_4$O$_9$ 及 n-CdS-K$_2$Ti$_4$O$_9$ 的活性明显高于其他两种催化剂，这说明 CdS 插入 K$_2$Ti$_4$O$_9$ 层间促进了光生电子-空穴对的分离。同时微波插层 m-CdS-K$_2$Ti$_4$O$_9$ 的累积产氢量达到 161.6mmol/gcat，而非微波法的 n-CdS-K$_2$Ti$_4$O$_9$ 催化剂的产氢量只有 94.6mmol/gcat，说明微波法插层制备催化剂所需时间较短，K$_2$Ti$_4$O$_9$ 的晶体结构变化较小，而非微波法制备的催化剂所需时间较长，K$_2$Ti$_4$O$_9$ 的晶体结构变化较大，故 m-CdS-K$_2$Ti$_4$O$_9$ 的活性高于 n-CdS-K$_2$Ti$_4$O$_9$ 及 CdS 与 K$_2$Ti$_4$O$_9$ 机械混合催化剂催化活性。且紫外-可见漫反射光谱测试结果表明，m-CdS-K$_2$Ti$_4$O$_9$ 的可见光吸收边界较 n-CdS-K$_2$Ti$_4$O$_9$ 红移，提高了可见光的利用率。

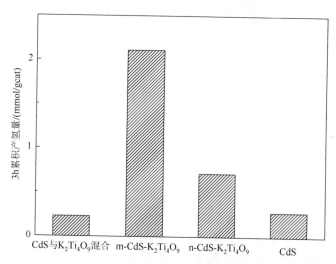

图 3-103　模拟太阳光下光催化累积产氢量

　　将具有光催化活性的 CdS 引入到无机层状化合物中，CdS 嵌入层状结构后，两者之间并不是简单地机械叠加，而是二者的能级匹配促使被激发电子从 CdS 转入 Ti-O 层，而空穴留在 CdS 中，这就明显增大了电子和空穴的有效分离；另外，通过层间复合 CdS 同插层的结合比其两者机械混合更为紧密，有利于自由电子的快速迁移；同时，层间复合提高了材料的比表面积，有利于光催化活性的提高。

（4）CdS-石墨烯复合物

石墨烯为一种理想的催化剂颗粒的载体，作用与层状基质相似，可以大大增强光催化活性。另外，由于石墨烯的二维平面 π 键结合结构使其拥有优异的导电性能，它可以有效抑制 CdS-石墨烯复合物中光生电子和空穴的复合。此外，掺入一定量的黑色石墨烯可以使复合物的颜色变深，从而增强其对可见光的吸收和利用。CdS-石墨稀与纯 CdS 相比，石墨烯较大的比表面积提供了更多的表面吸附位及光催化反应活性位，增加了光催化活性；在 CdS-石墨烯结构中，石墨烯作为由 CdS 半导体产生的光生电子的接收者和传输者，可以大大降低光生电子-空穴对的复合率，使得更多的光生载流子参与到光催化反应当中。

（5）负载型 CdS

负载型光催化剂是将具有光催化活性的半导体担载在载体上。常见的载体主要有 SiO_2、Al_2O_3、分子筛和高分子膜等。有研究者以巯基修饰氧化铝（SH-Al_2O_3）、巯基修饰硅铝酸盐（SH-AS）、介孔硅（MCM-41）为载体，制备了一系列负载型 CdS 光催化剂并对其性能进行了测试。结果表明，负载型 CdS 的吸收边相对于纯 CdS 不仅没有发生明显的变化，而且还增强了稳定性。采用湿化学方法合成的分子筛负载 CdS 催化降解罗丹明 B 溶液的实验结果表明，在可见光照射下，与单纯 CdS 相比，分子筛负载 CdS 催化剂表现出更高的光催化效率。

综上可以看出，CdS 在不同的载体上的负载，不仅增大了催化剂的比表面积、易于离子交换及电子传输，而且还可避免反应过程中粒子的凝聚及沉积，从而提高其光活性及使用寿命。

3. ZnO 光催化剂的改性

（1）贵金属沉积

ZnO 表面贵金属沉积是指将贵金属以原子簇的形式沉积在 ZnO 的表面。常用的贵金属有 Ag、Pd、Pt 等。在 ZnO 表面沉积适量的贵金属后，当光照射到催化剂表面时，光电子从费米能级较高的半导体（ZnO）转移到费米能级较低的贵金属上，直到它们的费米能级处于同一水平，从而形成肖特基势垒。光生空穴留在了半导体的表面，光生电子和空穴得到有效分离，抑制了光生载流子的复合，提高了光催化活性。

有研究者采用易于工业化的氨浸法制备了纳米 Ag/ZnO 光催化剂，并考察了其在紫外光和可见光下光催化降解壬基酚聚氧乙烯醚（NPE210）的性能[99]。紫外-可见漫反射吸收光谱分析结果表明，纳米 Ag/ZnO 光催化剂在可见光区域内的吸收带和吸收强度与 Ag 负载量有关。在 Ag 负载量为 0.15% 时，Ag/ZnO 样品的吸收带发生了红移，并在 450～550nm 间出现了明显的吸收峰。由于 ZnO 在可见光区没有吸收，因此 Ag/ZnO 样品在 450～550nm 间的吸收峰可能为表面银离子的共振吸收峰。而随着银负载量的增加，此共振吸收峰有逐渐升高的趋势，有助于提高 Ag/ZnO 样品在可见光下的催化活性。而壬基酚聚氧乙烯醚（NPE210）的光催化降解实验结果表明，溶液在可见光照射 3h 后，以 0.15% Ag/ZnO 样品为催化剂的催化体系中，NPE210 的降解率为 56%，而以纯 ZnO 样品为催化剂的催化体系中 NPE210 的降解率仅为 40%，说明 Ag 的沉积提高了 ZnO 的可见光催化活性。

（2）半导体复合

单一半导体催化剂的光生载流子（e^-，h^+）容易快速复合导致光催化效率降低，而不同半导体的价带、导带和带隙能不一致，半导体复合可能产生能级交错，有利于光生电子和空穴的分离从而产生更多的活性氧化物种，同时扩展纳米 ZnO 的光谱响应范围，因此复合半导体比单一半导体具有更好的光催化活性和稳定性。有研究者采用共沉淀法制备了 ZnO/SnO₂ 纳米复合氧化物光催化剂，与 ZnO 相比，复合催化剂的吸收带发生明显红移，其在对硝基苯胺的降解中，表现出较好的光催化活性。同样，ZnO/TiO₂、ZnO/CuO、ZnO/LDHs（镁铝复合氧化物）和 ZnO/CeO₂ 等复合催化剂的催化活性研究结果均表明，复合半导体比单个半导体具有更高的光催化活性[100]。

（3）离子掺杂

掺杂是指将特殊元素的离子引入到半导体表面间隙或晶格中，以达到控制和改变半导体光电性质的目的。金属离子的掺入可在半导体中引入缺陷或形成掺杂能级，影响电子与空穴的复合或改变氧化锌半导体的能带结构，从而改变 ZnO 的光催化活性。另外许多过渡金属具有对太阳光吸收灵敏的外层 d 电子，利用过渡金属离子对 ZnO 进行掺杂改性，可以使光吸收波长范围延伸至可见光区，增加对太阳光的吸收与转化。有研究者采用流变相反应法制备了 $Zn_{1-x}Mg_xO$ 光催化剂，并用该系列催化剂光催化降解亚甲基蓝[101]。实验结果表明，在可见光照射下，其催化活性均高于 P25。采用氨浸法制备的不同 Fe^{3+} 含量的 Fe^{3+}/ZnO 在可见光和紫外光下降解壬基酚聚氧乙烯醚（NPE10）的实验结果表明，以 0.5% Fe^{3+}/ZnO 样品为催化剂的体系，在紫外光和可见光下照射 3h 后，NPE10 的降解率分别比纯 ZnO 提高 18% 和 69%。此外，有研究者采用直接沉淀法制备了 Zr 掺杂 ZnO 粉体，测试结果表明，Zr/ZnO 光催化剂的最大吸收略有红移，且在可见光范围内的吸收光强度明显增加，提高了可见光利用率[102]。

（4）载体负载

ZnO 光催化剂易被空穴氧化而发生光腐蚀，且在过酸过碱（pH<2 或 pH>10）介质中有较大的溶解趋势，进而影响光催化效率和催化剂的循环使用。选择合适的载体负载 ZnO，通过载体效应提高其稳定性。采用坡缕石对 ZnO 进行负载，制备所得催化剂应用于太阳光光催化降解亚甲基蓝，实验结果表明，在太阳光照射下，该负载光催化剂较未负载 ZnO 表现出更高的光催化降解活性，对亚甲基蓝溶液的光催化降解率能达到 99% 以上[103]。

4. 其他光催化剂的改性

（1）BiOCl 的改性

有研究者通过离子掺杂对 BiOCl 进行改性，通过离子掺杂在半导体晶格中引入了缺陷位置或改变结晶度，从而抑制了电子和空穴的复合，提高催化剂利用可见光光催化降解污染物的效率。采用水解法制得的 Mn 掺杂 BiOCl 粉末降低了 BiOCl 带隙，使得 BiOCl 粒径减小，也增强了 BiOCl 在可见光下光催化活性。有研究者研究了 $BiOCl_{1-x}Br_x$ 固溶体的光催化活性，结果表明，当 $x = 0.5$ 时，$BiOCl_{1-x}Br_x$ 光催化剂可见光催化活性最佳，降解罗丹明 B 溶液 60min 后罗丹明 B 的降解效率可达 97%[104]。

有学者通过 BiOCl 与另外一种半导体复合来改变光催化剂的吸光性质和光催化活性。如采用化学浴沉积法一步合成 Ag/AgCl/BiOCl 复合光催化剂并将其应用于罗丹明 B 的光催化剂降解实验。结果证明，该复合光催化剂具有比单独的 Ag/AgCl 和 BiOCl 更高的光催化活性。光催化反应中起到关键作用的自由基可能为超氧自由基、氯自由基或空穴。有研究者制备了 BOH/BiOCl 复合物并对罗丹明 B 溶液进行了降解。实验结果表明，该复合物具有比单个组分更高的光催化活性，且在可见光下该复合物对罗丹明 B 的降解率是 P25 催化剂的 5 倍多[105]。

也有研究者通过在 BiOCl 表面沉积贵金属来提高催化剂表面光生载流子的分离效率。如采用光化学沉积法制备的一系列 Ag/BiOCl 或 Pt/BiOCl 复合光催化剂，在光催化降解酸性橙 II 的实验中，沉积 Ag 或 Pt 纳米粒子能有效拓展 BiOCl 的光响应范围，实现可见光吸收，抑制光生电子与空穴的复合概率，从而表现出更高的光催化活性[106]。

同样，也有研究通过 BiOCl 表面光敏化将光活性化合物通过化学或物理方法吸附于光催化剂表面，经光照激发，可将空穴或自由电子注入颗粒中，从而在半导体本体中产生电荷载体，增加光催化反应的效率。有研究以十二烷基磺酸钠为模板剂，尿素为水解剂制备了 WO_3/BiOCl 复合催化剂。结果表明，在光催化过程中，WO_3 作为光敏剂，提高了 BiOCl 在可见光下的光催化活性。同样，以 Bi_2S_3 为敏化剂有效地改善了 BiOCl 的可见光光催化降解罗丹明 B 的性能，其催化活性明显优于 BiOCl、Bi_2S_3 和 P25 等催化剂[107]。

（2）$NaBiO_3$ 的改性

$NaBiO_3$ 属于钙钛矿型金属氧化物，以 $NaBiO_3$ 为催化剂，在可见光条件下催化降解孔雀石绿（MG）染料的实验结果表明，17min 内浓度为 20mg/L 的 MG 溶液脱色率达 97%，远比相同条件下 TiO_2 和 Bi_2WO_6 的脱色效果好（分别为 28% 和 44%）[108]。$NaBiO_3$ 所表现出的高光催化活性主要是因为其高度杂化的 Na 3s 与 O 2p 电子轨道使光生电子在 sp 带上的迁移性得到大幅提升，从而有效抑制了光生电子-空穴对的复合，提高了活性物质的产率。

3.3.3 锐钛矿型 TiO_2 单晶的制备及光催化特性

针对提高 TiO_2 量子产率、扩展 TiO_2 光激发响应范围、改善其光催化活性的研究，国内外研究学者进行了大量的实验并取得了显著的研究成果。常用的 TiO_2 改性方法有半导体复合、离子掺杂、贵金属沉积、表面光敏化、载体负载等。尽管这些改性的方法能在一定程度上弥补 TiO_2 的缺陷并改善其光催化活性，但对于 TiO_2 本身结构和形貌而言，都属于外部辅助协同改性法，此类方法通常具有很多的弊端，如改性催化剂价键结合能力弱、长期使用活性下降、稳定性降低、易被腐蚀和团聚。

近几年，随着晶面工程的提出和多学科的交叉共融，通过调控晶体不同晶面暴露程度来调节光催化材料性能的研究越来越受到人们的重视。很多具有特定形貌的半导体晶体，因其具有与自身形状尺寸相关的特殊属性，使得其原子结构和晶格特性的研究得到了显著的关注。对于 TiO_2 半导体材料而言，主要以热力学稳定性（101）面为主导暴露晶面（暴露比例＞94%）。而理论计算和实验表明，平衡态和稳定态的（001）面具有更高的光催化活性，但（001）晶面的高表面能导致其不易在生长过程中稳定存在而快速消失。因此，合成大比例暴露（001）晶面的 TiO_2 为其光催化活性的改善提供了一种新的思路。2008 年，有研究者首次以氢氟酸（HF）作为晶面控制剂，通过水热法合成了形貌尺寸均一且（001）晶面暴露比例为 47%的锐钛矿型 TiO_2 单晶，并提出（001）晶面是光催化活性面，由此开辟了具有高暴露比例（001）晶面的 TiO_2 单晶合成历程。不仅如此，之后又有不同晶面暴露比例的锐钛矿型 TiO_2 单晶被成功合成出来，如（011）、（110）、（112）和（122）面等，进一步说明了不同的晶面对光催化活性的贡献不同。

然而一些科学家在研究中发现，仅仅具有高活性和高比例暴露的（001）晶面并不足以使 TiO_2 具备最优的光催化性能。（001）和（101）晶面间的协同效应才是决定光催化活性的重要因素。这是由于（001）面和（101）面的原子排列不同，其不同晶面具有不同导带和价带的表面能级差 [（001）为 $0.90J/m^2$；（101）为 $0.44J/m^2$]，这种表面能级差和界（晶）面效应会驱使电子和空穴迁移至不同的晶面富集，从而导致光生电子-空穴的有效分离，提高了量子产率，进而提高光催化性能。同时，富集着不同电子和空穴的晶面具有不同的氧化还原活性位点，使其在光催化反应中所表现出的氧化和还原特性不同。有文献表明，锐钛矿型 TiO_2 单晶的（001）面主导氧化反应，而（101）面主导还原反应。然而，在对 TiO_2 晶面的研究中也出现了相反的理论。有研究者的研究结果发现，锐钛矿型 TiO_2 单晶的

（101）面在光催化氧化有机污染物中比（001）面活性更高，这与（001）面主导氧化反应的结论相反。

针对同一个 TiO_2 单晶而言，其具有的（001）面和（101）面的比例大小是竞争关系。本课题组以氢氟酸为形貌（晶面）控制剂，采用溶剂热合成法，通过调节不同的合成条件，如晶体合成反应时间和组分等因素进行调控，来控制 TiO_2 单晶（001）面和（101）面的生长关系，以此来制备具有不同暴露比例（001）面和（101）面的锐钛矿型 TiO_2 单晶[109, 110]。结合 XRD、SEM、TEM、XPS、比表面积和孔径分布等表征手段对制备的 TiO_2 晶体的结构、形貌、晶型和比表面积进行测定。同时，基于不同比例（001）面和（101）面的锐钛矿型 TiO_2 单晶所具有的晶面效应及氧化还原能力的不同，采用对苯二甲酸间接测定羟基自由基（·OH）法和还原硝基（—NO_2 被还原成—NH_2）法分别对其光催化氧化和还原特性进行了评价，进而对其晶面效应和单晶晶面的各向异性（氧化-还原特性）进行研究，以期确定氧化面和还原面。

1. 锐钛矿型 TiO_2 单晶的制备

以氢氟酸（HF）为形貌控制剂，四氟化钛（TiF_4）为钛源，采用溶剂热法制备锐钛矿型 TiO_2 单晶。具体制备步骤如下：

1）将 125mL 质量分数为 36%～38%的浓盐酸和去离子水于烧杯中混合稀释，待冷却后，于 1L 容量瓶中定容，配制 1.5mol/L 的盐酸溶液，备用。

2）称取 1.239g 四氟化钛（TiF_4；$M = 123.86g/mol$）溶于 300mL 浓度为 1.5mol/L 的盐酸溶液中，用去离子水定容至 1L，即配制出 0.01mol/L 的 TiF_4 溶液。

3）将 40～70mL 的 TiF_4 溶液和 0.01～0.1mL（40%，质量分数）的氢氟酸（HF）加入到 100mL 聚四氟乙烯内衬不锈钢高压反应釜中，置于马弗炉中 180℃，反应 4～15h。反应完成后，取出冷却至室温。

4）将获得的白色固体沉淀物用去离子水清洗 3 次，离心分离，100℃下干燥，即获得含氟 TiO_2 单晶。

5）去氟过程：将获得的含氟 TiO_2 单晶置于马弗炉中，500℃下焙烧 2h；冷却至室温后即获得锐钛矿型 TiO_2 单晶。

2. 催化剂结构分析

制备了四种不同形貌特征的 TiO_2 样品：锐钛矿型 TiO_2 纳米晶、球形 TiO_2 多晶颗粒、锐钛矿型 TiO_2 单晶（含氟和无氟），通过 XRD、SEM、TEM、XPS、比表面积和孔径分布测定对所制备样品的结构、形貌、晶型和比表面积进行表征。

（1）XRD 分析

采用 X 射线衍射（XRD）光谱仪对四种不同形貌特征 TiO_2 样品的晶型结构

进行了分析，结果如图 3-104 所示。可以看出，四种 TiO$_2$ 样品都属于锐钛矿型（JCPDS 卡片，No.21-1272）。与锐钛矿型 TiO$_2$ 纳米晶和球形 TiO$_2$ 多晶颗粒的 XRD 特征峰对比分析可知，锐钛矿型 TiO$_2$ 单晶（含氟和无氟）的衍射峰峰值更强、更尖锐，这意味着锐钛矿型 TiO$_2$ 单晶的结晶度更好。同时，可以看出，含氟锐钛矿型 TiO$_2$ 单晶与无氟锐钛矿型 TiO$_2$ 单晶的 XRD 衍射峰基本相同，该分析结果从侧面表明，氢氟酸（HF）作为晶面控制剂，在合成反应中并没有参与 TiO$_2$ 晶体内部原子的构建排列和改变单晶晶格结构，其仅以降低（001）面的表面能的目的存在于单晶表面，且高温去氟过程也未对锐钛矿型 TiO$_2$ 单晶的晶型结构产生影响。

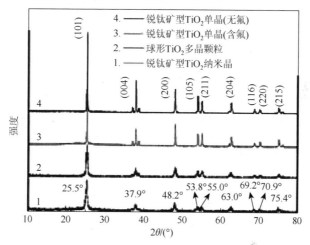

图 3-104　不同结构形貌的 TiO$_2$ 样品的 XRD 图谱

（2）比表面积和孔径分布分析

采用比表面积分析仪对所制备的孔道结构进行了分析，结果如图 3-105 所示。由图可知，锐钛矿型 TiO$_2$ 单晶的 N$_2$ 吸附等温线呈现Ⅳ和 H3 型回滞环（IUPAC），表明其存在窄的狭缝状孔，这一般是由片状颗粒松散堆积形成的楔形孔。表 3-19 列出了不同样品的比表面积、平均孔径和孔容的详细数据。通过 BJH 法计算得知，锐钛矿型 TiO$_2$ 单晶聚集孔的孔径和孔容分别为 3nm 和 0.036cm^3/g 左右。通过 BET 计算可知，锐钛矿型 TiO$_2$ 单晶比表面积为 5.71m^2/g，其比表面积明显小于纳米级 TiO$_2$ 晶粒，这是由单晶的微米级尺度及光滑的晶面导致的。

表 3-19　不同 TiO$_2$ 样品的物理特性

样品名称	S_{BET}/(m^2/g)	平均孔径/nm	孔容/(cm^3/g)
锐钛矿型 TiO$_2$ 纳米晶	67.98	6.54	0.072
球形 TiO$_2$ 多晶颗粒	8.64	9.58	0.038
含氟锐钛矿型 TiO$_2$ 单晶	5.75	3.05	0.037
无氟锐钛矿型 TiO$_2$ 单晶	5.71	3.02	0.036

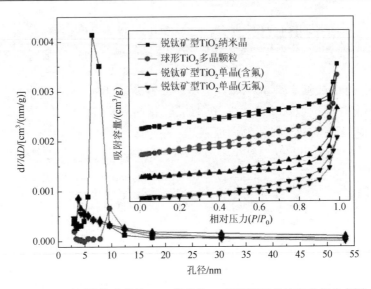

图 3-105　不同结构形貌的 TiO₂ 样品的 N₂ 吸附脱附曲线和孔径分布图

（3）XPS 分析

采用 HF 作为形貌（晶面）控制剂制备的锐钛矿型 TiO₂ 单晶表面吸附有大量氟原子。为了获得更高的单晶活性，在采用锐钛矿型 TiO₂ 单晶进行光催化实验之前，通过高温煅烧法（500℃下焙烧 2h）对 TiO₂ 表面吸附的氟原子进行了去除，以获得具有洁净表面的锐钛矿型 TiO₂ 单晶。为检测氟原子去除效果，对去氟前后的 TiO₂ 单晶样品进行了 XPS 表征，结果如图 3-106 所示。

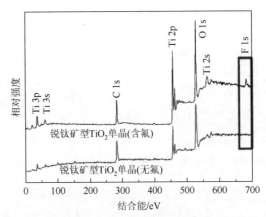

图 3-106　锐钛矿型 TiO₂ 单晶（含氟和无氟）样品的 XPS 图谱

可以看出，去氟前后的锐钛矿型 TiO₂ 单晶样品的 XPS 谱图很相似，各元素的结合能位置基本一致。其中，结合能为 458eV（Ti 2p）和 531eV（O 1s）的

XPS 峰归属于体相 TiO$_2$ 的 Ti 和 O 元素。图 3-106 的方框中为热处理前后的单晶表面氟元素的 XPS 谱图，氟元素的结合能经测定为 684eV（F 1s），对应典型的表面≡Ti—F 键中的氟元素。对比看出，经过焙烧处理已完全去除了锐钛矿型 TiO$_2$ 表面的氟原子。

为了研究 HF 对 TiO$_2$ 晶面的作用关系，在不添加 HF 的条件下开展对照实验制备了 TiO$_2$ 晶体，并对其进行了形貌表征，结果如图 3-107 所示。如图 3-107（a）和（b）所示，在不添加 HF 的条件下，合成出球形 TiO$_2$ 多晶颗粒，且暴露的（001）面是粗糙不平整的。而就其 TEM 表征结果［图 3-107（b）］而言，具有对称性结构。众所周知，球形和对称结构是物质最稳定和能量最低的存在状态，这说明在合成锐钛矿型 TiO$_2$ 单晶的反应中，如缺少 HF 对晶面的调控和能量控制，TiO$_2$ 晶体的生长遵循能量最低原则，这与晶体生长的 Ostwald 熟化（Ostwald ripening，OR）机理是一致的。

图 3-107　不添加 HF 条件下采用溶剂热法制备的球形 TiO$_2$ 多晶颗粒的形貌表征图

（a）和（b）典型球形 TiO$_2$ 多晶结构的 SEM 和 TEM 图；（c），（d），（e）合成时间为 4h，8h 和 12h 时所制备的球形 TiO$_2$ 多晶颗粒的 SEM 图

图 3-108 为锐钛矿型 TiO$_2$ 单晶制备过程的中间体形貌的 SEM 图。在单晶合成反应 4h 时，初始的近似方形的 TiO$_2$ 晶体聚集在一起，形成一个类球形结构，并且可明显分辨出单晶的（001）晶面［图 3-108（a）］。合成时间延长至 8h 时，

能清楚地观察到（001）面暴露较为规则的方形 TiO_2 单晶体（尺寸约为 $2\mu m \times$ $0.5\mu m$）。反应结束时，可得到典型的锐钛矿型 TiO_2 单晶［图 3-108（c）］，其晶面结构具有对称性，对称的两个扁平面为（001）面，而其他八个等腰梯形面为（101）面，具有典型的 68.3° 界面角。

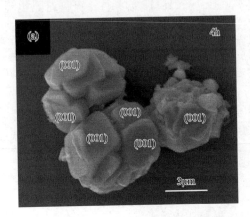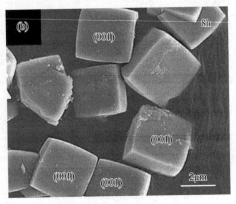

图 3-108　锐钛矿型 TiO_2 单晶合成反应中随时间变化（4h、8h、12h）的 SEM 图

同时，基于图 3-107（c）和图 3-108（a）对比分析可知，两者分别指代水热合成反应 4h 时球形 TiO_2 多晶颗粒和锐钛矿型 TiO_2 单晶的晶体结构形貌，虽然二者在形貌上都是聚集态的类球形结构，但二者的尺寸明显不同。球形 TiO_2 多晶颗粒聚集体（整个球形）尺寸约 $1.5\mu m$，每个晶粒约 300nm，而锐钛矿型 TiO_2 单晶聚集体尺寸约 $7\mu m$，每个晶体约 $3\mu m$。这说明在以 TiF_4 为钛源的水热反应中，氢氟酸可提高 TiO_2 晶体晶核的生长速度，同样的合成时间（4h）下，锐钛矿型 TiO_2 单晶的晶核生长速度约是球形 TiO_2 多晶颗粒的 10 倍。

采用溶剂热法合成锐钛矿型 TiO_2 单晶，HF 作为形貌（晶面）控制剂，其对 TiO_2 单晶的生长调控有很大的影响。通过调节合成反应体系中 HF（40%，质量分数）的添加量合成不同尺寸和不同暴露（001）面的锐钛矿型 TiO$_2$ 单晶（图 3-109），以此来研究氢氟酸对 TiO$_2$ 单晶生长的作用关系。

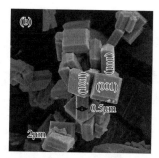

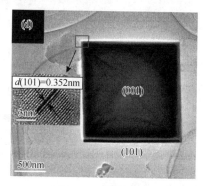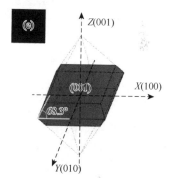

图 3-109　锐钛矿型 TiO$_2$ 单晶（无氟）的 SEM 图和 TEM 图

（a），（b）和（c）HF 的添加量为 0.03mL，0.06mL 和 0.09mL 时的锐钛矿型 TiO$_2$ 单晶形貌图；（d）锐钛矿型 TiO$_2$
单晶的高分辨率 TEM 图；（e）锐钛矿型 TiO$_2$ 单晶（001）面晶体取向示意图

由图可知，氢氟酸晶面的调控作用主要体现在以下方面：延缓钛源的水解，降低单晶表面能，促进单晶体向（010）和（100）方向同性生长。随着氢氟酸添加量的增加，TiO$_2$ 单晶的厚度会逐渐减少（0.8μm→0.5μm→0.3μm），且（001）面的比例也会增加，这与含氟锐钛矿型 TiO$_2$ 单晶 EDX 能谱和元素面扫描的结果是一致的。从形控化学的角度理解，其与第一性原理计算的结果是一致的。此外，随着氢氟酸添加量的增加，单晶体会被破坏［图 3-109（c）］。这种破坏作用是由水热条件下氢氟酸对单晶体的腐蚀导致的。由图 3-109（d）锐钛矿型 TiO$_2$ 单晶的 TEM 图可知，锐钛矿型 TiO$_2$ 单晶具有规则的正方形平面结构，且边界整齐，晶面光滑。由图 3-109（d）中的高分辨率 TEM 图可知晶体结晶度信息，图中原子平面的晶格间距为 3.52Å，对应的是锐钛矿型 TiO$_2$ 单晶的（101）面。图 3-109（e）为锐钛矿型 TiO$_2$ 单晶的晶体取向的示意图。

3. 光催化氧化还原特性及相关机理

通过锐钛矿型 TiO$_2$ 单晶和纳米晶的光催化氧化-还原特性来研究晶面效应对

光催化活性的影响。对比 30%和 60%（001）面暴露比例的锐钛矿型 TiO$_2$ 单晶的光催化活性来研究单晶晶面的各向异性（氧化-还原特性）。

（1）光催化氧化特性评价

对于锐钛矿型 TiO$_2$ 单晶晶面效应和氧化特性的研究，采用对苯二甲酸间接测定羟基自由基的方法来评价两种（001）面暴露比例的锐钛矿型 TiO$_2$ 单晶的催化活性。如图 3-110（a）所示，在氧化反应体系中，随着光催化反应的进行，激发态的 TiO$_2$ 会产生羟基自由基（·OH），对苯二甲酸（TA）可与羟基自由基（·OH）结合生成 2-羟基对苯二甲酸（TAOH），在 426nm 处产生了明显的荧光峰。

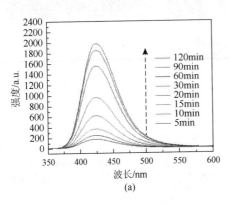
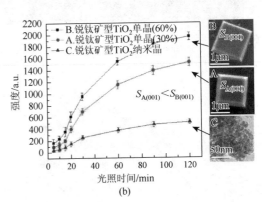

图 3-110　（a）不同的反应时间下，锐钛矿型 TiO$_2$ 单晶光催化 0.005mol/L 对苯二甲酸溶液的荧光光谱；（b）不同催化剂光催化活性的比较

对比三种催化剂在激发态产生羟基自由基（·OH）的能力 [图 3-110（b）]，在相同的反应时间内，60%（001）面暴露比例的锐钛矿型 TiO$_2$ 单晶产生的羟基自由基的数量显著高于 30%（001）面暴露比例的锐钛矿型 TiO$_2$ 单晶；该结果表明，具有（001）面比例越大的锐钛矿型 TiO$_2$ 单晶产生的羟基自由基越多，氧化性也就越强。由此说明，（001）面展现出了更优越的氧化特性且主导氧化反应。另外，就锐钛矿型 TiO$_2$ 单晶与普通锐钛矿型 TiO$_2$ 纳米晶活性比较而言，锐钛矿型 TiO$_2$ 单晶产生的羟基自由基的浓度要明显大于锐钛矿型 TiO$_2$ 纳米晶，单晶的催化活性约是纳米晶的 4～5 倍。其原因在于，锐钛矿型 TiO$_2$ 单晶具有高活性的（001）面，且相邻的（001）面和（101）面具有不同表面能级，由此形成了表面异质结构和晶面效应，促进了光生电子的迅速转移并加速了光生空穴在（001）面的聚集，从而产生更强的氧化性。

（2）光催化还原特性评价

对于锐钛矿型 TiO$_2$ 单晶的光催化还原特性而言，光生电子因其具有强还原性而成为发生还原反应的关键。光生电子的数量直接决定了 3,4-二氯硝基苯的还原转换率。因此，为了屏蔽光生空穴的氧化作用并降低光生电子-空穴的复合概率，使得光生电子数量最大化，采用有机溶剂作为空穴清除剂。研究表明，甲醇作为常用的有机溶剂，具有较高的极性，极易吸附在 TiO_2 晶体表面与光生空穴发生氧化反应，生成甲氧基中间体（$CH_3O·$）和 H^+。甲氧基中间体（$CH_3O·$）最终会转化为甲醛（$HCHO$）并释放电子和 H^+。基于此，实验中以甲醇作为空穴清除剂，分别以 30% 和 60%（001）面暴露比例的锐钛矿型 TiO_2 单晶和锐钛矿型 TiO_2 纳米晶为催化剂进行 3,4-二氯硝基苯的光催化还原反应，反应前后对反应液进行了紫外-可见吸收光谱分析，结果如图 3-111 和图 3-112 所示。如图 3-112（a）所示，随着光催化还原反应的进行，反应液中组分发生变化，3,4-二氯硝基苯的特征吸收峰逐渐降低，并发生红移而形成新特征吸收峰。

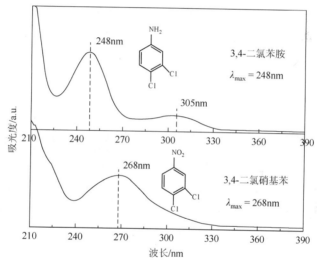

图 3-111　3,4-二氯硝基苯和 3,4-二氯苯胺的紫外-可见吸收光谱

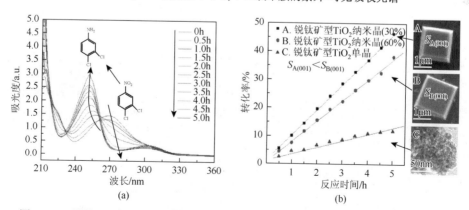

图 3-112　锐钛矿型 TiO_2 单晶光催化还原 3,4-二氯硝基苯的紫外-可见吸收光谱（a）及不同的催化剂作用下 3,4-二氯苯胺的转化率（b）

如图 3-112（b）所示，相同的还原反应时间内，不同催化剂所组成的催化体系下，3,4-二氯苯胺的转化率存在明显差异。可以明显看出，（001）面暴露比例为 30% 的锐钛矿型 TiO_2 单晶催化体系中 3,4-二氯苯胺的转化率要高于（001）面暴露比例为 60% 的锐钛矿型 TiO_2 单晶，说明（001）面比例越低，TiO_2 单晶的还原特性越强。此外，对比还发现，锐钛矿型 TiO_2 单晶的还原活性是 TiO_2 纳米晶的 4～5 倍，其主要原因在于晶面效应促进了光生电子在（101）面的富集，从而提高了催化剂还原能力。

为了更全面地研究锐钛矿型 TiO_2 单晶光催化还原 3,4-二氯硝基苯合成 3,4-二氯苯胺的过程，采用高效液相色谱（HPLC）对其整个还原反应过程进行监测，如图 3-113 所示。由光催化还原 3,4-二氯硝基苯合成 3,4-二氯苯胺的 HPLC 图可知，3,4-二氯硝基苯的特征峰（保留时间：9.893min）随着反应时间的进行，逐渐降低并最终消失。且在光催化还原反应（1～4h）过程中，出现了新的色谱峰。硝基芳香化合物的还原反应是 6 个电子参与反应的历程，在反应过程中会产生过渡态和中间体物质，如 N-羟基-3,4-二氯苯基羟胺、3,4-二氯亚硝基苯和 3,4-二氯苯基羟胺。因此通过 HPLC 图和反应过程可推断这些新的色谱峰（即保留时间 = 4.915min，6.197min 和 7.167min），对应的是这些过渡态和中间体。随着反应的进行，这些过渡态和中间体将会发生相互转变并逐渐减少，直至最终转变成 3,4-二氯苯胺（保留时间：5.595min）。

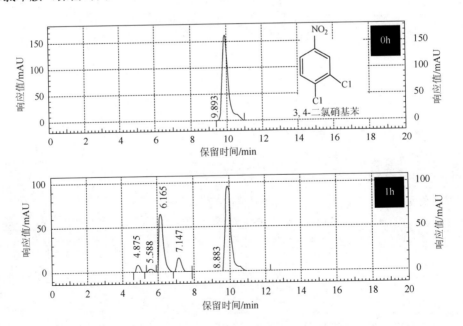

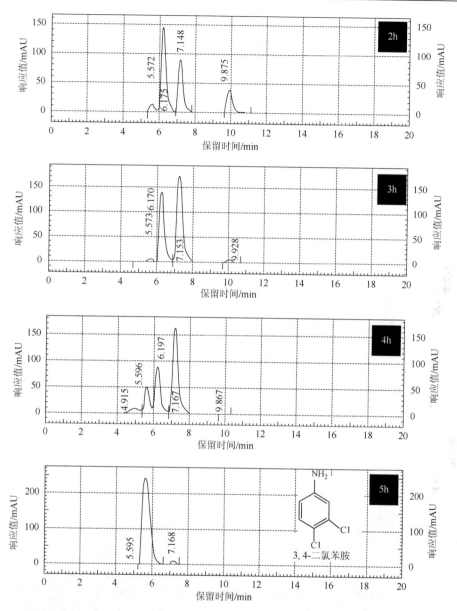

图 3-113　锐钛矿型 TiO$_2$ 单晶光催化法还原 3,4-二氯硝基苯合成 3,4-二氯苯胺的 HPLC 过程图

HPLC 条件：Agilent 1100；C18 色谱柱；流动相：甲醇/水 = 80：20，体积比；检测波长：254nm

3.3.4　介孔-（001）面 TiO$_2$ 单晶的制备及光催化特性

就 TiO$_2$ 的结构和形貌而言，迄今为止已经制备出了很多不同形貌的 TiO$_2$ 半导体，如单晶、纳米晶、微球、介孔、纳米管、纳米片、纳米棒以及各种复合结

构等。在这些形貌和结构中，锐钛矿型 TiO_2 单晶结构以其优异的界（晶）面效应、快速的电荷传输效率和高活性（001）面等优势引起了国内外众多学者的广泛关注。目前，采用常规溶剂热法制备的锐钛矿型 TiO_2 单晶的尺寸较大（微米级：$0.5\sim 3\mu m$），比表面积较低，光催化活性位点较少。为获得更大比表面积和更高活性的锐钛矿型 TiO_2 单晶，很多学者以降低单晶尺寸为出发点，研制出具有纳米尺度（$10\sim30nm$）的（001）面暴露的 TiO_2 单晶。但同时，纳米尺度效应使得纳米级晶粒存在易团聚、分散性差的缺陷。

介孔 TiO_2 半导体以其特有的介孔特性和高吸附性能而被广泛地应用于太阳能发电（光电转换）、光催化氧化还原、电能存储及水解制氢等领域，且目前已有报道合成了不同形貌的介孔 TiO_2 半导体材料，如介孔 TiO_2 单晶、介孔 TiO_2 微球、介孔 TiO_2 纳米棒和介孔 TiO_2 纳米片等。在这些介孔 TiO_2 半导体中，介孔 TiO_2 单晶结构以其更大的比表面积、独特的三维介孔结构、优越的电荷转移和传输能力、优良的热稳定性和机械稳定性而受到了关注。介孔 TiO_2 单晶在保持锐钛矿型 TiO_2 单晶固有特性的基础上使催化剂还兼具了介孔特性，其比表面积更大，活性位点更多，介电特性更优异。因而在光催化反应过程中可加快底物扩散、缩短反应时间和促进电荷转移。

在介孔结构的制备方法中通常采用模板剂（导向剂）法来构建介孔结构，主要包括软模板剂法和硬模板剂法。软模板剂法通常被用于非晶或结晶相介孔材料的合成，且在合成过程中需要较为复杂的条件控制；硬模板剂法是将预先合成的介孔氧化硅或碳晶介孔材料作为模板。研究发现，在采用硬模板剂法的合成过程中，难以将模板剂完全和均匀地填充于整个晶相，使得后续去除模板剂过程中会出现孔道结构坍塌的现象。更重要的是，采用模板剂法合成介孔单晶具有成本较高（合成过程需要大量的模板剂）和工艺烦琐（模板剂注入成模以及模板剂后续去除）等问题。此外，模板剂浓度、分散性和相容性对介孔结构的形成也会产生较大影响。

针对模板剂法构建介孔结构过程中所存在的问题，本课题组基于氢氟酸（HF）和异丙醇（i-PrOH）对 TiO_2 单晶晶面生长的作用特性，采用无模板剂-两步溶剂热法，将介孔结构与锐钛矿型 TiO_2 单晶复合制备了介孔-（001）面 TiO_2 单晶。通过系列表征手段对介孔-（001）面 TiO_2 单晶的结构、形貌、晶型、比表面积和孔径分布进行测定，并给予表征结果和晶面特性，对合成机理进行了初步探索。同时，还以罗丹明 B 为模拟降解物，对介孔-（001）面 TiO_2 单晶的光催化氧化特性进行了评价。

1. 介孔-（001）面 TiO_2 单晶的制备

通过两步溶剂热法，在不添加任何模板剂的条件下制备介孔-（001）面 TiO_2 单晶。在此研究中，HF 和异丙醇分别作为形貌控制剂和辅助造孔剂。

（1）第一步：TiO₂ 单晶的形貌控制

以四氟化钛（TiF₄）为钛源，采用溶剂热法，在 HF 酸的作用下制备方形 TiO₂ 单晶。HF 酸作为形貌控制剂可稳定四氟化钛前驱体和降低（001）面表面能。本实验将 1.239g TiF₄ 溶解在 1.5mol/L 的盐酸溶液中得到 pH = 2、浓度为 0.01mol/L 的 TiF₄ 溶液。然后，将 70mL 上述配制的 0.01mol/L TiF₄ 溶液和 0.05mL HF（40%，质量分数）加到 100mL 聚四氟乙烯内衬不锈钢高压反应釜中。将反应釜置于马弗炉中 180℃恒温 8h。反应结束后，取出反应釜中白色固体样品，用去离子水清洗 3 次、离心分离、干燥后即获方形 TiO₂ 单晶。

（2）第二步：介孔-（001）面形成和花形 TiO₂ 晶体在（010）和（100）面的生长

将第一步获得的方形 TiO₂ 单晶作为第二步介孔-（001）面 TiO₂ 单晶合成反应的晶种。将 50mL 浓度为 0.01mol/L 的 TiF₄ 溶液和 20mL 的异丙醇（i-PrOH）加入到 100mL 聚四氟乙烯内衬不锈钢高压反应釜中。将反应釜置于马弗炉中 180℃恒温反应 10~12h。取出样品，用去离子水清洗 3 次、离心分离、干燥后得到介孔-（001）面 TiO₂ 单晶。

（3）第三步：去氟和表面异丙氧基

将制得的介孔-（001）面 TiO₂ 单晶置于马弗炉中，于 500℃下煅烧 90min 以去除 TiO₂ 单晶表面氟和异丙氧基。

2. 催化剂表征

（1）XRD 分析测定

采用 XRD 分析制备的介孔-（001）面 TiO₂ 单晶的晶体结构，结果如图 3-114 所示。和标准卡片（JCPDS 卡片，No.21-1272）进行对比表明，所制备的介孔-（001）面 TiO₂ 单晶属于锐钛矿型。并且相比于球形 TiO₂ 多晶颗粒，介孔-（001）面 TiO₂

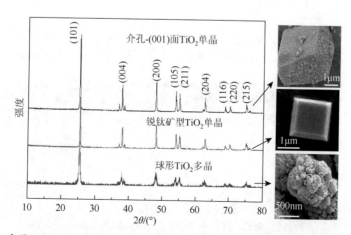

图 3-114　介孔-（001）面 TiO₂ 单晶、锐钛矿型 TiO₂ 单晶和球形 TiO₂ 多晶的 XRD 图谱

单晶和锐钛矿型 TiO_2 单晶具有更强的衍射峰强、更尖锐的峰形和更高的结晶度，说明介孔结构并没有改变 TiO_2 单晶的晶型和结晶度。

（2）SEM 和 EDX 分析

介孔-（001）面 TiO_2 单晶的合成过程（第二步溶剂热反应）中的催化剂的 SEM 表征结果如图 3-115 所示。在该步反应中，以第一步反应制得的方形 TiO_2 单晶作为晶种，并基于氢氟酸（HF）和异丙醇（i-PrOH）对 TiO_2 单晶晶面生长的作用特性，对方形 TiO_2 单晶的晶面进行再处理。如图 3-115（a）所示，在第二步合成反应初期，方形 TiO_2 单晶的各个晶面发生了腐蚀而变得粗糙。可以清楚地看到在方形 TiO_2 单晶的（001）面上出现了早期的介孔结构（L 区域），在（010）面和（100）面则发生了明显的由两边向中间逐渐腐蚀的趋势（M 和 N 区域）。随着合成反应时间的延长 ［图 3-115（b）］，可明显观察到完整且清晰的介孔-（001）面已在方形 TiO_2 单晶上形成，并在（010）面和（100）面上逐渐长出了花形 TiO_2 晶体（圆圈区域）。当合成反应结束后 ［图 3-115（c）］，即制备得到了介孔-（001）面 TiO_2 单晶。进一步观察发现，只有 TiO_2 单晶的（001）面形成了介孔结构，而（010）面和（100）面则被大量花形 TiO_2 晶体所覆盖。这一现象从单晶合成反应角度来看，直观地表明 TiO_2 单晶中不同晶面具有不同的表面特性和各向异性。（001）面在氢氟酸和异丙醇共存的高温高压环境中易被腐蚀产生介孔结构；（100）面和（010）面在该条件下不会转变成（101）面。介孔-（001）面 TiO_2 单晶的高分辨率 SEM 图 ［图 3-115（d）］ 则更为清楚地表达了这种晶面各向异性。

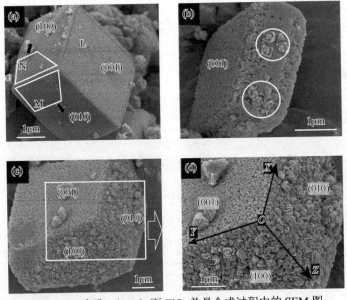

图 3-115　介孔-（001）面 TiO_2 单晶合成过程中的 SEM 图

（a），（b），（c）合成初期、合成过程中以及反应完毕后所得样品的 SEM 图；（d）反应完毕后样品的高分辨率 SEM 图为了进一步研究不同晶面的表面特性和各向异性，对聚集态的介孔-（001）面 TiO$_2$ 晶体也进行了 SEM 表征，结果如图 3-116 所示。由图可知，无论是聚集态还是分散态的介孔-（001）面 TiO$_2$ 单晶，其（001）面与其他晶面的界限是非常明显的，即使晶体团聚在一起，仍然能够很清晰地分辨不同的晶面。由于不同晶面的原子排列不同，在溶剂热合成反应中，花形 TiO$_2$ 晶体不能在（001）面生长。再者，根据这个特殊结构和形貌可知，介孔（001）面的形成不仅增大了比表面积而促进反应物在催化剂表面的吸附，而且有效地加速了电荷转移，降低了光生空穴和电子的复合概率。（010）面和（100）面覆盖的大量花形 TiO$_2$ 晶体能够为光催化反应提供更多的活性位点，增大反应物与催化剂的接触面积，使得介孔-（001）面 TiO$_2$ 单晶具有更高的光催化活性。

图 3-116　介孔-（001）面 TiO$_2$ 单晶的 SEM 图

（a）聚集态；（b）分散态

（3）比表面积和孔径分布测定

对介孔-（001）面 TiO$_2$ 单晶样品比表面积和孔径分布进行了测定，结果如图 3-117 和表 3-20 所示。由此可知，介孔-（001）面 TiO$_2$ 单晶的吸附等温线属于典型的介孔结构材料所具有的Ⅳ型曲线和 H3 型回滞环（IUPAC），这与介孔-（001）面 TiO$_2$ 单晶的 SEM 图是一致的，同时，锐钛矿型 TiO$_2$ 单晶和球形 TiO$_2$ 多晶颗粒出现的回滞环是由粒子间聚集导致的。此外，由表 3-20 可知，介孔结构的产生使单晶的平均孔容明显增大。由介孔-（001）面 TiO$_2$ 单晶的孔径分布测试可知，其孔径分布与 SEM 图形貌特征一致，平均孔径为 32.54nm，孔容为 46.59m^3/g。

表 3-20　TiO$_2$ 样品的物理性质

样品	平均孔容/(m^3/g)	平均孔径/nm
介孔-（001）面 TiO$_2$ 单晶	46.59	32.54
球形 TiO$_2$ 多晶颗粒	8.64	—
锐钛矿型 TiO$_2$ 单晶	5.71	—

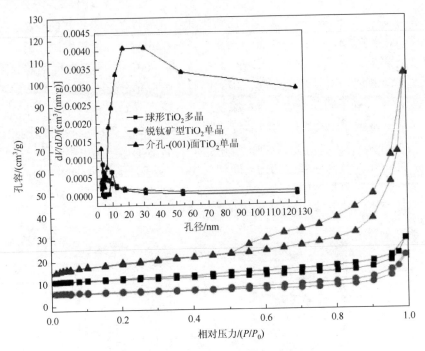

图 3-117　TiO$_2$样品的 N$_2$吸附脱附曲线和孔径分布

（4）紫外-可见漫反射光谱分析测定

通过紫外-可见漫反射光谱研究制备的不同 TiO$_2$样品的光学特性如图 3-118 所示。与球形 TiO$_2$多晶颗粒相比，介孔-（001）面 TiO$_2$单晶和锐钛矿型 TiO$_2$单晶在紫外区吸收强度明显增大且吸收带发生了红移效应，特别是介孔-（001）面 TiO$_2$单晶的吸收带红移至可见光区域。这是由单晶的（001）面和（101）面的晶面效应导致的，晶面效应的产生可以形成表面异质结结构，从而扩展 TiO$_2$的光谱

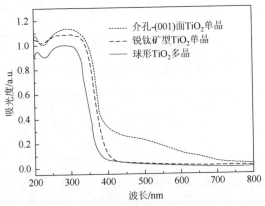

图 3-118　TiO$_2$样品的紫外-可见漫反射光谱

响应范围。此外，介孔-（001）面结构的产生，使单晶体具有更高的光电转换效率，从而使得介孔-（001）面 TiO_2 单晶在可见光区域的响应强度要明显要优于锐钛矿型 TiO_2 单晶。

3. 光催化活性评价

介孔-（001）面 TiO_2 单晶具有特殊的形貌和介孔（001）面结构，使得晶体表面的活性位点更多，电荷转移速率更快，有效促进了光生电子和空穴的复合，极大地提高了光催化活性。采用罗丹明 B 染料溶液为模拟降解物研究了介孔-（001）面 TiO_2 单晶光催化氧化特性，结果如图 3-119 所示。

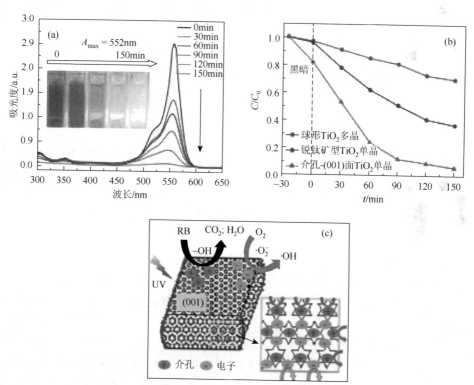

图 3-119　（a）罗丹明 B 的光催化降解特性；（b）不同的催化剂光催化氧化特性的比较；
（c）采用介孔-（001）面 TiO_2 单晶光催化降解罗丹明 B 的机理

由图可知，在暗反应阶段，罗丹明 B 染料更易被介孔-（001）面 TiO_2 单晶吸附，这主要是由于介孔-（001）面 TiO_2 单晶具有良好的介孔结构和较大的比表面积。同时，光催化降解实验中，介孔-（001）面 TiO_2 单晶表现出比锐钛矿型 TiO_2 单晶和球形 TiO_2 多晶颗粒更强的氧化性，同样反应时间内染料溶液褪色率更高。对介孔-（001）面 TiO_2 单晶光催化降解罗丹明 B 的机理进行分析，结果如图 3-119（c）所示。介孔-

（001）面结构提高了光生电子的传输速率，促进了光生电子和空穴的分离，并且大量的花形 TiO_2 晶体作为光催化基元，为光催化氧化反应提供了更多的活性位点。这种特殊的介孔-（001）面结构和花形 TiO_2 晶体形貌使得催化剂在保留原有高活性（001）面特性的前提下，有效地促进了反应底物与催化剂表面的吸附接触，使得其光催化降解罗丹明 B 的活性是锐钛矿型 TiO_2 单晶的 2 倍。

3.3.5　太阳光光催化处理染料废水的应用

到目前为止，人类从发现 TiO_2 光催化特性开始，对 TiO_2 本质规律揭示以及催化应用技术研究已走过五十年的历史。光催化技术由于其反应条件温和、能耗低、操作简便、能矿化绝大多数难降解有机物、无二次污染及可利用部分太阳光作为反应光源等优点，在处理难降解有机物、水体污染物方面表现出其他传统处理技术无法比拟的优势。光催化技术已成为国内外最活跃的研究领域之一。

蒽醌染料在染料工业中的产量仅次于偶氮染料，现国内生成能力近万吨。溴氨酸作为一种重要的蒽醌染料中间体，广泛应用于化工产品的生产中。在生产和使用过程中，其具有较高的水溶性，极易进入水体，导致该类废水的色度及 COD_{Cr} 较高，对水体造成极大的污染，严重危害人体健康。传统的处理该类废水的物化法和生物法，虽都取得了一定的处理效果，但在不同程度上存在能耗高、二次污染严重等问题。基于此，本课题组通过对 TiO_2 进行改性，使其能在可见光下响应，并以溴氨酸水溶液为降解对象，研究了改性 TiO_2 对其太阳光光催化降解特性[88, 97, 111, 112]。

1. 光催化降解溴氨酸水溶液方法

实验以太阳光为光源，配制一定浓度的溴氨酸水溶液作为目标降解物，以改性 TiO_2 为催化剂，在光照下进行降解研究，实验时间为 5～8 月，日光辐射时间选于 8：00～17：00 之间，光照强度以每日天气预报紫外线强度作为衡量指标。反应装置如图 3-120 所示。降解过程中定时取样，离心分离后取上清液，测定其吸光度和总有机碳（TOC）含量，并以褪色率、浓度去除率和 TOC 去除率评价反应体系的降解效果。

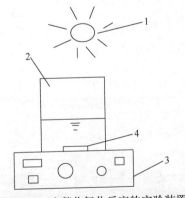

图 3-120　光催化氧化反应的实验装置

1-太阳光；2-反应器；3-磁力搅拌器；4-转子

2. 改性 TiO_2 催化剂活性及太阳光光催化降解性能的评价方法

（1）溴氨酸最大吸收波长的确定

取一定量溴氨酸固体于烧杯中，加入少

量蒸馏水，充分搅拌至完全溶解后转移至容量瓶中。采用 SC51 型紫外-可见分光光度计对此溶液进行扫描，确定溴氨酸的最大吸收波长为 485nm。

（2）溴氨酸溶液标准曲线的绘制

配制 0mg/L、10mg/L、20mg/L、30mg/L、40mg/L、50mg/L、60mg/L、70mg/L 一系列溴氨酸标准溶液，于紫外-可见分光光度计上在 485nm 处测定溶液吸光度，以溴氨酸溶液浓度与吸光度之间的相互关系绘制标准曲线，如图 3-121 所示。

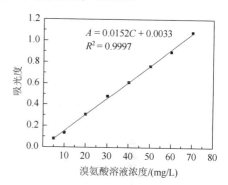

图 3-121　溴氨酸溶液的浓度和吸光度关系

由图可知，在 0～70mg/L 的范围内，溴氨酸溶液浓度 C 与吸光度 A 呈线性关系，所得直线线性回归后其标准方程为

$$A = 0.0152C + 0.0033, \quad R^2 = 0.9997$$

式中，C 为溴氨酸溶液浓度（mg/L）；A 为溴氨酸溶液于 485nm 处的吸光度；R^2 为相关系数，表示两个变量之间关系的性质和密切程度。$R^2 > 0.95$，说明回归曲线的线性良好，可用来描述溴氨酸浓度和吸光度之间的关系。

（3）实验评价方法

用分光光度计于 485nm 处测定溶液吸光度，计算色度去除率公式如下：

$$色度去除率 = (A_0 - A)/A_0 \times 100\%$$

式中，A_0 为处理前水样色度；A 为处理后水样色度。

根据溴氨酸标准曲线算得其浓度，计算浓度去除率公式如下：

$$浓度去除率 = (C_0 - C)/C_0 \times 100\%$$

式中，C_0 为由标准曲线算得的处理前水样浓度（mg/L）；C 为由标准曲线算得的处理后水样浓度（mg/L）。

用总有机碳分析仪测定溶液 TOC，计算 TOC 去除率公式如下：

$$TOC 去除率 = (TOC_0 - TOC)/TOC_0 \times 100\%$$

式中，TOC_0 为处理前水样 TOC；TOC 为处理后水样 TOC。

3. 太阳光光催化降解溴氨酸水溶液特性及影响因素

本课题组采用磁载方法对 TiO_2 进行了改性，制备的磁载 Fe_3O_4/TiO_2 催化剂不仅在一定程度上延伸了 TiO_2 的光响应范围，也可利用外加磁场解决催化剂的分离回收问题。研究中，以 Fe_3O_4/TiO_2 为催化剂，在太阳光下考察了溴氨酸水溶液的降解特性。

（1）Fe_3O_4/TiO_2 复合催化剂催化降解溴氨酸水溶液特性

1）溶胶-凝胶法制备 Fe_3O_4/TiO_2 复合催化剂的催化性能研究。

实验中采用溶胶-凝胶法制备了 Fe_3O_4/TiO_2 复合催化剂。

i）催化剂投加量对降解效果的影响。

以初始浓度为 30mg/L 的溴氨酸水溶液为降解对象，分别选取 0.5g/L、1g/L、2g/L、3g/L 和 4g/L 的催化剂投加量，在太阳光下进行降解实验，考察了催化剂投加量对降解效果的影响，实验结果如图 3-122 所示。实验时天气晴朗，紫外线指数为 4 级。

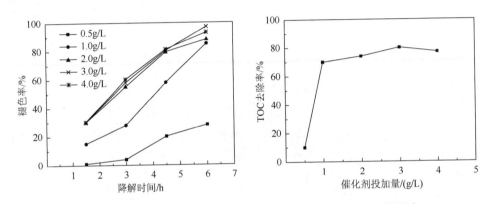

图 3-122　催化剂投加量对溴氨酸溶液褪色率和 TOC 去除率的影响

随着催化剂投加量的增大，溴氨酸溶液的降解效果逐渐提高，当催化剂投加量为 3g/L 时，溴氨酸溶液的降解效果达到最好，溴氨酸溶液的褪色率为 97%，TOC 去除率为 84%。在光催化降解反应中，催化剂投加量影响着反应底物的降解效率。当催化剂的用量较少时，光源所产生的光子能量得不到有效利用，产生光生电子-空穴数量有限，不足以将反应底物在有效的时间内完全降解；催化剂用量增大，催化剂激发产生足够多的光生电子-空穴，同时也使溶液中的·OH浓度增大，反应底物短时间内可得到完全降解；当催化剂投加量超过 3g/L 时，反应体系中悬浮颗粒数量增加，对光源产生的遮蔽作用，降低了催化剂对光的利用率。同时，过多 TiO_2 颗粒会发生聚集而减少反应活性位数量，从而影响降解效果。

ii）溴氨酸溶液初始浓度对降解效果的影响。

溴氨酸溶液具有较高的色度，其初始浓度的大小会影响光的透射率，从而影响催化剂对光源的吸收及光催化降解效率。实验中，在催化剂投加量为 3g/L 的条件下，选取初始浓度为 10mg/L、30mg/L、50mg/L、80mg/L、100mg/L 的溴氨酸溶液，在太阳光照射下进行光催化降解实验。通过褪色率和 TOC 去除率的变化考察了溴氨酸水溶液初始浓度对光催化降解效率的影响，结果如图 3-123 所示。实验时天气晴朗，紫外光指数为 4 级。

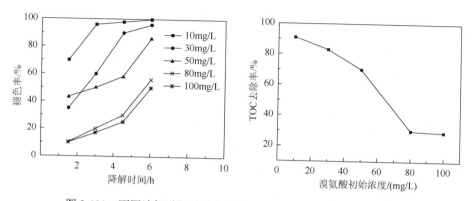

图 3-123　不同溴氨酸初始浓度对溶液褪色率和 TOC 去除率的影响

经过 6h 的降解，初始浓度为 10mg/L、30mg/L、50mg/L、80mg/L 和 100mg/L 的溴氨酸水溶液褪色率分别为 100%、96%、86%、56% 和 50%，TOC 去除率分别为 91%、83%、70%、30% 和 29%。

随着溴氨酸溶液初始浓度的增大，溴氨酸水溶液的光催化降解效率逐渐降低。溴氨酸水溶液初始浓度增加，水溶液的色度加深，使光源的透射率降低，催化剂对光子的吸收率减弱，从而影响光催化降解效率；光催化降解对象为吸附在催化剂表面的反应底物。随着溴氨酸水溶液初始浓度的增加，溴氨酸在 TiO_2 表面的吸附量增加，光催化降解速率降低，同样时间内光催化降解效率也相对要低。综合考虑光催化降解效率和反应速率，认为在该反应体系中溴氨酸水溶液的初始浓度取 50mg/L 为宜。

iii）无机离子对降解效果的影响。

在实际的染料废水中，含有大量的无机离子。研究表明，在光催化反应体系中，不同价态无机离子的存在均会对光催化降解效率产生明显影响。无机阳离子对光催化反应的影响主要是金属阳离子的影响，金属阳离子对光催化反应的影响包括：①捕获光生电子，减少光生电子-空穴复合，增加 TiO_2 表面的反应活性位，从而促进光催化反应的进行，如 Fe^{3+}、Cu^{2+} 等。此外，Fe^{3+} 能够与 H_2O 在 TiO_2 表面生成的 H_2O_2 发生 Fenton 反应，从而进一步提高反应效率。当金属阳离子浓度较大时，会在反应体系中形成 $Fe(OH)^{2+}$、$Cu(OH)^{+}$ 等，它们对紫外光有较强的吸收作用，降低了催化剂对光源的吸收率，从而抑制了反应的进行。②金属阳离子以氧化物的形式沉积在催化剂表面，导致催化剂中毒。如有研究报道，在灭多威的光催化降解反应中，低浓度的 Co^{2+} 和 Mn^{2+} 可以氧化物形式沉积在 TiO_2 表面，

阻碍了有机物在 TiO_2 表面的反应。③其他金属阳离子，如 Na^+，Ca^{2+} 和 Mg^{2+} 是主族金属元素，已是最高价态，不具有其他价态，它们不能捕获自由基和空穴，对光催化反应无明显影响。但在碱性条件下，生成的这些金属阳离子氢氧化物沉淀会沉积在催化表面而影响光催化反应效率。

大多数无机离子的加入会抑制光催化反应速率，且抑制程度随离子浓度的增大而增强，如 I^-，SO_4^{2-}，HCO_3^-，CO_3^{2-}，NO_2^-。主要原因有：①无机离子与反应底物在催化剂表面形成竞争吸附，造成催化剂活性位数量减少，导致催化剂中毒；同时也减少了催化剂表面 OH^- 浓度，减少了 ·OH 的生成，抑制了反应速率。②阴离子会捕获光生空穴和羟基自由基，从而导致反应速率下降。如 HCO_3^- 和 CO_3^{2-} 均可与光催化降解过程中的活性物质 ·OH 反应，对降解速率产生抑制作用。对于某些阴离子，不同反应条件对光催化降解速率的影响也不同。离子浓度或溶液的 pH 值不同，对光催化降解速率的影响不同。有研究报道，在灭多威的光催化降解反应中，F^-，Cl^- 和 Br^- 在低浓度时对反应有促进作用，在高浓度时则抑制降解反应。另外，有研究指出，在 1-苯基-5-巯基四氮唑的光催化降解反应中，酸性条件下，Cl^- 的加入对反应影响不明显；而 $H_2PO_4^-$ 和 PO_4^{3-} 等离子的加入，增强了反应体系碱度，反应底物在催化剂表面吸附性增强，加快了反应速率。本课题组研究了溶液中 Cl^- 的存在对降解溴氨酸溶液效果的影响，研究结果表明，当 Cl^- 的浓度在 0.3mol/L 以下时，Cl^- 对降解效率影响不明显，在反应初期，溶液的褪色率要略高于不含 Cl^- 的反应体系。当 Cl^- 的浓度高于 0.5mol/L 时，Cl^- 对溴氨酸水溶液的光催化降解有明显的抑制作用。

下面探讨 SO_4^{2-} 对降解溴氨酸水溶液的影响。实验中，在催化剂投加量为 3g/L 的条件下，向 30mg/L 的溴氨酸水溶液中分别添加不同含量的硫酸钠，其摩尔浓度分别为 0mol/L、0.05mol/L、0.1mol/L、0.3mol/L、0.5mol/L、1mol/L。在太阳光下进行光催化实验，考察 SO_4^{2-} 对反应效率的影响，结果如图 3-124 所示。实验时天气条件为：多云转晴，紫外光指数为 4 级。

当溶液中不含 SO_4^{2-} 时，经 6h 的光催化降解，溶液的褪色率可达到 100%。当溶液中加入 SO_4^{2-} 时，溴氨酸溶液的降解过程明显受到抑制。降解 6h 后，含 SO_4^{2-} 溴氨酸溶液的褪色率均不超过 90%。Na^+ 已是最高氧化态，不能捕获自由基和空穴，对催化剂的影响较小。因此，添加硫酸钠对催化效果的影响主要是 SO_4^{2-} 对反应体系的影响。研究认为，反应体系的无机阴离子对光催化降解有机物的影响很复杂，它与离子的种类、可能存在的竞争性吸附和竞争性反应、电子空穴复合中心的增减以及反应条件等有关。有研究表明，无机阴离子会同有机底物争夺表面活性位，或在 TiO_2 颗粒表面产生一种强极性的环境，使有机物的扩散或向活性位的迁移受阻，降低了 TiO_2 的光催化效率。无机阴离子不但通过竞争有机物的吸附位点而影

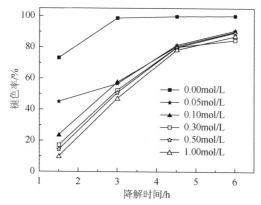

图 3-124 不同 SO_4^{2-} 含量时溴氨酸溶液的褪色率曲线

响其光催化反应过程，而且还能够捕获光催化过程中产生的活性物种，如羟基自由基或光生空穴。所以，一般认为阴离子能够与有机物竞争羟基自由基（HO·），从而降低其反应速率。可以认为，SO_4^{2-} 对光催化反应活性的影响主要是通过捕获光生空穴（h^+）和羟基自由基（HO·）来实现，造成反应速率下降。

iv）溶液 pH 值对降解效果的影响。

在光催化反应中，反应溶液 pH 值影响着催化剂表面特性、表面吸附状态和反应底物的存在形态，对光催化反应效率有明显影响。pH 值除能同无机离子一样影响催化剂表面电荷外，也能改变催化剂的能带电位。此外，pH 值可改变反应底物的氧化还原电位，改变有机弱酸或碱的电离，改变其在催化剂表面的吸附，从而影响反应进程。实验中，用 NaOH 和 HCl 调节溶液初始 pH 值，使溶液 pH 值在 2～12 范围内变化，并在催化剂投加量为 3g/L 的条件下，进行太阳光光催化降解实验，通过降解效率变化，考察溶液初始 pH 值对溴氨酸降解效果的影响。结果如图 3-125 所示。实验时天气条件为：多云，紫外光指数为 3 级。

为了考察降解前后溴氨酸溶液的 pH 值变化，分别于降解前和降解 4.5h 后用 pH 计测定溶液的 pH 值，结果表明，初始 pH 值不同的反应体系在催化过程进行 4.5h 后，其溶液的 pH 值均有向中性靠近的趋势。这说明光催化反应的过程中，酸性溶液和碱性溶液分别消耗了 H^+ 和 OH^-，反应过程中生成 CO_2 和 H_2O，使溶液的酸碱性得到缓冲。

由图可知，经过 4.5h 的光催化降解，pH 值在 2～7 范围内的溴氨酸溶液褪色率均可达到 85% 以上，体系初始 pH 值为 2.05 的溶液褪色效果最好，褪色率为 94%。而初始 pH 值为 11.97 的溶液，其褪色率仅为 40%。褪色率曲线呈现出随着 pH 值的增大溴氨酸水溶液的褪色率逐渐减小的规律，且酸性体系有利于溴氨酸水溶液的光催化降解。在酸性条件下，TiO_2 表面质子化，使其表面带正电荷，对光生电子向 TiO_2 表面转移有利。此外，溶液中的有机物与溶解氧反应生成基态电荷转移

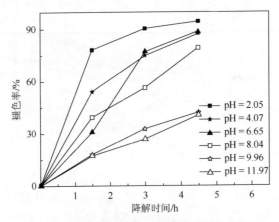

图 3-125　不同 pH 时溴氨酸溶液的褪色率曲线

复合物，在光作用下，这种基态转移复合物变为激发态，它们在酸性环境中易离解成 R⁺和 O²⁻自由基，有利于加速有机物的光氧化反应。

2）煅烧-碱洗-浸渍法制备磁性 Fe_3O_4/TiO_2 光催化剂性能研究。

实验中采用煅烧-碱洗-浸渍法制备了 Fe_3O_4/TiO_2 复合催化剂。

ⅰ）催化剂投加量对降解效果的影响。

以 30mg/L 溴氨酸水溶液为降解对象，改变催化剂的投加量，在太阳光下进行降解实验，考察了催化剂投加量对降解效果的影响，实验结果如图 3-126 所示。

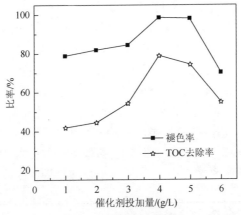

图 3-126　不同催化剂投加量下溴氨酸溶液的褪色率和 TOC 去除率变化曲线图

当催化剂投加量为 4g/L 时，溴氨酸溶液的降解效果最好，褪色率达 98%，TOC 去除率达 79%左右，与投加量为 3g/L 时相比，褪色率提高了 14%，TOC 去除率提高了 25%。投加量小于 4g/L 时，随着投加量增大，降解效果逐渐提高；投加量大于 4g/L 时，随着投加量增大，降解效果反而有所下降。

ii）催化剂重复使用率的评价。

催化剂的重复使用次数是衡量催化剂性能的一个重要因素。光催化降解实验完成后，将催化剂回收，并且将其干燥后煅烧活化，将所得催化剂进行重复利用（催化剂投加量为 4g/L，降解时间为 6h），实验结果如图 3-127 所示。

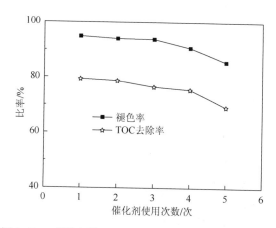

图 3-127　催化剂的重复使用对降解溴氨酸溶液的影响

由图可知，经 5 次重复使用，催化剂的活性仍然较高。TOC 去除率仍可达到 70%左右，褪色率可达到 87%左右。催化剂可以方便地从染料溶液中回收，活化后可继续使用。

（2）ZnO/TiO$_2$ 复合催化剂催化降解溴氨酸水溶液

ZnO 具有与 TiO$_2$ 相同的禁带宽度，因具有优异的化学稳定性及良好的紫外吸收能力，在光催化领域也有着广泛的应用。但 Zn 只能以一种稳定的价态 Zn^{2+}存在于半导体化合物中，容易发生光腐蚀现象。本课题组将 ZnO 与 TiO$_2$ 进行了复合，制备了复合型 ZnO/TiO$_2$ 催化剂，通过 ZnO 与 TiO$_2$ 的价带位置差异提高电荷分离效率，延伸了 TiO$_2$ 光响应范围，使其在太阳光下响应。同时通过 TiO$_2$ 与 ZnO 相互复合，有效抑制 ZnO 的光腐蚀现象。实验中，以 ZnO/TiO$_2$ 为催化剂，在太阳光下进行了溴氨酸水溶液的光催化降解实验，以降解效率评价了 ZnO/TiO$_2$ 的光催化活性[111]。

1）降解实验最佳条件确定。

i）催化剂投加量对降解效果的影响。

以初始浓度为 30mg/L 的溴氨酸水溶液为降解对象，在催化剂投加量分别为 0.5g/L、1g/L、2g/L、3g/L 的条件下，在太阳光下进行降解实验，考察催化剂投加量对光催化降解效率的影响，结果如图 3-128 所示。实验时天气晴朗，当日紫外光指数为 4 级。

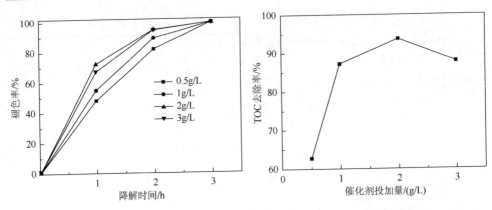

图 3-128　不同催化剂投加量对溴氨酸溶液褪色率和 TOC 去除率的影响

经过 3h 的光催化剂降解，不同催化剂投加量的溴氨酸溶液的褪色率均接近 100%。其中，催化剂投加量为 2g/L 时，溴氨酸溶液的降解效果最好，经 3h 的光降解，溴氨酸溶液的褪色率达到 100%，TOC 去除率达到 93%。投加量小于 2g/L 时，随着投加量增大，降解效果有所提高；投加量大于 2g/L 时，随着投加量增加，降解效果反而有所下降。

ⅱ）溴氨酸溶液初始浓度对降解效果的影响。

在催化剂投加量为 2g/L 且在太阳光照射的条件下，对初始浓度分别为 10mg/L、30mg/L、50mg/L、80mg/L、100mg/L 和 150mg/L 的溴氨酸水溶液进行光催化降解实验，实验结果如图 3-129 所示。实验时天气为晴天，当日紫外光指数为 4 级。

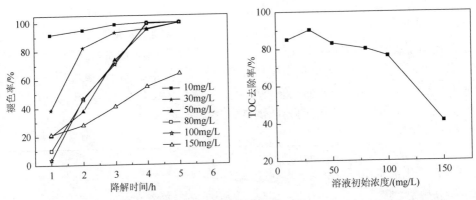

图 3-129　不同溴氨酸溶液初始浓度对溴氨酸溶液褪色率和 TOC 去除率的影响

由图可知，经 5h 的光催化降解，初始浓度低于 100mg/L 的溴氨酸溶液的褪色率均可达到 100%，TOC 去除率均可达到 75%以上。而当浓度增加到 150mg/L

时，其褪色率仅为 63.88%，TOC 去除率为 41.45%。根据实验结果可以认为，在一定的催化剂投加量条件下，反应体系中溴氨酸在催化剂表面的吸附存在一个平衡值，如果溴氨酸水溶液初始浓度在这一平衡值范围内，尽管光催化降解速率不同，但随着反应的进行，其降解效率能达到同一结果。一旦溴氨酸水溶液初始浓度超过这一平衡值，要达到同样的降解效果，则需要更长的反应时间。另外，由于溴氨酸本身具有色度，浓度高时，也会影响催化剂对光源的吸收，从而影响降解效率。对于常规的光催化剂而言，能够有效降解的染料浓度一般在 50mg/L 左右。ZnO/TiO₂ 复合催化剂具有较大比表面积和较高催化活性，对 100mg/L 的溴氨酸水溶液仍有较好的降解效果，在一定程度上拓展了光催化反应适宜的初始浓度范围。

2）降解动力学研究。

根据 Langmuir-Hinshelwood 模型，对于元反应：

$$a\mathrm{A(aq)} + b\mathrm{B(aq)} \longrightarrow c\mathrm{C(aq)} + d\mathrm{D(aq)}$$

化学反应速率方程可由下式表示：

$$v = k \cdot C_{\mathrm{A}}^{\alpha} \cdot C_{\mathrm{B}}^{\beta}$$

式中，v 为化学反应速率；k 为反应速率常数；C_{A}^{α}（或 $\cdot C_{\mathrm{B}}^{\beta}$）为反应物质 A（或 B）的浓度；$\alpha$、$\beta$ 为物质 A 和 B 所对应的反应级数。

某一反应的级数为各物质反应级数的总和，对于该反应，级数为 $\alpha + \beta$。由于反应机理在许多情况下是未知的，因此化学反应速率方程中的浓度方次 α、β 是通过实验来确定的。

i）溴氨酸溶液初始浓度与反应级数的关系。

分别选取初始浓度为 10mg/L、30mg/L、50mg/L 和 80mg/L 的溴氨酸水溶液，以 ZnO/TiO₂ 为催化剂的条件下在太阳光下进行降解实验，催化剂投加量为 2g/L。反应前将催化体系在避光条件下搅拌 0.5h，使催化剂对溴氨酸进行预吸附。开始降解后，每隔 1h 取样进行离心分离，并测定溶液的吸光度和计算溶液中溴氨酸的剩余浓度。实验结果见表 3-21 所示。

表 3-21　不同初始浓度溴氨酸水溶液随时间的变化情况

时间/h	溴氨酸浓度/(mg/L)			
0	10	30	50	80
1	0.86	19.80	37.70	68.16
2	0.52	8.62	29.47	40.92
3	0.13	3.16	12.43	21.18
4	—	—	2.3	0.53
5	—	—		

根据溴氨酸各时间段浓度数据，以 C_0-C 对时间 t 作图，结果如图 3-130 和表 3-22 所示。

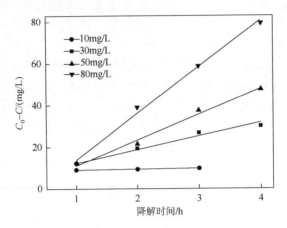

图 3-130　溴氨酸溶液浓度随降解时间的变化曲线图

表 3-22　溴氨酸水溶液光催化氧化的回归方程

C_0/(mg/L)	回归方程	R^2
10	$y = 0.3615x + 8.7719$	0.9945
30	$y = 6.888x + 6.0868$	0.9598
50	$y = 12.222x - 0.7829$	0.9835
80	$y = 22.263x - 8.3553$	0.9914

由图可知，C_0-C 和 t 之间的关系表现为零级反应动力学特征。由溴氨酸水溶液太阳光光催化氧化的回归方程可以看出，R^2 均大于 0.95，说明回归效果好，C_0-C 与时间 t 的线性相关性显著。由此可知，C_0-C 与时间 t 成直线关系，符合零级反应特征，表明自制催化剂在太阳光下降解溴氨酸溶液的反应为零级反应。

ⅱ）溴氨酸溶液初始浓度对太阳光光催化反应速率的影响。

根据零级动力学特征，有 $v = k$，结合表 3-23 中计算出的反应速率常数 k 可得到溴氨酸水溶液不同初始浓度（C_0）下的反应速率（v），结果如图 3-131 所示。

由图可以看出，溴氨酸水溶液降解反应速率与初始浓度呈线性增长趋势，当反应体系中·OH 一定时，随着初始浓度的增加，溴氨酸分子增多，溴氨酸分子与活性基质的有效碰撞概率提高，光催化降解反应速率也显著提高。

溴氨酸水溶液光催化降解的动力学速率常数 k 与初始浓度 C_0 的关系表示为

$$k = k_1 \times C_0^n$$

表 3-23　不同溴氨酸浓度的动力学数据

C_0/(mg/L)	$\ln C_0$	$\ln k$
10	2.30	−1.01
30	3.40	1.86
50	3.91	2.51
80	4.38	3.10

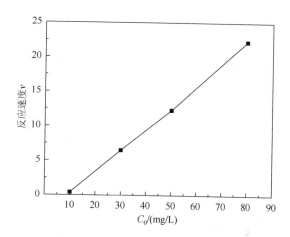

图 3-131　反应速率与初始浓度的关系

式中，n 为初始浓度对反应速率影响的级数；k_1 为相关系数，上式可变形为

$$\ln k = \ln k_1 + n \ln C_0$$

依据此式可求出起始浓度对溴氨酸光催化氧化速率常数的影响程度。代入实验数据，结果见表 3-23。

根据表 3-23 数据绘制 $\ln k$ 对 $\ln C_0$ 的曲线，如图 3-132 所示。所得到的曲线拟合为方程：$\ln k = 2.0105\ln C_0 - 5.4189$，$R^2 = 0.9658$，曲线线性良好；继而求得 $n = 2$。结果表明，一级速率常数 k 与溴氨酸初始浓度呈二级动力学关系。所以溴氨酸初始浓度增大导致反应速率增大。

iii）催化剂投加量对反应速率的影响。

改变催化剂投加量（1～4g/L），反应前将催化体系在避光情况下搅拌 0.5h，使催化剂与溴氨酸充分接触，开始降解后每隔 1h 取一个样品进行离心分离，测定溶液的吸光度并计算溶液中溴氨酸的剩余浓度。实验结果见表 3-24。

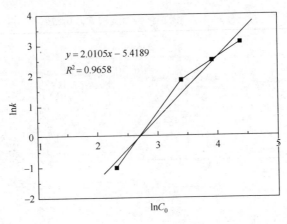

图 3-132　$\ln k$ 与 $\ln C_0$ 的关系

表 3-24　不同催化剂投加量下溴氨酸溶液在不同降解时间的浓度（mg/L）

降解时间/h	催化剂投加量/(g/L)			
	1	2	3	4
0	30	30	30	30
1	16.45	10.33	14.08	18.03
2	5.72	1.57	3.15	4.21
3	0.07	0.07	0.07	0.46

根据溴氨酸各时间段浓度数据，以 C_0-C 对时间 t 作图，结果如图 3-133 所示。

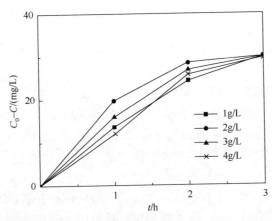

图 3-133　溴氨酸溶液浓度随降解时间的变化曲线图

由图可得出不同催化剂投加量与反应速率常数关系，如表 3-25 所示。

表 3-25 不同催化剂投加量条件下反应回归方程及反应速率常数表

投加量/(g/L)	回归方程	R^2	$k/[mg/(L \cdot h)]$
1	$y = 12.138x + 0.4715$	0.9955	12.1
2	$y = 14.211x + 1.8202$	0.9531	14.3
3	$y = 13.421x + 0.833$	0.9886	13.4
4	$y = 12.895x - 0.307$	0.9983	12.9

根据表 3-25 中给出的反应速率常数绘制出不同催化剂投加量条件下溴氨酸降解反应速率常数曲线，如图 3-134 所示。

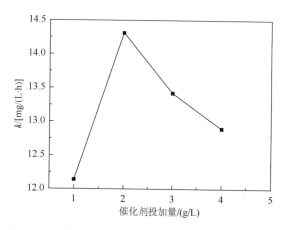

图 3-134 光催化反应速率常数 k 与催化剂投加量的关系

由图可以看出，当催化剂投加量小于 2g/L 时，溴氨酸光降解反应速率常数呈上升趋势；当催化剂投加量为 2g/L 时，达到最大值；当催化剂投加量大于 2g/L 时，该常数出现减小趋势。这种现象说明，在光催化悬浮体系中适当增加催化剂投加量能产生更多的活性物质，可以加快降解反应速率；当催化剂投加量达到最佳投加量时，光子的能量被充分利用，继续增加投加量会使溶液的浊度增加，透光度减小，导致光催化降解反应速率下降。因此，催化剂的投加量的最佳值为 2g/L。

（3）多孔 CdS/TiO$_2$ 催化剂催化降解溴氨酸水溶液特性

CdS 是一种典型 II-VI 族半导体化合物，室温下其禁带宽度为 2.42eV，禁带宽度较窄，对可见光敏感，但在光照时不稳定，在光催化氧化有机物的同时会伴有光腐蚀现象，导致水溶液中存在对生物有毒性的 Cd^{2+}，同样限制了其在光催化反应中的应用。CdS 与多孔 TiO$_2$ 耦合制备的多孔耦合 CdS/TiO$_2$ 催化剂中，TiO$_2$ 对 CdS 有一定的修饰作用，在 CdS 表面上的覆盖作用抑制了其阳极上的光腐蚀现象，同时 CdS 拓展了 TiO$_2$ 的光响应范围，使其在可见光下响应。实验中，以太阳光下溴氨酸水溶液的降解效果评价其光催化活性。

1）降解实验最佳条件确定。

i）催化剂投加量对降解效果的影响。

以初始浓度为 30mg/L 的溴氨酸水溶液为降解对象，在催化剂投加量分别为 1g/L、2g/L、3g/L、4g/L、5g/L 的条件下，在太阳光下进行降解实验，通过降解效率，考察了催化剂投加量对光催化降解效率的影响，结果如图 3-135 所示。实验时天气晴朗，当日紫外光指数为 4 级。

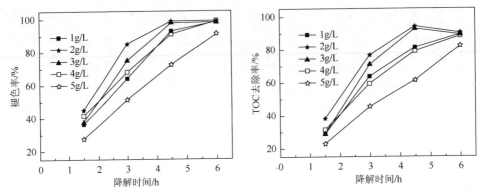

图 3-135　不同催化剂投加量对溴氨酸溶液褪色率和 TOC 去除率的影响

经过 6h 的太阳光光照，不同投加量的催化剂降解溴氨酸水溶液的褪色率均接近 100%，TOC 去除率均在 80% 以上，其中 2g/L 的投加量效果最佳，经过 4.5h 的降解，褪色率达 100%，TOC 去除率达 94%。投加量小于 2g/L 时，随着投加量增大，降解效果有所提高；投加量大于 2g/L 时，降解效果有所下降。

ii）降解时间对降解效果的影响。

光降解反应的时间是评价催化氧化效率的重要因素之一。一般情况下，延长光照时间，废水中污染物的降解率随之增加，反应一定程度后，降解率趋于平缓。以 30mg/L 溴氨酸水溶液为降解对象，催化剂的投加量为 2g/L，在太阳光下进行光催化降解实验，溴氨酸水溶液褪色率和 TOC 去除率随时间的变化情况如图 3-136 所示。实验时天气晴朗，紫外光指数为 3 级，较强。

由图可知，光催化降解溴氨酸的过程中，色度去除率始终高于 TOC 去除率。反应开始，体系中大量·OH 首先与溴氨酸分子发生反应，破坏了溴氨酸分子的发色基团，溶液的吸光度下降，溶液出现褪色。值得注意的是，溶液的褪色率的变化，只标志着反应体系中溴氨酸分子结构及发色基团的破坏，并降解为较小的有机碎片。此时，体系中 TOC 值不一定相应减少，直到反应体系中有机碎片矿化

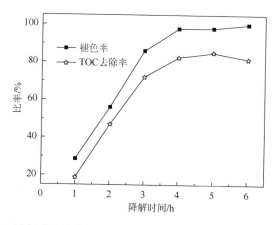

图 3-136　溴氨酸水溶液褪色率和 TOC 去除率随降解时间的变化曲线

为 CO_2 和 H_2O 后，相应的 TOC 值才会明显下降。因此，在降解过程中，色度去除要先于 TOC 的去除，色度去除率始终高于 TOC 去除率。在溴氨酸水溶液初始浓度和催化剂投加量一定的条件下，随着光照时间的增加，溴氨酸的光降解率逐渐增加。在反应的前 3h，随着光照时间的增加，溴氨酸水溶液的褪色率和 TOC 去除率迅速增大，去除率与时间呈线性关系，随后，褪色率和 TOC 去除率均变化缓慢。

iii）溴氨酸溶液初始浓度对降解效果的影响。

在催化剂投加量为 2g/L 的条件下，在太阳光下对初始浓度分别为 10mg/L、30mg/L、50mg/L、100mg/L 和 150mg/L 的溴氨酸溶液进行光催化降解实验，实验结果如图 3-137 和图 3-138 所示。实验时天气为晴天，当日紫外光指数为 4 级。

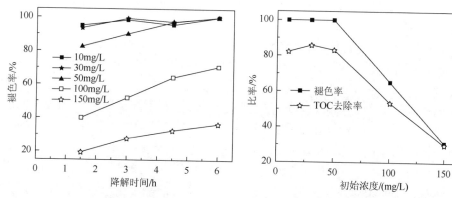

图 3-137　不同初始浓度溴氨酸溶液的
褪色率变化曲线图

图 3-138　溴氨酸水溶液褪色率和 TOC 去除
率随溴氨酸初始浓度的变化曲线图

由图可知，初始浓度为 10mg/L 的溴氨酸水溶液经光照 1.5h 后，其褪色率可达到 95%左右，初始浓度为 30mg/L、50mg/L、100mg/L 和 150mg/L 的溴氨酸水溶液的褪色率分别为 93.39%、82.44%、39.96%和 19.28%。光照 6h 后，溴氨酸水溶液初始浓度不大于 50mg/L 时，溶液的褪色率均可达 100%。初始浓度增大到 100mg/L 和 150mg/L 时，降解效果明显下降，初始浓度为 150mg/L 的溶液的褪色率仅为 36.40%。随着溴氨酸溶液浓度的增大，其 TOC 去除率呈下降趋势。

iv）溶液 pH 对降解效果的影响。

溶液初始 pH 对溴氨酸水溶液的光催化降解效率有明显影响。本实验中，调节溴氨酸水溶液 pH 在 2～12 范围内变化，考察了以多孔 CdS/TiO₂ 为催化剂时，溶液初始 pH 对溴氨酸水溶液降解效果的影响，结果如图 3-139 所示。催化剂投加量为 2g/L，实验当日天气条件：多云，紫外光指数 3 级，较强。

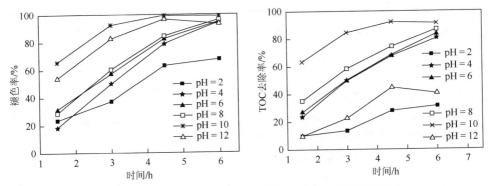

图 3-139 不同 pH 对溴氨酸溶液褪色率和 TOC 去除率的影响

经过 6h 的降解，pH 值为 4～12 范围内的溶液褪色率均达到 90%以上，pH 值为 2 的溶液褪色率仅为 67.4%，pH 为 10 的溶液的褪色效果最好，褪色率可达 98%。随着 pH 值的增大，溴氨酸水溶液的褪色率提高，碱性溶液有利于褪色。然而 TOC 去除率却呈现出与之不尽相同的规律，相同点是 pH 值小于 10 的溶液中，随着 pH 值的增大，溴氨酸水溶液的 TOC 去除率有所提高，pH 值为 10 的溶液的 TOC 去除率最高，经过 6h 的降解，TOC 去除率达到 91.3%；不同之处是 pH 值为 12 时，溶液褪色率较好，TOC 去除率却很低，仅为 40.4%。这说明该反应条件下有利于溴氨酸发色基团的破坏，但不利于继续矿化反应。溶液初始 pH 值较高时，溶液中有大量的 OH⁻存在，催化剂表面带负电荷，利于空穴从颗粒内部到表面的转移，空穴将吸附于催化剂表面的 OH⁻氧化成·OH，氧化降解破坏了溴氨酸分子的发色基团，表现出较强的光催化活性。但当 pH 值为 12 时，溶液的 TOC 去除率较低，推测其原因在于溴氨酸分子被破坏后生成了各种中间产物，pH 值过大改变了中间产物的性质，使其在催化剂表面的吸附程度下降，从而影响了溴氨酸水溶液的矿化程度。

v）氯化钠含量对降解效果的影响。

染料合成过程中常耗用大量无机盐，约有 90%转移到废水中，废水无机盐浓度大约在 15%～25%，主要是氯化钠，其存在会影响催化剂的催化性能。一般认为，溶液中的 Cl^- 会与污染物竞争光生空穴和羟基自由基，发生氧化还原反应，见下式，从而抑制光催化反应。

$$Cl^- + h^+ \longrightarrow \cdot Cl \quad Cl^- + \cdot OH \longrightarrow \cdot HClO^-$$

在催化剂投加量为 2g/L 的条件下，向初始浓度为 30mg/L 的溴氨酸水溶液中加入氯化钠（NaCl），使其摩尔浓度分别为 0mol/L、0.05mol/L、0.1mol/L、0.3mol/L、0.5mol/L 及 1mol/L，在太阳光下进行降解实验，考察了不同浓度 NaCl 的添加对溴氨酸溶液降解效果的影响，结果如图 3-140 所示。实验时天气多云转晴，紫外光指数为 4 级，较强。

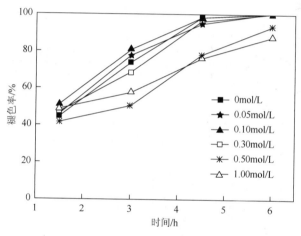

图 3-140　添加不同浓度氯化钠条件下溴氨酸溶液的褪色率变化曲线图

当 NaCl 的浓度大于 0.5mol/L 时，催化剂对溴氨酸的降解受到明显的抑制，经过 6h 的降解，溶液褪色率出现下降。当 NaCl 的浓度在 0.3mol/L 以下时，NaCl 的存在对于降解反应几乎没有影响，而且在反应前期，褪色率略高于不含氯化钠的溶液的褪色率，降解 3h 时，NaCl 浓度为 0mol/L、0.05mol/L 和 0.1mol/L 的溶液的褪色率分别为 73.9%、77.6%和 80.9%。可见，少量的 NaCl 存在对溴氨酸水溶液的降解起到了促进作用，其中 NaCl 浓度为 0.1mol/L 的溶液的降解效果最好。Na^+ 属于主族金属元素，已是最高氧化态，不具有变价性，不能捕获自由基和空穴，故其对催化剂的影响较小。因此，添加 NaCl 对催化效果的影响应主要归于 Cl^- 对反应体系的影响。一般情况下，Cl^- 因为能够俘获羟基自由基而降低光催化反应的速率，然而本实验中发现 0.1mol/L 的 NaCl 可以促进溴氨酸的光催化降解。卤素参与的光催化反应机理（图 3-141）：少量卤素离子吸附到催化剂表面后与 Ti 结合生成 TiCl，其能俘获光生空穴生成具有高氧化电位的·TiCl 自由基，引起有机物的自由基链式反应，从而激发有机物的自由基链反应使溴氨酸染料快速降解。另外，·TiCl 还可与光生电子结合，从而抑制光生电子-空穴对的复合，提高溴氨酸降解效率。然而，随着体系中氯离子浓度的增加，氯离子和呈现阴离子特性的溴氨酸在 TiO_2 催化剂表面会形成竞争吸附。同时，由于光催化降解反应中，光生空穴是主要的活性物质，过多氯离子的存在会影响体系中光生空穴的数量，进而对溴氨酸的催化降解产生抑制，降低降解效果。

$$h^+ + TiCl \longrightarrow \cdot TiCl \qquad \cdot TiCl + Cl^- \longrightarrow \cdot TiCl_2^-$$

$$\cdot TiCl_2^- + dye \longrightarrow \cdot dye + TiCl \qquad \cdot dye + O_2 \longrightarrow oxidation\ products$$

$$\cdot TiCl + e^- \longrightarrow TiCl \qquad \cdot TiCl_2^- + e^- \longrightarrow TiCl + Cl^-$$

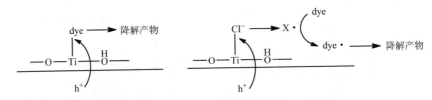

图 3-141　氯离子参与的光催化反应机理示意图

2）降解动力学研究。

i）溴氨酸溶液初始浓度与反应级数的关系。

分别配制浓度为 10mg/L、20mg/L、30mg/L、40mg/L 和 50mg/L 的溴氨酸水溶液，在太阳光下进行光催化降解，催化剂投加量为 2g/L，反应前将催化体系在避光情况下搅拌 0.5h，使催化剂与溴氨酸充分接触，开始降解后每隔 1h 取一个样品进行离心分离，测定溶液的吸光度并计算溶液中溴氨酸的剩余浓度。实验结果见表 3-26 所示。

表 3-26　不同初始溴氨酸水溶液浓度随时间的变化情况

反应时间/h	溴氨酸浓度/(mg/L)				
0	10	20	30	40	50
1	3.4	14.2	22.4	33.0	40.3
2	0.0	6.2	14.0	24.9	30.0
3	—	1.6	7.9	17.0	19.6
4	—	—	3.1	9.6	10.3
5			0.0	0.8	1.7

以溴氨酸各时间段浓度比的对数对时间作图，结果如图 3-142 所示。

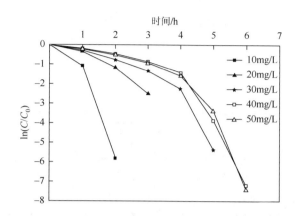

图 3-142　溴氨酸各时段浓度比的对数值 $\ln(C/C_0)$ 随降解时间 t 的变化曲线图

从图中可以明显看出 $\ln(C/C_0)$-t 图已呈现曲线关系，另外，根据溴氨酸各时间段浓度数据，以 C_0–C 对时间 t 作图，结果如图 3-143 所示。

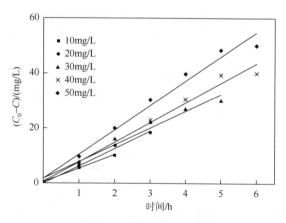

图 3-143　溴氨酸浓度变化值 C_0–C 随降解时间 t 的变化图

图 3-143 反映出的 C_0–C-t 之间的线性关系，其表现为零级反应动力学特征。

表 3-27 给出了溴氨酸水溶液光催化氧化的回归方程，可以看出溴氨酸溶液在太阳光下降解过程中，R^2 均大于 0.93，说明回归效果好，浓度 C_0–C 与时间 t 的线性相关性显著。

表 3-27　溴氨酸水溶液光催化氧化的回归方程

C_0/(mg/L)	回归方程	R^2	k/[mg/(L·h)]	$t_{1/2}$/h^{-1}
10	$C_0 - C = 4.985t + 0.5317$	0.934	4.98	1.00
20	$C_0 - C = 6.304t + 0.019$	0.986	6.30	1.59
30	$C_0 - C = 6.0903t + 1.8243$	0.9673	6.09	2.46
40	$C_0 - C = 7.1296t + 0.6868$	0.9804	7.13	2.80
50	$C_0 - C = 8.8157t + 1.8314$	0.9763	8.82	2.83

通过以上实验数据分析，溴氨酸浓度 C_0–C 与时间 t 呈直线关系，符合零级反应特征，表明催化剂 TiO_2 在太阳光下降解溴氨酸的反应为零级反应。

ii）溴氨酸溶液初始浓度对太阳光光催化反应速率的影响。

根据表 3-27 可得到溴氨酸水溶液不同初始浓度与相应反应速率常数 k 的关系，结果如图 3-144 所示。由图可以看出，溴氨酸水溶液降解反应速率随着初始浓度的增加而呈上升趋势。

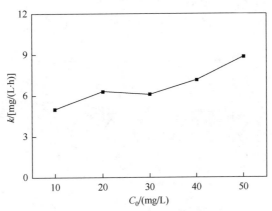

图 3-144　反应速率 k 与初始浓度 C_0 的关系

求出起始浓度对溴氨酸光催化氧化速率常数的影响程度，代入实验数据，结果见表 3-28。

表 3-28　不同溴氨酸浓度的动力学数据

C_0/(mg/L)	$\ln C_0$	$\ln k$
10	2.30	1.60
20	3.00	1.84
30	3.40	1.81
40	3.69	1.96
50	3.91	2.18

根据表 3-28 数据绘制 $\ln k$ 对 $\ln C_0$ 的曲线，如图 3-145 所示。

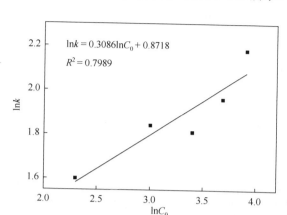

$$\ln k = 0.3086\ln C_0 + 0.8718$$
$$R^2 = 0.7989$$

图 3-145　$\ln k$ 与 $\ln C_0$ 的关系

所得到的曲线拟合为方程：$\ln k = 0.3086\ln C_0 + 0.8718$，$R^2 = 0.7989$；继而求得 $k_1 = 2.3912$，$n = 0.31$。当溴氨酸降解的初始浓度小于 50mg/L 时，反应速率常数和初始浓度的关系可表示为：$k = 2.3912C_0^{0.31}$。

结果表明一级反应速率常数 k 与溴氨酸初始浓度成 0.31 级动力学关系。所以溴氨酸初始浓度增大导致反应速率增大。

iii）催化剂投加量对反应速率的影响。

改变催化剂投加量（1～4g/L），根据零级反应动力学方程和实验数据，分别求出不同催化剂投加量条件下反应速率常数，见表 3-29。

表 3-29　不同催化剂投加量条件下反应回归方程及反应速率常数表

投加量/(g/L)	回归方程	R^2	k/[mg/(L·h)]	$t_{1/2}$/h^{-1}
1	$y = 6.322x + 0.743$	0.9959	6.32	2.37
2	$y = 8.7867x + 0.2433$	0.9990	8.79	1.71
3	$y = 7.7267x + 4\times10^{-1.5}$	1.0000	7.73	1.94
4	$y = 4.702x + 0.917$	0.9946	4.70	3.19

根据表 3-29 中给出的反应速率常数绘制出不同催化剂投加量条件下溴氨酸降解反应速率常数曲线，如图 3-146 所示。

从图中可以看出，当催化剂投加量小于 2g/L 时，溴氨酸降解反应速率常数呈上升趋势；当催化剂投加量为 2g/L 时，达到最大值；当催化剂投加量大于 2g/L 时，该常数出现减小趋势。根据实验结果，确定催化剂的投加量的最佳值为 2g/L。

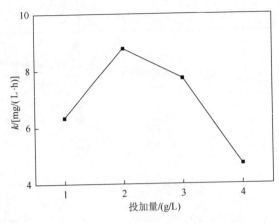

图 3-146　溴氨酸降解反应速率常数 k 与催化剂投加量的关系

iv）溶液初始 pH 对反应速率的影响。

使用等体积、等浓度的溴氨酸水溶液，改变溶液的初始 pH 值（2、4、6、8、10 和 12），同时进行太阳光下光降解反应，根据零级反应动力学方程和实验数据，分别求出不同溶液初始 pH 值条件下反应速率常数，见表 3-30。

表 3-30　不同溶液初始 pH 值条件下反应回归方程及反应速率常数表

初始 pH 值	回归方程	R^2	$k/[mg/(L·h)]$	$t_{1/2}/h^{-1}$
2	$y = 2.698x + 0.7760$	0.9667	2.70	5.56
4	$y = 3.7233x + 1.174$	0.9809	3.72	4.03
6	$y = 3.8387x + 1.002$	0.9764	3.84	3.91
8	$y = 3.8553x - 0.34$	0.988	3.86	3.89
10	$y = 7.2167x + 1.4817$	0.9668	7.22	2.08
12	$y = 6.4033x + 0.965$	0.9706	6.40	2.34

根据表 3-30 中给出的反应速率常数绘制出不同溶液初始 pH 值条件下溴氨酸降解反应速率常数曲线，如图 3-147 所示。

由表 3-30 及图 3-147 可以看出，多孔 CdS/TiO_2 催化剂在太阳光下降解溴氨酸水溶液在 pH 值较大的条件下降解反应速率明显提高，其原因可能是溶液 pH 值较低时，溶液中有大量 H^+ 存在，催化剂粒子表面荷正电，在太阳光照射下空穴不易向催化剂表面迁移，生成活性物质·OH 的浓度有限，导致光催化效果较差；随溶液 pH 值升高，溶液呈中性时，溶液中有少量的 OH^-，TiO_2 粒子表面的 OH^- 浓度增加导致·OH 生成加快；当溶液 pH 值较大而呈强碱性时，溶液中有大量的 OH^-，催化剂表面荷负电，在太阳光照射下，带正电的空穴容易向催化剂表面迁移，能

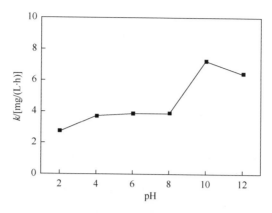

图 3-147　光催化反应速率常数 k 与溶液初始 pH 值的关系

迅速产生表面·OH，将吸附在催化剂表面的溴氨酸降解，表面·OH 增多，就可能表现出强的光催化氧化活性。因此，使用多孔 CdS/TiO$_2$ 催化剂在太阳光下降解溴氨酸水溶液，碱性条件下降解反应速率高于中性和酸性条件下的反应速率。

v）氯化钠含量对反应速率的影响。

在 30mg/L 的溴氨酸水溶液中分别添加不同含量的氯化钠，其摩尔浓度分别为 0mol/L、0.05mol/L、0.1mol/L、0.3mol/L、0.5mol/L 和 1mol/L。考察氯化钠含量对太阳光光催化反应速率的影响，根据零级反应动力学方程，分别求出不同氯化钠含量条件下反应速率常数，如表 3-31 所示。

表 3-31　不同氯化钠含量下反应回归方程及反应速率常数表

氯化钠含量/(mol/L)	回归方程	R^2	k/[mg/(L·h)]	$t_{1/2}$/h^{-1}
0	$y = 8.5300x - 0.075$	0.9999	8.53	1.76
0.05	$y = 8.7933x - 0.01$	0.9980	8.79	1.71
0.1	$y = 9.0800x + 0.3733$	0.9978	9.08	1.65
0.3	$y = 8.3333x + 0.44$	0.9963	8.33	1.80
0.5	$y = 6.4653x + 1.078$	0.9915	6.47	2.32
1	$y = 6.3867x + 0.86$	0.9925	6.39	2.35

根据表 3-31 中给出的反应速率常数绘制出不同氯化钠含量条件下溴氨酸降解反应速率常数曲线，如图 3-148 所示。

由表 3-31 及图 3-148 可以看出，在多孔 CdS/TiO$_2$ 为催化剂，并在太阳光下降解溴氨酸水溶液体系中，添加少量氯化钠可以提高降解反应速率，在添加氯化钠含量小于 0.1mol/L 时，降解反应速率常数略大于不含氯化钠体系的反应速率常数，当氯化钠含量大于 0.1mol/L 时，降解反应速率迅速下降。少量 Cl$^-$的存在，起到

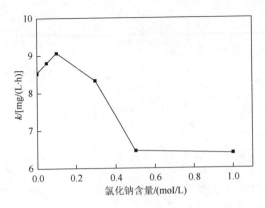

图 3-148　光催化反应速率常数 k 与氯化钠含量的关系

阻止电子-空穴对复合的作用，Cl^- 被氧化成为·Cl，有利于降解反应速率提高，Cl^- 含量增大时，会与溴氨酸在催化剂上发生竞争吸附，抑制有机物与催化剂的吸附，影响了降解反应速率。

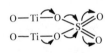

图 3-149　SO_4^{2-}/TiO_2
桥式双配位示意图

（4）SO_4^{2-}/TiO_2 型超强酸光催化降解溴氨酸废水特性

在 TiO_2 光催化剂中引入 SO_4^{2-} 可与其发生配位键合作用，形成了桥式双配位结构，如图 3-149 所示。

SO_4^{2-} 的两个 O 原子与 TiO_2 的两个 Ti 原子相连，SO_4^{2-} 中的两个 S＝O 共价键中的 O 原子通过与 Ti 原子直接相连的 S—O 键对 Ti 原子产生电荷诱导效应，使 Ti—O 键中的电子向 SO_4^{2-} 基团偏移，从而加强了金属钛的路易斯酸性（L 酸性），形成一个 L 酸中心，变成超强酸。利用 SO_4^{2-}/TiO_2 的这一特性，将其用于溴氨酸 Ullmann 缩合反应中，在 70℃下反应 90min，可得到缩合产物收率达 90%。用 SO_4^{2-}/TiO_2 代替液体酸，将反应温度降低了 10℃左右，减少了酸对设备的腐蚀及酸性废水的排放。此外，SO_4^{2-}/TiO_2 固体酸催化剂还可以重复利用，实验结果表明，催化剂重复用五次后，其催化活性略有降低，反应收率降低 11%左右，对催化剂进行活化再生后，其催化活性可恢复至原始水平。

TiO_2 中引入 SO_4^{2-}，除形成 L 酸中心外，也使得表面的 Ti 的正电荷性增强，有利于 TiO_2 导带上的光生电子向表面迁移，光生电子-空穴复合概率变小，光生电子-空穴得到有效分离，光量子效率得到提高，有利于有机物的光催化降解反应。利用 SO_4^{2-}/TiO_2 形成的 L 型超强酸中心，可应用于溴氨酸的 Ullmann 缩合反应，制备缩合产物。同时，可利用同种催化剂在光照下实现溴氨酸溶液的降解反应。实验中，以紫外灯为光源，考察了在该催化剂作用下，溴氨酸水溶液的降解效果，评价其光催化活性。

1）降解实验最佳条件确定。

i）溶液初始 pH 对降解效果的影响。

溶液初始 pH 的变化对光催化降解效果有明显的影响，催化剂表面电位的变化，将影响 TiO_2 对反应体系中溶解 O_2 和反应底物的吸附特性。实验中，以 30mg/L 溴氨酸溶液为降解对象，在催化剂投加量为 2g/L 的条件下，调节溶液初始 pH 在 2～12 范围内变化，考察了溶液初始 pH 对溴氨酸降解效果的影响，结果如图 3-150 所示。

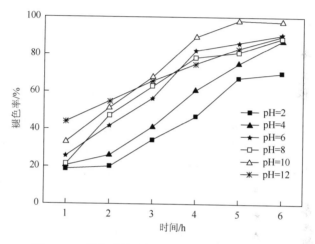

图 3-150　溴氨酸溶液初始 pH 对降解效果的影响

从图中可以看出，溴氨酸水溶液初始 pH 对 SO_4^{2-}/TiO_2 光催化氧化反应有较明显影响。经过 6h 紫外光照射降解，pH 为 4～12 的溶液体系褪色率可达到 87%以上，而初始 pH 值为 2 的溶液褪色率为 67.4%，褪色效果最好的是 pH 值为 10 的溶液，褪色率达 97.50%。褪色率曲线呈现出的规律是，随着 pH 的增大，溴氨酸水溶液的褪色率提高，碱性溶液有利于褪色率的提高。SO_4^{2-}/TiO_2 催化剂表面存在 L 酸中心，酸性反应体系中，催化剂表面的羟基 OH⁻ 数量有限，活性物质·OH 浓度较低，导致光催化降解效果较差。随着溶液碱性增强，催化剂表面的 OH⁻ 的数量增加，反应活性物质·OH 的浓度逐渐增加，光催化降解效率提高。当溶液初始 pH 为 10 时，溶液的褪色率接近 100%。当溶液初始 pH 继续增大，大量的 OH⁻ 在催化剂表面吸附，使催化剂表面带负电荷，影响了溴氨酸在催化剂表面的吸附效率，从而使反应效率降低。

ii）溴氨酸溶液初始浓度对降解效果的影响。

在催化剂投加量为 2g/L，初始 pH 值为 10 的条件下，选取初始浓度为 10mg/L、20mg/L、30mg/L、50mg/L 和 100mg/L 的溴氨酸水溶液，在紫外灯照射下，进行光催化降解实验，考察了溶液初始浓度对降解效果的影响，结果如图 3-151 所示。

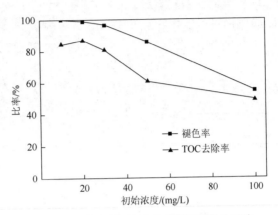

图 3-151　溴氨酸初始浓度对降解效果的影响

　　溴氨酸水溶液初始浓度低于 30mg/L 时，降解效果较好，溶液褪色率达 97%以上，TOC 去除率达 80%以上。随着溴氨酸水溶液初始浓度的增加，溶液褪色率和 TOC 去除率逐渐降低。当溴氨酸水溶液初始浓度增大到 50mg/L 和 100mg/L 时，降解效果明显下降。

　　iii）催化剂投加量对降解效果的影响。

　　以初始浓度为 30mg/L 的水溶液为降解对象，在溶液初始 pH 值为 10 的条件下，选取不同 SO_4^{2-}/TiO_2 催化剂投加量进行光催化降解实验，考察了催化剂投加量对降解效果的影响，结果如图 3-152 所示。

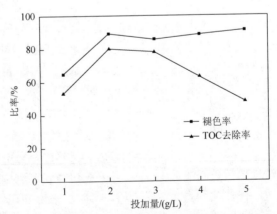

图 3-152　SO_4^{2-}/TiO_2 催化剂投加量对溴氨酸降解效果的影响

　　SO_4^{2-}/TiO_2 催化剂投加量从 1.0g/L 增加到 2.0g/L 时，溶液褪色率从 64.61%提高至 89.38%，TOC 去除率由 52.78%提高至 79.96%。而随着催化剂投加量的继续增加，虽然溶液褪色率无明显变化，但 TOC 去除率明显下降，当催化剂投加量为 5g/L 时，TOC 去除率仅为 45% 左右。

ⅳ）催化剂重复利用次数对降解效果的影响。

降解反应完成后，将 SO_4^{2-}/TiO_2 进行过滤回收，在 100℃ 下干燥 3~4h，继续进行溴氨酸水溶液的光催化降解反应，观察催化剂使用次数对催化剂的降解效果的影响，结果如图 3-153 所示。

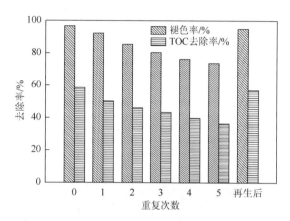

图 3-153　催化剂重复利用次数对溴氨酸降解效果的影响

随着催化剂在降解反应中使用次数的增加，降解效率逐渐降低，第五次重复使用时，溶液褪色率下降至 73.45%，TOC 去除率降至 36.37%。而将催化剂重新用 0.75mol/L 的硫酸溶液浸渍 24h，在 500℃ 下煅烧 2h，再生后的 SO_4^{2-}/TiO_2 光催化性能可恢复至原始水平。

2）降解动力学研究。

ⅰ）溴氨酸溶液初始浓度与反应级数的关系。

实验用催化剂 SO_4^{2-}/TiO_2 对不同初始浓度的溴氨酸溶液进行光催化氧化反应，考察浓度随时间的变化情况。实验结果如表 3-32 所示。

表 3-32　不同初始浓度条件下溴氨酸浓度随降解时间的变化情况

反应时间 t/h	溴氨酸浓度 C/(mg/L)				
0	10	20	30	50	100
1	4.80	13.90	22.71	40.02	81.28
2	0.03	8.30	16.63	29.10	66.41
3	—	2.50	10.12	17.99	53.02
4	—	—	4.49	9.75	39.25
5	—	—	0.63	1.51	25.30

根据溴氨酸各时间段浓度数据，以 C_0-C 对时间 t 作图，结果如图 3-154 所示。

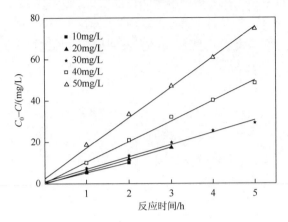

图 3-154　溴氨酸浓度变化随时间 t 变化图

由图可见，C_0-C-t 之间服从直线关系，表现为零级反应动力学特性。表 3-33 给出了溴氨酸溶液光催化氧化的回归方程，可以看出，在溴氨酸水溶液光催化降解过程中，R^2 均大于 0.9778，表明回归效果好。C_0-C 与时间 t 的线性相关性显著，表明采用 SO_4^{2-}/TiO_2 在紫外光下降解溴氨酸的反应具有零级反应特性。

表 3-33　溴氨酸溶液光催化氧化的回归方程

$C_0/(mg/L)$	回归方程	R^2	$k/[mg/(L\cdot h)]$
10	$y = 4.985x + 0.0717$	0.9989	4.98
20	$y = 5.8100x + 0.1100$	0.9996	5.81
30	$y = 5.9434x + 1.0448$	0.9904	5.94
50	$y = 9.8391x + 0.6738$	0.9954	9.84
100	$y = 14.6566x + 2.4819$	0.9955	14.66

ⅱ）溴氨酸溶液初始浓度与速率常数的关系。

根据表 3-33 中给出的反应速率常数 k 可得到溴氨酸水溶液不同初始浓度下的反应速率（v），结果如图 3-155 所示。

由图可以看出，溴氨酸水溶液降解反应速率随着初始浓度的增加而增大，当溴氨酸水溶液初始浓度小于 100mg/L 时，反应速率与溴氨酸水溶液初始浓度基本呈线性增长趋势。

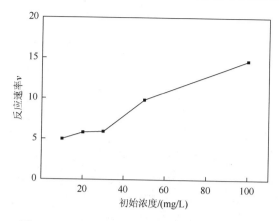

图 3-155 反应速率 v 与溴氨酸初始浓度的关系

采用公式可求出体系起始浓度对溴氨酸光催化氧化速率常数的影响程度。代入实验数据，结果见表 3-34。

表 3-34 不同溴氨酸初始浓度的动力学数据

C_0/(mg/L)	$\ln C_0$	$\ln k$
10	2.30	1.60
20	3.00	1.76
30	3.40	1.78
50	3.91	2.28
100	4.60	2.68

根据表 3-34 数据绘制 $\ln k$ 对 $\ln C_0$ 的曲线，如图 3-156 所示。

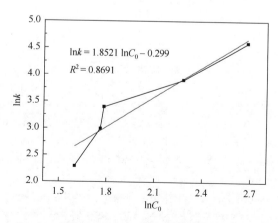

$$\ln k = 1.8521 \ln C_0 - 0.299$$
$$R^2 = 0.8691$$

图 3-156 $\ln k$ 与 $\ln C_0$ 的关系

所得到的曲线拟合为方程：$\ln k = 1.8521\ln C_0 - 0.299$，$R^2 = 0.8691$，曲线线性良好；继而求得 $k_1 = 0.74$，$n = 1.852$。当溴氨酸降解的初始浓度小于 100mg/L 时，反应速率常数和初始浓度的关系可表示为：$k = 0.74C_0^{1.852}$。

结果表明，一级反应速率常数 k 与溴氨酸初始浓度呈 1.85 级动力学关系。所以溴氨酸初始浓度增大导致反应速率增大。

参 考 文 献

[1] 李锦堂. 20 世纪太阳能科技发展的回顾与展望[J]. 太阳能学报，1999，10：1-14.

[2] 刘民. 日本的阳光计划及其新能源项目研究开发现状[J]. 太阳能，1987，（1）：20-22.

[3] 翟华维. 世界太阳能建筑标志——中国太阳谷日月坛·"微排"大厦[J]. 节能与环保，2010，（6）：43-45.

[4] 曹国建. 太阳池集热的太阳能海水淡化系统性能研究[D]. 大连：大连理工大学，2012.

[5] 郑宏飞. 我国太阳能海水淡化技术开发的现状与未来[J]. 辽宁科技参考，2004，（3）：25-28.

[6] 于小迪，王洪波，刘麒，等. 二氧化钛光催化消毒技术在水处理中的研究[J]. 环境科学与管理，2013，38（1）：81-86.

[7] Lonnen J, Kilvington S, Kehoe S C, et al. Solar and photocatalytic disinfection of protozoan, fungal and bacterial microbes in drinking water[J]. Water Research, 2005, 39（5）：877.

[8] 吴东雷，沈燕红，杨治中，等. 太阳能技术在水处理中的应用和研究进展[J]. 工业水处理，2013，33（4）：5-9.

[9] 王晓东，王江，赵玉薇，等. 提高冬季污水处理厂反应池水温的探索[J]. 中国环保产业，2008，（6）：26-27.

[10] 饶宾期，曹黎. 太阳能热泵污泥干燥技术[J]. 农业工程学报，2012，28（5）：184-188.

[11] Malato S, Fernández-Ibáñez P, Maldonado M I, et al. Decontamination and disinfection of water by solar photocatalysis: Recent overview and trends[J]. Catalysis Today, 2009, 147（1）：1-59.

[12] 刘琼玉，陈汉全，邹隐文，等. 太阳光 Fenton 氧化-混凝联合处理含酚废水[J]. 太阳能学报，2007，28（7）：695-700.

[13] Mehos M S, Turchi C S. Field testing solar photocatalytic detoxification on TCE-contaminated groundwater[J]. Environmental Progress & Sustainable Energy, 2010, 12（3）：194-199.

[14] 李海燕，鲁敏，施银桃，等. 城市景观水体的净化及增氧[J]. 武汉纺织大学学报，2004，17（1）：56-60.

[15] 王文林，殷小海，卫臻，等. 太阳能曝气技术治理城市重污染河道试验研究[J]. 中国给水排水，2008，24（17）：44-48.

[16] 黄湘. 国际太阳能资源及太阳能热发电趋势[J]. 华电技术，2009，31（12）：1-3.

[17] Minn M A, Ng K C, Khong W H, et al. A distributed model for a tedlar-foil flat plate solar collector[J]. Renewable Energy, 2002, 27（4）：507-523.

[18] Al-Ajlan S A, Faris H A, Khonkar H. A simulation modeling for optimization of flat plate collector design in riyadh, saudi arabia[J]. Renewable Energy, 2003, 28（9）：1325-1339.

[19] 殷志强，严习元，陈腾华，等. 太阳吸收涂层与真空集热管的热性能[J]. 太阳能学报，1996，（1）：50-56.

[20] Window B. Heat extraction from single ended glass absorber tubes[J]. Solar Energy, 1983, 31（2）：159-166.

[21] 张丽英. 槽式聚焦太阳能集热器及其应用研究[D]. 上海：上海交通大学，2008.

[22] Imadojemu H E. Concentrating parabolic collectors: A patent survey[J]. Energy Conversion & Management, 1995, 36（4）：225-237.

[23] Ibrahim S M A. The forced circulation performance of a sun tracking parabolic concentrator collector[J]. Renewable Energy，1996，9（1-4）：568-571.

[24] Al-sakaf O H. Application possibilities of solar thermal power plants in arab countries[J]. Renewable Energy，1998，14（1-4）：1-9.

[25] 罗会龙，王如竹，代彦军，等. 太阳能制冷低温储粮应用效果初探[J]. 中国农学通报，2005，21（9）：400-402.

[26] Fei X，Lei C，Dai Y，et al. CFD modeling and analysis of brine spray evaporation system integrated with solar collector[J]. Desalination，2015，366（45）：139-145.

[27] Lei C，Fei X，Dai Y，et al. CFD modeling and analysis of brine spray evaporation system[J]. Desalination and Water Treatment，2016，57：12977-12987.

[28] 陈磊. 介观喷雾蒸发分离高浓度盐水处理系统的构建及性能研究[D]. 天津：天津大学，2015.

[29] 陈磊，季民，张宏伟，等. 喷雾蒸发处理浓盐水分离效率研究[J]. 中国给水排水，2015，（5）：96-99，104.

[30] 苑宏英，范文渊，汤韬，等. 污泥喷雾热干化特性[J]. 化工进展，2015，34（4）：1139-1142.

[31] 康智勇. 喷雾干燥器粘壁产生的原因[J]. 中国陶瓷，2007，43（1）：58.

[32] 周学永，高建保. 喷雾干燥粘壁的原因与解决途径[J]. 应用化工，2007，36（6）：599-602.

[33] 黄立新，周瑞君，Mujumdar A S. 喷雾干燥过程中产品玻璃化温度转变和质量控制[J]. 林产化学与工业，2007，27（1）：43-46.

[34] Vázquez A L，Calleja F，Borca B，et al. Periodically rippled graphene：Growth and spatially resolved electronic structure[J]. Physical Review Letters，2008，101（9）：23-28.

[35] Coraux J，Ndiaye A T，Carsten Busse A，et al. Structural coherency ofgraphene on Ir（111）[J]. Nano Letters，2008，8（2）：565-570.

[36] Li X，Wang X，Zhang L，et al. Chemically derived，ultrasmoothgraphene nanoribbon semiconductors[J]. Science，2008，319（5867）：1229.

[37] 田春霞，仇性启，崔运静. 喷嘴雾化技术进展[J]. 工业加热，2005，34（4）：40-43.

[38] Rettz R D，Bracco F V. Mechanism of atomization of a liquid jet[J]. Physics of Fluids，1982，25（10）：1730-1742.

[39] Yu H，Yang X，Wang R，et al. Analysis of heat and mass transfer by CFD for performance enhancement in direct contact membrane distillation[J]. Journal of Membrane Science，2012，405-406（s405-406）：38-47.

[40] Wardeh S，Morvan H P. CFD simulations of flow and concentration polarization in spacer-filled channels for application to water desalination[J]. Chemical Engineering Research & Design，2008，86（10）：1107-1116.

[41] Gruber M F，Johnson C J，Tang C Y，et al. Computational fluid dynamics simulations of flow and concentration polarization in forward osmosis membrane systems[J]. Journal of Membrane Science，2011，379（1-2）：488-495.

[42] Park I S，Park S M，Ha J S. Design and application of thermal vapor compressor for multi-effect desalination plant[J]. Desalination，2005，182（1）：199-208.

[43] Abakr Y A，Ismail A F. Theoretical and experimental investigation of a novel multistage evacuated solar still[J]. Journal of Solar Energy Engineering，2005，127（3）：381-385.

[44] Yakhot V，Orszag S A. Renormalization Group Analysis of Turbulence I. Basic Theory[M]. New York：Plenum Press，1986.

[45] Zhang T，Celik D，Sciver S W V. Tracer particles for application to piv studies of liquid helium[J]. Journal of Low Temperature Physics，2004，134（3-4）：985-1000.

[46] Roland B. Multiphase Flows with Droplets and Particles[M]. Boca Raton：Crc Press，1998.

[47] Renksizbulut M，Yuen M C. Experimental study of droplet evaporation in a high-temperature air stream[J]. Journal of Heat Transfer，1983，105（2）：384-388.

[48]　Sazhin S S. Advanced models of fuel droplet heating and evaporation[J]. Progress in Energy & Combustion Science，2006，32（2）：162-214.

[49]　Sirignano W A. Fuel droplet vaporization and spray combustion theory[J]. Progress in Energy & Combustion Science，1983，9（4）：291-322.

[50]　俄有浩，严平，李文赞，等. 中国内陆干旱、半干旱区苦咸水分布特征[J]. 中国沙漠，2014，34（2）：565-573.

[51]　王菁，孟祥周，陈玲，等. 苦咸水成因及其淡化技术研究进展[J]. 甘肃农业科技，2010，（7）：39-42.

[52]　尚天宠. 膜分离技术在中国西部省区苦咸水淡化工程中的应用[J]. 净水技术，2000，18（2）：28-33.

[53]　栾韶华，孙国瑞，王奇. 苦咸水淡化技术综述[J]. 四川环境，2010，29（1）：97-99.

[54]　王彬. 多效膜蒸馏过程用于废水中 dmso 回收和浓盐水浓缩研究[D]. 天津：天津大学，2013.

[55]　常泽辉，侯静，温雯. 太阳能海水淡化技术研究进展[J]. 价值工程，2013，（6）：301-302.

[56]　高从. 海水淡化及海水与苦咸水利用发展建议[M]. 北京：高等教育出版社，2007.

[57]　于开录，吕庆春，阮国岭. 低温多效蒸馏海水淡化工程与技术进展[J]. 中国给水排水，2008，24（22）：82-85.

[58]　Renaudin V，Kafi F，Alonso D，et al. Performances of a three-effect plate desalination process[J]. Desalination，2005，182（1-3）：165-173.

[59]　王双合，胡兴林，蓝永超，等. 甘肃省苦咸水资源量及时空分布规律研究[J]. 中国沙漠，2009，29（5）：995-1002.

[60]　Larson R，Albers W，Beckman J，et al. The carrier-gas process-A new desalination and concentration technology[J]. Desalination，1989，73（1-3）：119-138.

[61]　Yuan G，Zhang H. Mathematical modeling of a closed circulation solar desalination unit with humidification-dehumidification[J]. Desalination，2007，205（1）：156-162.

[62]　Narayan G P，Sharqawy M H，Summers E K，et al. The potential of solar-driven humidification-dehumidification desalination for small-scale decentralized water production[J]. Renewable & Sustainable Energy Reviews，2010，14（4）：1187-1201.

[63]　Dai Y J，Wang R Z，Zhang H F. Parametric analysis to improve the performance of a solar desalination unit with humidification and dehumidification[J]. Desalination，2002，142（2）：107-118.

[64]　熊日华. 露点蒸发海水淡化技术研究[D]. 天津：天津大学，2004.

[65]　刘忠. 多效鼓泡蒸发式太阳能海水淡化技术研究[D]. 杭州：浙江大学，2010.

[66]　刘辉. 可见光响应纳米 Cu_2O-TiO_2 材料的制备及光催化性能研究[D]. 青岛：中国海洋大学，2011.

[67]　陈崧哲，徐盛明，徐刚，等. 稀土元素在光催化剂中的应用及作用机理[J]. 稀有金属材料与工程，2006，35（4）：505-509.

[68]　刘月，余林，魏志钢，等. 稀土金属掺杂对锐钛矿型 TiO_2 光催化活性影响的理论和实验研究[J]. 高等学校化学学报，2013，34（2）：434-440.

[69]　张俊平，王艳，戚慧心. 铕、铈、钇离子对 TiO_2 催化剂的改性作用[J]. 中国稀土学报，2002，20（5）：478-480.

[70]　王静. 改性二氧化钛的制备及其光催化降解性能研究[D]. 天津：天津城市建设学院，2007.

[71]　王精志，施文健，顾海欣，等. 掺氮二氧化钛的制备方法研究进展[J]. 材料导报，2013，27（15）：46-49.

[72]　王城英，姜洪泉，李井申，等. $TiO_{(2-y)}N_x$ 纳米光催化剂的制备及其可见光响应机理[J]. 应用化学，2010，27（12）：1413-1418.

[73]　Rengifo-Herrera J A，Mielczarski E，Mielczarski J，et al. Escherichia coli inactivation by N，S co-doped commercial TiO_2 powders under uv and visible light[J]. Applied Catalysis B Environmental，2008，84（3-4）：448-456.

[74]　王智宇，高春梅，赵彬，等. S 掺杂 TiO_2 催化剂的合成及其光催化性能[J]. 武汉理工大学学报，2008，30（7）：1-4.

[75] Umebayashi T，Yamaki T，Yamamoto S，et al. Sulfur-doping of rutile-titanium dioxide by ion implantation：Photocurrent spectroscopy and first-principles band calculation studies[J]. Journal of Applied Physics，2003，93（9）：5156-5160.

[76] Valentin C D，Pacchioni G，Selloni A. Theory of carbon doping of titanium dioxide[J]. Chemistry of Materials，2005，17（26）：6656-6665.

[77] Reddy K M，Baruwati B，Jayalakshmi M，et al. S-，N-and C-doped titanium dioxide nanoparticles：Synthesis，characterization and redox charge transfer study[J]. Journal of Solid State Chemistry，2005，178（11）：3352-3358.

[78] Yamaki T，Sumita T，Yamamoto S. Formation of tio2-f compounds in fluorine-implanted tio2[J]. Journal of Materials Science Letters，2002，21（1）：33-35.

[79] Lettmann C，Hildenbrand K，Kisch H，et al. Visible light photodegradation of 4-chlorophenol with a coke-containing titanium dioxide photocatalyst[J]. Applied Catalysis B Environmental，2001，32（4）：215-227.

[80] Yu J C，Yu J，Ho W，et al. Effects of F-doping on the photocatalytic activity and microstructures of nanocrystalline TiO2 powders[J]. Chemistry of Materials，2002，14（9）：3308-3316.

[81] Minero C，Mariella G，Maurino V，et al. Photocatalytic transformation of organic compounds in the presence of inorganic ions. 2. Competitive reactions of phenol and alcohols on a titanium dioxide-fluoride system[J]. Langmuir，2000，16（23）：8964-8972.

[82] Borgarello E，Kiwi J，Graetzel M，et al. Visible light induced water cleavage in colloidal solutions of chromium-doped titanium dioxide particles[J]. Journal of the American Chemistry Society，1982，104（11）：2996-3002.

[83] 谢丽珊. Fe、V 共掺杂 TiO2 催化剂的合成、表征及其性能研究[D]. 福州：福建师范大学，2011.

[84] 姜洪泉，王巧凤，李井申，等. N-P-TiO2 纳米粒子的溶胶-水热制备及太阳光下光催化降解 4-氯酚性能[J]. 化学学报，2012，70（20）：2173-2178.

[85] Ohno T，Tsubota T，Nakamura Y，et al. Preparation of S，C cation-codoped SrTiO3 and its photocatalytic activity under visible light[J]. Applied Catalysis A General，2005，288（1-2）：74-79.

[86] 吴奇，苏钰丰，孙岚，等. Fe、N 共掺杂 TiO2 纳米管阵列的制备及可见光光催化活性[J]. 物理化学学报，2012，28（3）：635-640.

[87] 李建通，杨娟，缪娟. 共掺杂改性纳米 TiO2 光催化剂的研究进展[J]. 材料导报，2010，24（s1）：118-121.

[88] 李秋利. 磁改性 TiO2/CdS 光催化剂的制备及降解特性研究[D]. 天津：天津城市建设学院，2010.

[89] Takeda K，Fujiwara K. Characteristics on the determination of dissolved organic nitrogen compounds in natural waters using titanium dioxide and platinized titanium dioxide mediated photocatalytic degradation[J]. Water Research，1996，30（2）：323-330.

[90] 景明俊. Pt-TiO2 和 Pt-N-TiO2 的制备及其可见光催化性能的研究[D]. 郑州：河南大学，2012.

[91] 冯光建，刘素文，修志亮，等. 可见光响应型 TiO2 光催化剂的机理研究进展[J]. 稀有金属材料与工程，2009，38（1）：185-188.

[92] Fei X，Li F，Cao L，et al. Adsorption and photocatalytic performance of cuprous oxide/titania composite in the degradation of acid red b[J]. Materials Science in Semiconductor Processing，2015，33：9-15.

[93] 张明. Cu2O/TiO2 复合催化剂的制备及光、热催化降解酸性红 B 特性研究[D]. 天津：天津城建大学，2013.

[94] 刘洋. Cds 基半导体光催化剂的制备与性能研究[D]. 太原：太原理工大学，2015.

[95] 王攀，曹婷婷，方艳芬，等. Hg 掺杂 CdS 的制备及可见光降解有毒有机污染物[J]. 影像科学与光化学，2011，29（1）：11-23.

[96] 费学宁，刘晓平，李莹，等. 半导体复合 CdS/TiO2 催化剂改性及冷冻-光催化组合方法应用的初步研究[J]. 影

像科学与光化学，2008，26（5）：417-424.

[97]　李莹. 多孔 CdS/TiO$_2$ 的制备及太阳光下降解溴氨酸水溶液[D]. 天津：天津城市建设学院，2005.

[98]　崔文权，齐跃丽，刘艳飞，等. CdS-K$_2$La$_2$Ti$_{(3-x)}$Pb$_x$O$_{10}$ 的制备及其光催化性能[J]. 无机材料学报，2012，27（11）：1145-1152.

[99]　张靖峰，杜志平，赵永红，等. 纳米 Ag/ZnO 光催化剂及其催化降解壬基酚聚氧乙烯醚性能[J]. 催化学报，2007，V28（5）：457-462.

[100]　王存，王鹏，徐柏庆. ZnO-SnO$_2$ 纳米复合氧化物光催化剂催化降解对硝基苯胺[J]. 催化学报，2004，25（12）：967-972.

[101]　Qiu X，Li L，Zheng J，et al. Origin of the enhanced photocatalytic activities of semiconductors: A case study of ZnO doped with Mg^{2+}[J]. Journal of Physical Chemistry C，2008，112（32）：12242-12248.

[102]　张靖峰，杜志平，赵永红，等. Fe^{3+}改性纳米 ZnO 光催化降解壬基酚聚氧乙烯醚[J]. 催化学报，2007，28（6）：561-566.

[103]　成莉燕. 几种负载型半导体光催化剂的制备及其对太阳光降解有机染料的催化性能[D]. 兰州：西北师范大学，2008.

[104]　Liu Y，Son W J，Lu J，et al. Composition dependence of the photocatalytic activities of BiOCl$_{(1-x)}$br$_{(x)}$solid solutions under visible light[J]. Cheminform，2011，42（45）：9342-9348.

[105]　Xiong W，Zhao Q，Li X，et al. One-step synthesis of flower-like Ag/AgCl/BiOCl composite with enhanced visible-light photocatalytic activity[J]. Catalysis Communications，2011，16（1）：229-233.

[106]　余长林，操芳芳，舒庆，等. Ag/BiO$_x$(x = Cl, Br, I)复合光催化剂的制备、表征及其光催化性能[J]. 物理化学学报，2012，28（3）：647-653.

[107]　Shamaila S，Sajjad A K L，Feng C，et al. WO$_3$/BiOCl，a novel heterojunction as visible light photocatalyst[J]. Journal of Colloid & Interface Science，2011，356（2）：465.

[108]　喻恺. 铋酸钠可见光催化降解孔雀石绿染料[J]. 环境化学，2013，（10）：1863-1868.

[109]　Dong Y，Fei X，Liu Z，et al. Synthesis and photocatalytic redox properties of anatase TiO$_2$ single crystals[J]. Applied Surface Science，2017，394：386-393.

[110]　Dong Y，Fei X，Zhou Y. Synthesis and photocatalytic activity of mesoporous-（001）facets TiO$_2$ single crystals[J]. Applied Surface Science，2017，403：662-669.

[111]　徐晓娟. TiO$_2$ 催化剂的功能修饰及自然光降解溴氨酸水溶液[D]. 天津：天津城市建设学院，2009.

[112]　王镝，费学宁，郝亚超，等. 固体酸 SO$_4^{2-}$ /TiO$_2$ 催化溴氨酸 ullmann 缩合反应[J]. 天津城建大学学报，2009，15（2）：111-113.

第4章 生态水处理技术

生态水处理是指利用原生态生物群体的生命代谢协同规律，以维系生态健康的方法来处理污染水体的专有技术。在对自然界生物圈生物群体中的生产者、消费者、分解者和使用者的相互作用关系进行综合分析的基础上，进一步理清不同生物形态生物体间的协同关系，优化其所具有的配置，丰富和发展整个生物链的结构，以水体中污染物为生物体生长代谢繁殖的能源，使生物体在健康的生长代谢循环过程中融入生态系统，促进生态系统的水净化功能的形成，以利用自然界本身的净化功能实现对污染水体净化作用，达到保证水环境健康的目的。在主流的生态水处理技术中，水生植物、水生动物和水生微生物在水环境修复中发挥着重要作用，水生植物的吸收、转移及微生物降解对消减水体中的污染物起到至关重要的作用。虽然在生态水处理技术中，自然能没有直接参与水体中污染物的去除，但自然能是该系统中生物赖以生存的能量来源。因此，本书主要将大型水生植物的生态水处理技术作为自然能在水处理技术中应用的一部分，对其进行归纳和阐述。

大型水生植物即水生维管束植物，具有发达的机械组织，植物个体较大。大型水生植物是水生态系统的重要组成部分和主要的初级生产者，按照生活类型可分为挺水植物、浮水植物和沉水植物，对生态系统物质和能量的循环、传递起到调控的作用。大型水生植物可通过光合作用将光能转化为有机能，向环境释放氧气，从而发挥其净化水中营养物质、去除污染物质和抑制藻类生长等生态功能。

4.1 植 物 床

许多水生植物具有耐污和治污特性，20 世纪 70 年代以来，植物的这种特性逐渐受到人们的关注，并且被应用于废水处理和水体修复中。

4.1.1 植物床的研究进展

早在我国的三国时期（约公元 3 世纪），在我国南方的一些地区，人们就已经开始利用植物的根系和茎多年聚集起来的漂浮"板块"，或由植物枯杆编织而成的浮体作栽培床，古称"葑田"或"架田"，在水面上种植水稻。这种方式在唐宋时颇为流行，人们曾在水面种植空心菜。当时其只是作为一种农业增产的方式，以满足人民的生活需求，而不是以水处理为最终目的，然而这种种植方式已具有生态浮床的基本雏形[1]。

　　在自然水体的治理中，常用的传统方法包括物理方法和化学方法[2]，这些方法可在短期内取得明显的处理效果，但也会对水生态环境造成严重的次生危害。而后，科学家们又开始将目光转移到生物治理水环境上，并逐渐形成了水体生态修复的一系列技术。目前针对水体污染常见的修复方法有水生植被恢复、生物操控、人工湿地修复以及植物浮床处理等技术。沉床、浮床等利用大型水生植物处理废水的方法较其他生态修复技术而言，具有环境友好、原位修复、便于架设、方便管理及成本较低等特点，因此植物沉床、浮床技术在国内外富营养化水体防治和污染水体治理方面应用越来越广泛。特别是采用多种水处理集成技术处理复杂污染水体过程中，植物床技术发挥着越来越重要的作用。

　　浮床的应用，最早出现在欧洲，主要用于生态系统的修复。直到20世纪80年代才出现关于人工浮床净化水体的研究；20世纪90年代，人工浮床技术逐渐被用于处理微污染水体和改善自然水体富营养化现象的研究，并得以推广[3]。

　　我国对人工浮床的研究始于20世纪90年代，在人工浮床净化水体研究方面积累了丰富的经验[4]。研究者们在北京、上海、太湖等多地的自然水体以及污水处理厂进行了人工浮床净化水质的应用研究，取得了有价值的研究成果。

4.1.2　人工植物床定义及分类

　　人工植物床是一种以基质（填料）为载体，把水生植物或陆生植物种植于载体上，通过植物根系和茎叶的吸附、吸收作用及附着的细菌和其他微生物的代谢作用，使水体中污染物大幅度减少，同时美化环境的一种生物水处理技术。根据植物床在水体中所处位置，将其分为人工沉床和人工浮床技术。

　　人工沉床技术是利用沉床载体和人工基质栽植大型水生植物（主要为挺水和沉水植物），通过床体升降人为调控植物在水下的深度，克服水深、透明度等因素对植物生长的制约，对修复低透明度和水体较深的重污染水体具有明显优势，是一种具有较高应用价值的废水处理技术，是一种有效的生物-生态污染水体修复技术。

　　人工浮床又称人工浮岛，是以水生植物为主体，运用无土栽培技术原理，以高分子材料等为载体和基质，应用物种间共生关系和充分利用水体空间生态位和营养生态位的原则，建立高效的人工生态系统，以削减水体中的污染负荷，如浙江农林大学东湖生态浮床（图4-1），就是把特制的轻型生物载体按不同的设计要求，拼接、组合、搭建成所需要的面积或几何形状，放入受污染水体中，将经过筛选、驯化的吸收水中有机污染物功能较强的水生或陆生植物，植入预制好的漂浮载体种植槽内，让植物在类似无土栽培的环境下生长，植物根系自然延伸并悬浮于水体中，吸附、吸收水中的氨、氮、磷等有机污染物质，为水体中的鱼虾、昆虫和微生物提供生存和附着的条件，同时释放出抑制藻类生长的化合物。在植物、动物、昆虫以及微生物的共同作用下使环境水质得以净化，达到修复和重建水体生态系统的目的。

图 4-1　浙江农林大学东湖生态浮床

4.1.3　人工植物床的净化机理

1. 人工沉床的净化机理

人工沉床由基质（填料）、大型水生植物和附着在填料与植物表面的微生物组成。人工沉床对水体的净化包括植物的吸收、植物及填料的物理吸附、生物化感、克菌及微生物降解等物理、化学和生物过程。大型水生植物在人工沉床系统中处于核心地位。水生植物在废水净化方面的净化机理主要包括以下几方面。

（1）植物吸收与净化

人工沉床的上层为栽植的挺水植物和沉水植物，植物整体或大部分植株位于水中，可以直接吸收水体中的氮、磷等营养元素，并同化为自身的结构组成物质。植物对营养元素的同化速率与生长速度呈正相关，氮、磷是植物大量需要的营养物质，水生植物的营养繁殖可快速将这些物质吸收固定。研究发现，沉水植物在其生长过程中可以从水中吸收氮、磷和有机物等溶解性的营养物质，对富营养化水体中各种污染物都有较好的净化效果；沉水植物根系发达且与河底沉积物直接接触，接触面积大，在改善水质的同时还可以从沉积物中吸收各种污染物。有些沉水植物还可有效保持底泥中磷元素的含量，降低底泥中氮磷营养元素向上覆水体的释放[5]。有研究者[6-8]选择狐尾藻、苦草、伊乐藻、黑藻、金鱼藻等沉水植物进行实验，研究发现，当沉水植物生长稳定后，几种沉水植物对水体中 NH_4^+-N 和 COD_{Cr} 的去除率都达到 50%以上，对总磷的去除率均达 95%以上[9]，说明这几种常见的沉水植物对水中各项污染物的净化效果都比较好。

（2）植物化感和克藻作用

植物化感作用是指大型水生植物通过生长代谢过程释放某些化学物质，以此抑制藻类及细菌生长的现象。沉水植物会分泌克藻物质，对藻类的生长繁殖有抑制作用，同时通过与浮游藻类竞争阳光、营养盐等来抑制藻类的生长。对不同种类沉水植物的抑藻现象进行研究发现，狐尾藻、马来眼子菜[10]、黑藻、金鱼藻[11, 12]等沉水植物都能够向水中分泌化感物质，对铜绿微囊藻、小球藻等不同的藻类有不同程度的抑制效果，其中金鱼藻的克藻作用最为显著。研究还发现，当沉水植物受到光限制或者营养限制时，其分泌的化感物质的量会增多。因而在富营养化水体中利用沉水植物化感作用抑制藻类过度繁殖时，要遵循先降低营养盐水平然后再利用的原则[13]。

（3）释氧复氧作用

相比于挺水植物、浮叶植物和漂浮植物，只有沉水植物将进行光合作用产生的氧全部释放在水体中，所以沉水植物对水中溶解氧浓度的增加贡献最大。在有沉水植物生长的水体中，其溶解氧含量要比缺少沉水植物的水体溶解氧含量高许多[14]。沉水植物通过根部呼吸作用还可以将氧释放到沉积物中[15]，在其根际周围形成好氧区微环境，为好氧微生物的新陈代谢提供适宜的环境条件。而好氧区外由于溶解氧的逐渐降低而形成厌氧微环境，此环境条件下，适宜厌氧微生物进行反硝化反应及有机质的厌氧发酵分解[16]，这又有利于水体中氮元素及有机物的去除。

（4）物理化学作用

人工沉床系统中，也有部分污染物是通过挥发、吸附和沉降等物理化学作用被去除。物理化学作用主要去除 SS 和高分子有机物等污染物，改善水体的感官效果。人工沉床系统中，植物根系发达，与水体接触面积较大，能与填料共同形成一道密集的过滤层，水体中不溶性胶体会随水体流动被根系吸附或截留。另一方面，附着于植物根系的细菌在进入内源呼吸阶段后会发生凝聚，把悬浮性有机物和新陈代谢产物沉降下来，提高水体透明度。

2. 人工浮床的净化机理

人工浮床具有多种功能，如图 4-2 所示，其水面上的植物不仅可作为景观，还为野生动物提供了栖息地；水面下发达的植物根系为微生物的附着提供了位点，有助于水质的净化，同时，根系可吸收水体中过剩的营养物质；此外，植物床的遮蔽作用也抑制了藻类生物的过度生长，促进了鱼类的繁殖。

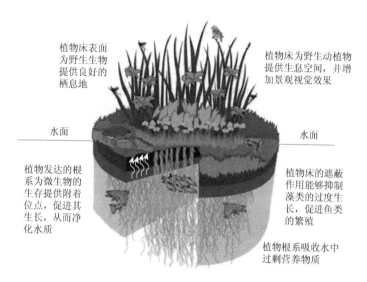

图 4-2　生态浮床功能示意图

作为生态浮床最重要的功能，它对污染水体的修复是一个复杂的物理、化学和生物过程，如图 4-3 所示。一般认为生态浮床作用机理分为以下四个方面。

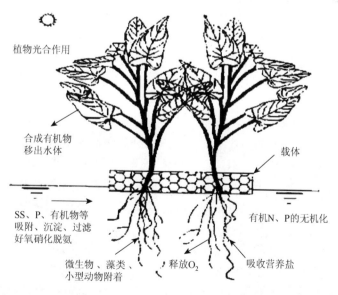

图 4-3　人工生态浮床植物床净化机理示意图

（1）植物本身对污染物质的净化作用

植物在生长过程中需要大量营养元素，而污染水体中含有的过量氮磷可以满足植物生长的需要，利用这一特点，可达到水质净化的目的。其主要机理是：植物体吸收污染物的主要器官是根，水溶态的污染物通过两种途径到达根系表面，一种是主动运输，在植物吸收水分时通过蒸腾拉力将污染物和水分一起吸收至根部；另一种是扩散作用[17]。到达根系表面的污染物通过截留、吸附和沉降等作用而去除[18]。截留作用是指当水流通过水生植物根系时，由于水生植物的茂盛根系，比表面积大，能形成一层浓密的过滤层，从而使水中的不溶性胶体和悬浮物被根系截留以使水中污染物浓度降低，透明度提高。吸附沉淀作用是指浮床植物有发达的根系，其巨大的表面积与水体接触形成一道过滤层，通过这道过滤层可吸附、富集、过滤、沉降污水中重金属[19]、悬浮颗粒、有害物质，同时又在根系表面进行离子交换、整合、沉淀等作用达到净化水质的目的。如物理作用中的物理吸附，有学者[20]在对五里湖进行浮床净化处理试验后发现，28d 后，单位鲜重的伊乐藻上吸附的固体干物质达 28.71g/kg，干物质中 TN、TP 的平均质量分数分别为 0.647%、0.311%，而系统对 TN、TP 的去除率分别为 21.7% 和 63.6%。这表明物理吸附在水质净化过程中作用不明显。化学沉淀主要由磷酸盐沉淀引起，即磷酸盐与水体中的某些阳离子如 Ca^{2+}、Mg^{2+}等发生协同沉淀，从而将其从水中去除。

然而植物通过吸收来去除污染物的能力是有限的。因为植物本身的特性能够影响植物对氮磷的吸收能力，不同种类的植物对氮磷的吸收能力不同，如选取美人蕉、石菖蒲和伞草等 3 种优势植物作为研究对象，观察其对 COD_{Cr}、TN、TP 的去除效果。实验结果表明，3 种植物均能有效吸收和净化污染水体中的氮磷和有机质，但是性能差异显著，夏季 COD_{Cr} 的去除率为 47.3%～75.6%，TN 的去除率为 36.7%～54.7%，TP 的去除率为 57.3%～83.4%，高低排序均为美人蕉＞石菖蒲＞伞草，但在冬季石菖蒲去除效率优于美人蕉；在植物生物量的增长方面，美人蕉最大，石菖蒲次之，伞草最小；从营养累积率上看，生长期植物的地上组织部分氮含量较高，衰亡期则往根部转移，石菖蒲磷累积率不论冬夏地下部分都高于地上部分，可以定时收割不同组织转移水体中的营养盐[21]。同一种植物不同器官对氮磷的去除也不尽相同，如对水芹浮床系统中植物不同器官生物量的研究表明，茎、叶、根样品对系统中氮的吸收量分别为 15.74g/m²、11.47g/m²、14.59g/m²，对磷的吸收量为 1.846g/m²、1.647g/m²、2.107g/m²[22]。污水中的无机氮可作为植物生长过程中不可缺少的物质直接被植物摄取，通过植物收割可使之从污水中去除，但这一部分仅占总氮量的 8%～16%，并非主要的脱氮过程，相关研究也表明，水生植物组织中累积的氮仅占水体中所去除氮的一小部分，在 68% 的氮去除率中，植物吸收仅贡献 4%[23]。植物对营养物质的摄取和存储是临时的，植物只是作为营养物质从水中移出的媒介，若不及时收割，植物体内的营养物质会重新释放到水体中，造成二次污染。

（2）分泌活性物质输送氧气[24, 25]

浮床水生植物通过自身光合作用和生长代谢，能够将产生的氧气通过枝条和根系的气体传输作用输送至根系，同时伴有大量活性物质的产生，这些活性物质可以为微生态提供能量和营养物质。输送的氧气一部分供植物进行内源呼吸，维持其生长需要，另一部分通过浓度差扩散到根系周围缺氧的环境中，在根区形成好氧-缺氧-厌氧的微环境，加强了根区好氧微生物的生长繁殖，并有助于硝化细菌和反硝化细菌的生长，通过微生物对有机污染物、营养盐进一步分解。

（3）藻类的抑制作用[26]

植物对藻类的抑制作用主要包括竞争性抑制、生化性克制和周边生物的捕食抑制三方面。

1）竞争性抑制：水生植物和浮游藻类都要利用光能、CO_2、营养盐等来维持生长，两者相互竞争。通常浮床植物的个体大，生长茂盛，其繁茂的枝叶遮挡了大部分阳光，致使藻类的光合作用受到抑制，其生长量受到限制，有效提高了污染水体的透明度。

2）生化性克制：水生植物在旺盛生长时会向湖水中分泌某些生化物质，如抗生素、光合产物、克藻物质等，这些物质可以杀死藻类或抑制其生长繁殖。曾有学者发现芦苇根系释放抗生素，当污水流经芦苇根系时，诸如大肠杆菌、沙门氏菌、肥肠菌等病菌显著减少[27]。有研究报道，利用种植凤眼莲的水进行藻类培养，在光照和营养充足的条件下，发现藻类光合作用效率显著降低，生长困难，经过实验证明，凤眼莲根系能分泌一些化学物质，使藻类生长受抑制，甚至死亡。同时也有相关试验发现，根系分泌物对受体的影响与浓度有关，在低浓度时可能表现为促进作用，浓度超过一定阈值后则产生抑制作用。

3）捕食抑制：植物的根系还会栖生螺、孳生摇蚊幼虫等小型动物，这些小型动物主要以藻类为食，从而限制了藻类的恶性繁殖[28]。相关研究人员运用隔离生态水区的手法模拟小型封闭水体环境，对水培植物过滤法去除藻类的特性进行了研究，去除率平均可达 61.1%，对有毒藻类 *Microcystis sp.* 的去除效果尤其明显。

（4）植物与微生物的协同效应

浮床植物发达的根系为生物膜提供了庞大的比表面积，为生物膜的形成创造了良好的条件。同时根系表面截留的污染物质，使水体底部和基质形成许多好氧和厌氧区域，为生物膜上附着微生物的生存提供了丰富的生长基质[29]。例如，硝化细菌和反硝化细菌分别利用好氧-缺氧-厌氧条件去除水体中的无机氮；芽孢杆菌能将有机磷、不溶解性磷降解为无机可溶性磷酸盐，使植物能直接吸收利用；高效除磷菌可以摄取数倍于自身含量的磷。研究表明，BOD_5/TP 的质量浓度比大于 20 时有利于高效除磷[30]。同时根系表面的生物膜增加了微生物的数量和分解代谢面积，使根部污染物被微生物分解利用或经生物代谢作用去除。

研究发现，促进植物生长的根际细菌与不同植物的根部之间存在某种关系。很多植物对根际有机分子的降解具有激励作用。水生植物的根系分泌物中含有某些促进嗜氮、嗜磷细菌生长的物质，从而间接提高了净化率；根系分泌物也可以通过直接作用和间接作用影响植物体的生长发育。间接作用是指这些分泌物能减少或者阻止植物病原体组织的有害作用，直接作用包括为植物提供生长所需的由微生物合成的化合物或有助于植物从环境中摄取营养物质以促进其生长。

综合上述各种净化机理认为，生态浮床系统构成了一个复杂的生物系统，如图 4-4 所示。生态浮床各净化机理对脱氮除磷的贡献如下：水体氮素污染主要通

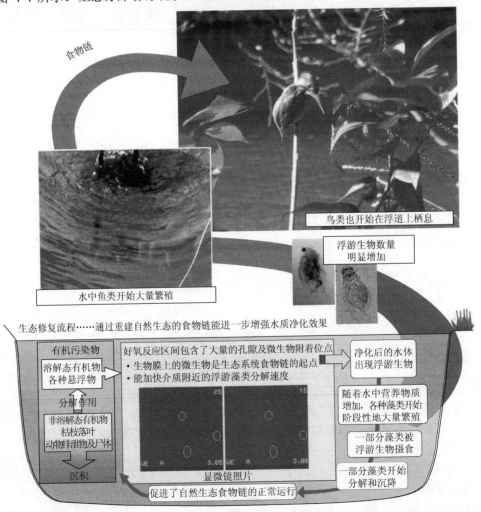

图 4-4　生态浮床的生物系统图

过物理沉积、植物吸收及微生物降解作用去除，其贡献率从大到小为微生物降解（62%，为主要作用）、植物吸收（8%～16%，为次要作用）、物理沉积（0.64%）；对于水体磷素污染的去除，微生物分解作用的贡献率相对较小，约为 2%，植物吸收所占比例约为 64%，为主要作用，沉淀作用约占 5%～51%[26]。各净化机理对除磷的贡献率大小根据水质和水生植物种类的不同而不同。如果植物组织中磷的含量小，而水体中钙镁离子的含量高，则贡献率从大到小为化学沉淀、植物吸收、微生物降解作用；反之，植物组织中磷的含量高且最终生物量积累潜力大，而水体中钙镁离子含量低，则贡献率从大到小为植物吸收、化学沉淀、微生物降解作用。

4.1.4　实例

1. 人工浮床式治理湿地

人工浮床式治理湿地由漂浮在水体表面之上的植物床或漂浮结构及生长在其上的挺水植物构成，其典型纵断面图如图 4-5 所示。植物的茎干在水面之上，而其根系穿过漂浮结构，进入水体之中。通过这种方式，植物以水培的方式生长，在没有土壤的情况下从水体之中直接吸取营养。在漂浮植床之下，悬浮的根系、根区、生物膜的网络结构得以形成。这种悬浮的根系生物膜网络提供了一个具有生物活性的表面，使得一系列生物化学过程和物理过程得以进行，包括污染物的过滤和截取等。植物的根系在生态浮床式治理湿地的水处理过程中扮演重要的角色，因为水直接从湿地系统漂浮植物床悬浮的根系之中流过。因此，生态浮床式治理湿地系统中，污染物是通过如下系列过程完成的，即释放胞外酶、生成生物膜、提高悬浮物质的絮凝性等，这些都发生在植物水下的器官上。植物可实现对水体中营养物质和金属离子的吸收。此外，形成植床之下的厌氧环境（及其相关的生物化学过程），在沉淀池中可提高污染物的沉降和固定。人工浮床湿地水处理技术已被用于河塘的水质修复、栖居地的改善以及景观性池塘的美学效果提升等应用中[31]。

图 4-5　典型生态浮床式治理湿地的纵断面图示

来源：Application of floating wetlands for enhanced storm water treatment: a review

美国巴尔的摩内港（Baltimore inner harbor）是世界著名海港之一，位于美国东北沿海马里兰（Maryland）州中部的帕塔普斯科（Patapsco）河口，濒临切萨皮克（Chesapeake）湾的西北侧，是美国大西洋海岸的主要港口之一。针对内港滨水环境严重污染，环境生态遭到严重破坏的情况，当地政府在城市规划设计改造目标中，不仅有提供城市公共空间、提升景观环境，更希望项目能发挥浮床湿地净化水体的功能，吸引游客，并且教给孩子们环境科学知识；进而带动城市片区整体发展，振兴巴尔的摩的内港。浮床湿地公园（图 4-6）规划建设之前，首先在港口的其他部分进行了两个小规模的浮床湿地的试点项目；浮床湿地在实验室中和在小规模试点项目，其表现非常优异，进而在大尺度、开放的城市空间中使用生态浮床技术进行公园的营造，成功地将美国巴尔的摩市内港污染严重的滨水空间及水面变成一个面积超过 6000m² 的浮床湿地公园，其也是美国最大的浮床湿地。

(a) 平面及剖面图　　　　　　　　　　(b) 透视图

图 4-6　巴尔的摩内港浮床湿地公园

来源：Baltimore Inner Harbor Master Design

参观者沿着水面上曲线形的栈道可以近距离接触湿地，其中还配备生态教育站，安装类似于潜望镜的设施，以及玻璃为底的水中的观景窗。漂浮的湿地岛屿系统中将种植本地的草类，其中还保证足够大的维护空间，让单人乘坐的维护船只可以进入其中进行日常检修，必要情况下，整个系统可以临时移动，让岸线沿岸的挡土墙露出来。

2. 人工浮床技术工程应用实例

（1）富营养化景观水体修复

2002 年北京首次采用植物浮床技术治理什刹海、永定河等富营养化景观水体。浮床植物选用美人蕉，经过 2 个月的治理，试验区封闭水体的透明度好于湖中天然水体，TP，TN 含量呈逐渐下降趋势，说明植物浮床技术用于河湖水体修复效果良好。2009 年上海市水务局在淀山湖千墩浦入湖河口开展了植物浮床试验工程建设和研究。试验工程浮床区布设浮床 109 座，总面积为 1.8 万 m^2，选择种植美人蕉、黄葛蒲、再力花、千屈菜、水芹等 6 种水生植物为浮床植物。试验工程运行一年，浮床植物生长良好，流经浮床区的水体中的 COD_{Cr}，TN，NH_4^+-N 和 TP 浓度得到有效消减，并提高了水体透明度。江苏省无锡市综合整治太湖水环境工程实施以来，随着生态清淤、退渔还湖工程的完成，太湖五里湖水质改善明显。目前正在进行陆生植物浮床改善水质工程，通过 2 万 m^2 的植物浮床工程实施，水体透明度进一步提高，达到 1.5m。

仁者乐山，智者乐水，亲水是中国园林永恒的主题。几百年前中国人已经引进了水利景观的概念。近年来，随着社会经济发展和城市现代化进程加快，人们对居住环境的景观要求越来越高，对城市河道绿化及景观建设提出了新要求和新内容，传统的池底砌筑栽植槽和容器沉水种植方法已无法满足人们对河道景观建设的要求，也不利于河涌排涝、灌溉、泄污等功能的实施。第 16 届广州亚运会的亚运城内河涌纵横交错，水体尽显灵气，但硬质化的堤岸则显得较为呆板，不能与岸上园林景观融为一体。生态浮床作为新型的综合性绿色技术，集水生植物造景、飘浮技术、绿化施工和无土栽培技术等为一体，具有较好的水面绿化、美化效果，恰好解决了这一难题。亚运城采用椭圆形生态浮床结构，选取水生植物 17 种，分别隶属于 12 科，其中挺水植物 15 种，占 88%；浮水植物 2 种。

将浮水植物直接种植于网布上，挺水植物种植在泡沫种植篮内。植物种植采用整株移栽的方法，挺水植物种植密度约 25 株/m^2，以点式种植，种植时清除一部分的盆泥，用海绵条包裹茎部，然后种植于载体的种植穴中；浮水植物视其生长速度而定其种植密度，以营养体撒播形式，呈片式直接种植于网布中，占 12%，这一系列步骤完成了亚运城生态浮床的主体结构。在施工设计中，充分展示出自然与人文的相互交融，实现生态河道改造与亚运城景观及其配套设施的有机结合。为了与宽水面相协调，莲花湾河域周边设计种植了以睡莲为主的浮叶植物群落（图 4-7）。在其左右驳岸，种植以粉花美人蕉为主、浮叶植物狐尾藻为辅的花带；对面驳岸，则是以菖蒲、再力花和梭鱼草等挺水植物为主，浮叶植物狐尾藻为辅的沿岸绿色长廊（图 4-8），以突显沿岸规划设计中的彩带和别具一格的综合体育馆建筑风格。

其在亚运城的应用中显示出良好的景观及生态效果，绿叶丛中红花、黄花争相斗艳，茂盛植物在水中的美丽倒影，成为叹为观止的景观亮点，亚运城的设计理念和做法，为其他河涌的美化提供示范和参考。

（2）污染河道治理

位于上海市宝山区的汇丰河是城郊黑臭河道[32]，全长 1.7km，平均水深 1.6m。2005 年，在环境污染整治中，采用植物浮床技术对全河道进行修复治理，取得了明

图 4-7　莲花湾升旗广场沿岸景观

图 4-8　综合体育馆旁沿岸背景

显的治理效果。工程实施浮床面积为 5271m^2，约占河道水面面积的 25.7%，浮床植物品种为美人蕉、香根草、旱伞草以及美菜。经过 7 个月的治理，河道黑臭现象基本消失，NH_4^+-N、TP、COD_{Cr} 的平均去除率分别达到 69.9%，80.7% 和 63.5%。

　　杭州市古新河环城西路至文晖路局部河段全长 1047m。2009 年运用植物浮床技术对河道污染水体进行修复的示范工程研究，6 月放养水葫芦，11 月种植黑麦草，实行全年植物浮床修复。工程实施后，示范河段内水体中的氨氮、化学需氧量与往年同期相比，均有明显降低，溶解氧含量有所升高，并且与非示范河段相比，水体修复效果显著。

　　自 20 世纪 90 年代以来，随着工业化进程的不断推进，嘉兴这座婉约灵动的水城，却因垃圾河、黑河、臭河的出现，陷入了"江南水乡没水喝"的尴尬局面。

　　嘉兴市域河道流量小、流速低，水体难以更新，但平静的水面却有利于水生植物的生长和生态浮床的布设，而水生植物在生长期能大量吸收溶解于水体中的氮、磷等肥分，达到净化水质的作用[33]。嘉兴市先在贯泾港、长住桥港、和睦桥港、明月河、朱家桥港等河道水面试行布设生态浮床（图 4-9）。实践证明，植物床技术在嘉兴市河道水体修复水质提升方面效果明显，并取得了很好的示范经验。之后，嘉兴市区对 17 条河道（总长度为 16156m）实施了生态浮岛植物种植，种植总面积为 17119.3m^2，浮岛总面积为 16847.1m^2。

图 4-9　嘉兴市秀洲区长住桥港生态浮床

　　修复工程对嘉兴市重建水体生态循环系统，改善河道水质、美化环境探索出一种新模式。生态浮床采用无土栽培技术，通过夏天种荷花、睡莲、再力花、水生美人蕉、红叶甜菜等，冬天换种铜钱草，实现了全年对水体进行修复，植物根系能吸收水里的氮、磷等富营养成分，抑制水体的富营养化，提高水体净化能力，维护生态系统的稳定性，恢复水体生态平衡。2013 年环保部门对秀洲区长住桥港河段水体监测数据显示，高锰酸钾指数较上一年同期降低了 39%，氨氮和总磷含量分别较上一年同期下降了 25% 和 23%。由此可见，生态浮床在净化水质的过程中发挥了独特的作用。

（3）养殖鱼塘水体修复

随着高密度水产养殖技术的推广与应用，相伴生的养殖水体污染问题日益突出。有研究表明，在池塘养殖投加的湿饲料中，至少有 5%～10% 未被鱼类食用而残留在水体中；而被鱼类利用的饲料中又有 25%～30% 以粪便的形式排到水体中[34]。研究者尝试了植物浮床修复养殖废水技术，并提出养殖一种植型复合农业模式。有研究者在江苏洪泽水产良种场的标准化鱼类养殖池塘水面利用浮床种植蕹菜。单个池塘面积均为 5000m^2，水深 1.5m，蕹菜浮床覆盖率为 20%。经过 100 天的生长，蕹菜采收了 4 次，累计产量为 6.96kg/m^2，直接从养殖池塘中移除的 TN 和 TP 为 26.26g/m^2 和 2.70g/m^2。蕹菜浮床极大地促进了水体的物质循环，加强了水体的自净功能，提高了鱼类成活率。

（4）养猪场废水处理

有研究者在东莞市某原种猪场进行了美人蕉浮床修复猪场氧化塘水体工程。该工程种植了 750m^2 的浮床植物，覆盖率为 75% 左右。经过 35 天的生长，美人蕉的生物量增加了 3.5 倍左右。氧化塘进出水口内 TN、TP、COD$_{Cr}$ 的去除率均在 90% 以上。Hubbark 等也采用香蒲、水烛、灯芯草等植物浮床净化猪场氧化塘内污水，得出植物吸收可以去除氧化塘内一部分营养污染物的结论。

（5）机场地表径流处理

机场除冰剂中含有乙二醇，使用过程中乙二醇混入地表径流。1994 年，研究人员在英国 Heathrow Airpor 开展了植物浮床对机场地表径流中乙二醇等有机物去除效果的小试研究[35]。随后，作为该机场污水处理设施，机场内建设了一个面积为 1 公顷的芦苇浮床系统。为了改善水力条件，形成推流，处理水池设计为狭长的沟渠。浮床框架采用不锈钢和镀锌钢管构建，框架上用 PVC 绳编制成网状结构用于固定植物。该系统取得了满意的去除效果。

近年来，我国的一些科研工作者在原位生态条件下，直接在河流和富营养湖泊水体中种植挺水和沉水植物，以修复其水生态系统，取得了不少研究成果，但是大规模地在富营养化的湖泊上直接种植水生植物还需继续积累经验，植物在浮床上栽培还未形成配套的技术流程，还存在水生植物经济价值相对较低、过度繁殖、老化死亡及不易收获和需日常维护费用等问题，因此，浮床栽培植物的研究还需要进一步地探索。

4.2　人工湿地

　　湿地广泛存在于低洼地区，湿地的大部分或整体都处于积水状态，具有较强的生态净化功能。人工湿地可以定义为一种由人工建造和监督控制的、与沼泽地类似的地面，它利用自然生态系统中的物理、化学和生物三重协同作用来实现对污水的净化作用[36-38]。这种湿地系统是在一定长宽比及底面坡度的洼地中，由土壤和按一定坡度充填一定级别的填料混合结构的填料床组成，废水可以在填料床床体的填料缝隙中流动，或在床体的表面流动，并且床体的表面种植具有处理性能好、成活率高、抗水性强、生长周期长、美观且具有经济价值的水生植物，形成一个独特的动植物生态环境，对废水进行处理，如浦江县白马镇龙溪村的人工湿地（图 4-10）。在实际设计过程中，常将湿地多级串联、并联运行，或附加一些必要的预处理、后处理设施和构成完整的污水处理系统。

图 4-10　浦江县白马镇龙溪村的人工湿地

4.2.1　人工湿地发展历程

1. 国外人工湿地发展历程

　　人类最早运用人工湿地处理污水的技术可追溯到 1903 年，建在英国约克郡 Earby 的湿地被认为是世界上第一个用于处理污水的人工湿地，该湿地运行效果良好，连续运行到 1992 年。二十世纪七八十年代人工湿地污水处理技术得到了快速发展。1953 年，德国科学家 Kathe Seidel 发现芦苇能去除水体中的有机物和无机物，污水中细菌（大肠杆菌、肠球菌、沙门氏菌）在种植芦苇的微环境中也会消失，并且重金属及碳水化合物也会大量减少。

20 世纪 60 年代，Dr. Seidel 开发出一种 max-planck institute-process 系统[39]。该系统由 4～5 级单元组成，每级由几个并联并栽有挺水植物的池子组成，该系统有一定的消纳水中污染物的作用，但该系统存在堵塞和积水问题，影响了运行效果。根据 Dr. Seidel 的设计思路，荷兰人于 1967 年开发了一种现称为 Lelystad process 的大规模处理系统，该系统是一个占地 1 公顷的星形自由水面流湿地，水深 0.4m，由于运行的需要，该系统后还有一条 400m 长浅沟[40]，有效地改善了堵塞和积水问题，取得了较高污水治理效率。随后这种湿地在荷兰大量建成。

1977 年，Dr. Kickuth 提出了湿地根区理论（root-zone-theory），由此构建的系统由一系列种植芦苇的矩形池组成，土壤内加入钙、铁、铝等添加剂以改善土壤结构和对磷的沉淀性能。水流以潜流方式水平通过芦苇根区。污水流过芦苇床时，有机物被有效降解，氮可通过硝化或反硝化方式去除，磷与 Ca、Fe、Al 共沉积于土壤中。该法在池子进口、出口布水和集水。根区理论强调高等植物在湿地污水处理系统中的作用，首先是它们能够为其根围的异养微生物供应氧气，从而在还原性基质中创造了一种富氧的微环境，微生物在水生植物的根系上生长，它们就与较高的植物建立了共生合作关系，增加废水中污染物的降解速度，在远离根区的地方为兼氧和厌氧环境，有利于兼氧和厌氧净化作用。另一方面，水生植物根的生长有利于提高床基质层的水力传导性能[41]。根区理论（root-zone-theory）作为人工湿地建设的理论基础，在欧美人工湿地建设中得到广泛的应用。20 世纪 70 年代开始，世界各国广泛开展了人工湿地工程研究，该技术逐渐受到普遍重视并被运用。在此期间，人工湿地处理系统大都是在原有的天然湿地基础上进行改进，保持了天然湿地的原有泥沼结构的形式，并且常常将湿地系统与氧化塘处理结合起来以提高氧化塘系统的处理效果。在系统运行过程中，人们发现，自然处理系统处理污水会导致生物的种类组成、微生物的种群结构以及处理功能等方面均发生了显著变化，显示出人工湿地重要的应用价值。人工建造的湿地与自然湿地相比不仅可提高污水处理效率，同时还可以对处理工艺进行优化控制，以解决天然湿地的易堵塞、积水等问题。人工湿地污水处理系统在欧洲许多国家得到推广和应用，到 20 世纪 90 年代，人工湿地污水处理系统开始被发达国家广泛采用。如今，美国已拥有 1 万多座人工湿地污水处理系统，欧洲有 8000 多座。

纵观人工湿地污水处理系统技术的发展历程，总体可将其分成两个发展阶段：

第一阶段为 20 世纪 70 年代。该时期人工湿地污水处理系统的特点为，既保持原来处理技术的结构，以泥沼的形式存在，增加人工湿地功能改造，并常将湿地系统与氧化塘处理结合起来，以提高处理效率。

第二阶段为 20 世纪 80 年代之后。此阶段人工湿地污水处理系统发展到从原有自然湿地改造利用，逐渐过渡到设计人工湿地的构造和功能的新阶段，实现了对湿地填料基质、植物类型、处理机理、湿地功能调控设计的新时期，进入了规模性应用阶段。

在北美，到目前为止，已有 200 多座湿地处理系统在运行。在欧洲，多数西欧国家都建立了大量的芦苇床系统，主要用于小城镇的污水处理，其中潜流式人工湿地应用相当普遍。

在人工湿地研究领域，1988 年和 1990 年分别在美国的田纳西州和英国的剑桥大学等召开国际研讨会，总结了各国应用人工湿地处理污水的经验与研究成果，并提出了一些相关的新理论，交流了新技术、新经验。这标志着人工湿地技术作为一种新型的污水处理技术正式进入水污染控制领域。

2. 我国人工湿地发展历程

我国幅员辽阔，植被丰富，有利用人工湿地的天然优势，"七五"期间开始起步研究人工湿地，80 年代初开始学习国外的先进湿地处理技术。我国首次采用人工湿地处理污水的应用研究是在 1987 年，建成了占地 6 万 m^2，处理规模为 1400m^3/d 的芦苇湿地工程，积累了初步经验。1989 年建成了北京昌平自由水面人工湿地，处理生活污水和工业废水效果良好，优于传统的二级处理工艺，处理效果如表 4-1 所示。1990 年 7 月在深圳建成了白泥坑人工湿地污水处理示范工程[42]。此后，相继采用人工湿地进行过一系列污水处理试验，对人工湿地的构建方法与净化功能进行了研究。

表 4-1　北京昌平人工湿地污水处理效果

项目	COD_{Cr}	BOD_5	TOC	SS	TN	NH_4^+-N	TP
进水浓度/(mg/L)	547	125	76.7	275	14.4	4.8	0.94
出水浓度/(mg/L)	103	17.8	28.2	17	5.1	1.95	0.42
去除率/%	81.2	85.8	63.2	93.8	64.6	59.4	55.1

1998 年，在山东省荣成市建成的荣成市污水处理厂，利用闲置盐碱地，采用自然湿地处理工艺，共占用芦苇荒地 80hm^2，处理规模为 $2.0×10^4$m^3/d，承担市区及沿途 10 多个村庄，约 12 万居民的生活污水及少量工业废水处理。2000 年 10 月在山东省东营市建成污水净化与再用生态处理系统，污水处理量为 $10×10^4$m^3/d[43]。在我国北方，2003 年在延庆县建设了用于处理乳品厂废水的潜流式人工湿地，并成功投入运行，其处理出水排入公园人工湖，并作为 2008 年北京奥运会森林公园湿地处理系统的研究基地。

4.2.2 人工湿地的特点

人工湿地的生物多样性不如天然湿地丰富。人工湿地在构建时往往会选择性地栽种几种主要的湿地耐生植物，构成净化水体的基本功能，但物种较单一。与天然湿地相比，其生态系统缺乏自维系功能，生态性脆弱，需要人力管理来维持系统的稳定；人工湿地的污水处理效率要远远高于天然湿地。通过人工调整湿地结构和控制运行条件，人工湿地可以在较短的水力停留时间内达到理想的处理效果；人工湿地可以调控提高有经济价值的生物产量。人工湿地系统建造和运行费用便宜，易于维护，技术含量低，可进行有效可靠的废水处理，可缓冲对水力和污染负荷的冲击，可提供和间接提供效益，如水产、畜产、造纸原料、建材、绿化、野生动物栖息、娱乐和教育等方面。此外，人工湿地系统也存在着一些不足之处，如占地面积大，易受病虫害影响，生物和水力复杂性加大了对其处理机制、工艺动力学和影响因素的认识理解，设计运行参数不精确，因此常由于设计不当使出水达不到设计要求或不能达标排放，反而成了二次污染源，等等。

4.2.3 人工湿地的构成

绝大多数自然和人工湿地由五部分组成：①具有各种透水性的基质，如土壤、砂、砾石等；②适于在饱和水和厌氧基质中生长的挺水植物，如芦苇、水烛等；③水体（在基质表面下或上流动的水）；④无脊椎或脊椎动物；⑤好氧或厌氧微生物种群。

湿地系统是在一定长宽比和底面坡度的洼地中由土壤和填料（如砾石等）混合组成填料床，废水在床体的填料缝隙间或床体表面流动，并在床体表面种植具有性能好、成活率高、抗水性强、生长周期长、美观并具有经济价值的挺水植物（如芦苇、水烛等），从而形成一个独特的动植物生态系统，形成对废水进行处理的功能，如图 4-11 所示。

湿地植物具有三个作用：①可显著增加微生物的附着（植物的根、茎、叶）作用；②湿地植物可将大气氧传输至根部，使根在厌氧环境中生长；③增加或稳定土壤的透水性。植物输气系统可向地下部分输氧，根和根状茎向基质中输氧，因此可向根际中好氧和兼氧微生物提供良好环境。植物的数量对土壤导水性有很大影响，芦苇的根可松动土壤，并可留下相互连通的孔道和有机物。不管土壤最初的孔隙率如何，大型植物可稳定根际的导水性[44]。

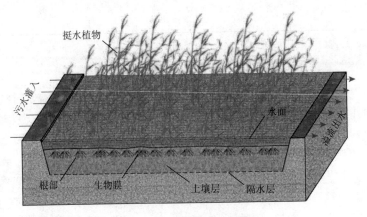

图 4-11 人工湿地示意图

4.2.4 人工湿地的分类

根据湿地中水面位置不同，人工湿地通常分为表面流人工湿地系统（free water surface constructed wetland，FWSW 型人工湿地）和潜流人工湿地系统（subsurface flow constructed wetland，SSFW 型人工湿地），如图 4-12 所示。

人工湿地根据湿地中主要植物形式可分为：①浮生植物系统；②挺水植物系统；③沉水植物系统。沉水植物系统主要应用领域是初级处理和二级处理后的精处理。浮水植物主要用于 N、P 去除和提高传统稳定塘效率。目前一般所说的人工湿地系统都是指挺水植物系统。挺水植物系统根据水流形式可建成自由表面流、潜流和竖流系统。

1. 表面流人工湿地

表面流人工湿地在内部构造、生态结构和外观上都十分类似于天然湿地，但经过科学的设计、运行管理和维护，对污水的净化效果优于天然湿地系统。湿地表面经常保持均匀的薄水层，处理单元具有 4‰～5‰的坡度。表面流人工湿地的水面位于湿地基质以上，其水深一般为 0.1～0.6m。污水从进口以一定深度缓慢流过湿地表面，部分污水蒸发或渗入湿地。水体中氧气来源主要是污水流动时空气中氧气扩散，水生根也能传输部分氧气。接近水面的部分为好氧层，较深部分及底部通常为厌氧区，因此具有某些与兼性塘相似的性质。

根据 FWSW 型人工湿地中占优势的大型水生植物种类的不同，可以将湿地系统分为浮水植物系统、沉水植物系统和挺水植物系统。对于处理污水的人工湿地系统而言，主要应用挺水植物系统。浮水植物系统和沉水植物系统也可归类为水生植物塘系统。

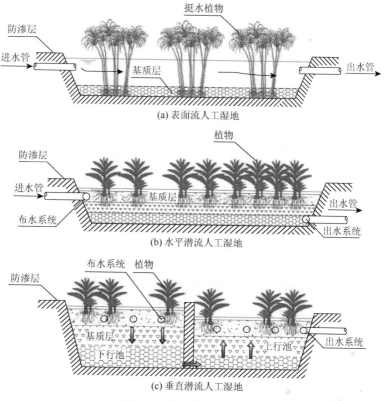

(a) 表面流人工湿地

(b) 水平潜流人工湿地

(c) 垂直潜流人工湿地

图 4-12　人工湿地示意图

FWSW 型人工湿地具有投资和运行费用低，建造、运行和维护简单等优点，其缺点是占地面积较大，污染物负荷和水力负荷率较小，去污能力有限。由于其水面直接暴露在大气中，除了易孳生蚊蝇、产生臭气和传播病菌外，其处理效果受温差变化影响也较大，如北方地区冬季表面会结冰。

2. 潜流人工湿地

潜流人工湿地由介质组成的滤床以及种植其上的植物共同构成，水流在介质下植物根区流动，水体上有覆盖层，潜流人工湿地受温度的影响相对较小，水力负荷大，对 COD_{Cr}、重金属等污染物去除效果好，是目前广泛研究和应用的湿地处理系统，已成功地应用于城市污水一级、二级和三级及食品加工废水、制浆造纸废水、化工废水和垃圾渗滤液的处理。

（1）水平潜流人工湿地（HSSFCWs）

HSSFCWs 由一个或多个填料床组成，床体填充孔隙率良好的填料，床底设防渗层，防止污染地下水。污水自进口处沿着湿地床水平缓慢流动，出口处设置水位调节装置和集水装置，在湿地表层种植挺水植物，植物成熟后，根系深入到

0.6~0.7m 的填料层中，与填料交织形成根系层，起到截留过滤的作用，并且为填料层中输送氧气。美国国家环保局的研究表明，水平潜流人工湿地中的大气复氧和植物释氧能力远不能满足床内微生物的好氧呼吸，事实上湿地床区大部分处于缺氧和厌氧状态，阻碍了氨氮的硝化，这就是 HSSFCWs 系统脱氮效果往往低于表面人工湿地系统的主要原因。HSSFCWs 系统在欧洲应用广泛，在丹麦、德国、英国每个国家都至少有 200 座系统在运行。

（2）垂直潜流人工湿地（VSSF）

在 VSSF 系统中，污水水流方向和床区呈垂直方向，往往采用间歇方式运行。污水被投配到床区表面后，淹没整个表面，随后逐步垂直渗流到底部，由底部的集水系统收集后排放。在进水间隙，空气填充到床体中，保证了下一周期投配污水与空气的充分接触，提高了氧传递效率，从而强化了 BOD 去除和氨氮硝化的效果。垂直潜流人工湿地的主要作用是提高了氧气向基质层中的转移效率。垂直人工流人工湿地由于净化效率高和占地少等优点得到越来越普遍的应用。

VSSF 系统对悬浮物的去除效果不佳，这是由于间歇进水使得短时间内水力负荷过高。通常情况下 VSSF 系统不单独使用，而将其置于两级 HSSF 系统之间，由一级 HSSF 系统完成对悬浮物和 BOD 的去除及有机氮的氨化，VSSF 系统完成氨氮的硝化，后一级 HSSF 系统完成反硝化。

潜流人工湿地的优点在于其充分利用了湿地空间，发挥了系统植物、微生物和基质间的协同作用，因此同表面流人工湿地相比，在相同面积的情况下，其处理能力大幅度提高，污水基本在床面以下，保温效果和卫生条件好。缺点是工程建造费用高，景观效果也逊色不少。上述三类人工湿地的特征比较如表 4-2 所示。

表 4-2　三类人工湿地的特征比较

特征　　　类型	表面流人工湿地	潜流人工湿地	
		水平潜流人工湿地	垂直潜流人工湿地
布水方式	表面漫流	基质下水平流动	基质下垂直流动
水力负荷	低	高	高
去污效果	一般	对 BOD、COD$_{Cr}$、SS 及重金属等处理效果好，脱 N 和 P 效果欠佳	硝化能力强，处理有机物能力欠佳
氧气来源	植物根系和水流表面	植物根系	植物根系和间歇进氧
环境状况	冬季结冰，夏季易孳生蚊蝇，有恶臭	良好	夏季易孳生蚊蝇，有恶臭
运行难度	简单	较难	难

4.2.5　人工湿地污染物去除机理

人工湿地的去污机理十分复杂。一般认为，人工湿地是在自然湿地降解污水的基础上发展起来的一种污水生态处理工程技术，由人工建造和控制运行，通过自然生态系统中的物理、化学和生物的三重协同作用，达到对污水的净化，如图4-13所示。

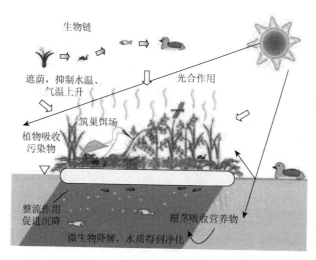

图 4-13　人工湿地污染物去除机理示意图

具体地说是通过基质吸附、污水滞留、填料过滤、氧化还原、基质沉淀、微生物分解转化、植物吸收和分解、蒸发等以及各种动物的作用对废水中的污染物进行处理。其具有强大的净化功能主要是由湿地生态系统的以下特性所决定的：湿地含有充足的水分，对污染物具有突出的溶解、稀释、分解和扩散等功能，自净作用显著；湿地中生产力极高的沼生植被往往具有发达的根系组织，能够吸收大量营养物，而且营养越丰富，植物生长越旺盛；湿地下垫面上一部分为好氧性土壤，一部分为厌氧性土壤，环境的多样性有利于多种化学物质的分解和转化；具有不同厚度的草根层和泥炭层质地疏松，渗透性强，是各种有机污染物和固体污染物的过滤器，对它们起到拦截、吸附和固定作用；湿地生态系统中有大量活跃的微生物，促进了有机质的分解和无机质的分解转化；人工湿地基质上附着的微生物菌群在人工湿地污水净化过程中起到了极其重要的作用；填料表面的生物膜直接影响着填料本身的吸附行为。湿地填料表面及湿地植物根系为生物膜提供了巨大的附着场所，这些由微生物、无机物和有机物组成的生物膜具有较大的比表面积，大量吸附污水中呈多种状态的有机物，并具有非常强的氧化能力。

1. 悬浮固体的去除

进水悬浮物的去除在湿地的进口处 5～10m 内完成，污水经过驯化阶段后，湿地填料和植物的根部长满生物，形成生物膜，其良好的过滤性能能将部分悬浮固体去除。另外，由于湿地内部污水流速相对缓慢，对于可沉降的悬浮固体物有很好的去除效果。总之，污水与植物及填料的接触程度决定着悬浮物去除率[39]。

2. 有机物的去除

人工湿地最显著的特点之一就是对有机物有着较强的降解能力。湿地中的有机物分为不溶性有机物和可溶性有机物两大类。前者相对来说比较容易去除，一般会随着悬浮固体沉降在湿地的底部或者通过填料的滤过作用被截留下来，并被微生物降解利用，而可溶性有机物的去除则要依靠湿地中微生物的吸附降解作用，如好氧环境下，有机物被好氧菌氧化成二氧化碳而释放出系统。因此，人工湿地对有机物的去除是通过物理沉降、基质过滤和微生物的降解作用等机制去除的。由于湿地特有的环境，形成了系统中好氧菌、兼性菌及厌氧菌的良好生存状态，约 50% 的进水 BOD_5 在进入湿地床体的几米内即可除去，被转化为新的生物有机体、CO_2 和 H_2O，而新的生物有机体可通过基质填料的定期更换从系统中去除。

3. 氮的去除

进入湿地床体中的氮素分有机氮和无机氮，也可根据溶解性分为可溶态氮和颗粒氮。按照氮的存在形态又可将其分为有机氮、氨氮、硝酸盐氮、亚硝酸盐氮、凯氏氮等。氮素去除是一个复杂的生物化学过程，涉及不同形态氮素间的相互转化，这种转化通过湿地植物、微生物、填料间相互作用完成。人工湿地内，氮的主要迁移转化过程包括氮气的固定、氨氮挥发、有机氮氨化、氨氮的硝化、硝态氮的反硝化、湿地植物和湿地内微生物吸收等[45]，如图 4-14 所示。

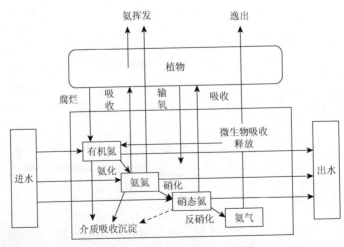

图 4-14　湿地脱氮机理示意图

　　湿地进水中的氮含量远高于气态氮的固定量，因此气态氮的固定过程常忽略不计。氨氮挥发量受 pH 影响较大，当 pH 值低于 8.0 时，人工湿地氨挥发较弱，可不予考虑。有机氮在湿地微生物的矿化作用下常转化为氨氮，转化速率受温度、pH、C/N 比、湿地内营养物供给及湿地填料结构影响。有机氮氨化过程的产物氨氮在有氧条件下硝化，生成亚硝酸盐，在硝化细菌的作用下转化为硝酸盐氮。氨氮的硝化过程受温度、pH 值、碱度、无机碳源、湿度、微生物数量、氨氮浓度及溶解氧水平影响，文献报道氨氮的硝化速率[$0.01\sim2.15$gN/(m^2·d)]远高于有机氮氨化速率。氨化及硝化改变了氮的存在形态，但没有将氮素从湿地系统内彻底去除。硝化过程的产物硝态氮在厌氧及缺氧条件下发生反硝化并以气态从湿地床体逸出，由此可见，硝化-反硝化的进行是人工湿地氮去除的关键[46]。影响湿地内硝态氮反硝化去除的因素很多，主要包括溶解氧、氧化还原电位、湿度、温度、pH、反硝化细菌数量、填料类型、有机质、硝酸盐浓度等。反硝化过程条件苛刻，反硝化速率相对硝化速率较低，通常在 $0.003\sim1.02$gN/(m^2·d)。

　　湿地植物在氮去除过程中具有重要意义，一方面通过地下组织对进入根系周围的无机氮主要是氨氮进行吸收转化，促进自身生长。另一方面还利用根区为硝化和反硝化过程提供适宜环境。湿地类型影响湿地植物氮去除效率，垂直潜流人工湿地植物可去除大约 50% 的总氮；表面流人工湿地植物可去除 43% 的总氮。

　　水力停留时间、季节性温度变化、溶解氧水平、碳源等也是影响湿地氮去除效率的重要因素。水力停留时间对氮的去除效果影响较大，氮素污染负荷较高时，将水力停留时间由 5 天增加到 8 天，总氮去除率从 33.4% 增加到 43.4%，除水力停留时间外，气温下降导致植物生长停滞，微生物活性降低也影响氮素去除。季节性温度变化对氮素去除影响明显，寒冷地区总氮去除率在冬季大约比夏季低 10%，适当延长水力停留时间可弥补季节性温度下降对总氮去除的不利影响[45,47]。此外，碳源的供给影响湿地氮去除，大部分有机物在床体前端的有效降解造成床体后端微生物的碳源供给不足，进而影响湿地氮去除效果，将垂直潜流人工湿地出水回流和向系统投放外加碳源甲醇，总氮去除率可提高 31%。随着对氮去除机理认识的不断深入，人工曝气、污水回流、"潮汐流运行"、改变填料结构等方式也被用于改善人工湿地氮去除效果。

　　4. 对磷的去除

　　进入湿地床体中的磷分为有机磷和无机磷，按溶解性则分为溶解态磷和颗粒态磷。湿地磷去除效果通常以正磷酸盐磷或总磷去除率来量化。磷在湿地内的转化去除过程主要包括有机磷矿化为无机磷、无机磷的吸附、植物组织和根际微生物吸收等，如图 4-15 所示。好氧条件下，有机磷经矿化作用转化为无机磷，并以营养物质形式被生物组织吸收，在厌氧条件下，有机磷酶解受抑制并导致磷的沉积。植物或微生物残体一方面通过酶解造成磷的重新释放，另一方面这些生物残体在自身分解过程中又形成部分新的湿地土壤和腐殖质，提供新的磷吸附位点[48]。湿地中的无机磷部分来源于进水，部分则通过有机磷矿化形成。无机磷在酸性条件下容易滞留于含 Fe 或 Al 的填料中，碱性条件下则常滞留于含 Ca 的矿物中。弱酸性环境中，无机磷通常被 Fe(OH)$_3$ 吸附或沉降，在填料和水界面的氧化区形成磷酸铁。碱性环境中，增加 pH 则有利于无机磷与 Ca 结合形成磷酸钙沉淀[48]。除 pH 外，填料的磷吸附速率还受填料类型、有机质含量、氧化还原电位及温度等因素的响。

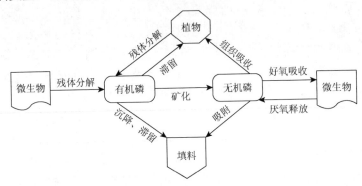

图 4-15　湿地除磷机理示意图

　　填料吸附、微生物吸收和植物积累是人工湿地的主要磷去除途径。其中，填料吸附最为重要，磷的吸附去除效果与填料中金属元素含量有关，Fe、Al、Ca、Mg 等元素含量越高，磷的吸附量越大，去除效果越好。对给定的填料，磷吸附容量有限，当吸附达到饱和后，需更换填料或采取填料再生等措施维持人工湿地磷去除效率。与填料吸附相比，微生物吸收磷的量较小，在通风条件良好的情况下，微生物吸收除磷最多可占总去除量的 10%。此外，湿地植物在生长过程中，通过根系吸收将水体中的无机磷储存在根、茎和叶片中，湿地植物的有效吸收能极大促进磷去除效率提高。然而，为防止植物吸收储存的磷再释放，一般在秋季对植物地上组织进行收割，把吸收的磷连同植物体一起移出湿地系统。

5. 细菌的去除

　　细菌和微生物虫卵的含量是检查污水处理是否达标的一项重要的卫生学指标。湿地对细菌和微生物虫卵的去除机理包括：根系分泌物对病原体的灭活、生物体在不利环境中的死亡、填料层的沉淀和滤过作用等。

4.2.6　人工湿地系统设计因子

1. 植物在人工湿地中作用

植物在污水控制方面有以下优势：植物通过光合作用为净化系统提供能量来

源；能改善景观生态环境，具有可欣赏性，如湿地植物园（图 4-16）；湿地中植物庞大的根系为细菌提供了生境的多样性，根系输送氧气至根区，有利于微生物的好氧呼吸，根区的细菌群落可形成降解多种污染物的功能；在人工湿地净化污水过程中，植物可直接吸收利用污水中可利用的营养物质，吸附和富集重金属；增强和维持介质的水力传输。

图 4-16 湿地植物园

研究证明，芦苇、水葫芦和花菖蒲（图 4-17）等水生植物能大量富集重金属和一些有毒有害物质，使水质净化。尤其是芦苇植物体内的重金属浓度可超过污水中重金属浓度的几十、几百甚至几千倍。不仅植物自身可以吸收同化污水中的

图 4-17 湿地植物花菖蒲

营养物质和有毒有害物质、降低水流速度，而且植物根系也可以促进悬浮物的物理沉降和过滤过程，防止系统的堵塞，可增强土壤的水力传导性能[49]。湿地中生长的芦苇等植物根系有强大的输氧功能，将空气中的氧气通过植物体的疏导组织直接输送到根部。在湿地整体呈现低溶解氧的环境下，湿地植物的根区附近能形成微好氧区域，满足了好氧菌和兼性细菌对周围环境的需求。

湿地植物吸收营养元素也源于植物蒸腾，蒸腾快的植物吸收营养元素的能力也强。因此，植物的选择是关系到人工湿地的污水处理效果的首要因素。

2. 人工湿地植物的选择

一般情况下湿地植物的选择应考虑以下几点：植物根系发达，微生物易附着，茎叶茂密，具有景观的观赏性；适应当地的气候条件和生长条件；具有较强的耐污、抗寒、抗病虫害能力；具有一定的文化效益和经济性，如人工湿地植物景观（图 4-18）。

图 4-18　人工湿地植物景观

湿地设计应尽量增加系统的生物多样性，生态系统的物种丰富，结构越复杂，则其稳定性越高，湿地使用寿命越长，污水净化率也会越高。目前净化效果好而且应用较广泛的植物有芦苇、大米草、凤眼莲、美人蕉、空心莲子草、稗子、风信子、水烛、灯芯草、水稻、高粱、大麻、水芋等。人工湿地可常年保持绿色，湿地系统中采用混合种植植物的方式，有利于提高污染物去除效率。

3. 人工湿地基质的选择

基质是人工湿地的载体和功能基础，为湿生植物和微生物提供了适宜的生境，对湿地功能的正常发挥有着重要作用。湿地基质的比表面积越大，对水体中的悬浮物吸附效率越高，同时也能截留特定的化学物质。当污水流经人工湿地系统时，基质通过吸附、过滤、离子交换等物理化学作用来去除污水中的 N、P 等营养物。人工湿地的基质可以是砂、砾石、页岩、沸石、煤渣等，应用比较广泛的是砂和砾石[50]。

　　人工湿地基质应满足以下要求：①在水体中要有足够的化学稳定性和足够的机械强度；②基质颗粒接近于球状且表面粗糙，方便挂膜。除此之外，在人工湿地结构设计方面，对基质深度也有一定的要求，避免水体流速过大或有霜冻情况时对植物造成损伤。通常依据植物根系生长的长度设计基质的厚度，使污水充分与湿地接触，提高污水净化效率。但是，基质也不能设计太深，否则植物的根部不能达到基质底部。对芦苇等高大植物而言，一般基质设计深度在 60cm 左右，对某些根系不发达的植物，基质深度应适当减少。对基质设计的深度，除上述因素外，基质的价格、停留时间和气候等也是需要考虑的因素。

　　为了加大水力传导功能，选用粒径 1mm 到 10mm 不等的砾石来填充湿地。由于砂土孔隙率小，易造成湿地的堵塞，并使水直接渗入地下，故不宜在最下层布设砂土。

　　人工湿地一般选择的基质有砂子、沸石、蛭石、黄褐土、下蜀黄土、粉煤灰和矿渣等常见的材料，其中砂子和沸石颗粒较粗、滤过性能较好，适合作为潜流人工湿地基质[50, 51]。在砂子和沸石基质中添加粉煤灰和矿渣，可提高基质磷素吸附容量。但是其碱性较大，会影响植物的生长，可作为人工湿地砂子基质或土壤基质的中间吸附层。

4.2.7　人工湿地系统设计参数

　　合适的湿地设计方案可使其达到污染物最高去除效率的基础上，建设投资少且成本最低。人工湿地对污染物的处理效果与污水种类、污染物浓度、湿地类型和湿地运行条件密切相关，如湿地床体规格、水力负荷和水力停留时间等因素都会影响湿地的运行。

　　1. 水力停留时间

　　对人工湿地污水处理系统而言，水力停留时间定义为湿地床体的有效容积和进水流量的比值，即

$$\text{HRT} = V \cdot \eta / Q$$

式中，HRT 为水力停留时间（h）；V 为湿地床体的设计容积（m³）；η 为湿地填料孔隙率（无量纲）；Q 为湿地进水流量（m³/h）。从设计的角度来看，理论水力停留时间是利用湿地形状、运行水位、初始孔隙率和进水平均流量来估算的。由于湿地系统的孔隙变化较大，孔隙损失随着时间的变化而变化，故湿地的水力停留时间是很难准确确定的[45]。在这种情况下，只有凭借历史资料和经验获得。实践表明，实际的水力停留时间通常是理论值的 40%～80%。

　　研究表明，表面潜流人工湿地的水力停留时间与磷去除量呈显著线性正相关

关系。表面负荷小于 1.5kg/(hm²·d)的条件下，当水力停留时间为 7d 时，磷酸盐去除量只有 0.7mg/L，当水力停留时间为 15d 时，磷酸盐去除量上升至 1.5mg/L。国内研究者研究表明，随水力停留时间的延长，人工湿地系统对氮的去除率也会有所提高。

2. 孔隙率

人工湿地污水处理系统的孔隙率是指湿地孔隙占湿地总容积的比值。到目前为止，人工湿地污水处理系统的孔隙度尚无准确的测定方法，各种文献报道的孔隙度也大有不同。美国国家环保局建议，表面流人工湿地密集植被区域采用的孔隙率范围为 0.65～0.75，开阔自由水域采用的孔隙率为 0.8；对于潜流人工湿地，基质本身的材料和粒径不同，其差别较大，一般情况下，对于砂石基质的孔隙率在 0.4 左右。

3. 系统深度

系统深度是人工湿地污水处理设计、运行和维护的重要参数。为了使湿地达到最好的污水处理效果，理论上在水力停留时间确定的条件下，湿地处理系统深度越深越好。然而为了保证湿地好氧环境，系统深度也不能太深。有研究建议，潜流人工湿地系统的设计深度应根据所栽种的植物种类及其根系的生长深度来确定，不同的学者建议的深度范围在 40cm 到 60cm 不等，太深了会导致根系无法输氧到底部，影响污染物的去除，同时也容易造成死区，降低工程效益。美国国家环保局根据多年工程经验，确定潜流人工湿地进水区域水深为 40cm，基质深度应比水深深 10cm，即系统总体深度为 50cm[45]。经验表明，对于芦苇床湿地系统，处理城市生活污水或城镇生活污水的湿地深度一般取 60～70cm；而用于较高浓度有机工业废水处理时，深度一般在 30～40cm。为保证湿地深度方向上空间的有效利用，在系统运行初期应适当降低水位以促进植物根系向填料床更深的方向生长。

4.2.8　人工湿地对污水处理效果对比

通过模拟水平潜流人工湿地和垂直潜流人工湿地两种不同的人工湿地系统，对进出水中 COD_{Cr}、氨氮及总磷浓度测定，比较不同流态人工湿地对污水的处理效果。

通过试验研究可知，潜流人工湿地系统对污水有较好的综合处理效果。综合对比两组人工湿地系统的净化效果，可得出以下结论：

1）潜流人工湿地对污水中 COD_{Cr}、氨氮和总磷的去除效果都比较理想，水平潜流人工湿地对 COD_{Cr}、氨氮和总磷的去除率分别达到 81.8%、77.6%和 80.5%，垂直潜流人工湿地对 COD_{Cr}、氨氮和总磷的去除率分别达到 85.4%、80.1%和 83.9%。且垂直潜流人工湿地比水平潜流人工湿地具有更好的污染物去除效果；

2）潜流人工湿地对污染物的净化稳定性较高，具有较强的抗冲击负荷的能力，在污染物负荷增大的情况下依然可以保持较高的净化效果，保证出水水质的稳定。

通过比较相同填料的落空运行的垂直潜流人工湿地和淹没运行的水平潜流人工湿地发现，垂直潜流人工湿地的出水 DO 可以达到 4.7~4.9，高于水平潜流人工湿地的 2.0~2.3，但这个结果在很大程度上受到运行水位的影响。

垂直潜流人工湿地对总磷的去除率大多时间低于 70%，而水平潜流人工湿地则平均在 78%左右，因为完全淹没时更能发挥所有填料的作用，所以淹没运行的水平潜流人工湿地要优于落空运行的垂直潜流人工湿地；垂直潜流人工湿地对氨氮有很高的去除率，可以稳定在 90%以上，但是对硝氮的去除能力较弱，而水平潜流人工湿地对硝氮有很高的去除能力，对氨氮的去除率虽然低于垂直潜流，但也可以维持在一个较高的水平，所以水平潜流人工湿地对总氮的去除率更高[52]。

4.2.9　复合人工湿地

复合人工湿地是为了使人工湿地对各种类型污水都能达到较好的处理效果而逐渐兴起的一种人工湿地类型，主要是把不同类型的人工湿地串联构成的复合系统，也有一种形式是把人工湿地与其他处理工艺（UASB、土壤渗滤系统等）串联组成复合系统[53]。这是因为单一类型的人工湿地不能同时提供好氧和厌氧的环境条件，并且容易受气候变化、负荷变化等因素的影响而无法达到出水水质的要求。而采用复合人工湿地可以实现类型优势的互补（图 4-19），实现在同一个污水处

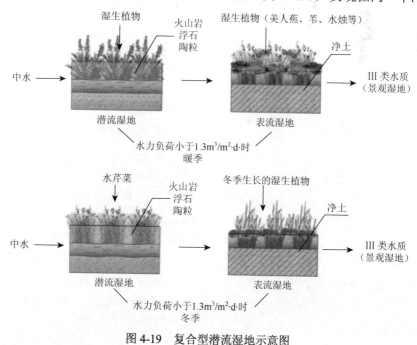

图 4-19　复合型潜流湿地示意图

理系统内同时提供好氧和厌氧的状态，实现强化脱氮，可以有效提高系统对负荷波动的抵抗能力，提高污水处理效率。因此复合人工湿地具有更高效地去除污染物的综合能力，特别是去除氮磷的能力。

20 世纪 80 年代早期，欧洲开始了对垂直流-水平流复合人工湿地效果的研究。近年来，为了满足更为多样的设计要求，复合人工湿地系统的形式也更为多样化，自由表面流人工湿地等各种类型的湿地都不断地被用来组成复合人工湿地，用于处理各种类型的废水。研究者将表面流与潜流湿地组合成复合人工湿地来处理养殖污染的富营养化水体，结果表明，该组合类型的复合人工湿地对总氮、总磷以及浊度的去除率高于单一类型的表面流和潜流湿地，结论有效地支撑了我国北方地区采用复合人工湿地处理富营养化水体的理论搭建。通过采用复合人工湿地系统净化紫阳湖这一富营养化水体，研究了复合湿地及其中一级表面流人工湿地单元、二级水平潜流人工湿地单元对紫阳湖水体中总氮、总磷和高锰酸盐指数等水质指标的去除效果。结果表明：复合人工湿地对紫阳湖水的净化效果较好，对总氮、总磷和高锰酸盐指数的平均去除率能达到 33.2%、34.2% 和 42%[54]，其出水稳定，可以达到为后续水体生态修复创造有利条件的目的。通过建设垂直潜流-水平流复合人工湿地系统，研究其对蓄积新农村生活污水和雨水的池塘废水的净化效果，结果表明，该复合人工湿地系统在春、夏、秋三季对污水均有较好的去除效果，且出水较为稳定，二级湿地出水水质明显优于一级湿地，但一级湿地处理效果高于二级湿地，为处理新农村污水提供了参考依据。

4.3　跌水增氧水处理技术

跌水增氧是水体从高势能处跌落过程中所产生的水跃和奔涌水流溅起的浪花，使水与氧气接触的比表面大大增加，使空气中的氧有效地转移到水体中，极大地增强了氧化降解水体微污染物的能力。跌水既是一种自然景观，也是水体增氧、提高地表水质的一种重要方式。中国古代就有以水入景的理念，就喷泉而言，早在汉代就有"铜龙吐水"的喷泉形式；明代旅行家徐霞客在他游历云南时就记载了借自然池沼之水、借池旁岩石之力而产生的一种"自动喷泉"，对地质构造和天然喷泉形成的机制进行了朴素的描述[55]；我国清代皇家园林引进了西方近代喷泉的设计形式，圆明园长春园内西洋楼喷泉（图 4-20）是中西合璧的园林水景设计，兼顾了景观设计理念的提升和水质净化的功能[56]。近代以来，跌水设计除了用于景观规划（图 4-21）建设外，在污水处理多技术集成方面也发挥着重要作用。

图 4-20　圆明园喷泉复原图　　　　　　图 4-21　跌水景观

4.3.1　跌水增氧水处理技术原理

好氧生物氧化分解污水中的有机物是一种有效的生物水处理方法。在处理过程中，污水中的溶解性有机物质透过细菌的细胞壁和细胞膜为细菌吸收；固体状和胶体状有机物先附着在细菌细胞体外，由细菌所分泌的胞外酶分解为溶解性物质，再渗入细胞实现污染物降解。好氧生物处理过程中产生的臭味较少，在城市河道治理方面多被采用。

在利用好氧微生物处理受污染水体时，跌水是一种常规的增氧方式，跌落水流与下一级的水体接触时，受纳水体的流态由层流转变为紊流，液面呈剧烈的搅动状，使空气卷入，混合液连续循环流动，气液接触面不断地更新，空气中的氧不断地向水体中转移，可满足微生物所需的溶解氧量[57]。

自然跌水曝气主要在水体的自净中起强化作用。水体的自净作用是指污染物进入河流后，由于环境的变化（如基质减少、日光杀菌、水温及 pH 不适、化学毒物存在、吞食细菌的原生动物存在等），使污水中带来的细菌、病原菌、病毒等逐渐死亡，从而使水体在一定程度上得到自然净化[58]。自然跌水曝气的强化作用主要表现在水体在流动的过程中，由于地形的原因产生跌水复氧，不断地补充好氧微生物在分解污染物时所消耗的溶解氧，使微生物的分解作用更强，从而使水体得到净化。

人工强化跌水曝气主要应用于水环境的修复方面。当城市河道水体受到污染后，水中的微生物大量繁殖，它们消耗水中溶解氧的速率超过水体的复氧速率（空气中的氧气向水中溶解的速率）。水中的溶解氧浓度迅速下降直到浓度接近零，使水体呈无氧或缺氧状态，好氧微生物受到抑制，导致厌氧微生物大量繁殖，可起到一定的自净作用[59]。但厌氧反应产生的臭气造成了空气的严重污染。所以，目前城市中的河流治理主要是利用好氧微生物的降解作用。因此，城市中的水环境修复可利用跌水增氧或人工强化跌水增氧模式。

4.3.2 跌水增氧水处理技术特点

1. 生态环境方面

利用山地丘陵自然高差条件，避免破坏原有的地形地貌，使设计的跌水曝气水体增氧和景观工程最大限度地融入原有的生态平衡中。

2. 能耗方面

因地制宜地设计构建跌水充氧模式，减少土石方的开挖和曝气所需电能的消耗；可结合到现有水处理工艺中，降低总体能耗。

3. 经济方面

可以利用现有的污水处理技术，减少开发污水处理工艺所需研究费用；设备方面只需一台提升水泵加上控制柜等即可运行，安装、操作及维修简单方便，进一步节省了成本。

4. 局限性

跌水的复氧方式需要有高低落差，对于较为平坦的地区，有一定局限性；曝气系统会将水体提升到一定高度，达到跌水复氧的目的，对于有气味的水体，会将气味带入空气中，对环境造成二次污染。

4.3.3 跌水增氧水处理技术影响因素

水曝气的过程实质上是水、气界面间的传质过程，是由两相间气体的浓度差引起的。跌水曝气的效果与原水水质条件、跌水高度、单宽流量及堰型等因素有关。研究者以保定府河为研究对象，提出并试验验证了人工强化跌水曝气接触氧化法改善城市内河水水质的工艺[60]，跌水复氧试验结果表明：跌水曝气复氧效果会受高度、流量、水温及水深四个因素的影响，其影响力由大到小依次为：跌水高度、跌水流量、跌水区水深、水温。

4.3.4 跌水增氧适用处理水质

1. 微污染水源

跌水增氧模式可用于微污染水体的净化处理。有学者[61]采用跌水曝气生物接触氧化预处理微污染水源水，实验中采用三阶跌水曝气生物接触氧化工艺，预处理某水厂微污染的水源水，通过三级跌水曝气使出水溶解氧浓度明显增加，处理结果表明：微污染水的氨氮、硝氮和藻类的去除率均可达 60%以上。跌水的应用有效地克服了传统鼓风曝气推流反应器均匀供氧的不足。在影响跌水曝气效率的因素中，水温起主要作用，其次是原水实际溶解氧浓度和跌水高度。

2. 富营养化水体

利用水头进行跌水曝气增氧的方式在处理富营养水体方面，也取得了明显的处理效果，在治理和利用中也可发挥重要作用。有学者[62]利用跌水曝气生物接触氧化工艺，对富营养化水体进行预处理，原水取太湖水，分别通过一阶跌水曝气生物接触氧化、二阶跌水曝气和三阶跌水曝气接触氧化进行排泥后，再进行过滤处理。在跌水复氧的过程中，通过增加跌水的高度和分散水滴，减缓水滴下落速度来增加氧的总转移系数值。处理结果表明：富营养化水体在氨氮和藻类的去除率方面，效果明显。

4.3.5　国内外应用

1. 水处理工艺

1）氧化沟是活性污泥法的一种改型和发展，是延时曝气法的一种特殊形式。氧化沟多采用机械曝气，但其动力效率较低，能耗也较高。1995 年，日本的 Hideo Nakasone 和 Masuo Ozaki[59]将跌水曝气应用于氧化沟之上，该方法使用泵来提升废水，使其具有水头，形成跌水，以达到充氧的目的。这一概念的应用降低了污水处理厂的建设成本，同时通过简单地控制泵的速度、通断功能以及瀑布高度的改变，更容易实现脱氮。相较于其他氧化沟工艺，该工艺功率投入最低，经改造完成后的氧化沟的 BOD、COD_{Cr}、SS、NH_4^+-N、TN、TP 的去除率明显提高。

2）德国的锡约石台因水厂[63]坐落在莱茵河畔、威斯巴登市锡约石台因区，占地面积为 1.2km²，源水取自莱茵河。整个水厂除沉砂池、跌水曝气台阶及生态蓄水池外，实行全封闭自动化生产。生产工艺分为莱茵河地表水处理工艺段和人工地下水处理工艺段。地表水处理工艺段采用跌水曝气台阶，跌水曝气台阶长为 40m，共有 7 级，每级台阶宽为 40cm、高为 40cm，在充氧的同时还能去除一些挥发性物质。地下水水厂在滤池前设喷淋曝气塔，喷淋塔中装有上下两层粒状硬性膨化填料，填料间孔隙较大，压力水通过孔隙喷淋出来，此间一些物质被氧化去除，一些物质经挥发去除。

3）上海自来水市北科技有限公司研发了跌水曝气生物预处理-超滤组合微污

染水饮用水源净化工艺[64]。其构建了多级跌水曝气生物预处理装置，将待处理的原水一次提升，经逐级跌水充氧和生物接触氧化预处理工艺，达到净水效果。本工艺只需配备提升泵，节省投资，操作方便，占地面积小，出水水质卫生安全。跌水曝气方法可去除90%以上饮水氯化消毒副产物——三卤甲烷[65]。

4）有研究者[66]试验研究了新型组合工艺"跌水曝气生物接触氧化-超滤"对太湖水的处理效果。结果表明，在平均水温为7.6℃，生物接触氧化的水力停留时间（HRT）为16h时，组合工艺对浊度、氨氮、COD_{Mn}、藻类和UV_{254}的去除率分别为99.1%、44.0%、35.3%、97.9%和6.9%，处理效率优于常规工艺。

5）针对山地小城镇地形特点，在重庆武隆仙女山镇开发了一种集污水收集、输送和处理为一体的自然跌水曝气下水道沟渠的示范工程，总长为1.83km、处理规模为1200m³/d。该工程分A和B两个渠道，分别从不同方向铺设的两条渠道最终交汇于污水处理厂，总有效容积为342.3m³。在沟渠的示范工程建成并运行的2年间，水温变化幅度为2.9~22.7℃，渠道进水COD_{Cr}为88~653mg/L，出水能够达到《城镇污水处理厂污染物排放标准》（GB 18918—2002）一级B标准，COD_{Cr}去除率为61%~92%；同时，系统对于NH_4^+-N和TN的去除效率分别为26%~64%和30%~45%[67]。

2. 城市河道水质提升

（1）曝气与浮床修复

卫津河是天津市[68]的一条主要的二级景观河道，全长22.6km，河底有大量的底泥，由于河道采取定期更换水体模式，平时水体并不循环流动，水体富营养化严重。近年来，市政府采取了多种治理措施，其中包括人工增氧技术和水体原位生态修复技术，如图4-22所示。

　　(a) 人工增氧技术——人工喷泉　　　　　(b) 水体原位生态修复技术——人工浮床

图4-22　天津卫津河河道治理工程

　　通过河道曝气和提水曝气两种方式进行人工复氧。河道曝气技术是采用人工向水体中充入空气（或氧气），强化水体复氧，以提高水体的溶解氧含量，恢复和增强水体中好氧微生物的活力，使水体中的污染物得以降解，从而改善河道水质、主要方式有自然跌水曝气和人工机械曝气。提水曝气技术是通过提水装置将水体抛向空中，如图 4-22（a）所示的人工喷泉，使水体与空气直接接触，快速复氧，同时，落水对水面的冲击的造浪作用也可以增加复氧的速度，并具有很好的景观效果。

　　水体原位生态修复技术是通过生物浮床技术、人工沉床技术、人工湿地以及人工水草治理技术实现的，是利用植物、微生物的生命活动，对水中污染物进行降解或转化成无害物质的水体净化技术。近几年，采用人工浮床和喷泉曝气技术对天津市卫津河等二级河道富营养化水体进行修复，取得了显著的成果，同时也提升了河道的景观效果。

　　（2）跌水复氧修复

　　成都市政府采用人工强化跌水复氧技术对府南河道富营养化水体进行修复[69]，在河道上修建橡胶坝（图 4-23），分段抬高河道，使水深达到 80cm。当水流溢过橡胶坝时，产生跌水实现增氧，使水中溶解氧含量明显提高，显著改善了河水富营养化情况，使府南河道水质得到明显提升。

图 4-23　成都府南河橡胶坝

　　3. 特殊废水处理

　　有研究者采用跌水曝气工艺改进填料排水系统处理屠宰厂废水，取得了很好的出水效果[70]。出水达到《肉类加工工业水污染物排放标准》（GB 13457-92）中的二级标准和《污水综合排放标准》（GB 8978—1996）二类污染物《新、改、扩》

二级标准。经过改造后采用跌水曝气，使污水水体中的溶解氧量大大提高，比常规处理方法节省工程造价 60%，运行费用降低 70%。

沈阳经济技术开发区供水厂生物除铁除锰工艺中的曝气部分采用跌水曝气方式[71]。该工艺曝气池跌水高度为 0.84m，单宽流量为 40.92m³/（h·m），有效水深为 0.6m。曝气池跌水高度在 0.5~1m 的范围内，曝气后水中的溶解氧浓度可以达到 4~5mg/L，满足了生物除铁除锰滤层工艺要求。跌水曝气池具有结构简单、造价低、能耗小、曝气效果稳定的优点，适用于大中型水厂，年运行费用可节省 70%左右[71, 72]。

4. 园林景观

跌水和喷泉曝气除了起到水体增氧改善并保持水质作用外，还具有灵动的景观效果，飞溅的水花增加了空气湿度，过滤空气中部分尘埃，达到净化空气的效果，是园林景观的重要组成部分，被世界各地广泛地用于居民小区、公园以及学校等公共场所的建设规划中。

（1）意大利埃斯特别墅喷泉[73]

意大利著名的风景景观埃斯特（Villa d'Este）别墅所在的小城蒂沃利，自古就以其怡人的气候和青山绿水吸引着罗马的达官显贵在这里修建别墅，躲避酷暑。1550 年，埃斯特别墅由意大利伟大的园林设计师利戈里奥（Pirro Ligorio）设计建造，其设计以对水的颂扬而著称。人们利用了重力和水力学来设计花园里的水姿，并在此后将近 1 个世纪的时间里进行了不断的补充完善，整个庄园依山而建，园内人工建筑与自然美景巧妙融合，其中精巧绝伦的水工设计更是令人称道（图 4-24）。据统计，埃斯特别墅共有大大小小喷泉 500 多处，不仅有艺术大师贝尔尼尼所做的"圣杯喷泉"，还有利戈里奥的杰作"管风琴喷泉"和"猫头鹰与小鸟喷泉"。埃斯特里的宫殿和花园被认为是文艺复兴时期最高峰时期文化的标志。2001 年，联合国教育、科学及文化组织将埃斯特别墅列入《世界遗产名录》。

（2）韩国首尔的半坡大桥彩虹喷泉

韩国半坡大桥彩虹喷泉（图 4-25）以世界最长跨海大桥喷泉而著称。喷泉通过桥两侧 380 个喷嘴组成的水柱，以每分钟 190t 水的流量射向河流当中。夜幕降临，喷泉经过 290 盏激光灯束的照耀，转变成彩虹般的七彩颜色，蔚为壮观。2008 年，半坡大桥彩虹喷泉以世界最长跨海大桥喷泉的身份载入《吉尼斯世界纪录大全》。

（3）美国沃斯堡流水花园[74]

美国沃斯堡流水花园（Fort Worth Water gardens）经过八年的筹建于 1974 年建成。虽被称作花园，但并非突出花朵的绚烂和芬芳，而是以独特的流水设计而著称。流水花园一共有三个池区（图 4-26）：流动水池（the active pool）、喷花水池（the aerating pool）和静思水池（the quiet meditation pool）。其中流动水池是主角，池区设有很多台阶，游客可直达池区底部，处于流水的环绕之中，给人以美妙享受。

(a) "罗马喷泉"

(b) 后天泉

(c) 管风琴喷泉

(d) 圣杯喷泉

(e) 猫头鹰与小鸟喷泉

(f) 龙泉

图 4-24   意大利埃斯特别墅喷泉景观

图 4-25 韩国半坡大桥彩虹喷泉

(a) 流动水池

(b) 喷花水池

(c) 静思水池

图 4-26 美国沃斯堡流水花园水景

（4）江苏无锡寄畅园的八音涧水景[75]

江苏无锡寄畅园的八音涧，是中国古代园林水景的代表之一，利用涧中水流的跌宕起伏跌水变化，巧妙地将声乐与水景结合在一起，水声成景，形声兼备，构成水景视觉美感和听觉享受的完美结合，如图 4-27 所示。八音涧西高东低，总长 36m，深 1.9～2.6m，宽 0.6～4.5m，全用黄石堆砌而成。洞名石为清末举人许国凤书题，其命名是说它好似用金、石、丝、竹、匏、土、革、木等八种材料制成的乐器，合奏出"高山流水"的天然乐章。

图 4-27　江苏无锡寄畅园八音涧水景

（5）西安大雁塔音乐喷泉[76]

音乐喷泉是水景展现的一种优美艺术形式，天安门金水河喷泉、杭州西湖喷泉、鄂尔多斯乌兰木伦河激光水幕音乐喷泉、拉萨布达拉宫广场喷泉、四川广安思源广场喷泉、浙江台州市民广场喷泉等都是一件件艺术精品[77]，其中西安大雁塔音乐喷泉（图 4-28）是目前全国乃至亚洲最大的音乐喷泉广场和水景广场，位于大雁塔北广场，东西宽 480m，南北长 350m，占地 252 亩（1 亩≈666.7 平方米），大雁塔为南北中心轴。其也是亚洲雕塑规模最大的广场，场内有 2 个百米长的群雕，8 组大型人物雕塑，40 块地景浮雕；喷泉和附属土建资金投入约 5 亿元，在全国首屈一指，其八级叠水池中的八级变频方阵是世界最大的方阵。

图 4-28　西安大雁塔音乐喷泉

（6）贵州小七孔旅游风景区[78]

位于贵州荔波县西南部的小七孔旅游风景区，因景区内的一座小七孔古桥而得名。景区全长 12km，宽仅 1km，开放的景点中，拉布瀑布宽 10m，落差 30m，同响水河纵向错落的 68 级跌水瀑布（图 4-29）构成一幅绝妙的立体交叉瀑布群景观。据专家们考证，如此众多而密集的瀑布、跌水，实属全国罕见。

(a) 拉布瀑布　　　　　　　　　　　　　(b) 68级跌水瀑布

图 4-29　贵州小七孔旅游风景区水景

（7）广西福禄河瀑布群

"绿水影青山，青山雾飘渺；游人戏绿水，水娇人更娇"，形容的就是位于广西百色城西南约 40km 的大王岭水源林保护区腹地的福禄河瀑布群（图 4-30），其因全国罕见的"跌水瀑布群"而闻名。福禄河环境优美，水质清澈，绕山而过，形成高低不等、宽窄不一、层出不穷的多级瀑布群，其中 2m 高以上的叠水有 100 多处。

4.3.6　跌水增氧水处理技术前景分析

在我国城镇化建设中，发展适宜当地的污水处理技术是解决农村城镇及中小型城市污水处理问题的有效途径，跌水增氧水处理技术与其他污水处理技术结合，可将山地、丘陵地区的劣势转化为优势，利用高低跌水充氧，避免破坏原来的生态系统，有良好的应用前景。对于微污染水体和富营养化水体，可通过跌水曝气进行水体的预处理，也可利用跌水曝气与其他技术结合的工艺进行水体处理，节约成本且维修操作方便。在城市河道的治理上，跌水曝气与人工喷泉的应用，在净化河道水体的同时，更有助于河道生态系统的恢复，且可作为水体景观美化环境。因此，不管从生态环境保护方面还是经济效益角度来说，跌水曝气系统作为一种有效的曝气系统值得推广。

图 4-30　广西福禄河瀑布群

参 考 文 献

[1]　李大成. 立体式生态浮床对水源地水质改善效果的研究[D]. 南京：东南大学，2006.

[2]　李艳蔷. 植物浮床改善城市污染水体水质的试验研究[D]. 武汉：武汉理工大学，2012.

[3]　赵鸿哲. 浮床栽培蔬菜的适应性选择及其对富营养化水体净化效果的研究[D]. 呼和浩特：内蒙古大学，2013.

[4]　张福龙. 微曝气强化生态浮床生物膜特性研究[D]. 成都：西南交通大学，2015.

[5]　肖兴富，李文奇，孙宇，等. 沉水植物对富营养化水体的净化效果研究[J]. 中国环境管理干部学院学报，2005，3：62-65.

[6]　潘保原，杨国亭，穆立蔷，等. 3 种沉水植物去除水体中氮磷能力研究[J]. 植物研究，2015，1：141-145.

[7]　闫志强，刘黾，吴小业，等. 温度对五种沉水植物生长和营养去除效果的影响[J]. 生态科学，2014，5：839-844.

[8]　丁玲. 沉水植物修复受污水体效能的研究[D]. 苏州：苏州科技学院，2007.

[9]　李泽. 若干环境因子对四种沉水植物恢复影响研究[D]. 武汉：武汉理工大学，2012.

[10]　汤仲恩，种云霄，吴启堂，等. 3 种沉水植物对 5 种富营养化藻类生长的化感效应[J]. 华南农业大学学报，2007，4：42-46.

[11]　黄锦楼，陈琴，许连煌. 人工湿地在应用中存在的问题及解决措施[J]. 环境科学，2013，1：401-408.

[12]　张庭廷，陈传平，何梅，等. 几种高等水生植物的克藻效应研究[J]. 生物学杂志，2007，4：32-36.

[13]　张兵之. 伊乐藻对铜绿微囊藻的化感作用研究[D]. 武汉：中国科学院研究生院（水生生物研究所），2007.

[14]　胡莲，万成炎，沈建忠，等. 沉水植物在富营养化水体生态恢复中的作用及前景[J]. 水利渔业，2006，5：69-71.

[15] Zhou Y, Li J, Fu Y. Effects of submerged macrophytes on kinetics of alkaline phosphatase in Lake Donghu—Ⅰ. unfiltered water and sediments[J]. Water Research, 2000, 34 (15): 3737-3742.

[16] 吴晓磊. 人工湿地废水处理机理[J]. 环境科学, 1995, 3: 83-86.

[17] 王超, 王永泉, 王沛芳, 等. 生态浮床净化机理与效果研究进展[J]. 安全与环境学报, 2014, 14 (2): 112-116.

[18] 陈育超. 生态浮床强化河道水体污染物降解的效果评价和过程分析[D]. 天津: 天津大学, 2016.

[19] Tanner C C, Headley T R. Components of floating emergent macrophyte treatment wetlands influencing removal of stormwater pollutants[J]. Ecological Engineering, 2011, 37 (3): 474-486.

[20] 李文朝. 富营养水体中常绿水生植物被组建及净化效果研究[J]. 中国环境科学, 1997, 17 (1): 53-57.

[21] 孙鹏, 崔康平, 许为义, 等. 3 种浮床植物对污染水体水质改善性能研究[J]. 江苏农业科学, 2016, 45 (5): 475-479.

[22] Zhou X H, Wang G X. Nutrient concentration variations during Oenanthe javanica growth and decay in the ecological floating bed system[J]. 环境科学学报 (英文版), 2010, 22, 11: 1710.

[23] Peterson S B, Teal J M. The role of plants in ecologically engineered wastewater treatment systems[J]. Ecological Engineering, 1996, 6 (1-3): 137-148.

[24] Fennessy M S, Cronk J K, Mitsch W J. Macrophyte productivity and community development in created freshwater wetlands under experimental hydrological conditions[J]. Ecological Engineering, 1994, 3 (4): 469-484.

[25] Brix H. Functions of macrophytes in constructed wetlands[J]. Aquaculture, 1994, 294 (1-2): 37-42.

[26] 王超, 王永泉, 王沛芳, 等. 生态浮床净化机理与效果研究进展[J]. 安全与环境学报, 2014, 14 (2): 112-116.

[27] Seidel K. Abbau von Bacterium coli durch höhere Wasserpflanzen[J]. Naturwissenschaften, 1964, 51 (16): 395-395.

[28] 武艳. 水生经济植物浮床在水产养殖废水净化中的应用[D]. 上海: 华东师范大学, 2011.

[29] Stottmeister U, Wiessner A, Kuschk P, et al. Effects of plants and microorganisms in constructed wetlands for wastewater treatment.[J]. Biotechnology Advances, 2003, 22 (1-2): 93-117.

[30] Zhen L I, Huang J, Jiang L, et al. Research advances in the relation between plant root exudates and rhizosphere micro-environment in the made-made wetlands[J]. Journal of Safety & Environment, 2012, 12 (5): 41-45.

[31] 包安锋. 生态浮床技术及其修复景观水体应用研究[D]. 重庆: 重庆大学, 2009.

[32] 李焕利, 刘超, 陆建松, 等. 人工浮床技术在污染水体生态修复中的研究[J]. 环境科学与管理, 2015, 40 (1): 114-116.

[33] 陆嵩. 生态浮床的净水作用与实施方法及发展前景探讨[J]. 水利建设与管理, 2014, 34 (7): 69-72.

[34] 刘长发, 綦志仁, 何洁, 等. 环境友好的水产养殖业——零污水排放循环水产养殖系统[J]. 大连海洋大学学报, 2002, 17 (3): 220-226.

[35] Revitt D M, Shutes R B E, Llewellyn N R, et al. Experimental reedbed systems for the treatment of airport runoff[J]. Water Science & Technology, 1997, 36 (8): 385-390.

[36] Babatunde A O, Zhao Y Q, O'Neill M, et al. Constructed wetlands for environmental pollution control: a review of developments, research and practice in Ireland[J]. Environment International, 2008, 34 (1): 116-126.

[37] 吴晓磊. 人工湿地废水处理机理[J]. 环境科学, 1995, 3: 83-86.

[38] 施恩. 组合潜流人工湿地处理污染河水的研究[D]. 青岛: 中国海洋大学, 2012.

[39] 郭飞. 人工湿地污水处理影响因素研究及优化[D]. 上海: 同济大学, 2006.

[40] Seidel K. Abbau von Bacterium coli durch höhere Wasserpflanzen[J]. Naturwissenschaften, 1964, 51 (16): 395.

[41] 郭烨烨. 间歇曝气垂直潜流人工湿地的污水净化效果及微生物机理研究[D]. 山东: 山东大学, 2014.

[42] 白晓慧, 王宝贞. 人工湿地污水处理技术及其发展应用[J]. 哈尔滨建筑大学学报, 1999, 6: 88-92.

[43]　宋志文，毕学军，曹军. 人工湿地及其在我国小城市污水处理中的应用[J]. 生态学杂志，2003，3：74-78.

[44]　成水平，吴振斌，况琪军. 人工湿地植物研究[J]. 湖泊科学，2002，14（2）：179-184.

[45]　楚伟伟. 波形潜流人工湿地处理模拟生活污水的研究[D]. 郑州：郑州大学，2010.

[46]　李淑兰. 人工湿地处理城镇污水和猪场废水研究[D]. 长沙：中南林业科技大学，2007.

[47]　徐丽. 种植型潜流人工湿地农村生活污水尾水深度处理研究[D]. 南京：东南大学，2016.

[48]　张岩. 自由表面流—水平潜流复合人工湿地磷去除动力学分析[D]. 北京：中国林业科学研究院，2014.

[49]　熊家晴，杜晨，郑于聪，等. 表流-水平流复合人工湿地对高污染河水的净化[J]. 环境工程学报，2015，9（11）：5167-5172.

[50]　袁东海，景丽洁，张孟群，等. 几种人工湿地基质净化磷素的机理[J]. 中国环境科学，2004，5：103-106.

[51]　王怡雯. 不同基质复合人工湿地对高污染河水的净化[D]. 西安：西安建筑科技大学，2015.

[52]　李旭东，周琪，张荣社，等. 三种人工湿地脱氮除磷效果比较研究[J]. 地学前缘，2005，1：73-76.

[53]　张春霞. 复合人工湿地对保护岳城水库水源地的研究与应用[D]. 邯郸：河北工程大学，2014.

[54]　余志敏，袁晓燕，崔理华，等. 复合人工湿地对城市受污染河水的净化效果[J]. 环境工程学报，2010，4：741-745.

[55]　韩玉林，张万荣. 风景园林工程[M]. 重庆：重庆大学出版社，2011.

[56]　朱钧珍. 园林水景设计的传承理念[M]. 北京：中国林业出版社，2004.

[57]　陈一辉. 跌水曝气生物滤池处理小城镇污水试验研究[D]. 重庆：重庆大学，2012.

[58]　庄正宁. 环境工程基础[M]. 北京：中国电力出版社，2006.

[59]　Nakasone H，Ozaki M. Oxidation-ditch process using falling water as aerator[J]. Journal of Environmental Engineering，1995，121（2）：132-139.

[60]　刘晓波. 人工强化跌水曝气接触氧化法改善城市内河水质的试验研究[D]. 保定：河北农业大学，2010.

[61]　刘科军，吕锡武. 跌水曝气生物接触氧化预处理微污染水源水[J]. 水处理技术，2008，34（8）：55-58.

[62]　邢昌梅，吕锡武. 跌水曝气生物接触氧化预处理太湖水的研究[J]. 环境科技，2007，20（1）：4-8.

[63]　钱学武. 德国威斯巴登市锡约石台因水厂的制水工艺[J]. 中国给水排水，2005，21（5）：104-106.

[64]　吕锡武，乐林生，康兰英. 跌水曝气生物预处理-超滤组合饮用水净化工艺[J]. 工业水处理，2007，5：33-33.

[65]　于祚斌，高明. 简易曝气法去除水中三卤甲烷的研究[J]. 环境与健康杂志，1994，5：206-209.

[66]　王华成. 跌水曝气生物接触氧化—超滤组合工艺净水技术研究[D]. 南京：东南大学，2005.

[67]　何强，秦梓荃，周健，等. 山地小城镇污水自然跌水曝气下水道沟渠处理技术研究[J]. 给水排水，2012，38（7）：39-42.

[68]　田栋芸，吴晓光. 浅议卫津河严重污染河段的生态治理工作[J]. 科技资讯，2014，12（8）：128-129.

[69]　徐海鸣. 城市污染河道水体修复技术探讨[J]. 科技资讯，2014，32：95-96.

[70]　姜湘山，王春雷. 跌水曝气——改进型填料（滤料）排水系统处理屠宰废水的设计[J]. 环境工程，2002，20（6）：25-26.

[71]　姬保江. 生物除锰技术在生活饮用水中应用[J]. 工业用水与废水，2002，33（6）：22-24.

[72]　高洁，刘志雄，李碧清. 生物除铁除锰水厂的工艺设计与运行效果[J]. 给水排水，2003，29（11）：26-28.

[73]　Miller F P，Vandome A F，Mcbrewster J，et al. Villa d'Este[M]. Saarbrücken：Alphascript Publishing，2010.

[74]　Flanders A. Hidden delight[J]. Australian House & Garden，2014，27：119.

[75]　潘颖颖，陈彬彬，徐建三. 浅析无锡寄畅园山水区空间营造[J]. 农业科技与信息（现代园林），2012，3：39-43.

[76]　聂益南. 张扬文化西安的大雁塔北广场落成[J]. 西部大开发，2004，2：28-29.

[77]　任晏婴. 中科恒业：创造喷泉奇迹——鄂尔多斯乌兰木伦河激光水幕音乐喷泉项目建造纪实[J]. 科技创新与品牌，2009，11：28-29.

[78]　赵旭. 贵州荔波小七孔景区旅游资源开发研究[D]. 成都：成都理工大学，2008.

第 5 章　自然能的综合利用及组合水处理工艺研究

5.1　自然能的综合利用研究

随着生产力的快速发展，环境污染和能源枯竭是人类面临的严峻问题。人与自然的尖锐矛盾，不仅严重阻碍了人类社会的发展，而且已经对人类的生存构成了威胁。人类不得不重新审视人与自然的关系，及时采取有效措施应对全球性的能源短缺和环境污染问题。能源利用方面必须在节约能源消耗、提高能源利用效率的同时开发新能源。自然能开发利用技术凭借其明确的发展前景和对经济较强的拉动作用，在诸多经济体的经济振兴计划中被置于重要位置，并得以有效地开发利用。本章对具有代表性的自然能利用情况进行概括性的介绍。

5.1.1　冷能的综合利用

自然环境中，常常存在着奇妙的现象，如在数百平方米的小范围内，出现寒冬腊月春暖花开、六月炎暑却天寒地冻的"反季节"现象，人们将其用作天然冷藏库。我国商、周时代即有冬季储冰夏季取用的冷能利用先例，而且一直延续至今。井水一般冬暖夏凉，合理利用可以代替空调。1933 年，法国科学家在室温下利用 30℃的温差推动小型发动机发电，点亮几个小灯泡，首次实证了自然温差作为能源的可能性。直到 1945 年，Vacino 和 Visintin 的一篇报道，才真正标志着冷冻法进入实验室研究与推广应用阶段。随后，有不少科学家相继开始了对冷冻法的研究。1986 年，经过约 10 年的试验研究，日本建成了世界上第一座以自然冷能制冷的热管换热式冷藏库，实践表明，冷藏库四周季节冻土层终年保持冻结状态，达到了预期效果[1]。我国于 1990 年建成利用自然冷能制冷的无能耗实验冷藏库，用于农副产品储存。近年来自然冷能的利用领域和范围得到了很大的扩展。我国对自然冷能资源的传统应用包括冬季的食品及果蔬冷藏保鲜和建筑物的室内温度调节等方面。如 20 世纪电冰箱尚未普及之前，北方的居民夏季将肉鱼等易腐产品放置于井中，冬季放置于房屋背阴处，以延长保存时间[2]。北方的冰雕是自然冷能利用与艺术展现的有机结合（图 5-1）；利用自然冷能的滑冰场则提供了惬意的运动场所；冰雪大世界游乐场吸引了无数游客前去观光，推动了当地冰雪事业与经济的发展；自然冷能冷藏库的出现大大改善了居民的饮食结构，解决了北方居民冬季蔬菜单调和夏季肉制食品易腐烂变质的问题。

图 5-1　北方的冰雕

国内外对于冷冻法的应用研究主要集中表现在食品、医药、海水淡化及污废水处理方面。

1. 在食品保质保鲜方面的应用

随着经济发展，人们生活水平提高，对食品的质量和数量有了更高的要求。化学合成保鲜剂背后的食品安全问题给人类健康带来很多隐患，使得果蔬、肉食等食品的保鲜、储存问题越来越趋于原始的物理方式，以此不仅可以保证食品安全、保持其天然品质，而且能耗低。自然冷能储藏食品等物理保鲜方式得到人们的承认和重视。

利用我国北方自然冷能，即冰水相变吸收和释放潜热的原理，冬季储藏冷能为夏季所用，以冰的形式储存冬季的自然冷能作为食品保鲜库的冷源，节能环保，能够保证食品安全。果蔬保鲜最佳条件是恒定低温和湿度高的环境。机械制冷保鲜库是利用温度传感器和制冷机控制保鲜库的温度，这种条件下实际温度波动范围较大，特别是在 0℃保鲜时，为防止果蔬发生冻害，只能把制冷库中心温度调到 0~5℃以上。保鲜温度每提高 1℃都会大幅度增加果蔬的呼吸强度，腐败进程也会加快。机械制冷库内湿度较低，保鲜食品蒸发损失量大。利用自然冷能的保鲜库就可避免机械制冷的这些问题，冬季储存的自然冷能温度为 0℃，且湿度适合，避免了果蔬等保鲜食品不必要的蒸发损失。

自然冷能储存技术可以使储藏库内冬季增温、夏季降温，全年保持稳定低温状态，全年温度保持在 1~5℃，并兼顾保持高湿环境，可保持储藏库内食品品质基本不变，图 5-2 为冷库结构示意图。

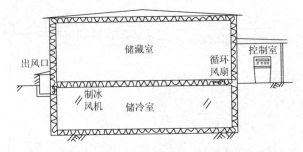

图 5-2　自然冷能食品保鲜储藏室结构示意图

2. 自然冷能调温

北方大部分地区，特别是西北地区，阳光丰富，如甘肃省河西走廊地区太阳能光合生产能力在 3700kg/亩左右。冬季气温低，不适合作物生长，可以采用塑料大棚，利用土地蓄能作用所产生的相对较高的地温，提高光能利用率。如果将白天高温时的太阳能蓄存于棚内设置的蓄能体内，不仅可以降低白天棚内的温度，把太阳能转换为冷能，还可以在夜间利用这部分能量提高棚内温度，从而实现大棚的全天候生产。

与塑料大棚调温的原理相同，利用自然冷能可以实现建筑室内"无能耗空调"的使用。投资与普通空调设施投资相当，只需要消耗通风用电，耗电功率可以下降到 1/30 以下，大大地节约了电能。

3. 自然冷能用于海水、苦咸水淡化

冷冻法是利用在冷能作用下水体发生相变时，可溶性溶质在液态-固态体系中因分配系数不同，溶质在两相中迁移速率产生差异，从而实现分离。冷冻过程中，冰晶析出的同时溶质向液相迁移，随着冰晶的不断析出与溶质的迁移，形成纯净的冰层和浓缩的母液，实现溶质的分离，取出冰层融化后即可得到淡水。海水、苦咸水结冰时，盐分被排除在冰晶以外，将冰晶洗涤、分离、融化后即可得到淡水，这是利用冷冻法的原理进行海水、苦咸水淡化的简便方法[3]。自然冷冻法正是利用冬季海水、苦咸水自然冷冻结冰的现象，取冰融化而得淡水。如我国的渤海仅辽东湾一地，每年冬季结冰量可达 $2.5 \times 10^9 \mathrm{m}^3$，脱盐率可高达 95%，这种方法虽然有季节和区域的限制，但除取冰及运输所需费用外，无需额外大量的能量消耗和设备投入，可以因地制宜进行应用[4]。经过进一步处理，可以得到含盐量更低的淡水。采用悬浮结晶冷冻法将小冰晶凝聚成为大冰晶来减小单位体积冰晶的表面积，可以达到理想的海水脱盐效果。自然冷冻法海水、苦咸水淡化技术由于成本低、对设备腐蚀和结垢轻的优点而具有广阔的发展前景[5]。图 5-3 为苦咸水自然冷冻淡化工艺流程。

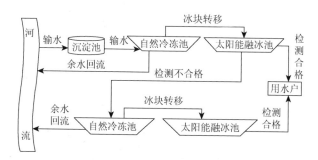

图 5-3　苦咸水自然冷冻淡化工艺流程

5.1.2　太阳能的综合利用

1. 太阳能热利用

目前对太阳能热利用主要集中在太阳能热水器、太阳能干燥、太阳能供暖与制冷、太阳能热储存以及蒸馏和热发电等领域。

（1）太阳能热水器

太阳能热水器的类型主要有平板型、真空管型、闷晒型和聚光集热器等。

1）平板型太阳能热水器。

平板型太阳能热水器主要由平板集热器、储水箱、连接管道、支架及其他零部件组合构成。集热器是转换太阳辐射能为热能并向工质传递热量的一种装置，对太阳能热水器热性能的优劣起着关键的作用。平板型集热器不聚光，其吸收太阳辐射的面积与采集太阳辐射的面积相同，主要应用于热水、采暖、制冷等低温方面。

平板集热器能同时吸收太阳辐射中的直射辐射和漫射辐射，不需要追踪太阳光，维护较少，制作简单且价格较低，日转换效率较高，装置如图 5-4 所示。

2）真空管型太阳能热水器。

真空管型太阳能热水器与平板型太阳能热水器的最大区别在于其集热部件不同，前者的集热部件是由若干个真空热管构成，后者则是由太阳集热板构成[6]。

全玻璃真空管太阳能热水器的开发应用已有几十年的历史，现已达到一定的工业化程度，并被推广普及。其组成主要有：全玻璃真空管太阳能集热器、

图 5-4　平板型太阳能热水器

支架、水箱、上下管件等，真空管型太阳能集热器的工作示意图如图 5-5 所示。

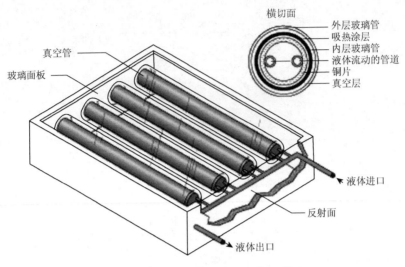

图 5-5 真空管型太阳能集热器示意图

真空管型太阳能集热器的热损较低，一般低于 $1W/(m^2/℃)$，而平板太阳能集热器的热损系数不大于 $6W/(m^2/℃)$。因此，真空管型太阳能集热器不仅可以在中、高温地带运行，也可以在寒冷季节、寒冷或太阳辐照度不强的地区工作，能四季提供生活用热水甚至开水，能够应用于高温消毒、工业用热、除湿、干燥、空调、制冷和暖房种植，在养殖与海水淡化等方面也取得了较好的效果。

3）闷晒型太阳能热水器。

闷晒型太阳能热水器从结构上可以分为袋式、箱体式、浅池式及筒式热水器等。它们的特点是集热器和水箱合为一体，因而结构简单、价格低廉。

4）聚光集热器。

相比平板集热器，聚光集热器能将太阳光聚集在较小的吸热面上，集热效率高，散热损失小，可以达到较高的温度；利用反射器代替较贵的吸收器，可以降低造价；吸热管较细，时间常数减小，响应速度加快，利用率得到提高；可连续工作，采用聚光集热器的发电装置可常年连续运行。

（2）太阳能干燥

太阳能干燥是太阳能热利用的重要方面之一。与露天自然干燥相比，太阳能干燥可有效提高干燥效率。太阳能干燥的方式有两种：一种是在待干燥系统表面加透明盖板进行直接曝晒以实现蒸发干燥，称为吸收式；另一种方式是利用太阳能加热热媒直接或间接加热待干燥的物体，实现脱水干燥，称为间接式或对流式。

这种被加热的流体就是太阳能干燥器的工质。对流式太阳能干燥器一般以空气为工质。空气在太阳能集热器中被加热，在干燥器内与被干燥的湿物料接触，热空气把热量传给湿物料，使其中水分汽化，并把水蒸气带走，从而使物料干燥。整个过程是工质传热过程，是在温差和湿差推动下进行的，过程进行的速度与过程中各种阻力因素有关，空气及物料的初、终态反映了干燥状况。

我国研制的太阳能干燥器可以归纳为三种类型：温室（辐射）型、集热器型和集热-温室型。太阳能干燥器大多属于低温干燥器，干燥温度在 70℃ 以下。近年来的研发工作主要集中在太阳能干燥装置的热性能、设计、评价指标、运行工况、测试方式及物料特性等方面，取得了许多实用的成果，并已在木材、中草药、陶瓷泥坯、食品、皮革、谷物果品、烟草、肉制品等工业干燥过程中得到了广泛应用。

（3）太阳能供暖与制冷

1）太阳能供暖。

太阳能供暖是太阳能热利用的重要形式之一。太阳能供暖系统主要包括集热器、储热器、配热系统及辅助加热装置。按热媒种类的不同，可分为空气加热系统及水加热系统，按利用太阳能的方式不同，可分为被动式系统、主动式系统及热泵式系统。

太阳能供暖系统现在还没有标准的设计方法。多数情况是在常规的系统上增添集热器等设备，并靠利用太阳能所节省的燃料费来回收这些设备的投资。因此，需要估算年供吸、供热水负荷以及计算太阳能利用量。

2）太阳能制冷——空调。

太阳能制冷空调是少数几种能源供求之间协同配合的成功实例之一。从季节角度来看，当天气炎热，环境需要制冷时，往往也是太阳辐射最强的时候，而供暖季节的情况恰恰相反，当天气寒冷，越需要热时太阳辐射往往越少。目前为止，太阳能制冷方面的实践比其采暖应用研究要少得多，主要原因是技术要求和成本较高。太阳能制冷一般而言有两种情况：一是为保存食物或药品提供冷冻处理；二是为舒适而作为冷媒降低室内空气温度，起到空调作用，两者的工作过程基于相同的工作原理。

（4）太阳能热储存

虽然太阳能给人们提供了安全、环境友好的能源，但是太阳能的间歇性常常造成供与需难以同步的时差矛盾。因此，实现高效经济地储存太阳能，将极大缓解或解决这种供需矛盾。评价太阳能储热的效率，必须考虑以下几个方面：单位体积或单位质量的储热容量；工作温度范围，即热量加进系统和热量从系统取出的温度；热量加进或取出的方法和与此相关的温差；热量加进或取出的动力要求；储热器的容积、结构和内部温度的分布情况；减少储热系统热损失和系统成本费用的方法。

目前常见的主要储热途径有显热、相变和化学储热三种储热方式。

1）显热储存。

物质因温度变化而吸收或放出的热能称为显热。利用显热储能是最简单、最经济的方法，也是目前最常用的方法。显热储存是选用热容量大的储热介质来进行的，可选用的合适储热介质常见的有液体和固体两种，如水和岩石是最常见的储热介质。

为了获得较大的储热量，就要选择质量、比热容和温差尽可能大的物质作储热介质。温差大小受集热器性能影响；加大质量会增加成本；比热容是物质不变的物理性质，在选择储热介质时要考虑选用比热容大的材料。除考虑介质比热容外，还要考虑密度、黏度、毒性、腐蚀性、稳定性以及成本等因素。

水是常用的储热介质，既可作为集热器中的吸热流体，也可作为负荷的传热介质，水的比热容也较许多物质要大，且水的传热、流动性能好，黏性、热传导性、密度及膨胀系数等适于自然循环及强迫循环的工艺要求，且具有无毒、易得、成本低等优点，所以水是较好的储热介质。它的储热温度上限受水的沸点限制，下限由负荷需要决定。

2）相变储热。

具有同一成分、同一聚集状态，并以界面互相分开的各个均匀组成部分称为相。例如，水是一相，冰也是一相。利用相变时潜热大的特点，可以设计出温度范围变化小，热容量高，设备体积和质量较小的相变储热系统[7]。

许多相变材料在重复循环时性能变差，热容量减小，原因在于这些物质是非共熔点的盐类，物质被加热到熔点以上时，分离成液、固两相。由于盐的密度高于溶液，会产生相变分离现象，这限制了储热过程的利用研究向深度发展。采用薄壁容器，利用凝胶或其他溶剂及机械搅拌等方法可避免相变分离现象。

3）化学储热。

无论是显热蓄热，还是相变（潜热）蓄热，都要求系统绝热保温，但要做到完全绝热相当困难，况且系统绝热性能也会随使用时间延长而下降，蓄存的热量就会逐渐散失。如欲长时间蓄热就更不容易，如果蓄热温度要求较高，则困难更大。为此可考虑利用化学反应的方法来蓄热。

有许多物质在进行化学反应过程中需要吸收大量的热量；而当进行该反应的逆反应时，则将放出相应的热量。这种热量称为化学反应热。许多化学反应生成物可能是气体，可用管道把生成的气体输送至需热处，然后在该处进行逆反应重新获得热量。因此，化学反应蓄热也成为一种热输送的手段。

（5）蒸馏、热力发电

1）太阳能蒸馏。

太阳能蒸馏可用于海水淡化，也可用于工业废水处理。太阳能蒸馏器的产水率与自身设计的质量有关，也与太阳辐照度、大气温度、风速、海水或工业废水浓度等一系列因素有关。一般情况下，太阳能蒸馏器在进行海水淡化时，淡水产量只有 $10kg/(m^2/d)$ 左右；用作生活用水较合适，用于其他行业成本较高。

2）太阳能热力发电。

利用真空管型、平板型或聚焦集热器可将太阳辐射能转变为热能。这种热能原则上可用来驱动热机发电，从而实现太阳能转化为电能。

2. 太阳能光伏发电

太阳能光伏发电是将半导体材料制成太阳能电池，封装成组件，由若干组件与储能、控制部件等构成，将太阳辐射能转换为电能。

太阳能光伏发电的原理是光生伏打效应。当太阳光（或其他光）照射到太阳能电池（即太阳能光伏发电的能量转换器）上时，电池吸收光能，产生光生电子-空穴对。在电池内建电场的作用下，光生电子和空穴被分离，电池两端出现异号电荷的积累，即产生光生电压，这就是光生伏打效应，如图 5-6 所示。若在内建电场的两侧引出电极并接上负载，则负载就有光生电流流过，从而获得功率输出，太阳光能就直接变成了可以付诸实用的电能[8]。

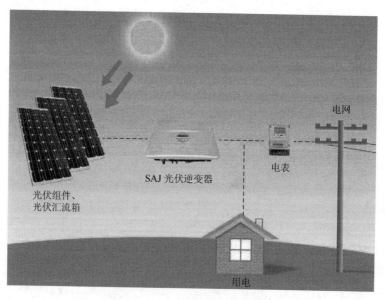

图 5-6　太阳能光伏发电原理图

通过太阳能电池将太阳辐射能转换为电能的发电系统，统称为太阳能光伏发电系统（PV）。目前，在工程上广泛应用的光电转换器件——晶体硅太阳能电池，生产工艺较成熟，已进入大规模产业化生产阶段，并应用于工业、农业、科技、文教、国防和生活等各个领域。

地面太阳能光伏发电系统的运行方式，主要分为独立太阳能光伏发电系统和并网太阳能光伏发电系统两大类。独立太阳能光伏发电系统一般应用于远离公共电网的无电地区和为一些农牧渔民的基本生活用电及通信中继站、航标、气象台站、边防哨所等特殊处所提供电源；并网太阳能光伏发电系统是与公共电网相连的太阳能光伏发电系统，它使太阳能光伏发电进入大规模商业化发电阶段，成为电力工业组成部分之一，也是当今世界太阳能光伏发电技术发展的主流趋势。特别是光伏电池与建筑结合的联网屋顶太阳能光伏发电系统，是众多发达国家竞相发展的热点。可以说，并网太阳能光伏发电系统发展迅速，市场广阔，前景诱人。

20 世纪 60 年代，科学家们就已经将太阳能电池应用于空间技术——为通信卫星供电。20 世纪末，光伏发电这种清洁和直接的能源形式已越来越受到人类的青睐，它不仅在空间应用，而且在其他众多领域中大显身手。太阳能光伏发电主要应用有：

1）太阳能电源用户：①小型电源 10～100W，用于边远无电地区如高原、海岛、牧区、边防哨所等军民生活用电，如照明、电视、收录机等；②3～5kW 家庭屋顶并网发电系统；③光伏水泵，解决无电地区的深水井饮用和灌溉。

2）交通领域：如航标灯、交通/铁路信号灯、交通警示/标志灯、路灯、高空障碍灯、高速公路/铁路无线电话亭、无人值守道班供电等。

3）通讯/通信领域：太阳能无人值守微波中继站、光缆维护站、广播/通信/寻呼电源系统；农村载波电话光伏系统、小型通信机、士兵 GPS 供电等。

4）石油、海洋、气象领域：石油管道和水库闸门阴极保护太阳能电源系统、石油钻井平台生活及应急电源、海洋检测设备、气象/水文观测设备等。

5）家庭灯具电源：如庭院灯、路灯、手提灯、野营灯、登山灯、垂钓灯、黑光灯、割胶灯、节能灯等。

6）光伏电站：$10 \times 10^3 \sim 50 \times 10^6$W 独立光伏电站、风光（柴）互补电站、各种大型停车场充电站等。

7）太阳能建筑：将太阳能发电与建筑材料相结合，使得未来的大型建筑实现电力自给，是未来的发展方向。

8）其他领域：①与汽车配套的包括太阳能汽车/电动车、电池充电设备、汽车空调、换气扇、冷饮箱等；②太阳能制氢加燃料电池的再生发电系统；③海水淡化设备供电；④卫星、航天器、空间太阳能电站等。

目前，美国、日本、印度及欧洲各国（特别是德国等）都在大力发展太阳能电池的应用，已开始实施的"十万屋顶"、"百万屋顶"计划等，极大地推动了光伏市场的发展，其前途十分光明。

　　将太阳能这种清洁可再生能源应用于水处理领域，除了能够达到良好的处理效果，还能够降低能源、药剂等各种消耗。随着太阳能技术的发展，太阳能在水处理技术方面的研究也取得了一些进展。太阳能水处理技术发展到今天主要有海水淡化技术、太阳能加热技术、太阳能光催化废水处理、太阳能干燥污泥以及地表水修复技术等。

5.1.3　水能的综合利用

　　水能利用是开发利用水体蕴藏能量的生产技术。天然河道或海洋内的水体，具有位能、压能和动能三种机械能。水能利用主要是指对水体中位能部分的利用。

　　1. 水能发电

　　河道中水的位能在自然状态下绝大部分都消耗于沿途摩擦作用，或挟带沙石、冲刷河床等做功过程中。因此即使高山上的水流具有大量位能，但它向下流达海洋时，其位能也已消失殆尽。要开发利用水的位能，首先必须将位能汇集一处，形成集中的水位差。例如，在河道上筑坝壅高水位，或者修筑平缓的引水道与原河道间构成很大落差，或者利用天然瀑布等。然后，通过简单机械做功或通过水电站，将水能转变为电能[9]。

　　早在 2000 多年前，在埃及、中国和印度已出现水车、水磨和水碓等利用水能用于农业生产。18 世纪 30 年代开始有新型水力站。随着工业发展，到 18 世纪末这种水力站发展成为大型工业的动力，用于面粉厂、棉纺厂和矿石开采。但水电站是在 19 世纪末远距离输电技术发明后才蓬勃兴起[10]。

　　美国目前拥有约 2500 座发电大坝，可同时提供 78GW 的传统水电和 22GW 的抽水蓄能电力，还有超过 8 万座非发电坝（NPD）进行供水和内河航运。基于 NPD 推算出的大坝建设和环境成本显示，利用现有的 NPD 增加电力供应成本更低、风险更小，且会比新建一座大坝用时更短。因此 NPD 可较好地起到扩大可再生能源利用的作用。此外，NPD 还具有环境影响小的优势，结合水电的可靠性和可预测性，使得这些大坝的储能利用极具吸引力[11]。

　　美国能源部（DOE）2012 年 4 月的报告报道，美国潜在总装机容量和年发电量预计可达 12GW·h 和 45TW·h，约占美国传统水电总量的 15%。总体来说，美国有五种类型的水电项目：蓄水发电（在河流上商用大中型水坝蓄水）、河流水流发电（在河流的自然流域内利用水流进行发电，无须蓄水或是蓄水量极小）、微型水电（容量不超过 100kW）、引水发电（利用运河或水渠将河流的部分引出）以及抽水蓄能电厂[12]。

　　加拿大是水力资源非常丰富的国家，发电装机以水电为主。2003 年加拿大发电装机容量为 116991MW，其中，水电装机容量为 70374MW，约占总装机容量的 60.2%。加拿大发电量最多的省和地区是：魁北克省、纽芬兰省和拉布拉多地区、马尼托巴省、不列颠哥伦比亚省和育空地区。加拿大最大的水电厂是位于拉布拉多的丘吉尔瀑布水电厂，装机容量为 5429MW。

加拿大的绝大多数大坝都是作为大型水电工程的组成部分而修建的。为其他目的（如防洪或木料浮运和收集）而修建的老坝通常都安装了发电设备，因而也成为多功能坝。多年来，加拿大在水电及大坝设计、施工和管理方面已经形成了世界闻名的专门技术[13]。

中国水能资源居世界第一位。截至 2013 年底，我国水电装机容量已经超过 2.8 亿 kW，稳居世界第一水电大国。2013 年，我国水电建设投资达 1246 亿元，新增装机容量 2993 万 kW，同比增长 57.5%，成为历年来新增装机容量增长最多的一年。截至 2013 年底，我国已建成常规水电装机容量占全国技术可开发装机容量的 48%。为确保实现 2020 年非化石能源占一次能源消费比重达 15%的发展目标，其中 8%以上要靠水电贡献。

长江三峡工程（图 5-7）是跨世纪的特大型水利、水电工程，具有防洪、发电、航运、供水及发展旅游的综合效益。

图 5-7　三峡水电站利用水能发电

三峡工程共安装单机容量 70 万 kW 的机组 26 台，总装机容量 1820 万 kW，年发电量 840 亿 kW·h，相当于 6.5 个已建成的葛洲坝水电站（271.5 万 kW），或相当于每年节省 5000 万 t 火电用煤，还可节省 1600km 运输线路[14]。与相同的燃煤火电站相比，每年可少排放 1 亿多 t 二氧化碳、200 万 t 二氧化硫、37 万 t 氮氧化物，以及大量废渣、废水[15]。

三峡工程于 2009 年全部建成，它对于华东和华中两个地区能源平衡起到重要作用。这两个地区是我国经济发达地区，随着经济的高速发展，对电力要求也迅速增长，三峡工程的建成在开发长江经济带中起到巨大的推动作用。

三峡水电工程建成之后，华东电网与华中电网实行联合运行，有巨大的错峰效益。因为华东、华中两电网最大负荷有季节差异，华东电网的最大负荷出现在每年的 6～8 月，而华中电网的最大负荷出现在 11～12 月。华东、华中两电网能源结构不同，华中电网水电比重大，汛期有大量季节性电能，联网后可将部分季节性电能转化为华东电网夏季季节性负荷所需的电力，提高华东电网火电机组检修备用容量。将来全国大电网形成后，可实现跨流域水电丰枯季节互补。统一电网有着巨大的经济效益和社会效益。

2. 跌水曝气

跌水是使上游渠道水流自由跌落到下游渠道的落差建筑物。跌水多用于落差集中处，也常与水闸、溢流堰连接作为渠道上的退水及泄水建筑物。根据落差大小，跌水可做成单级或多级。跌水主要用砖、石或混凝土等材料建筑，必要时，某些部位的混凝土可配置少量钢筋或使用钢筋混凝土结构。

跌水过程可以起到增氧的作用，所以跌水经常被用于景观水体，既起到净化水体的作用，又有景观效果。众所周知，氧气是好氧生物处理工艺最重要的条件之一，而增氧的耗能也基本是所有好氧污水处理厂运行成本主要组成之一[16]。采用重力跌水来增氧，可以达到零充氧动力消耗运行。在重力跌水后，水体变为好氧环境，这时采用合适的生物处理方法，可以去除其中的 COD_{Cr} 及氨氮，达到处理的目的。

根据落差大小，跌水可分为单级跌水和多级跌水。在落差较小的情况下，一般 3～5m 的落差时，采用单级跌水。落差在 5m 以上时，一般采用多级跌水。多级跌水的结构（图 5-8）与单级跌水相似。其中间各级的上级跌水消力池的末端，即下一级跌水的控制堰口。多级跌水的分级数目和各级落差大小，应根据地形、地基、工程量、建筑材料、施工条件及管理运用等综合比较确定。一般各级跌水均采用相同的跌差与布置。跌水设计需要解决的主要问题是上游平顺进流和下游充分消能。

在重力跌水增氧过程中，水流由一定的高度通过跌水孔跌落。通过跌水孔后，水流变成水柱，因而增加了水体与空气的接触面积；在跌落的过程中重力势能转化为动能，水柱的跌落速度加快，因而水柱的直径逐渐变细，最终水柱不能维持，变成水滴，这更进一步增加了水体与空气的接触面积。同时，由于水柱的跌落速度加快，跌落水滴与下一级接触时，如果直接接触下级水体，由于能量由水流传递给水体，水体在获得能量后，水体的流态发生急剧的变化，由层流转变为紊流，

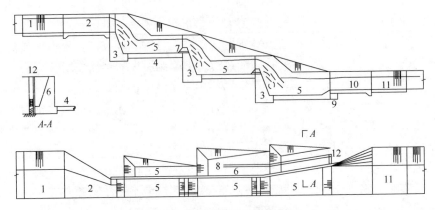

图 5-8　多级跌水剖面示意图

1-防渗铺盖；2-进口连接段；3-跌水墙；4-跌水护底；5-消力池；6-侧墙；7-泄水孔；
8-排水管；9-反滤体；10-出口连接段；11-出口整流段；12-集水井

液面呈剧烈的搅动状，使空气卷入[17]。同时，液面的搅动，使混合液连续地上下循环流动，气液接触面不断地更新，空气中的氧不断地向水体中转移。如果跌落的水滴接触的是下一级跌水板，则由于跌落而高速运动的水滴打在跌水板上，水滴粒径会分散变得更细微，与空气接触面积更大[16]。

5.1.4　风能的综合利用

风能是由空气流动而产生的能量，是太阳能的一种表现形式。据估计到达地球的太阳能中虽然只有大约 2% 转化为风能，但其总量仍是十分可观的。全球的风能约为 1300 亿 kW，比地球上可开发利用的水能总量还要大 10 倍。

人类利用风能的历史可以追溯到公元前。古埃及、中国、古巴比伦是世界上最早利用风能的国家。公元前人类利用风力提水、灌溉、磨面、舂米，用风帆推动船舶前进。我国宋代是中国应用风车的鼎盛时期，当时流行的垂直轴风车一直沿用至今。在国外，公元前 2 世纪，古波斯人就利用垂直轴风车碾米。10 世纪伊斯兰国家用风车提水，11 世纪风车在中东已获得广泛的应用。13 世纪风车传至欧洲，14 世纪已成为欧洲不可缺少的原动机。在荷兰风车先用于莱茵河三角洲湖地和低湿地的汲水，以后又用于榨油和锯木。只是蒸汽机的出现，使欧洲风车数目急剧下降。

数千年来，风能技术发展缓慢，也没有引起人们足够的重视。但自 1973 年世界石油危机以来，在常规能源告急和全球生态环境恶化的双重压力下，风能作为新能源的一部分才重新有了长足的发展。风能作为一种无污染和可再生的新能源有着巨大的发展潜力，特别是对沿海岛屿、交通不便的边远山区、地广人稀的草原牧场，以及远离电网和近期内电网还难以达到的农村、边疆，作为解决生产和生活能源的一种可靠途径，有着十分重要的意义。即使在发达国家，风能作为一种高效清洁的新能源也日益受到重视。

我国正式开始研究风能利用，是在 20 世纪 50 年代，主要是风力发电机和风力提水。1986 年，中国的第一个风电场在山东荣成并网发电。此后，我国陆续引进了国外先进的风电机组，建起了一批风电场。目前，我国的风力发电机主要以100W、150W、200W、300W、800W 和 1000W 的微型和小型风力发电机为主，已在北京、内蒙古、新疆、青海、山西、浙江、江苏等地成批生产。山东省的风能资源利用也已初具规模，并网发电的除了荣成 165kW 风电场以外，还有长岛的5510kW 风电场。

风能的利用形式主要有以下几种。

1. 风力发电

风力发电已成为风能利用的主要形式，受到世界各国的高度重视，而且发展速度最快。风力发电通常有 3 种运行方式：一是独立运行，通常是一台小型风力发电机向一户或几户居民提供电力，它用蓄电池蓄能，以保证无风时的用电。这种方式投资小，见效快，发电效率高，但可靠性低，适合家庭使用，目前应用最多。二是合并运行，就是风力发电与其他发电方式（如柴油机发电）相结合，应用陆地风力（图 5-9）或海洋风力发电（图 5-10）向一个单位、一个村庄或一个海岛供电。这种方式可靠性高，但投资大，应用较少。三是并网运行，就是风力发电并入常规电网运行，向大电网提供电力，常常是一处风场安装几十台甚至几百台风力发电机，这种方式一次性投资大，但维护费用低，是世界风力发电的主要发展方向。

图 5-9　张北草原天路风力发电　　　　　图 5-10　河北渤海湾风力发电

中国的风电场建设始于 20 世纪 80 年代，发展至今已经历了三四十年，尤其是近 10 年来风电发展速度突飞猛进，到现在已进入平稳阶段。到 2016 年底，全国累计装机容量达到 1.69 亿 kW。根据《风电发展"十三五"规划》目标，到 2020 年底，风电累计并网装机容量确保达到 2.1 亿 kW 以上。

2. 风力提水

风力提水自古至今一直得到较普遍的应用[18]。风力提水作为有效利用风能、解决农业灌溉问题的重要形式，是一种简单、可靠、实用、高效的应用技术。风力提水过程中能量转换简单，不仅可以有效地解决偏远山区农田灌排、草原人畜用水等农业生产和生活问题，而且对于减少常规能源的消耗、解决农牧区动力能源短缺问题、电网覆盖困难、改善生态环境等方面具有深远意义。我国需要改良的中低产田中，盐碱地、涝洼地占较大比例，风力提、排水不仅可以有效改善土质，解决机电井分布不均匀的问题，还可以取得较好的经济效益。其次，在盐场制盐、水产养殖等方面，采取风力提水都能取得很好的效果。因此，研究风力提水具有重要的现实意义[19]。

风力提水就是利用风能进行提水和输水的过程。风力提水系统主要由风力提水机、控制系统、输水系统等组成，结构如图 5-11 所示，实物图如图 5-12 所示。

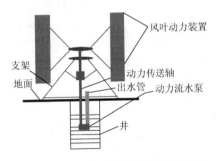

图 5-11　风力提水机的结构及示意图

图 5-12　上都湿地公园风力提水机

风力提水根据提水设备、用途以及性能的不同可分为不同种类。按提水方式的不同，风力提水机可以分为风力直接提水、风力发电提水两类；按水泵结构的不同，可分为活塞式水泵提水机、空气压缩提水机；按应用范围的不同，可分为灌溉风力提水机、低位排水风力提水机、饮水风力提水机及其他提水机；按流量与扬程的不同，可分为高扬程小流量型、低扬程大流量型、中扬程大流量型三大类。

目前在风力提水机组的产品上，我国以适宜南方地区的低扬程大流量型风力提水机组和适宜北方地区的高扬程小流量型风力提水机组两大类为主，共有十几种产品型号[20]。现在生产的风力提水机，主要用于内蒙古、河北、山东、天津等地。风力提水机生产厂家主要有天津市双节风能机械厂和内蒙古商都牧机厂等，生产的风力机主要用于农田水利、盐场制盐、人畜饮水等[21]。当前，我国的风力提水机型主要是 FD-2、FD-4 等高扬程小流量提水机以及 FD-5、TFS-5 等低扬程大流量风力提水机[22]。近年来，国内一些科研机构也研制出了一些新型风力提水机，如 FT-2.6、FS-5.8、IT-2 等风力提水机。

国外主要的风力提水系统主要有电动式风力提水系统和往复活塞式风力提水系统两种。荷兰、澳大利亚、丹麦、英国等国家也都研制和发展了多种风力提水机，如荷兰的 CWD 系列风力提水机、Polenko 风力提水机、Bosman 风力提水机及丹麦的 Unimax 风力提水机、英国的 ITDG 风力提水机以及美国的 Wind Baron 风力提水机、Aeromoter 风力提水机等[19]。

3. 风帆助航

能源危机使得风帆船再次成为关注热点[23]。二十世纪八九十年代，日本在风帆助航的研究和利用方面取得了很大的突破。八十年代末，日本钢管公司建造了一艘海上试验船"大王"号，并在该模型船上进行了风帆装置优化、构造及操纵性等方面的相关试验研究。1980 年日本建造了第一艘装有现代风帆的"新爱德丸"（Shin Aitoku Maru）油轮。此后，日本相继建造多艘机动风帆货船，到 1984 年底日本设计和建造的十几艘包括油轮、化学品船、散货船和训练船等[24]现代风帆助航远洋货轮已经投入运营。

日本邮船超级环保船 NYK Super Eco-ship[25, 26]的设计是由日本邮船的一家全资子公司联合 Garroni Progetti 科学研究实验室（意大利）、Elomatic 公司（芬兰）共同设计，Eco-ship 采用柴油机、太阳能（1~2MW）、风力（1~3MW）等多种能源驱动，通过综合利用液态天然气燃料电池、太阳能电池、风帆助航等技术，可将温室气体排放量减少 69%。普利茅斯大学 Richard Dryden 设计了一种仿生帆，该仿生帆模拟了蝇翅的薄膜形表面，并加入蝙蝠上肢的伸缩方式。当时该风帆是在概念性设计阶段，并未在实船上应用和推广[27]。

法国从 1980 年开始研究风帆助航船。L. Malavard 教授及其小组人员经过研发，于 1980 年发明了一种更为可靠和高效的新型风帆，该风帆被称为涡轮帆[28]。研究证明，只要提供有限的外部能量就能使得该风力系统产生强大的空气动力。基于这些研究，法国专门制造了一艘"阿尔西纳"号船（图 5-13）来进行全面的实船试验，"阿尔西纳"号长 31.1m，半载排水量 76.8t，拥有两台 156hp 的柴油机和两台 25hp 的液压发生器，加装其上的涡轮帆表面积 21m²，其铝制风筒高 10.2m，重 1600kg。加装了涡轮帆的"阿尔西纳"号从法国开往纽约，成功地横渡了大西洋。实船试验表明，风速约为 13m/s 时，可以节能 55%~60%[29]。

德国在十九世纪八十年代中期设计建造过三艘加装风帆的集装箱船。在 2008 年，德国的风能利用公司投资建造了加装转筒帆的货船 E-Ship 1[30]，E-Ship 1 使用了四个旋转式转筒帆，高 25m，直径达 4m，据估计转筒帆可节能约 30%。

图 5-13　应用涡轮帆的"阿尔西纳"号

图 5-14　概念船 Bay Tri

美国于 1981 年在 3000 总吨的近海货船上进行了传统风帆助航试验,表面风帆助航船的燃油消耗相比采用传统动力的同类型船舶减少了 24%[31]。

澳大利亚在 20 世纪 90 年代设计出了一种新型高效环保概念船 Bay Tri(图 5-14)。该船舶拥有一面可转动的太阳能板,两侧布满了太阳能电池组,充分利用太阳能高效快速地为太阳能电池充电,能为船舶提供动力保证。该面板树立在船体甲板上,也可起到风帆的作用。

我国对于风帆助航技术研究始于 20 世纪 80 年代初期,兴起于长三角、珠三角等沿海沿江地区[32,33]。长江 300t 风帆节能货船[31]应用了圆弧形帆,采用了计算机技术,实现了自动化操帆。研究者对实船进行了航行测试并不断改进,试验结果表明,风帆船可以在很大程度上提高燃油经济性能,同时降低排放量。中国船舶工业集团有限公司下属的多家研究所设计风帆助航综合节能船舶,并由宁波承建了"明州 22"号[34]多用途集装箱船,其于 1996 年 2 月首航日本。

我国相关研究单位对风帆助推技术进行了大量系统的基础理论研究工作[35],包括各种类型风帆的空气动力性能、风帆控制系统的研究等,取得了具有参考价值的成果,对发展我国风帆助推技术应用做出了贡献。

在系统理论研究的基础上,多家单位共同设计研制了各个级别小吨位的内河风帆助航船,这些加装了风帆的货船通过鉴定并投入运营,取得了良好的经济效益。

因此，世界各国及地区对风帆助航的研究着眼于提高风帆的气动力效率，采用轻便强结构材质，降低风帆装置造价，提高风帆助航经济性能及环保水平。在化石资源日渐枯竭、环境日益恶化的当下，利用清洁能源太阳能和风能作为船舶动力，是可持续发展的必然选择。

4. 风力致热

随着人民生活水平的提高，热能在家庭用能中的比重越来越高，特别是在高纬度的欧洲、北美地区，用于取暖、煮水的能耗逐渐增加。为满足对家庭热能及低品位工业热能的需要，风力致热得到较大关注。风力致热是将风能转换成热能的过程。目前主要有 3 种转换方法[36]：一是通过风力机发电，将电能通过电阻丝发热，变成热能。虽然电能转换成热能的效率是 100%，但风能转换成电能的效率却很低，因此从能量利用的角度看，这种方法效率不高。二是由风力机将风能转换成空气压缩能，再转换成热能，即由风力机带动离心压缩机，对空气进行绝热压缩而放出热能。三是用风力机直接将风能转换成热能，该方法致热效率最高。用风力机直接将风能转换成热能有多种方法，最简单的是搅拌液体致热，即风力机带动搅拌器转动，从而使液体（水或油）变热。液体挤压致热则是用风力机带动液压泵，使液体加压后再从狭小的阻尼小孔中高速喷出而使工作液体加热。此外还有固体摩擦致热和涡电流致热等方法[37, 38]。

风能-热能的直接转换在理论上可以得到比其他两种转换方式更高的风能利用效率，但实际中由于吸收能量的方法和设备不同，致热效率差别很大。中国农业大学设计了一套液体搅拌致热模拟装置，并且利用这套装置做了大量的实验，从中总结出一些致热规律，并设计开发了风力致热控制系统及其控制电路，使控制系统与搅拌装置合理匹配，尽可能使搅拌装置在各种不同风速条件下都能正常工作，致热效率尽量提高。

风能致热系统中，风能利用的关键技术问题是如何对各种风速的风能都加以利用。如果致热装置不可控，则有可能出现低风速的风无法利用，高风速的风又导致致热装置过热的问题。为了达到对各种风速的风能都加以利用，并及时将产生的热导出应用的目的，需要能自动调节风机负荷系统，及时取走产生的热量。集热器是用以吸收搅拌装置工作中产生的热量的装置，与散热器相连。当外界风力较强，集热器的水温升高到一定温度时，控制单元及时发出指令，启动集热器控制电动机，使集热器内的传热介质开始循环，及时将致热装置的热量加以利用，降低搅拌桶内的温度，以利于搅拌装置更好地致热。

风力致热器控制系统可以从两个方面来控制致热装置[39]：①搅拌桶内液面的高度。液位高度应该随着风能功率的大小而变化，当风能功率增大时，应该按要求增大液位高度，反之则降低液位高度。②集热器内传热介质的温度。当致热装置产生足够多的热量，传热介质温度达到一定值时，控制系统应该及时启动介质循环装置，带走搅拌产生的热量并加以利用。同时控制系统应该及时掌握传热介质的温度和风车转速等工作信息，这些信息为系统如何控制执行提供判断依据。信息的采集通过不同的传感器完成。

5.1.5　生物质能的综合利用

生物质能一直是人类赖以生存的重要能源，它是仅次于煤炭、石油和天然气而居于世界能源消费总量第四位的能源，在整个能源系统中占有重要地位。据估计，生物质能极有可能成为未来可持续能源系统的重要组成部分。到 21 世纪中叶，采用新技术生产的各种生物质替代燃料将占全球总能耗的 40%以上[40]。

目前人类对生物质能的利用，包括直接用作燃料的农作物的秸秆、薪柴等；间接作为燃料的农林废弃物、动物粪便、垃圾及藻类等。生物质能的主要技术有沼气发酵技术、气化及发电技术、热裂解技术、压缩成型技术、生物质液体燃料技术和传统乙醇生产技术等。

目前，生物质能技术的研究与开发已成为世界重大热门课题之一，并受到世界各国政府和科学家的高度关注。由于生物质能的利用受资源分散、能源密度低、转化效率低等多种条件制约，生物质能的开发利用在技术上应该多途并进[41]。生物质能技术发展的重点领域是发电和生产液体燃料，发电包括直接燃烧发电、气化发电以及气化-燃料-电池一体化发电等；液体燃料包括气化合成燃料乙醇、生物柴油和生物油燃料等。

1. 燃料乙醇

燃料乙醇通常由谷类、甘蔗及其他含淀粉或糖类的农作物及其废弃物为原料采用生物发酵方法制成，各国根据其实际情况选择原料生产乙醇，如巴西选择甘蔗、糖蜜，美国采用玉米，瑞典用林业残余物及造纸废液等[42]。目前世界工业化生产燃料乙醇多采用淀粉类食物（如玉米）和高含糖农作物（如甘蔗、甜高粱等）。

商业化生物乙醇主要是利用甘蔗、甜菜和玉米生产，其他原料包括甜高粱茎秆和木薯、树木以及各种作物和木材的加工废料等纤维物质，以及城市里的固体废物。生物乙醇可以与常规燃料混合，比例可达 10%（10%乙醇，90%汽油）。肯尼亚从 20 世纪 90 年代开始使用混合 20%乙醇的燃料，而且没有显著影响发动机的性能。如果把发动机加以改造，就可以使用含生物乙醇比例更高的燃料。

2. 生物质乙烯

随着全球性的石油资源供求关系的日益紧张，传统石油乙烯工业将面临新挑战。如何突破资源短缺的瓶颈，利用可再生生物质资源生产乙醇，再进一步脱水成乙烯，从而替代传统的石油乙烯成为当前的研究热点。

1981 年，巴西建成 3 套乙醇脱水制乙烯装置，总产能达 74 万 t/a[43]。近几年，印度建成 4 套乙烯装置。虽然其规模远低于现代石油乙烯装置，但其强大的生命力应予以重视。

目前，国际上乙醇制乙烯工业装置主要集中在巴西、印度、巴基斯坦、秘鲁，最大规模的为印度的 6.4 万 t/a 装置。乙醇脱水制乙烯的技术发展趋势，主要是装置大型化、低能耗以及进一步提高催化剂的性能，降低催化剂成本。

3. 垃圾发电

垃圾发电是把各种垃圾收集后，进行分类处理：一是对热值较高的进行高温焚烧（也彻底消灭了病原性生物和腐蚀性有机物），将高温焚烧（产生的烟雾经过处理）中产生的热能转化为高温蒸汽，推动涡轮机转动，使发电机产生电能。二是对不能燃烧的有机物进行发酵、厌氧处理，最后干燥脱硫，产生沼气（甲烷）。再经燃烧，由沼气燃烧产生热能，推动涡轮机转动，并带动发电机产生电能。

现在，随着科学技术的发展，人们对垃圾或废弃物有了新的认识，人们开始清楚地认识到"垃圾只是放错了地方的资源"[44]。垃圾发电在国际上成为环保产业的重要项目，通过垃圾发电来实现环保和资源再生的良性循环。

4. 农村沼气

沼气是一种生物质气体能源，也是一种重要的可再生能源。沼气的产生过程大致分为两个阶段，水解酸化阶段和产甲烷阶段，水解酸化阶段是将各种复杂的有机物转化为低级脂肪酸，然后在产甲烷阶段将低级脂肪酸继续转化为甲烷和二氧化碳。

沼气除了能直接燃烧用于炊事、照明、供暖外，也可用于烘干农副产品和气焊等。经沼气装置发酵后排除的沼液和沼渣，含有丰富的营养物质，可用于农用肥料和动物饲料。

5. 生物柴油

生物柴油是一种可降解、无毒、排污少的生物燃料，生产原料广泛，包括新鲜的大豆油、芥菜籽油、废植物油、棕榈油、油菜籽、向日葵、大豆、麻疯树、椰肉干、棕榈树、棉花籽、花生等[45]。生物柴油可用于柴油机、喷气发动机以及热点系统，也可与石油柴油混合使用。目前能投入实际生产且正在使用的工艺流程有酸-碱两步法、分离反应法和完全酸催化法。

5.1.6　潮汐能的综合利用

潮汐能是一种不消耗燃料、没有污染、不受洪水或枯水影响、用之不竭的再生能源。潮汐能有三种利用方式[46]：潮汐流发电机、潮汐堰坝、动态潮汐能。潮汐流发电机利用流水的动能驱动涡轮机，是一种类似于风力涡轮机利用流动空气的发电方式。和潮汐堰坝相比，由于其低成本和低生态影响，这个方法越来越受到欢迎。潮汐堰坝利用了势能在高低潮时的高度不同（水头）。堰坝本质上是横跨潮汐河口全宽的水坝，且受限于高昂的民用基础建设成本、全球短缺的可行性地点以及环境问题。动态潮汐能体现了潮汐流在势能和动能间的交互作用。该理论认为：从海岸一直延伸入大海建造（如长 30～50km）大坝，无封闭区域。大坝的存在及规模引入了潮汐的相位差异，和当地的潮汐波波长相比，大坝的大小不容忽视，这导致整个大坝的液压压头差异。大坝的水轮机被用来转换大量电能（每个大坝 6000～15000MW）。浅海沿海海域具有与海岸平行振荡的强大的潮汐波，使得大坝两侧水位会产生明显差异（至少 2～3m）。

在海洋所表现出的各种能源方式中，潮汐能的开发利用最为现实、最为简便。中国早在 20 世纪 50 年代就已开始利用潮汐能，是世界上起步较早的国家。1956 年建成的福建省浚边潮汐水轮泵站就是以潮汐作为动力来扬水灌田的。到了 1958 年，潮汐电站在全国遍地开花。据 1958 年 10 月召开的"全国第一次潮力发电会议"统计，已建成的潮汐电站就有 41 座，在建的还有 88 座。装机容量有大到 144kW 的，也有小到仅为 5kW 的，主要用于照明和带动小型农用设施。我国潮汐能开发利用的代表为浙江温岭江厦潮汐试验电站，如图 5-15 所示。浙江温

图 5-15　浙江温岭江厦潮汐试验电站

岭江厦潮汐试验电站仅次于法国朗斯和加拿大安纳波利斯潮汐电站而位居世界第三,它是中国最大的潮汐能双向发电站,也是我国潮汐发电的国家级试验基地,该电站装机总量为 3200kW,单机容量为 500kW 和 700kW 的灯泡贯流式水轮发电机组全部为我国自主研制。资料表明,截至 2010 年,该电站自 1985 年建成投入运行以来,利用潮汐能共发电约 1.6 亿 kW·h,2010 年全年发电量达 731.74 万 kW·h,成为我国利用海洋新能源的典范。

潮汐能是潮差所具有的势能,开发利用的基本方式同建水电站相似:先在海湾或河口筑堤设闸,涨潮时开闸引水入库,落潮时便放水驱动水轮机组发电,这就是"单库单向发电"。这种类型的电站只能在落潮时发电,一天两次,每次最多 5h。

为提高潮汐的利用率,尽量做到在涨潮和落潮时都能发电,人们使用了巧妙的回路设施或双向水轮机组,以在涨潮进水和落潮出水时都能发电,这就是"单库双向发电",如江厦潮汐试验电站就属这种类型。

然而,这两种类型都不能在平潮(没有水位差)或停潮时水库中水放完的情况下发出电压平稳的电力。人们又想出了配置高低两个不同的水库来进行双向发电,这就是"双库双向发电"。这种方式不仅在涨落潮全过程中都可连续不断发电,还能使电力输出比较平稳。它特别适用于孤立海岛,使海岛可随时不间断地得到平稳的电力供应,如浙江省玉环县茅蜓岛上的海山潮汐电站[47]就属这种类型。它有上下两个蓄潮水库,并配有小型抽水蓄能电站。它每月可发电 25 天,产电 10000kW·h。为了抽水蓄能,它每月要以 3kW·h 换 1kW·h 的代价用去 5000kW·h 电来获得供电的持续性和均衡性,故有一定的电力损失。

从总体上看,现今潮能开发利用的技术难题已基本解决,国内外都有许多成功的实例,技术更新也很快。

作为国外技术进步标志的法国朗斯潮汐电站,1968 年建成,装有 24 台具有能正反向发电的灯泡式发电机组,转轮直径为 5.35m,单机容量 1 万 kW,年发电量达 5.4 亿 kW·h。1984 年建成的加拿大安纳波利斯潮汐电站[48],装有 1 台容量为世界最大的 2 万 kW 单向水轮机组,转轮直径为 7.6m,发电机转子设在水轮机叶片外缘,采用了新型的密封技术,冷却快,效率高,造价比法国灯泡式机组低 15%,维修也很方便。中国自行设计的潮汐电站中,江厦潮汐试验电站比较正规,技术也较成熟。该电站原设计装 6 台单机容量为 500kW 的灯泡式机组,实际上只安装了 5 台,总容量就达到了 3200kW。单机容量有 500kW、600kW 和 700kW 三种规格,转轮直径为 2.5m。在海上建筑和机组防锈蚀、防止海洋生物附着等方面也以较先进的办法取得了良好效果。尤其是最后两台机组,达到了国外先进技术水平,具有双向发电、泄水和泵水蓄能多种功能,采用了技术含量较高的行星齿轮增速传动机构,既不用加大机组体积,又增大了发电功率,还降低了建筑的成本。

潮汐发电利用的是潮差势能,世界上最高的潮差 10 多米,在我国潮差高才达到 9m，因此不可能像水力发电那样利用几十米、百余米的水头发电，潮汐发电的水轮机组必须适应"低水头、大流量"的特点，水轮做得较大。但水轮做大了，配套设施的造价也会相应增大。因此，如何解决这个问题就成为其技术水平高低的一种标志。1974 年投产的广东甘竹滩洪潮电站[49]就是一个成功的代表。它的特点是洪潮兼蓄，只要有 0.3m 高的落差就能发电，甘竹滩洪潮电站的总装机容量为 5000kW，平均年发电 1030 万 kW·h。它的转轮直径为 3m，加上大量采用水泥代用构件，成本较低，对民办小型潮汐电站很有借鉴意义。

由于常规电站廉价电费的竞争，建成投产的商业用潮汐电站不多。然而，由于潮汐能蕴藏量的巨大和潮汐发电的许多优点，人们还是非常重视对潮汐发电的研究和试验。

据海洋学家计算，世界上潮汐能发电的资源量在 10 亿 kW 以上，也是一个天文数字。潮汐能普查计算的方法是，首先选定适于建潮汐电站的站址，再计算这些地点可开发的发电装机容量，叠加起来即为估算的资源量。

20 世纪初，欧美一些国家开始研究潮汐发电。第一座具有商业实用价值的潮汐电站是 1967 年建成的法国朗斯电站[50]。该电站位于法国圣马洛湾朗斯河口。朗斯河口最大潮差 13.4m，平均潮差 8m。一道 750m 长的大坝横跨朗斯河。坝上是通行车辆的公路桥，坝下设置船闸、泄水闸和发电机房。朗斯潮汐电站机房中安装 24 台双向涡轮发电机，涨潮、落潮都能发电。总装机容量 24 万 kW，年发电量超过 5 亿 kW·h，输入国家电网。

1968 年，苏联在其北方摩尔曼斯克附近的基斯拉雅湾建成了一座 800kW 的试验潮汐电站[51]。1980 年，加拿大在芬迪湾兴建了一座 2 万 kW 的中间试验潮汐电站[52]。试验电站、中试电站是为了兴建更大的实用电站做论证和准备用的。世界上适于建设潮汐电站的 20 多处地方，都在研究、设计建设潮汐电站。其中包括：美国阿拉斯加州的库克湾、加拿大芬迪湾、英国塞文河口、阿根廷圣约瑟湾、澳大利亚达尔文范迪门湾、印度坎贝河口、俄罗斯远东鄂霍次克海品仁湾、韩国仁川湾等地。随着技术的进步，潮汐发电成本的不断降低，进入 21 世纪，将会不断有大型现代潮汐电站建成使用。

中国潮汐能的理论蕴藏量达到 1.1 亿 kW，在中国沿海，特别是东南沿海有很多地区能量密度较高，平均潮差为 4～5m，最大潮差为 7～8m。其中浙江、福建两省蕴藏量最大，约占全国的 80.9%。我国的江厦潮汐试验电站，建于浙江省乐清湾北侧的江厦港，装机容量 3200kW，于 1980 年正式投入运行。

我国水力资源的蕴藏量达 6.8 亿 kW，约占全世界的 1/6，居世界第 1 位，长江三峡水电站是世界上最大的水力发电站，装机容量 1820 万 kW。

美国第一个并网潮汐能项目投入运营，项目位于缅因州和加拿大之间的芬迪湾，这里每天都有千亿吨的水流湍急流过，形成高 15m 左右的海浪并能带来 5884kW 的电能。项目将分几期完成，最终将达到 4MW 的发电量，并能供应 1000 户家庭和商业机构使用。

缅因州的这个潮汐能项目并非是北美洲第一个潮汐能项目（第一个是 1984 年在加拿大新斯科舍省建的潮汐能发电站），但它却是第一个不设置坝体的潮汐能发电机组，这样基本不会影响海洋生物的正常生活。

5.1.7　地热能的综合利用

地热能具有稳定、连续和高效性的优点，随着化石能源的日益紧缺，地热能得到全球范围内的广泛关注。我国地热资源比较丰富，同时我国也是世界上地热资源储量较大的国家之一。地热能的开发利用方式主要有地热发电和地热直接利用两大类。不同品质的地热能，具体作用也是不同的。其中液体温度为 200～400℃ 的地热能主要用于发电和综合利用；150～200℃ 的地热能，主要用于发电、工业热加工、工业干燥和制冷：100～150℃ 的地热能主要用于采暖、工业干燥、脱水加工、回收盐类和双循环发电；50～100℃ 的地热能主要用于温室、采暖、家用热水、工业干燥和制冷；20～50℃ 的地热能主要用于洗浴、养殖、种植和医疗等[53]。

1. 地热发电

地热发电是地热利用的最重要方式，目前高温地热流体主要还是应用于发电（图 5-16）。地热发电和火力发电在原理上是一样的，都是利用蒸汽的热能在汽轮机中转变为机械能，然后带动发电机发电。不同的是，地热发电不像火力发电那样要备有庞大的锅炉，也不需要消耗燃料，它所用的能源就是地热能。地热发电的过程，就是把地下热能先转变为机械能，然后再把机械能转变为电能。要利用地下热能，首先需要有"载热体"把地下的热能带到地面上来。目前能够被地热电站利用的载热体，主要是地下的天然蒸汽和热水。按照载热体类型、温度、压力和其他特性的不同，可把地热发电的方式划分为蒸汽型地热发电和热水型地热发电两大类。

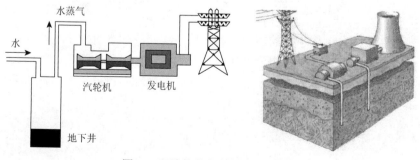

图 5-16　地热发电流程图及示意图

2. 地热供暖

将地热能直接用于采暖、供热和供热水是仅次于地热发电的地热利用方式。因为这种利用方式简单、经济性好，备受各国重视，特别是位于高寒地区的西方国家，地热供暖示意图如图 5-17 所示。冰岛早在 1928 年就在首都雷克雅未克建成了世界上第一个地热供热系统[54]，现今这一供热系统已发展得非常完善，每小时可从地下抽取 7740t 80℃的热水，供全市 11 万居民使用。由于没有高耸的烟囱，冰岛首都被誉为"世界上最清洁无烟的城市"。此外利用地热给工厂供热，如用作干燥谷物和食品的热源，用作硅藻土生产、木材、造纸、制革、纺织、酿酒、制糖等生产过程的热源也是大有前途的。目前世界上规模最大的两家地热应用工厂就是冰岛的硅藻土生产厂和新西兰的纸浆加工厂。我国利用地热供暖和供热水发展也非常迅速，在京津地区已成为地热利用最普遍的方式。

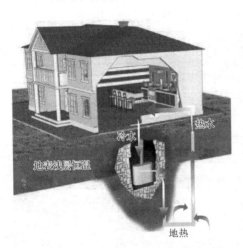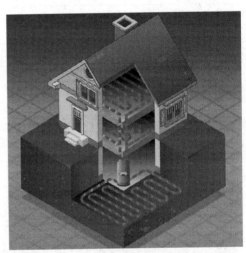

图 5-17　地热供暖示意图

3. 地热用于农业

地热在农业中有着广泛的应用，如温度适宜的地热水可用于灌溉农田，使作物早熟增产；地热水也可以用于渔业，28℃水温可加速鱼的育肥，从而提高鱼的出产率；地热可用于建造温室，种菜、养花；利用地热可以给农村沼气池加温，提高沼气的产量等。

4. 地热用于医疗

地热资源在医疗领域也有广泛的应用，目前地热矿泉水被视为一种宝贵的资源,世界各国都很珍惜。地热矿泉水常含有一些特殊的化学元素,从而具有一定的医疗效果,如含碳酸的矿泉水可调节胃酸、平衡人体酸碱度;含铁矿泉水可治疗缺铁贫血症;氢泉、硫水氢泉洗浴可治疗神经衰弱、皮肤病和关节炎等;温泉具有医疗保健作用,吸引大批疗养者和旅游者度假疗养。我国利用地热治疗疾病的历史也很悠久,含有各种矿物元素的温泉众多,充分发挥了地热的疗养保健作用。

5.2　自然能组合水处理工艺

自然能资源丰富,在水处理方面的应用已受到广泛关注和研究,但其利用程度仍存在一定的局限性,往往需要与其他工艺组合,本节概括介绍几种自然能组合水处理工艺。

5.2.1　冷冻-光催化组合处理工艺

在冷冻-光催化组合方法中,冷冻法的主要贡献是将废水通过冷冻分离后使所得冰融水水质达到光催化所能处理的范围之内。对溴氨酸废水的冷冻-光催化组合工艺处理进行了研究。当溴氨酸溶液初始浓度大于 50mg/L 时,体系的光催化降解效果显著下降。根据溴氨酸溶液浓度与光谱关系的标准曲线: $A = 0.0154C + 0.0032$,可计算浓度为 50mg/L 的溴氨酸溶液所对应的吸光度约为 0.773。因此,将溴氨酸水溶液进行冷冻处理后,得到冰融水的吸光度值大大降低,当所得冰融水吸光度低于 0.773 时,该冰融水经光催化降解后可得到较好的处理效果。

将初始浓度为 500mg/L 的溴氨酸溶液于-10℃冷冻场冷冻,溶液中氯化钠质量浓度为 500mg/L。成冰率约为 70%时取样,冰融水的 Na^+ 质量浓度、TOC 和吸光度分别为 209.88mg/L、208.90mg/L 和 8.12,经多级冷冻处理后,冰融水中的 Na^+ 质量浓度、TOC 和吸光度分别达到 19.06mg/L、24.80mg/L 和 0.638。将该冰融水在多孔耦合催化剂投加量为 2g/L 的条件下,在太阳光下进行光催化降解实验,结果如图 5-18 所示。实验时天气晴朗,当日紫外光指数为 3 级,较强。

经 6h 光照后,冰融水的褪色率可达 100%,TOC 去除率达到 87.04%。由图可见,对于高浓度、高含盐量的有机染料生产废水,以冷冻分离作为前处理技术可有效降低废水的色度和盐分,使光催化过程有效进行。

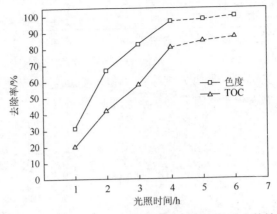

图 5-18　多孔耦合催化剂太阳能光催化降解冰融水的效果

1. 实际废水的一级冷冻

取一定量实际废水，过滤后将其置于–10℃冷冻场下冷冻，于不同时间段取样，测定冰融水的体积及污染指标（COD_{Cr}、Na^+质量浓度、色度）。实验结果如表 5-1 和图 5-19 所示。

表 5-1　–10℃一级冷冻溴氨酸实际废水冰融水的污染指标

冷冻时间/h	冰融水体积分数/%	冰融水 COD_{Cr}/(mg/L)	冰融水 Na^+质量浓度/(mg/L)	冰融水色度
20	26.67	3065.35	3851.72	9.48
25	36.67	3542.19	4631.85	12.50
30	50.00	4724.85	5090.37	14.28
35	56.67	4326.07	4810.90	14.67
40	66.67	6915.24	4858.34	19.61

注：实验中原水的 COD_{Cr} 为 11954mg/L，Na^+质量浓度为 10820mg/L，吸光度为 30.84。

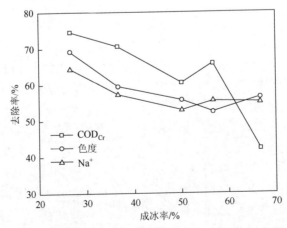

图 5-19　–10℃下所得冰融水 COD_{Cr}、色度和 Na^+等去除率与成冰率的关系曲线图

　　可以看出，溴氨酸实际废水在-10℃冷冻条件下，经一级冷冻后，冰融水的色度及杂质含量均已大大降低。成冰率为 50%时，冰融水的 COD_{Cr} 去除率、无机盐去除率和褪色率分别为 60.47%、52.96%和 53.70%。

　　同时，随着冷冻时间的延长和成冰率的增大，冰融水的杂质去除率逐渐降低。这是由于随着冷冻过程的进行，母液浓度越大，固液界面处溶液局部达到饱和状态就越早，从而进入混合层越早，洁净层厚度就越小，越不利于杂质的分离。根据溶液的依数性原理，母液浓度增大，母液的凝固点下降，难于析出冰晶。在冷冻温度为非"可逆"状态下，深度冷冻后，晶胞中会出现一定的"包夹"现象。母液浓度越大，凝固点越低，晶胞"包夹"现象越严重，污染物去除率越低。此外，与纯溴氨酸水溶液相比，实际溴氨酸废水的成分复杂，不仅含有高浓度溴氨酸及其缩合产物，也含有大量无机盐。由于氯化钠无机离子与溴氨酸等有机分子物理特性的差异，高浓度无机盐的存在影响了溴氨酸及其缩合产物这些有机分子从冰相分离。可见，溶液的冷冻分离存在着浓度"极限"，母液和固液界面处浓度越大，越不利于分离的进行。

　　2. 实际溴氨酸废水的多级冷冻

　　将一定体积实际废水置于-10℃冷冻场中进行冷冻，待其成冰率约为总体积的 50%时将样品进行固液分离，得到冰 I 和母液 I。冰 I 融化后，将其冰融水继续进行冷冻，待其成冰率达到 50%时取样，得到冰 II 和母液 II，以此类推，得到冰 III 和母液 III，分别测定各级冰融水的 COD_{Cr} 和 Na^+ 质量浓度。实验结果如表 5-2 所示。

表 5-2　实际废水多级冷冻数据

项目	体积	COD_{Cr}/(mg/L)	Na^+质量浓度/(mg/L)
原水	V	7573.52	6931.5
冰 I	50%V	2846.02	3153
母液 I	50%V	8386.36	7416.71
冰 II	25%V	946.82	1505.24
母液 II	25%V	3493.37	4225.02
冰 III	12.5%V	207.24	632.05
母液 III	12.5%V	1773.55	2182.6

　　由表 5-2 可以看出，当母液 I 占废水总体积的 50%时，由于冷冻过程中有一定量溴氨酸颗粒析出，其相对于原水的浓缩倍数大约为 1.10 倍。经多级冷冻后，实际废水的各项污染指标均显著降低。原水的 COD_{Cr} 和 Na^+ 质量浓度分别为 7573.52mg/L 和 6931.5mg/L，经三级冷冻后，冰融水的 COD_{Cr} 和 Na^+ 质量浓度分

别降为 207.24mg/L 和 632.05mg/L。因此，增加冷冻分离次数可以有效提高冰融水水质。经一级冷冻可回收废水总量的 50%，二级冷冻可回收废水总量的 25%，而经三级冷冻可回收废水总量的 12.5%。

3. 多级冷冻冰融水的日光光催化降解

取冰样III的冰融水 200mL，并用 NaOH 调节 pH 值为 12。在多孔耦合 CdS/TiO$_2$ 催化剂投加量为 3g/L 的条件下，在太阳光下进行降解实验，实验结果如表 5-3 所示。实验时天气晴朗，紫外光指数为 3 级，较强。

表 5-3　三级冰融水光催化降解结果

指标	冰III（原水）	降解时间		
		4h	6h	8h
吸光度	1.121	0.366	0.191	0.085
褪色率/%	—	67.35	82.96	92.42
COD$_{Cr}$/(mg/L)	207.24	153.5	100.71	53.32
COD 去除率/%	—	25.93	51.40	74.27

三级冰融水经 8h 的光降解后最终吸光度为 0.085，COD$_{Cr}$ 为 53.32mg/L。与原实际废水相比，水质得到显著改善。多级冷冻-光催化组合工艺对高色度、高含盐量难生物降解废水具有较好的处理效果，且该组合工艺以自然冷能和太阳能为反应驱动力，具有节能、高效、无二次污染等优点，具有十分广阔的应用前景。

5.2.2　风能组合处理工艺

风能作为清洁、可再生能源，已经被越来越广泛地利用，成为未来替代矿物燃料的主要新能源之一[55]。沿海地区有着丰富的海水资源，通过海水淡化充分利用海水资源是解决沿海、近海地区淡水资源短缺的主要途径，也是实现水资源可持续利用，保障沿海地区经济社会可持续发展的战略选择。风能作为清洁的可再生新能源，应用于海水淡化工程，已经取得了较为成熟的研究成果，特别是近年来风力发电技术和海水淡化技术的进步，使得风力发电海水淡化在世界范围内得到了越来越广泛的应用。表 5-4 列出了一些风能海水淡化工程实例[56]。

表 5-4　部分风能海水淡化工程实例概况

地点	取水	技术	规模/(m^3/d)
西班牙 Los Moriscos	苦咸水	RO	200
西班牙 Fuerteventura 岛	海水	RO	64

续表

地点	取水	技术	规模/(m³/d)
希腊 Drepanon	海水	RO	25
希腊 Lavrio	海水	RO	3.12
希腊 Patras	海水	RO	27
希腊 Therasia 岛	海水	RO	4.8
德国 Borkum Island	海水	MVC	7.2～48
德国 Ruegen Island	海水	MVC	120～300
德国 Helgoland	海水	RO	23040
美国 Oahu 岛	海水	RO	4.8
英国 Crest	海水	RO	12
中国小黑山岛	苦咸水	ED	24

利用风能进行海水淡化主要有两种途径：①分离式。风力机发电，然后利用电能进行海水淡化。②耦合式。直接利用风力机输出的机械能进行海水淡化。耦合式风能海水淡化的优点是省去了机械能-电能-机械能的能量转换过程，在提高能量利用效率的同时简化系统结构，省去了发电装置，但该技术方案通用性很差，对系统整合要求很高，因此不适于大型海水淡化厂。其原因是海水淡化厂对海水质量要求较高，对海流、生态等也有一定要求，然而大型海水淡化厂往往需要几十台乃至几百台风力机组，延绵几十千米，每套装置的取水点相距较远，海水质量、海流条件和生态情况等很难同时满足每台机组的要求。

分离式海水淡化技术又分为两种方式：风力发电可以并入电网（风电并网式），也可以不并网作为独立能源直接为海水淡化厂供电（独立风电式）。美国 GE 公司对这两种供电方式的风电海水淡化厂均进行了系统的理论和实体模型研究，该系统采用反渗透方式，在该项研究中，全面检测了反渗透系统的各个方面。GE 的研究结果表明，将风电并网式的海水淡化厂的淡化成本更低一些。在电价为 12 美分的情况下，风电并网式海水淡化厂的造水成本约为 0.77 美元/m³，而独立风电海水淡化厂的造水成本约为 1.11 美元/m³。

此外，德国 Enercon 公司以及以西班牙 Carta 等为代表的学者在将风电直接用于海水淡化方面做了一些研究，研究表明了独立风电式海水淡化的可行性。对于风电并网式海水淡化，其主要困难在于风电并网和风电调峰问题。

海水淡化，又称海水脱盐，是通过物理、化学或物理化学方法从海水中获取淡水的技术过程。经过长期的发展，淡化技术方法按照分离过程分类，主要可分为热过程和膜过程两类，此外还有一些其他的方法，如离子交换法等，但应用很少，大规模应用更加罕见。热过程有多级闪蒸、多效蒸馏、压缩蒸汽等方式；膜过程有反渗透法和电渗析法等；其中比较常用的有多级闪蒸、低温多效蒸馏和反渗透法等 3 种。

从一定意义上讲，经济性是衡量一种海水淡化技术优劣的重要指标，而海水淡化过程的能耗又是论证其经济性的最重要的指标之一。多级闪蒸和多效蒸馏的主要能耗为热能，此外系统中的水泵、仪表等设备的能耗为电能，其所占能耗比例较小；而反渗透海水淡化的能耗只有电能。一直以来，各国都在如何降低海水淡化的能耗，从而减低海水淡化的成本方面做了大量的研究，虽然近年来多级闪蒸、多效蒸馏和反渗透工艺过程的能耗都有明显的降低，但反渗透方法海水淡化较其他两种淡化方法具有明显的优势，其主要原因在于反渗透膜研究取得重大进步，以及采用能量回收装置对浓盐水余压进行回收，也进一步降低反渗透海水淡化的能耗，目前已商业运行的反渗透海水淡化工程，如 Bahamas 的 1.36 万 m^3/d 淡化厂，均采用了能量回收装置。科威特 M. A. Darwish 的计算结果表明，反渗透海水淡化比能耗为 $5.9W \cdot h/m^3$，而多级闪蒸海水淡化的比能耗为 $17.62W \cdot h/m^3$。因此，利用风能作为能源结合海水淡化装置进行海水淡化是目前较为常用的节能组合生产工艺，尤其是在能源及淡水资源缺乏的海岛地区，这种风能与海水淡化工艺组合的方式是解决这类地区供水问题的主要趋势。

早在 1982 年法国就建立了一个小型的风能 RO 海水淡化装置，产水率为 $0.5m^3/h$，并且还具有电池后备系统[57]。之后又相继建立了风轮机输出功率为 10kW 和 5kW 的 RO 海水淡化样机，对风能 RO 海水淡化技术进行了实验研究。作为欧洲海水淡化行业的领军者，西班牙于 1984 年在加那利群岛建立了第一个风能 RO 海水淡化样机，系统与电网连接作为备用能源，产水率为 $200m^3/d$，能耗为 $5W \cdot h/m^3$[58]。1993 年在福特图湾岛建立了一个容量为 $56m^3/d$ 的小型柴油-风能-RO 海水淡化装置为当地居民提供淡水和电力，该装置由两个柴油引擎和一个 225kW 的风轮机组成。加那利群岛技术学院的 AEROGEDESA 项目对完全风能驱动的 RO 系统进行了研究，其产水率为 $50m^3/d$[59]。帕尔马斯大学在 2001 年启动了 JOULE 项目，对无储能装置的风能 RO 系统进行了测试，该系统在额定功率为 30kW 的情况下可获得的最大产水率为 $240m^3/d$[60]。

1979 年，Petersen 等报道了 2 个基于 GKSS-Research Centre（德国）平台 RO 海水淡化系统[61]，该系统能量由一个 6kW 的风电机和一个 2.5W 的太阳能发电机组成。法国的 Cadaraehe Centre 于 1980 年在 Borj Cedra 设计并安装了一个风能/太阳能 PV 苦咸水淡化系统，该系统包括一个 $0.1m^3/d$ 的紧凑型太阳能精馏器、一个 $0.25m^3/h$ 的 RO 单元和一个 4g/L 的 ED 单元。供能系统包括一个峰值 4kW 的太阳能光电板和两个风轮机[62]。Weiner 等报道了一个安装于伊拉克的 PV/风能混合驱动 RO 苦咸水淡化系统的测试结果，该系统的产水率为 $3m^3/d$，预期寿命为 15 年，供能后备系统由电池和柴油发动机组成。测试结果表明，淡化系统所需动力与 PV/风能混合供能峰值的最佳比率为 30%～50%[63]。Kershman 等报道了一个安装于地中海利比亚沿海的风能/PV 混合驱动 RO 海水淡化设施，该设施为一个小镇提供淡水，额定产水率为 300m³/d，RO 单元的额定功率为 70kW，采用一个 50kW 的太阳能 PV 装置和额定输出功率为 200kW 的风轮机为其供能。此外，该设施还可以灵活地加入柴油发动机和电化学储存装置[64]。

我国对风能海水淡化技术的研究起步较晚，主要的研究集中在方案设计、实验和示范平台研究上。研究者还以宁波市象山县高塘岛为实例[65]，在测得该岛风能效益时间表的基础上，设计了以不同功率的离网型风力发电机与 300t/d 和 500t/d 的海水淡化装置相配套，并对制水成本进行了分析。研究表明，如果不计投资利息，500t/d 的海水淡化装置产水的单位成本为 2.77 元/t，间隙性生产（单纯的风力发电制水）水的成本为 1.43 元/t，低于市政供水价格。为解决海岛的用电用水问题，有学者提出了风力发电-抽水蓄能-海水淡化综合系统[66]。建立了系统的数学模型，并对系统进行智能控制，搭建了控制系统硬件平台，提出了智能控制策略，确保了综合系统运行的高效性和可靠性。将该系统用于海岛，能充分利用当地丰富的风能资源解决海岛用电用水的问题，通过对其进行智能控制，可以实现整个系统的无人值班。还有研究者介绍风能用于反渗透海水淡化作为一个完全集成的解决方案，分析了 RO 更适合于风电脱盐工艺，并重点分析了风电在今后几年应用于大中型项目的能力和潜能[67]。另有研究者介绍了风光互补供电海水淡化装置原理和研制的离网风光互补反渗透海水淡化装置[68]，运行结果表明，该淡化装置吨水能耗约 4.8kW·h/m³，适于偏远海岛、船舶、电力供应缺乏的场所，为 3～5 人的小集体提供生活淡水，具有较强应用推广前景，经济、环境和社会效益明显。

我国江苏省盐城市采用风能淡化海水技术，具有自主知识产权，淡化综合成本低[69]。此前，该项目组已在大丰成功试生产，系统出水稳定，水质符合国家饮用水标准，吨水综合能耗在 3kW·h 左右。目前江苏发展海水淡化产业要有新的商业模式，应向高端饮用水、生理盐水、医药用水等高端水方向发展。示范园将规划建设海水淡化区、矿泉水灌装区、海水淡化装备制造区和副产品加工区，吸引海水淡化风机制造、浓盐处理、淡化水商业化运作的龙头企业落户，实现产业协同集聚发展，示范园如图 5-20 所示。

图 5-20　盐城风能海水淡化示范园

5.2.3 风能-太阳能-冷能组合处理工艺

该工艺利用可再生、无污染的风能、太阳能、冷能的自然能处理污废水，主要包括风能发电设备及太阳能发电设备组合的协同发电系统、蓄电池组、冷冻法水处理器等。在冷冻法水处理器的一端连接污废水集水池，并设有水泵；另一端连接处理后浓液收集池和处理出水口，处理出水口是在冻法水处理器的冷冻作用下将水转化为冰块的形式，并将冰块喷洒出去，被喷洒出去的冰块存储于生物氧化塘[70]。该污废水处理系统结构示意图如图 5-21 所示。

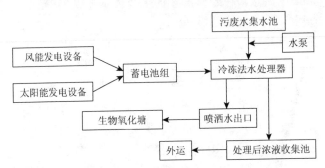

图 5-21　风能-太阳能-冷能污废水处理系统结构示意图

该系统主要包括以下部分：

1. 风能发电设备

风能发电设备包括相互连接的带尾舵的风轮风车、发电机和铁塔，与带尾舵的风轮风车连接的还有齿轮变速箱。利用风力带动风车叶片旋转，再透过齿轮变速箱将旋转的速度提升，来促使发电机发电。并将产生的电能储存于蓄电池组中。各部件功能：①风轮是集风装置，它的作用是把流动空气具有的动能转变为风轮旋转的机械能。②由于风轮的转速比较低，而且风力的大小和方向经常变化，这又使转速不稳定；所以，在带动发电机之前，还必须附加一个把转速提高到发电机额定转速的齿轮变速箱，再加一个调速机构使转速保持稳定，然后再连接到发电机上，为保持风轮始终对准风向以获得最大的功率，还需在风轮的后面装一个类似风向标的尾舵。③发电机是把机械能转化为电能的主要装置。④铁塔是支承风轮、尾舵和发电机的构架。

2. 太阳能发电设备

当太阳光照射到太阳能发电设备中的太阳能电池板上时，电池吸收光能，产生光生电子-空穴对。在电池的内建电场作用下，光生电子与空穴被分离，光电池的两端出现异号电荷的积累，即产生光生电压，这就是光生伏打效应。太阳能光伏发电系统是利用太阳能电池半导体材料的光生伏打效应，将太阳光辐射能直接转换为电能的一种新型发电系统。

太阳能发电设备包括相互连接的太阳能电池组、太阳能控制器、蓄电池组。当光线照射太阳能电池表面时，一部分光子被硅材料吸收；光子的能量传递给了硅原子，使电子发生了跃迁，成为自由电子在 P-N 结两侧集聚形成了电位差，当外部接通电路时，在该电压的作用下，将会有电流流过外部电路产生一定的输出功率。这个过程的实质是光子能量转换成电能的过程。其将产生的电能储存于蓄电池组中。各部件功能[71]：①太阳能电池板。太阳能电池板是太阳能发电系统中的核心部分，也是太阳能发电系统中价值最高的部分。其作用是将太阳的辐射能力转换为电能，或送往蓄电池中存储起来，或推动负载工作。太阳能电池板的质量和成本将直接决定整个系统的质量和成本。②太阳能控制器。太阳能控制器的作用是控制整个系统的工作状态，并对蓄电池起到过充电保护、过放电保护的作用。在温差较大的地方，合格的控制器还应具备温度补偿的功能。其他附加功能如光控开关、时控开关都应当是控制器的可选项。③蓄电池。其作用是在有光照时将太阳能电池板所发出的电能储存起来，到需要的时候再释放出来。④逆变器。由于太阳能的直接输出一般都是 12VDC、24VDC、48VDC，为能向 220VAC 的电器提供电能，需要将太阳能发电系统所发出的直流电能转换成交流电能。

3. 协同供电系统

风能发电设备与太阳能发电设备组成的协同供电系统称为风光互补发电系统。风光互补供电系统是由风力发电机、太阳能电池阵列、蓄电池组、充电控制器、逆变器、系统监控系统等组成。各部件功能：①风力发电部分是利用风力机将风能转换为机械能，通过风力发电机将机械能转换为电能，再通过控制器对蓄电池充电，经过逆变器对负载供电。②光伏发电部分利用太阳能电池板的光伏效应将光能转换为电能，然后对蓄电池充电，通过逆变器将直流电转换为交流电对负载进行供电。③逆变系统由几台逆变器组成，把蓄电池中的直流电变成标准的 220V 交流电，保证交流电负载设备的正常使用。同时还具有自动稳压功能，可改善风光互补发电系统的供电质量。④控制部分根据日照强度、风力大小及负载的变化，不断对蓄电池组的工作状态进行切换和调节：一方面把调整后的电能直接送往直流或交流负载。另一方面把多余的电能送往蓄电池组存储。发电量不能满足负载需要时，控制器把蓄电池的电能送往负载，保证了整个系统工作的连续性和稳定性。⑤蓄电池部分由多块蓄电池组成，在系统中同时起到能量调节和平衡负载两大作用。它将风力发电系统和光伏发电系统输出的电能转化为化学能储存起来，以备供电不足时使用。

太阳能/风能协同发电系统采用新型高效率光伏发电机构和纯物理储能方式对能量进行存储，不仅不再需要复杂的逆变器，而且也不需要使用蓄电池，设备投资可大幅度降低（平均可节约30%左右的初期投资），每瓦的设备投资额基本与火力发电投资相当，而且能量的自然损耗很小，系统的使用寿命大幅度延长，系统在运行过程中不会产生对环境有害的污染物质。

冷冻法水处理器包括制冷器、空压机、核子器、喷射系统。污废水经水泵高压供到水处理器，首先通过制冷器进一步降低水温，空压机把空气和一定比例的水压缩输送给核子器，通过核子器产生冰核，冰核作为种子在大量的水滴中进行传播，然后通过风机控制的多个喷嘴，经过包含有很多喷嘴的喷射系统把凝结成冰的洁净水除去，而含有污染物的浓液则被统一收集于浓液收集池。

风能-太阳能-冷能组合处理工艺系统具有运行简便、节能、快速等特性，在冷冻法处理污废水方面，具有很好的发展前景。其优点主要有：

1）充分利用风能、太阳能、冷能等清洁可再生能源。

2）利用冷冻水处理器和冬季低温处理污废水。

3）处理后出水的 COD_{Cr} 去除率超过 85%，全盐量的去除率超过 90%，处理效果较好。

4）整个系统工作过程不会产生对环境有害的污染物质，实现了环境和社会的持续发展。

5.2.4　声能（超声波）组合处理工艺

相对于水处理技术的蓬勃发展，应运而生的是如何找到一种更完美、廉价、清洁的技术。超声波技术是在此背景下发展起来的。声化学的出现引起了许多先进国家的重视，他们纷纷投入了人力和物力加以研究。利用超声波降解水中的化学污染物，尤其是难降解的有机污染物是近几年来发展起来的新型水处理技术。它具有去除效率高，反应时间短，可显著提高废水的可生化性，设施简单，占地面积小等优点。近年来，超声波处理微污染水源、有机废水、染料废水等难降解废水以及脱氮等方面的研究，已取得了较大的成果[72, 73]。

对微污染水源水处理中超声波强化生物降解有机污染物进行研究[74]，通过设置超声波的膜生物反应器与对照反应器净化微污染水源水对比试验。结果表明，通过一定强度的超声波处理，膜生物反应器的生物活性得到增强，反应器有机负荷增加，有机物净化效率提高。通过设置超声波的反应器及其对照的 TTC 脱氢酶生物活性、进出水的有机物分子量分布的对比试验进一步证明了超声波处理促进了生物活性。不同功率的超声波处理表明，功率为 10W 的超声波促进生物作用的效果最为明显。

有学者研究了 US（超声波）/O₃（臭氧）体系中气速、pH 值、对硝基苯酚初始质量浓度以及超声声强对对硝基苯酚降解速率的影响。研究结果表明[75]：对硝基苯酚降解速率随着气速、超声声强及 pH 值（pH≤6 时）的提高而提高，随着对硝基苯酚初始质量浓度的提高而下降。对硝基苯酚在 US/O₃、US 及 O₃ 体系中的降解均遵循拟一级反应动力学规律，US/O₃ 体系相对单独 US 及 O₃ 体系而言具有明显的协同效应，对硝基苯酚降解的增强因子为 216%。

对碱法草浆黑液采用了超声波预处理，后经厌氧发酵处理的方法[76]。结果表明，超声波预处理具有明显的作用，与单级厌氧发酵方法相比，COD_{Cr} 去除率可提高约 20%，总 COD_{Cr} 去除率可达 57%～69%。经过超声波处理的试样可以降低水力停留时间（HRT）而达到相应的 COD_{Cr} 去除率水平。

采用单独超声、单独臭氧、超声协同臭氧对分散蓝染料处理[77]。研究表明，单独超声对分散蓝染料几乎没有处理效果；与单纯臭氧氧化相比，超声协同臭氧氧化速度快，染料分解彻底，溶液的颜色迅速消失。最佳实验条件下，经超声强化臭氧氧化 5min 后的脱色率大于 99%，处理 60min 后总有机碳去除率为 23%。

有研究者采用超声吹脱法处理印染废水中的氨氮，探讨各影响因素对氨氮去除效果的影响[78]。结果表明，在一定范围内废水去除率随初始 pH、超声功率和温度的升高而增大。废水中氨氮的初始浓度为 280mg/L，pH 为 13，当超声功率为 100W，温度为 30℃，吹脱时间为 150min 时，氨氮的去除率为 90.78%，比单独采用空气吹脱方法提高了 40%。此时，声能密度为 0.1W/mL。

5.2.5　潮汐能组合处理工艺

潮汐能海水淡化指的是将潮汐能利用技术与海水淡化方法有机结合起来，利用潮汐能为海水淡化系统提供能源供应[79]。

1. 潮汐能蒸馏法海水淡化

目前，潮汐能与蒸馏法海水淡化结合的研究较少，有学者提出采用潮汐能太阳能多效蒸馏海水淡化方法，其设计的装置利用了降膜蒸发和降膜凝结强化传热技术，主要特点是利用潮汐能代替用电力驱动的水泵和真空泵为系统给排水以及抽真空提供动力，从而降低了系统运行成本[80]。

抽真空运行过程原理如图 5-22 所示[81]，将蒸发室与蒸发冷凝室两效之间的通气阀打开，连通成为等压腔室，并使阀门 2、4 和 5 长闭，1、3 和 8 长开。吸气过程：将阀门 6 关闭，7 打开；排水管内的水在重力作用下自然下沉，此时腔室内的气体进入排水管内。排气过程：将阀门 6 打开，7 关闭，利用排水箱和给水箱内的液位差将排水管内的气体排入外界大气。如此两过程重复进行，腔室内的气体就会连续排出，从而达到降低内部压力的效果。

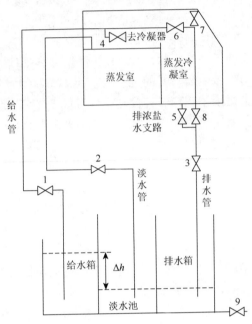

图 5-22　潮汐能抽真空原理图

1~9-阀门

2. 潮汐能反渗透法海水淡化

目前，将潮汐能利用与反渗透海水淡化方法相结合的研究比较少，从传统角度分析，潮汐能的利用技术主要是将其转化为电能，而反渗透海水淡化系统直接消耗电能，把这两部分结合起来，就相当于将潮汐能转换为电能，再利用电能进行反渗透海水淡化。这个过程中，潮汐能的利用要经过机械能转换为电能，再由电能转换为机械能的两次能量转换。一方面能量利用效率降低，另一方面需要相应的发电及电动设备，从能耗成本和设备成本上都导致了制淡成本偏高。

凌长明课题组研制了利用潮汐能的新型反渗透海水淡化装置，将潮汐能直接聚集后代替电能产生高压海水，通过反渗透膜进行海水淡化。广东海洋大学与湛江兴发电厂联合实验基地上搭建了两套聚能增压小型试验台，完成小型活塞式试验装置和小型离心式试验装置的研制（图 5-23），成功地进行了小型验证性试验并产生高压海水。

(a) 小型活塞式试验机

(b) 小型离心式试验机

图 5-23　实验装置图

有研究者研发出了一套潮汐能聚能增压装置[82]，其原理是利用水轮机输出的轴功直接驱动反渗透高压泵运行，即利用传动系统将水轮机与高压泵相连，使得低水位的潮汐能直接聚能后产生可以满足膜组件要求的高压海水。利用水轮机直接驱动高压泵，则必须保证水轮机的额定转速与高压泵一致。系统研发的目的是进行大规模生产，高压泵选取大流量水平中开式多级离心泵，其额定转速为2800~3000rad/min，而从目前的潮汐水轮机的情况来看，潮汐水轮机的额定转速一般低于1000rad/min。所以，装置需要引进变速箱。图 5-24 为聚能装置示意图，通过聚能器将大质量低密度的海水的能量直接转换为小质量大能流密度的高压海水，解决了潮汐能能流密度低的问题，还找到了潮汐能聚集能的最佳应用途径，即将产生的高压海水通过反渗透膜组件进行海水淡化。

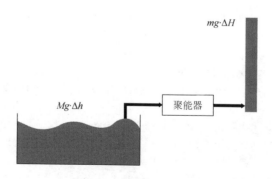

图 5-24　聚能装置示意图

研究者提出了潮汐能利用与反渗透海水淡化方法有机结合的新系统方案，提出了潮汐能直接驱动的反渗透海水淡化系统"余能发电制淡的潮汐能直驱反渗透海水淡化系统"，该系统由潮汐能聚能增压制淡子系统、余能回收制淡子系统和余能发电制淡子系统组成[72]。其工作原理为：潮汐能聚能增压制淡子系统制淡后，未通过膜的高压浓盐水利用其高水头的能量驱动水轮发电机转化为电能，并将电能存储在蓄电池中，在系统由于潮汐水头不足处于充泄水和等候工况下（6～8h），利用蓄电池存储的电能驱动传统海水淡化高压泵继续进行膜法海水淡化，以保证系统能够全天 24h 运行；在余能发电制淡子系统制淡后未透过膜的高压浓盐水，利用余能回收制淡子系统回收后制淡。

芬兰阿尔托大学研究人员日前研发出一种新型海水淡化系统，该系统直接利用潮汐能，实现了使用新能源低成本淡化海水的目标。据介绍，该系统主要包括一个潮汐能量转换器和一个反渗透设备。其工作原理是：安装在海水中的能量转换器对海水加压，使海水通过管道输送到陆地上的反渗透设备中，反渗透作用将盐分从海水中去除，进一步后续处理则确保生产的淡水适于饮用。

阿尔托大学的可行性研究结果表明，该套系统的最大淡水日产量约为 3700m³，每立方米淡水生产成本可低至 0.60 欧元（1 欧元约合 1.36 美元），成本与目前利用其他能源的海水淡化方法几乎持平。

研究人员表示，该系统适用于潮汐能丰富又存在大量饮用水需求的沿海地区，如美国西海岸、非洲南部、澳大利亚、加那利群岛和夏威夷等地。据联合国水机制组织预计，到 2025 年，世界上将有 18 亿人口生活在缺乏饮用水的地区。与此同时，全球化石能源渐趋枯竭，环境污染日益加剧。阿尔托大学研究人员认为，他们的新技术有助于缓解饮用水缺乏，还为利用清洁能源开辟了新途径。对于一些潮汐能较丰富，但是淡水短缺且电力供应不足的沿海以及海岛地区有重要意义。

参 考 文 献

[1] 杜国银，费学宁，刘晓平，等. 冷冻法处理废水的研究进展[J]. 天津建设科技，2007，17（3）：52-55.
[2] 王世清，张岩，朱英莲，等. 自然冷源利用的状况与前景展望[J]. 农机化研究，2010，32（6）：237-240.
[3] 潘焰平，李青. 海水淡化技术及其应用[J]. 华北电力技术，2003，10：49-52.
[4] 张宁. 高盐度浓海水的冷冻脱盐技术研究[D]. 青岛：中国科学院研究生院（海洋研究所），2008.
[5] 李凭力，马佳，解利昕，等. 冷冻法海水淡化技术新进展[J]. 化工进展，2005，24（7）：749-753.
[6] 黄哲林，刘振文，赵娟. 热管式真空管太阳集热器[P]. CN201081439. 2008-07-02.
[7] 李卉. 武汉市太阳能热水系统优化探讨和设计参数的合理确定[D]. 武汉：武汉理工大学，2010.
[8] 刘斌蓉. 太阳能光伏发电[J]. 阳光能源，2004，28（2）：43-43.
[9] 郭洪军，刘凤龙. 浅析我国水能的开发利用[J]. 魅力中国，2016，21：173.
[10] 中国可再生能源发展战略研究项目组. 中国可再生能源发展战略研究丛书.水能卷[M]. 北京：中国电力出版社，2008.
[11] S.普里查德，唐湘茜. 美国水电开发前景[J]. 水利水电快报，2012，33（12）：9-11.
[12] 程雪源，张玮. 美国水电开发状况[J]. 中国三峡，2006，6：59-62.
[13] M.贝查伊，刘渝. 加拿大水电的历史和作用[J]. 水利水电快报，2003，24（19）：22-23.
[14] 郑守仁. 我国水能资源开发利用及环境与生态保护问题探讨[J]. 中国工程科学，2006，8（6）：1-6.

[15]　郭边语, 于建斌, 周枚. 能源的形势与现状[M]. 呼和浩特: 远方出版社, 2005.

[16]　易卫华. 多级重力跌水中充氧效率及其影响因素研究[D]. 武汉: 华中科技大学, 2007.

[17]　陈一辉. 跌水曝气生物滤池处理小城镇污水试验研究[D]. 重庆: 重庆大学, 2012.

[18]　宋俊. 风能利用[M]. 北京: 机械工业出版社, 2014.

[19]　刘志远. 风力提水系统选型与垂直管内气液两相流的 CFD 数值模拟[D]. 北京: 华北电力大学, 2014.

[20]　张巍, 王琳. 风力发电提水机组应用研究[J]. 广东水利水电, 2007, 1: 84-86.

[21]　韩金龙. 分级接入式风电泵水系统研制[D]. 内蒙古: 内蒙古工业大学, 2006.

[22]　胡建栋, 陈绍恒, 董立江, 等. 高扬程小流量风力提水机应用策略研究[J]. 农机化研究, 2014, 2: 210-214.

[23]　杨龙霞. 风帆助航远洋船的翼帆性能及其机桨配合研究[D]. 上海: 上海交通大学, 2013.

[24]　张培培. 装帆油轮 "新爱德丸" 节约 5%燃料费[J]. 船海工程, 1981, 2: 103-104.

[25]　张猛, 邱力强. 全球绿色船舶及 NYK2030 超级生态概念船研制动向[J]. 青岛远洋船员职业学院学报, 2013, 4: 24-26.

[26]　罗海东. NYK2030 超级生态概念船[J]. 中国船检, 2009, 9: 76-77.

[27]　Alexander S. Sailing: Walker's win is early fillip for America's cup[J]. Resuscitation, 2012, 83 (10): 1183-1184.

[28]　Cousteau J Y, Malavard L, Charrier B. Apparatus for producing a force when in a moving fluid: US4630997[P]. 1986-12-33.

[29]　刘蔼芳. 风帆船技术的发展及存在的问题[J]. 交通节能与环保, 1999, 2: 8-12.

[30]　Löfken J O. Turbosegel-Frachter "E-Ship 1" vom stapel gelaufen[J]. Heise Zeitschriften Verlag, 2008, 3 (8): 13.

[31]　Lang S. Study and design of 300t sail-assisted power-saving ship on the Yangtze river[J]. Journal of Wuhan University of Technology [Transportation Science & Engineering], 1990, 3: 6-8.

[32]　林应雄. 我国第一艘大型风帆助航船下水[J]. 中国水运, 1995, 8: 45.

[33]　吴秀恒, 张乐文, 刘跃明. 风帆助航 5000 吨级江海油船操纵性试验研究[J]. 武汉理工大学学报 (交通科学与工程版), 1988, 3: 16-22.

[34]　张学宁. "明州 22" 号船风帆骨架强度有限元分析[J]. 船舶工程, 1996, 4: 14-16.

[35]　文尚光. 中国风帆出现的时代[J]. 武汉理工大学学报 (交通科学与工程版), 1983, 3: 66-73.

[36]　郭新生, 赵知辛, 唐桂华. 风能-流体升压节流致热效应的实验研究[J]. 太阳能学报, 2004, 25 (2): 157-161.

[37]　宋可心. 风能及其应用[J]. 中文信息, 2017, 2: 140.

[38]　张希良. 风能开发利用[M]. 北京: 化学工业出版社, 2005.

[39]　李国斐. 风力致热机控制系统的研究[D]. 北京: 中国农业大学, 2005.

[40]　朱萍, 左志炎, 舒心. 一种未来可持续能源——生物质能[J]. 江苏科技信息, 2000, 8: 27-28.

[41]　《科技导报》编辑部. 可再生能源的基础科学问题及其相关技术[J]. 科技导报, 2008, 26 (8): 19-23.

[42]　乔映宾. 多元化替代石油能源的技术发展及趋势[J]. 当代石油石化, 2006, 14 (9): 1-6.

[43]　洪爱珠, 颜桂炀, 刘欣萍, 等. 生物乙醇催化脱水制乙烯的研究进展[J]. 广州化学, 2007, 32 (4): 60-65.

[44]　June. 垃圾是放错地方的资源[J]. 商用汽车, 2010, 6: 12-13.

[45]　王永春, 王秀东. 非洲生物能源发展与粮食安全问题的利弊均衡分析[J]. 经济研究导刊, 2009, 13: 177-178.

[46]　韩超. 潮汐能发电的发展状况与前景[J]. 电子制作, 2013, 6: 237.

[47]　林楚平. 海山潮汐能的综合开发利用[J]. 水利水电技术, 1999, 30 (1): 33-34.

[48]　Tidmarsh W G. Assessing the environmental impact of the annapolis tidal power project[J]. Journal of the American Dental Association, 1999, 130 (4): 464-465.

[49]　黄国显. 甘竹滩洪潮水电站简介[J]. 人民珠江, 1984, 3: 41.

[50]　Etienne. Commissioning experience with the control systems for the French nuclear power stations EDF-4 and

EL-4, and correlations with results of mathematical simulations[J]. British Nuclear Energy Society London Eng, 1973, 29: 31-74.

[51] Marfenin N N, Malutin O I, Pantulin A N, et al. A tidal power environmental impact assessment: case study of the Kislogubskaija experimental tidal power station（Russia）[J]. La Houille Blanche, 1997, 52（3）: 101-105.

[52] Sanders R. Power and ice in the bay of fundy, Canada[J]. Journal of Ocean Technology, 2011, 6（1）: 33.

[53] 王小毅, 李汉明. 地热能的利用与发展前景[J]. 能源研究与利用, 2013, 3: 44-48.

[54] Fridleifsson I B. Direct use of geothermal energy around the world[J]. Geo-Heat Center Quarterly Bulletin, 1998, 19: 4-9.

[55] 李杰, 陶如钧. 风能海水淡化概述[J]. 净水技术, 2008, 27（1）: 9-11.

[56] 冯宾春, 赵卫全. 风能海水（苦咸水）淡化现状[J]. 水利水电技术, 2009, 40（9）: 8-11.

[57] Jose D, Jayaprabha S B. Design and simulation of wind turbine system to power RO desalination plant[J]. International Journal of Recent Technology & Engineering, 2013, 2（1）: 2346-2350.

[58] Ruizgarcía A, Ruizsaavedra E, Báez S O P. Evaluation of the first seven years operating data of a RO brackish water desalination plant in Las Palmas, Canary Islands, Spain[J]. Desalination & Water Treatment, 2015, 54（12）: 3193-3199.

[59] García-Rodríguez L. Seawater desalination driven by renewable energies: A review[J]. Desalination, 2002, 143（2）: 103-113.

[60] Pestana I D L N, Latorre F J G, Espinoza C A, et al. Optimization of RO desalination systems powered by renewable energies. Part I: Wind energy[J]. Desalination, 2004, 160（3）: 293-299.

[61] Petersen G, Fries S, Mohn J, et al. Wind and solar-powered reverse osmosis desalination units-description of two demonstration projects-[J]. Desalination, 1979, 31（1-3）: 501-509.

[62] Maurel A. Desalination by RO using RE（solar and wind）: Cadarache Center Experience. //Maurel A. Cadarache Center Experience Proceedings of the new technologies for the use of RE sources in water desalination, Greece, 1991, 5: 17-26.

[63] Dan W, Fisher D, Moses E J, et al. Operation experience of a solar-and wind-powered desalination demonstration plant[J]. Desalination, 2001, 137（1-3）: 7-13.

[64] Kershman S A, Rheinländer J, Neumann T, et al. Hybrid wind/PV and conventional power for desalination in Libya—GECOL's facility for medium and small scale research at Ras Ejder[J]. Desalination, 2005, 183（1-3）: 1-12.

[65] 任典勇, 施慧雄. 海岛风能海水淡化组合体系研究[J]. 海洋学研究, 2009, 27（2）: 111-118.

[66] 任岩, 郑源, 陈德新, 等. 风电—抽蓄—海水淡化综合系统及其智能控制[J]. 水力发电学报, 2012, 31（3）: 252-257.

[67] Käufler J, Pohl R, Sader H. 海水淡化（RO）应用风力发电的技术经济分析[J]. 珠江现代建设, 2012, 4: 25-28.

[68] 何小龙, 杨树涛, 王侃, 等. 小型风光互补反渗透海水淡化装置研制[J]. 水处理技术, 2012, 38（7）: 92-94.

[69] 沈镇平. 浙江大学风能淡化海水技术取得突破[J]. 工业水处理, 2012, 9: 9.

[70] 费学宁, 叶会华, 周立峰, 等. 利用包括风能、太阳能、冷能自然能的污废水处理系统: CN101786678A[P]. 2010-07-28.

[71] 冯垛生. 太阳能发电原理与应用[M]. 北京: 人民邮电出版社, 2007.

[72] 唐少楠, 邓风, 何超群, 等. 超声波在水处理中的应用研究[J]. 西南给排水, 2010, 2: 29-33.

[73] 毛月红, 李江云, 程鹏. 水处理用超声波反应器的研究现状[J]. 工业用水与废水, 2006, 37（5）: 11-12.

[74] 刘红，何韵华，张山立，等. 微污染水源水处理中超声波强化生物降解有机污染物研究[J]. 环境科学，2004，25（3）：57-60.

[75] 史惠祥，徐献文，汪大翚. US/O₃降解对硝基苯酚的影响因素及机理[J]. 化工学报，2006，57（2）：390-396.

[76] 李志建，李可成，周明. 超声波-厌氧生化法处理碱法草浆黑液的研究[J]. 环境科学与技术，2000，2：42-44.

[77] 宋爽，金红丽，何志桥. 超声强化臭氧氧化分散蓝染料废水的研究[J]. 浙江工业大学学报，2006，34（3）：306-309.

[78] 徐晓鸣. 超声吹脱处理氨氮废水的工艺条件实验研究[D]. 兰州：兰州理工大学，2005.

[79] 王逸飞. 潮汐能直接驱动的反渗透海水淡化系统性能研究[D]. 湛江：广东海洋大学，2013.

[80] 刘业凤，赵奎文. 潮汐能太阳能多效蒸馏海水淡化装置的研究[J]. 太阳能学报，2009，30（3）：311-315.

[81] 赵奎文，刘业凤. 潮汐能太阳能多效蒸馏海水淡化装置的模拟与测试[J]. 制冷技术，2008，28（2）：17-21.

[82] 凌长明，郑章靖，李军，等. 利用潮汐能双向驱动的旁路增压式海水淡化及发电装置：CN102852702A[P]. 2013-01-02.